国家科学技术学术著作出版基金资助出版

# 质子交换膜燃料电池水热管理

焦　魁　王博文　杜　青　张国宾
杨子荣　邓　豪　谢　旭　著

科学出版社
北　京

# 内 容 简 介

质子交换膜燃料电池是一种清洁、高效的电化学能量转化装置，其内部存在电化学反应、多相流动及传热等复杂的物理化学过程。探究质子交换膜燃料电池内部反应及传输过程机理，并通过电池设计优化实现这些过程的有效调控，称为质子交换膜燃料电池水热管理。良好的水热管理，对于提升电池性能和耐久性具有重要的意义。本书共 8 章，以质子交换膜燃料电池水热管理为核心，系统详细地介绍了燃料电池基础及水热管理，各部件工作原理与传输机制，表征测试及诊断分析，部件内部多相流动和电极动力学仿真，单电池、电堆以及系统层面的水热管理与建模分析。

本书适合于从事质子交换膜燃料电池及水热管理技术研究、产品开发及教学等相关人员阅读和参考。

**图书在版编目(CIP)数据**

质子交换膜燃料电池水热管理/ 焦魁等著. —北京：科学出版社，2020.6

ISBN 978-7-03-065086-3

Ⅰ. ①质… Ⅱ. ①焦… Ⅲ. ①质子交换膜燃料电池–水热法 Ⅳ. ①TM911.4

中国版本图书馆CIP数据核字(2020)第081195号

责任编辑：范运年 / 责任校对：王 瑞
责任印制：师艳茹 / 封面设计：蓝正设计

科 学 出 版 社 出版
北京东黄城根北街 16 号
邮政编码: 100717
http://www.sciencep.com

三河市春园印刷有限公司 印刷
科学出版社发行 各地新华书店经销

*

2020 年 6 月第 一 版 开本：720 × 1000 1/16
2023 年 6 月第四次印刷 印张：22 1/2
字数：450 000

**定价：288.00 元**

(如有印装质量问题，我社负责调换)

# 序 一

能源利用是人类发展所面临的长期挑战，人类对于能源利用的认知过程，伴随着整个人类社会的发展与进步。蒸汽机作为第一次工业革命的标志性产物，将煤炭等化石能源转化为机器动力，人类由手工时代进入工业时代。发电机的问世标志着第二次工业革命到来，人类进入电气化时代。内燃机的诞生不仅改变了人类的交通方式，也推动了石油开采和石油化工工业的发展。然而，面对如今日益严峻的环境污染，如何减少化石能源的消耗、实现能源的高效清洁利用，是全球面临的重要持久议题，将直接关系到人类的生活品质。

质子交换膜燃料电池是一种利用可再生能源氢能的高效、清洁的电化学能量转化装置。近年来，美国、日本、欧盟和我国都制定了明确的燃料电池发展规划及标准，可应用于车辆、航空航天和分布式发电的质子交换膜燃料电池技术被反复着重提及。丰田、本田、现代、上汽、一汽、通用等企业相继推出燃料电池乘用车产品，而长距离重卡、叉车等商用车更被广泛认为是质子交换膜燃料电池的很好应用场景。在国家政策的鼓励扶持下，我国高校和产业间良性互动，促生了燃料电池技术创新和产品开发的沃土。可以预见，质子交换膜燃料电池在全球未来的能源应用领域中将占据重要的地位，相关研究也将长期成为学术界和产业界的热点。

质子交换膜燃料电池内部存在着复杂的多尺度、多相、多组分传热传质过程，通过探究其传热传质机理，提出优化设计方案，实现有效调控的研究方法，被称为水热管理，是解决其寿命和成本这两大难题的重要手段。我的团队开展燃料电池相关研究已有10余年，深知水热管理研究的复杂性，这对于燃料电池基础研究和产品开发创新都十分重要。在燃料电池基础研究不断深入，产业化不断推进的当下，也亟需有水热管理研究方面的专业著作，帮助燃料电池研究和技术人员对水热管理有更深刻的认识和理解。

在此时代背景下，焦魁教授组织撰写了《质子交换膜燃料电池水热管理》一书。焦魁教授长期从事质子交换膜燃料电池水热管理研究，在长期的燃料电池教学和科研中形成了对水热管理研究的独到见解，取得了成绩。这本书共包含8章，从质子交换膜燃料电池基础开始，对其内部传输过程、实验表征及多尺度的模拟仿真进行了详细和系统的介绍。全书逻辑清晰，深入浅出，内容严谨，紧扣目前的研究热点。我相信，这本书对从事燃料电池研究的科技工作者会有所帮助和获益；也预祝这本书的出版，能为我国燃料电池技术的发展和产业人员的培养做出贡献。

西安交通大学 教授
中国科学院院士

2020 年 3 月 28 日于西安

# 序　二

燃料电池作为清洁能源技术，是人类一直追求的可持续能源系统的重要一环；180 多年前燃料电池发明之时，人们就已经认识到了这一点。但是，燃料电池技术的商业化或者说实用化，走过了许多曲折的道路，可谓“三起三落”：1880～1890 年代，人们当时希望用煤通过燃料电池发电产生第一次工业革命所必需的能源动力(所谓的“直接煤燃料电池”)；1960～1970 年代，氢-氧燃料电池在航空宇航中的成功应用，引起人们对燃料电池在地面商业应用方面的巨大兴趣和技术开发热潮(天然气或甲烷重整生成的富氢气体作为燃料电池的燃料)；1990 年代开始至今(被 2008 年的汽车行业危机耽误几年)以环境保护和可持续发展为目的、以氢为燃料的质子交换膜燃料电池为代表的产业化努力。

质子交换膜燃料电池，属于酸性燃料电池，通常其工作温度不超过 100℃，因此需要用贵金属(通常是铂)作为催化剂，来加快电化学反应和以碳基材料作电极以有足够的抗腐蚀性能。为了降低燃料电池的成本，很多研究就注重于催化剂材料，也因此实验室燃料电池通常的尺寸都比较小(比如几平方厘米)，电化学过程是主要的影响因素。但是实际应用的燃料电池，尺寸都比较大(一般在几百平方厘米的尺度)，燃料电池反应生成的水和热就成了另外两个的主要影响因素。这样燃料电池尺寸的大小，影响性能的关键因素发生变化，造成燃料电池的缩放规律至今还是成疑，实验室的结果无法直接用来为产品设计所用，直接影响了燃料电池产品的开发和产业化的发展。

一方面，反应生成的水在燃料电池的工作状态下主要是液态的，液态水的排放成问题，会造成电极水淹，反应气体无法进入电极，造成电化学反应中断；另一方面，质子交换膜需要有足够的水分才能有好的导电性能，反应气体进入燃料电池前需要加水湿化，所以这种燃料电池，水多了性能不好；水少了，也不好；要求是在所有工作状况下，水在燃料电池中都要保持适当的量，不多不少。但是作为汽车动力，其工作状况是随时在变化的；从怠速时的零负荷到高速时的满负荷和加、减或变速时的变负荷，随时保持适当的水量，因此水管理成为了这种燃料电池技术产业化的一个关键问题。

另外，质子交换膜燃料电池的工作温度比较接近水的沸点(100℃)，水蒸气的饱和压力随温度变化巨大。比较小的温度变化，可以大大改变水蒸气的饱和压力；而这又会导致大量的水蒸发和凝结，而水的相变又伴随着大量的热释放或吸收。

因此，水和热在质子交换膜燃料电池中是紧密相连、不可分割的。从而，水和热的有效管理，就成为了这种燃料电池的技术关键所在。

焦魁曾经作为我的博士生，在我的课题组中学习工作了四年，期间主要从事燃料电池冷启动方面的理论分析、数值模拟仿真和实验研究，而低温(摄氏零度以下的)冷启动，水可以各种形态存在，尽快使燃料电池的温度提高到零摄氏度以上就是关键。因此他在博士阶段就广泛地涉猎了水热管理的方方面面，取得了很好的学术成果。2011 年博士毕业后，他加入天津大学，成为内燃机燃烧学国家重点实验室燃料电池团队的一名骨干成员。这个团队的组建顺应了中国乃至世界范围内燃料电池和新能源汽车的发展趋势以及国家在该领域的重大需求，在天津大学内燃机燃烧学国家重点实验室内开辟了一个新的研究方向，而焦魁作为团队的骨干成员，在团队发展的过程中发挥了十分重要的作用。

作为当时一个前瞻性的研究方向，燃料电池团队成立之初，研究条件和研究基础都比较薄弱，面临着巨大的困难和各种挑战。但在国家、学校和重点实验室的大力支持下，以焦魁为代表的一批蓬勃朝气的青年人勇敢地面对挑战，努力进取，刻苦钻研，很快在燃料电池水热管理领域取得了一些令人印象深刻的研究成果。经过十年来的努力，在内燃机燃烧学国家重点实验室内已经建立了一个具有国际水准的燃料电池研究平台，在学术研究上形成了包括燃料电池的水热管理、膜材料开发和耐久性研究等在内的比较有特色的研究方向，承担了国家十三五重点研发专项。在工程应用上，也已经同一汽、上汽、潍柴、新源等国内龙头企业建立了密切的合作，为国内首台 5000h 长寿命电堆的研发提供水热管理方面的仿真技术支持。焦魁也逐渐成长为具有一定学术影响力的优秀青年学者。

今天，我很高兴地看到基于已有的研究基础，焦魁完成了《质子交换膜燃料电池水热管理》一书的撰写工作。该书从质子交换膜燃料电池在能源环境领域中的重要性出发，对质子交换膜燃料电池的工作原理、水热管理问题进行了概括与论述，并对各部件传输机制进行了详细的介绍。该书也对质子交换膜燃料电池的测试与诊断方法、燃料电池堆到单一部件材料的测试实验进行了比较全面的归纳总结。在模型仿真方面，该书介绍了燃料电池各部件内多相流动及电极动力学仿真问题，并对单电池至电堆尺度的水热管理及建模问题进行了讨论分析。该书最后还对车用燃料电池堆动力系统的设计及系统层次的水热管理方法进行了综合讨论，对辅助子系统模型、系统控制策略与故障规律进行了分析与总结。总的来看，该书的内容比较符合目前燃料电池产业化的发展趋势，对于进一步优化提升质子交换膜燃料电池的性能具有相当的参考价值。

我相信，《质子交换膜燃料电池水热管理》一书的出版会有助于吸引一批优秀的青年学生投身燃料电池领域，有助于促进国内氢能源汽车的发展。同时，也希望作者能够继续坚持科研与实际需求相结合，抓住燃料电池发展的大好机遇，为国家在该领域的重大战略需求继续做出更大的贡献。

李献国
滑铁卢大学教授
加拿大工程院院士
2019 年 3 月 31 日于滑铁卢

# 前　言

燃料电池是一种电化学能量转换装置，能够直接将化学能转化为电能。它的工作过程与传统热机明显不同，不受卡诺循环的效率限制，因而具有能量转化效率高、无污染、低噪声等特点，是一种理想的能源利用方式。

2003年，我初次与燃料电池结缘。彼时大三的我有幸进入周彪老师的实验室接触相关的研究工作。经过四年的学习探索后，我决定进入滑铁卢大学李献国老师实验室开启博士阶段的研究。随着思考与探究的深入，我愈发觉得，水热管理将成为燃料电池产业化进程中的关键一环。如今回首，这一想法恰恰与近二十年间燃料电池技术的发展历程相符合。

2011年，我来到天津大学工作，与杜青、尹燕等几位老师共同承担起了燃料电池方面的研究任务，这也是内燃机燃烧学国家重点实验室在传统动力之外开拓的新领域。当时国内燃料电池行业的发展还比较滞后，国家政策尚不明朗。由于投资成本高、短期无法盈利，很多企业对燃料电池产业仍处于观望状态。与此同时，我们的团队也面临着研究经费申请困难，学生对口就业岗位少等问题。可以说，当时的发展前景并不乐观。

尽管如此，随着当时污染问题的加剧，发展可持续经济和新能源产业的呼声越来越高。立足于多年的研究经验，我清楚，作为一种清洁、可持续的能源装置，燃料电池技术必将成为这一问题的最佳的解决方案之一。同时，我相信政府有关部门在评估这一技术的发展潜力后，一定会制定政策、完善计划，推动燃料电池行业的发展。在这一历史机遇面前，我们的研究工作将为国家燃料电池产业的发展探索方向，开拓道路。

在初期缺乏经费和人员的情况下，天津大学内燃机燃烧学国家重点实验室给予了我们燃料电池团队强有力的政策和经费支持，实验室主任尧命发老师多次鼓励我坚持燃料电池方面的研究。经过这些年的潜心发展，我们的研究团队从十余人时的捉襟见肘，发展到如今百余人各司其职、井井有条，形成了包括燃料电池的水热管理、仿真、膜材料和可靠性等方面独具特色的研究方向。

近十年来，随着中国燃料电池产业的蓬勃发展，在国家重点研发计划、自然科学基金、企业合作等项目的支持下，我们团队开发了一系列具有自主知识产权的燃料电池仿真模型，形成了完整的燃料电池设计、制备、组装和测试体系，在多家企业的燃料电池水热管理研究和产品正向开发过程中得到了成功应用。

天津大学燃料电池团队合影(拍摄于 2019 年 12 月)

基于团队多年来的研究积累，我们撰写了这部专著。本书详细介绍了质子交换膜燃料电池水热管理所涉及的基本原理和研究方法。全书共分为 8 章，第 1 章介绍了相关的基本原理和发展背景；第 2 章讲述了各部件工作原理与传输机制；第 3 章详细介绍了表征测试及诊断分析方法；第 4～7 章分别讲解了各部件、单电池、电堆及系统层面所涉及的水热管理问题和仿真方法；第 8 章为总结与展望。此外，我们也开源了一些自主开发的、不依靠于商业软件运行的燃料电池仿真和水热管理研究的源程序，供感兴趣的读者参考使用。

我们在此特别感谢天津大学燃料电池团队的全体师生、内燃机燃烧学国家重点实验室以及建立了良好合作关系的各企业、院校的大力支持和帮助。

最后，本人要特别感谢我的家人，正是有了他们的大力支持，我才能心无旁骛，全身心地投入工作，才会有这部专著的最终成书出版。

2020 年 3 月 15 日

# 目　录

# 符　号　表

## 一、英文字母

| 符号 | 物理含义 |
|---|---|
| $A$ | 面积，$m^2$ |
| $a$ | 活性 |
| ASR | 面电阻，$\Omega \cdot m^2$ |
| Bo | 邦德数 |
| $C$ | 电容，F |
| $c$ | 摩尔浓度，$mol \cdot m^{-3}$ |
| $c$ | 声速，$m \cdot s^{-1}$ |
| $C_p$ | 比热容，$J \cdot kg^{-1} \cdot K^{-1}$ |
| Ca | 毛细数 |
| $D$ | 扩散率，$m^2 \cdot s^{-1}$ |
| $d$ | 距离，m |
| $E$ | 活化能，kJ |
| $E_r$ | 可逆电压，V |
| $E_0$ | 标准态下的可逆电压，V |
| EW | 膜的当量质量，$kg \cdot mol^{-1}$ |
| $F$ | 法拉第常数，$C \cdot mol^{-1}$ |
| $F$ | 力，N |
| $f$ | 频率，Hz |
| $f$ | 函数 |
| $G$ | 吉布斯自由能，kJ |
| $G$ | 函数 |
| $g$ | 重力加速度，$m \cdot s^{-2}$ |
| $H$ | 焓，kJ |
| $H$ | 亨利系数 |
| $h$ | 对流换热系数，$W \cdot m^{-2} \cdot K^{-1}$ |
| $i$ | 电流，A |

续表

| 符号 | 物理含义 |
|---|---|
| $I$ | 电流密度，$A \cdot m^{-2}$ |
| $J$ | 摩尔流量，$mol \cdot m^{-2} \cdot s^{-1}$ |
| $j_0$ | 交换电流密度，$A \cdot m^{-2}$ |
| $j_{\rm lim}$ | 极限电流密度，$A \cdot m^{-2}$ |
| $K$ | 绝对渗透率，$m^2$ |
| $k$ | 相对渗透率 |
| $k$ | 热导率，$W \cdot m^{-1} \cdot K^{-1}$ |
| $L$ | 长度，m |
| $M$ | 摩尔质量，$g \cdot mol^{-1}$ |
| $m$ | 质量，kg |
| $m$ | 质量流量，$kg \cdot m^{-2} \cdot s^{-1}$ |
| $N$ | 个数 |
| $n$ | 反应中传输电子数 |
| $\vec{n}$ | 法向量 |
| $n_{\rm d}$ | 电渗拖拽系数 |
| $Nu$ | 努塞尔数 |
| $p$ | 压强，Pa |
| $Q$ | 热量，kJ |
| $Q$ | 电荷量，C |
| $R$ | 理想气体常数，$J \cdot mol^{-1} \cdot K^{-1}$ |
| $R$ | 电阻，Ω |
| $R$ | 反应速率，$A \cdot m^{-3}$ |
| RH | 相对湿度 |
| $Re$ | 雷诺数 |
| $r$ | 半径，m |
| $S$ | 熵，$J \cdot mol^{-1} \cdot K^{-1}$ |
| $S$ | 源项，$kg \cdot m^{-3} \cdot s^{-1}$ |
| $s$ | 多孔介质内组分体积分数 |
| $Sh$ | 舍伍德数 |
| $T$ | 温度，K |
| $t$ | 时间，s |
| $\vec{t}$ | 切向量 |
| $U$ | 内能，kJ |

续表

| 符号 | 物理含义 |
|---|---|
| $u$ | 速度，$m \cdot s^{-1}$ |
| $V$ | 体积，$m^3$ |
| $V$ | 摩尔体积，$m^3 \cdot mol^{-1}$ |
| $V_{out}$ | 输出电压，V |
| $W$ | 功，kJ |
| $We$ | 韦伯数 |
| $Y$ | 质量分数 |
| $Z$ | 法拉第电阻，阻抗 |

## 二、希腊字母

| 符号 | 物理含义 |
|---|---|
| $\alpha$ | 传输系数 |
| $\delta$ | 厚度，m |
| $\eta$ | 过电势，V |
| $\eta_{act}$ | 活化损失，V |
| $\eta_{ohm}$ | 欧姆损失，V |
| $\eta_{conc}$ | 传质损失，V |
| $\eta$ | 效率 |
| $\lambda$ | 水含量 |
| $\lambda$ | 波长，m |
| $\omega$ | 催化层内电解质体积分数 |
| $\chi$ | 体积分数 |
| $\varepsilon$ | 孔隙率 |
| $\tau$ | 迂曲度 |
| $\mu$ | 动力黏度 |
| $\rho$ | 密度，$kg \cdot m^{-3}$ |
| $\kappa$ | 电导率，$S \cdot m^{-1}$ |
| $\gamma$ | 表面张力，$N \cdot m^{-1}$ |
| $\theta$ | 接触角，(°) |
| $\xi$ | 化学计量比 |
| $\sigma$ | 表面张力系数 |
| $\varphi$ | 电势，V |

三、上、下标

| 上、下标 | 含义 |
| --- | --- |
| 0 | 标准态 |
| a | 阳极 |
| act | 活化 |
| agg | 结块 |
| BP | 双极板 |
| c | 阴极 |
| cell | 电池 |
| CH | 流道 |
| CL | 催化层 |
| conc | 对流 |
| cool | 冷却 |
| e | 电子 |
| eq | 平衡态 |
| eff | 有效系数 |
| fuel | 燃料 |
| FPD | 冰点降低 |
| g | 气相 |
| $H_2$ | 氢气 |
| $H_2O$ | 水 |
| in | 入口 |
| ice | 冰 |
| ion | 离子 |
| lq | 液相 |
| m | 电解质/膜 |
| mw | 电解质水 |
| ohm | 欧姆 |
| out | 出口 |
| $O_2$ | 氧气 |
| Pt | 催化剂铂 |
| r | 热力学可逆 |

续表

| 上、下标 | 含义 |
| --- | --- |
| ref | 参考状态 |
| req | 需求值 |
| sat | 饱和 |
| stack | 电堆 |
| surr | 环境状况 |
| vp | 水蒸气 |

# 第 1 章　导　　论

本章将引导读者了解质子交换膜燃料电池在能源环境问题中的角色、质子交换膜燃料电池基础知识及质子交换膜燃料电池水热管理及其重要性等相关内容。

## 1.1　质子交换膜燃料电池在能源环境问题中的角色

在过去的数十年中，传统化石能源依然是全球范围内的主流能源，同时化石能源的大量燃烧也造成了严重的环境污染问题。据 2016 年第二届联合国环境大会报告，全球约四分之一的死亡人口与环境问题有关，空气污染、气候变化及水污染是导致人类死亡的重要因素，改善环境已成为人类健康发展的迫切任务。开发多样化能源、发展清洁能源并减少环境污染已成为未来能源发展和整个人类社会发展的必然趋势。

燃料电池是一种通过电化学反应将储存在燃料和氧化剂中的化学能直接转化为电能的能量转化装置。燃料电池一般具有能量转化效率高、环境友好、可利用多种燃料等优势。由于具备这些优异性，燃料电池技术被视为 21 世纪最具发展前景的环保高效发电技术之一。燃料电池种类多样，目前具有较为广泛应用前景的燃料电池包括质子交换膜燃料电池(proton exchange membrane fuel cell，PEMFC)、固体氧化物燃料电池(solid oxide fuel cell，SOFC)、熔融碳酸盐燃料电池(molten carbonate fuel cell，MCFC)及碱性膜燃料电池(alkaline exchange membrane fuel cell，AEMFC)等。

在多种燃料电池中，以氢气为燃料的质子交换膜燃料电池也常称为聚合物电解质膜燃料电池(polymer electrolyte membrane fuel cell，PEMFC)，不仅具备燃料电池的一般优势，还具有工作温度低和启停响应快等特点，在未来可广泛应用于汽车动力源、分布式发电、无人机及军事应用等场景。2017 年全球质子交换膜燃料电池出货量为 4.55 万个，占全球燃料电池总出货量的 62.67%；出货容量为 486.8MW，占全球燃料电池总出货容量的 72.69%[1]。质子交换膜燃料电池是目前技术成熟度最高、应用最广泛的一种燃料电池。在汽车应用方面，质子交换膜燃料电池被视为替代内燃机的理想汽车动力源，其技术的发展受到多国政府和许多大型国际车企的重点关注。目前全球已有多款量产化的燃料电池乘用车(fuel cell vehicle，FCV)产品，如日本丰田公司的 Mirai、日本本田公司的 Clarity、韩国现代公司的 NEXO 等。

我国质子交换膜燃料电池技术的发展同样受到国家政策和大型能源与汽车企业的重点关注和扶持。2016 年国家发改委与国家能源局联合印发的《能源技术创新计划(2016—2030)》中将“氢能与燃料电池技术创新”列为重点任务，其具体战略方向包括发展“先进燃料电池。重点在氢气/空气聚合物电解质膜燃料电池(PEMFC)、甲醇/空气聚合物电解质膜燃料电池(metal fuel cell，MFC)等方面开展研发与攻关”及“燃料电池分布式发电。重点在质子交换膜燃料电池(PEMFC)、固体氧化物燃料电池(SOFC)、金属空气燃料电池(metal-air fuel cell，MeAFC)及分布式制氢与燃料电池(PEMFC 和 SOFC)的一体化设计和系统集成等方面开展研发与攻关”。该计划还提出了 2030 年“实现燃料电池和氢能的大规模推广应用”的目标。2016 年中国汽车工程学会发布的《节能与新能源汽车技术路线图》指出，发展燃料电池汽车技术，开发燃料电池汽车产品将是我国未来新能源汽车发展的一条重要技术路线，而质子交换膜燃料电池是目前应用最广泛的汽车动力用燃料电池。我国各大整车厂商也都推出了相应的燃料电池车型，包括商用车和乘用车。图 1.1 为上汽集团荣威 950 燃料电池轿车，是目前国内首款实现公告、销售和上牌的燃料电池乘用车，也是国内首款应用 70MPa 储氢系统的燃料电池车型，续航里程可达 430km，搭载捷氢科技燃料电池系统 PROME P240S(图 1.2)。可以预见，质子交换膜燃料电池在国际国内都具有良好的发展前景，势必在未来全球的能源应用和能量转化装置等领域占据重要地位。

图 1.1　上汽集团荣威 950 燃料电池轿车

图 1.2　捷氢科技燃料电池系统 PROME P240S

尽管质子交换膜燃料电池具备诸多优势和广泛的应用前景，但目前质子交换膜燃料电池依然没有全面商业化并广泛应用于人们的日常生活，质子交换膜燃料电池在许多方面依然面临着挑战。

(1) 质子交换膜燃料电池的技术仍有待继续发展。质子交换膜燃料电池仍受成本高和寿命不足这两大问题的限制，目前相关产品的成本和寿命尚未达到能够普及的程度。具体包括催化剂和膜等材料的性能有待提高，成本有待降低；质子交换膜燃料电池各部件及系统的结构设计有待进一步优化。

(2) 目前氢能产业尚不完善，获取氢气的成本不够低廉，氢气的运输和储存成本高，国内加氢站少。氢能技术障碍和基础设施发展滞后也制约了质子交换膜燃料电池，特别是车用方面的普及和推广。

客观上，希望质子交换膜燃料电池在未来像内燃机和火力电厂一样出现在人们能源利用的各个角落，仍有较长的路要走。通过大力发展质子交换膜燃料电池技术，提升性能、降低成本及提高寿命是质子交换膜燃料电池研究和发展的核心目标。本书的核心内容——质子交换膜燃料电池水热管理，就是为了实现这一目标而开展的相关工作。

## 1.2 质子交换膜燃料电池基础

### 1.2.1 工作原理

在介绍燃料电池的电化学反应之前，先回顾下氢气在氧气中燃烧的化学反应：

$$H_2+\frac{1}{2}O_2 \longrightarrow H_2O+Q \tag{1-1}$$

式中，$Q$ 为反应热，$kJ \cdot mol^{-1}$。

从宏观角度，氢气在氧气中燃烧所释放的热量可以被人们所利用。从分子角度，反应过程包括氢—氢键和氧—氧键的断裂和氢—氧键的形成，化学键的断裂和形成造成了宏观上的吸放热。这个过程中也伴随着电子的转移，其中化学键的断裂和形成都在皮秒级内发生，使燃烧过程只能获得热量，再将热量部分转化为有用功。该反应无法直接提供能被人们利用的电能。如果能将两种反应物在空间上隔离，并通过外电路连接，氢气失去电子，电子通过外电路传输到氧气反应处，就可形成电流和人们能直接利用的电能。图 1.3 为质子交换膜燃料电池的基本工作原理。此时，氢氧反应可以拆成如下的两个半反应。

$$\text{阳极：} H_2 \longrightarrow 2H^+ + 2e^- \tag{1-2}$$

$$\text{阴极：} \frac{1}{2}O_2 + 2H^+ + 2e^- \longrightarrow H_2O \tag{1-3}$$

氢气侧失去电子，发生氧化反应；氧气侧得到电子，发生还原反应。发生氧化反应一侧的电极为阳极，发生还原反应一侧的电极为阴极。值得注意的是，这里的阳极和阴极是对于燃料电池内部而言的，由氧化和还原的半反应决定，与电池对外输出电能时的正电和负电无关。除了电子的转移，质子 ($H^+$) 也需要从阳极转移到阴极，才能保证反应源源不断地进行下去。因此电解质既要分隔开阴阳两极的反应物并绝缘电子，还要能够传导质子。

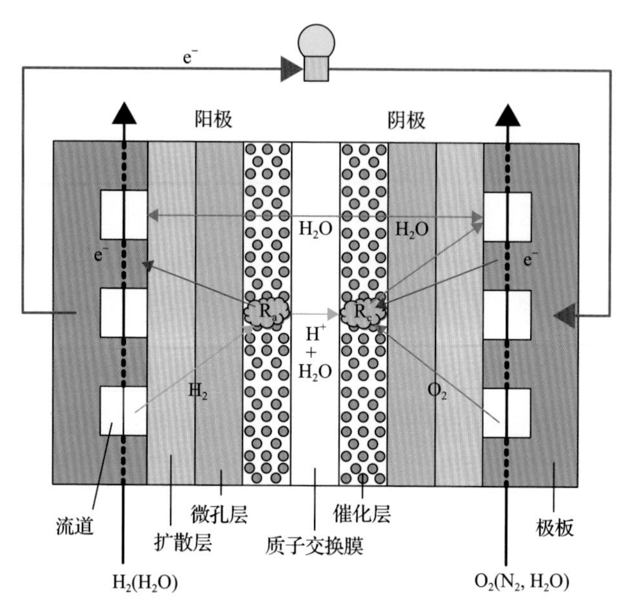


图 1.3　质子交换膜燃料电池的基本工作原理

质子交换膜燃料电池工作状态下，内部发生的物理化学过程主要包括以下几部分。

(1) 气体反应物的输运。气体反应物源源不断的输送至电化学反应场所是电池能持续稳定工作并输出电能的基础。

(2) 电化学反应。气体反应物在催化剂的作用下，在电化学反应场所发生电化学反应，同时吸收或放出热量。

(3) 质子和电子传导。质子通过电解质由阳极传输至阴极，电子也会经由外电路传输至阴极，并对外输出电功。

(4) 产物的排出。电化学反应的总反应产物为水，水需要持续的排出才能保证电池的持续运行。

(5) 产热和散热。无论是电化学反应还是质子和电子的传导，电池工作过程中不可避免的对外放出热量，热量需要持续的散出使得电池稳定在一定温度范围内。

质子交换膜燃料电池内部主要过程可概括为传热传质过程和电化学反应过程，这些物理化学过程一般统称为传输过程。

### 1.2.2　基础结构

图 1.4 为一块质子交换膜燃料电池的实物图。需要注意的是，这是一块由实验室夹具组装而成的燃料电池原型机，并非普遍商业化的质子交换膜燃料电池。目前常见的质子交换膜燃料电池由一片片层状结构堆叠组装而成，一块质子交换膜燃料电池也常被称为单电池。

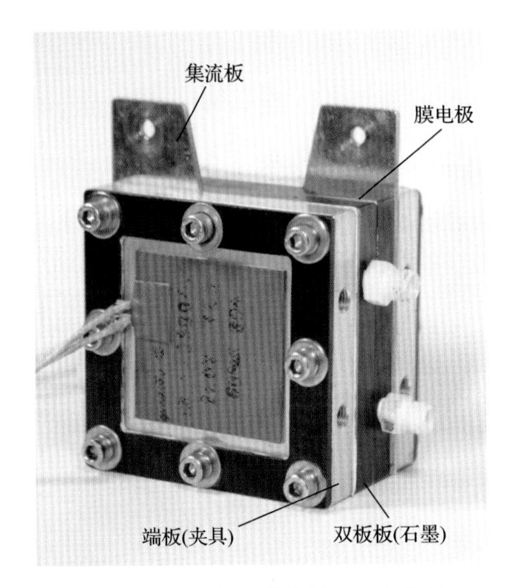


图 1.4 质子交换膜燃料电池实物图

质子交换膜燃料电池由双极板(bipolar plate)和膜电极(membrane electrode assembly，MEA)装配而成。膜电极内包含阳极电极、质子交换膜(proton exchange membrane，PEM)和阴极电极，一般的膜电极是以膜为轴的对称结构。单侧电极包括气体扩散层(gas diffusion layer，GDL)、微孔层(micro-porous layer，MPL)、催化层(catalyst layer，CL)。

(1)极板：其作用包括提供气体流场、支撑膜电极、传导电流等。流场设计是质子交换膜燃料电池水热管理的重要内容。

(2)质子交换膜：即前文中提及的电解质，是膜电极的核心部件，其作用包括分隔阴阳极气体反应物、快速传导质子并阻隔电子。

(3)气体扩散层：也简称为扩散层，由导电的多孔材料构成，其主要作用是支撑和保护质子交换膜和催化层以及为电子传导和气体输运提供通道。

(4)微孔层：一般为制备在扩散层上的结构，其作用包括增强扩散层表面平整度、改善孔隙结构、实现扩散层和催化层孔隙间的平滑过渡等。

(5)催化层：包含电解质和催化剂的多孔结构，是电化学反应发生的场所。

以上各部件的工作原理及内部传输过程会在第 2 章中详细讲述，图 1.4 中的端板和集流板是燃料电池堆中的主要部件，在第 6 章中会继续讲述。

### 1.2.3 燃料电池热力学

燃料电池是将化学能直接转为电能的能量转化装置，了解热力学分析是理解燃料电池输出性能的第一步。热力学不仅预言了燃料电池中的化学反应能否自发地发生，还提供了反应能产生电压的上限。本小节将结合热力学知识，计算氢—

氧燃料电池的极限电压，也称为可逆电压或开路电压。

1. 焓和反应焓

内能为一个系统的固有属性，是系统内部分子无规则运动的能量总和，表征一个系统所含有的能量，但不包含因外部力场而产生的系统整体之动能和势能。系统所具有的内能会随着系统的吸热和做功而改变。

$$dU = dQ - dW \tag{1-4}$$

式中，$dU$ 为系统的内能变化；$dQ$ 为系统从外界吸收的热量；$dW$ 为系统对外界做功。一般化学反应对外做功有两种，即体积功和电功。在引出焓的概念中，一般仅考虑体积功。

对于恒压下的化学反应，如果反应做功仅为体积功，式(1-4)可改写为

$$dQ = dU + dW = U_2 - U_1 + p(V_2 - V_1) = U_2 + pV_2 - (U_1 + pV_1) \tag{1-5}$$

式中，$U_1$、$U_2$ 分别为反应前后系统的内能；$p$ 为压力；$V_1$、$V_2$ 分别为反应前后系统的体积。其中，$U$、$p$、$V$ 均为状态量，由此定义一个热力学函数“焓”，用符号 $H$ 表示，定义为

$$H \equiv U + pV \tag{1-6}$$

焓可以理解为恒温下创造一个系统所需的能量。

结合焓的定义，式(1-5)可改写为

$$dQ = H_2 - H_1 = dH \tag{1-7}$$

式中，$H_1$、$H_2$ 分别为反应前后系统的焓值，$kJ \cdot mol^{-1}$；$dH$ 为反应的焓变，$kJ \cdot mol^{-1}$。以上过程均是基于恒压假设，$dH$ 也称为恒压反应焓。上述公式表明，在系统恒压且只做体积功的条件下，系统的热量变化等于系统的反应焓。$dH > 0$，表明该反应为吸热反应；$dH < 0$，表明该反应为放热反应。

反应焓仅与系统的始态和终态相关，而与变化的途径无关。焓的定义中包含内能，一个系统在给定状态下的内能不可测量，一个系统的焓值同样无法测量。但通过测量一个化学反应的吸放热，可以了解一个反应在给定状态下的反应焓。由热力学的标准状态，规定标准摩尔生成焓（$H_f^0$）为标准状态下由参考物质生成1mol指定物质所需要的焓，相应地，标准摩尔反应焓（$dH_r^0$）可由反应物和生成物的标准摩尔生成焓之间的差值表示。以质子交换膜燃料电池中氢氧反应生成液态水为例（反应式如式(1-1)），以1mol氢气为基准，计算标准摩尔反应焓：

$$dH_r^0 = H_{f,H_2O(l)}^0 - H_{f,H_2}^0 - \frac{1}{2}H_{f,O_2}^0 = -285.85 kJ \cdot mol^{-1} \tag{1-8}$$

式中，$dH_r^0$ 为氢氧反应生成液态水的标准摩尔反应焓，$kJ \cdot mol^{-1}$；$H^0_{f,H_2O(l)}$、$H^0_{f,H_2}$、$H^0_{f,O_2}$ 分别为液态水、氢气和氧气的标准摩尔生成焓，$kJ \cdot mol^{-1}$。求得 1mol 氢氧反应生成液态水的反应焓为–285.85$kJ \cdot mol^{-1}$。

2. 吉布斯自由能和吉布斯自由能变

前面讨论的反应焓给出了一个化学反应能够释放的最大热能，但由热力学可知，这些热能无法全部转化为有用功，化学反应产生的能量只有一部分能转变成有用功。对于燃料电池，对外输出的有用功为电功(非体积功)，下面所讨论的吉布斯自由能和吉布斯自由能变将决定化学反应所能提供有用功的最大潜能。吉布斯自由能等于恒温下建立一个系统和为它创建相应空间所需的总能量减去该过程中环境自动提供的能量：

$$G \equiv U + pV - TS = H - TS \tag{1-9}$$

式中，$G$ 为吉布斯自由能，$kJ \cdot mol^{-1}$；$T$ 为温度，K；$S$ 为系统的熵；$H$ 为系统的焓，$kJ \cdot mol^{-1}$。

对式(1-9)进行微分，在恒温条件下：

$$dG = dH - TdS \tag{1-10}$$

式中，$dG$ 为吉布斯自由能变，$kJ \cdot mol^{-1}$；$dH$ 为焓变，$kJ \cdot mol^{-1}$；$dS$ 为熵变。由此可以由反应焓和熵变来计算一个反应的吉布斯自由能变。

计算标准状态下中氢氧反应生成液态水(反应式如(1-7))的吉布斯自由能变：

$$dG_r^0 = dH_r^0 - TdS_r^0 = -285.83 - 298.15 \times (-163.29) \times 10^{-3} = -237.145(kJ \cdot mol^{-1}) \tag{1-11}$$

式中，$dG_r^0$ 为氢氧反应生成液态水的标准摩尔吉布斯自由能变，$kJ \cdot mol^{-1}$；$dH_r^0$ 为该反应的标准摩尔反应焓，$kJ \cdot mol^{-1}$；$dS_r^0$ 为该反应的标准摩尔熵变。求得 1mol 该反应的吉布斯自由能变为–237.145$kJ \cdot mol^{-1}$。系统所做的非体积功不是状态函数(如燃料电池对外输出电功)，其数值与工作路径相关，而吉布斯能是状态函数，吉布斯能变也与工作路径无关。所以，在等温等压状况下，系统的吉布斯能减少量是其所能做的最大非体积功。

此外，吉布斯自由能变 $dG$ 可作为判断恒温恒压反应过程是否自发与平衡的依据：

(1) $dG>0$，反应不能自发进行，需要输入额外能量才能进行。

(2) $dG=0$，反应以可逆方式进行，处于平衡状态，无法对外输出有用功。

(3) $dG<0$，反应以不可逆方式自发进行，能对外输出有用功。

值得注意的是，吉布斯自由能变仅说明反应的自发性，但并不保证反应在所有状态下都会发生，更不能表明反应进行的速率。电化学反应在特定工况下能否发生和反应进行的速率都受到动力学的限制。

3. 可逆电压

以上分析了燃料电池中反应的吉布斯自由能变。电势是衡量电子能量的方法，因此还需将电势(或电势差)与前面所讨论的吉布斯自由能变联系起来。对于燃料电池的电化学反应，对外做电功：

$$dU = dQ - pdV - dW_{elec} \tag{1-12}$$

由吉布斯自由能定义：

$$dU = dG - d(pV) + d(TS) \tag{1-13}$$

燃料电池的电化学反应可视为等温等压过程，式(1-13)可简化为

$$dU = dG - pdV + TdS \tag{1-14}$$

在可逆过程时满足

$$dQ = (TdS)_{rev} \tag{1-15}$$

联立式(1-12)～式(1-15)，可得

$$dG = (TdS)_{rev} - TdS - dW_{elec} \tag{1-16}$$

对于任何燃料电池系统内的化学反应，均满足 $(TdS)_{rev} \leqslant TdS$ 。仅在反应可逆时， $(TdS)_{rev} = TdS$ ，此时 $-dG = dW_{elec}$ 。但当燃料电池对外输出电功，反应不可逆，此时 $(TdS)_{rev} < TdS$ ，因此 $-dG > dW_{elec}$ 。因此吉布斯自由能变 $dG$ 的绝对值决定了燃料中化学能转化为电功的最大值。燃料电池对外做电功可以表达为

$$W_{elec} = EQ = EnF \tag{1-17}$$

式中，$E$ 为电势差，V；$Q$ 为移动电荷量，C；$n$ 为迁移电子的摩尔数，mol；$F$ 为法拉第常数，$96485C \cdot mol^{-1}$。

当反应可逆时，满足 $-dG = dW_{elec}$ ，可求得燃料电池的可逆电压为

$$E = -\frac{dG}{nF} \tag{1-18}$$

因此，燃料电池的可逆电压由反应的吉布斯自由能变所决定。

由此可以计算出标准态下氢—氧燃料电池的可逆电压

$$E_0 = -\frac{dG_r^0}{nF} = -\frac{-237.145\times10^3 \text{J}\cdot\text{mol}^{-1}}{2\times96485\text{C}\cdot\text{mol}^{-1}} = 1.229\text{V} \tag{1-19}$$

式中，$E_0$ 为标准态下的可逆电压，V。

4. 非标准态下的可逆电压-能斯特方程

以上计算了标准状态下(298.15K，1atm 即 101315Pa)氢-氧燃料电池的可逆电压，然而燃料电池的运行工况是多样的，燃料电池大部分时间并非在标准状态下工作，可逆电压也会发生变化。对于氢-氧燃料电池，温度和气体反应物浓度是影响可逆电压的两个主要因素。能斯特方程仅包含浓度对可逆电压的影响，因而通常采用添加温度修正的能斯特方程计算非标准态下的可逆电压：

$$E_r = E_r^0 + \frac{\Delta S_0}{2F}(T - T_0) + \frac{RT}{2F}\left[\left(\frac{p_{H_2}}{p_0}\right)\left(\frac{p_{O_2}}{p_0}\right)^{0.5}\right] \tag{1-20}$$

式中，$E_r$ 为非标准态下氢-氧燃料电池的可逆电压，V；$E_r^0$ 为标准状态下氢-氧燃料电池的可逆电压，V；$\Delta S_0$ 为标准状态下消耗每摩尔氢气的总反应熵变，$\text{J}\cdot\text{mol}^{-1}\cdot\text{K}^{-1}$；$p_{H_2}$ 为氢气分压力，atm；$p_{O_2}$ 为氧气分压力，atm；$T_0$ 为标准状态的温度，298.15K；$p_0$ 为标准状态的压力，1atm。对于燃料电池中的电化学反应，$\Delta S_0$ 一般为负值，因此温度提高对于可逆电压是不利因素，而气体反应物压力增加有利于可逆电压的提高。

### 1.2.4 燃料电池反应动力学

燃料电池热力学指明了燃料电池反应的自发性和极限电压，但并没有指明反应进行的速率。电化学反应进行的速率则是由反应动力学决定的。

1. 电流密度与电化学反应速率

燃料电池输出电流为单位时间内通过电池截面积的电子电荷量，电子由氢气在阳极的氧化反应产生，并在阴极与氧气参与还原反应，由此可以将电流和电化学反应速率联系在一起：

$$i = nF\frac{dN}{dt} \tag{1-21}$$

式中，$i$ 为电流，A；$n$ 为单位摩尔反应物参与反应所产生或消耗电子的摩尔数，对于氢气的氧化反应 $n=2$，对于氧气的还原反应 $n=4$；$\frac{\mathrm{d}N}{\mathrm{d}t}$ 为电化学反应中消耗反应物的速率，$\mathrm{mol\cdot s^{-1}}$。

输出电流为截面积上通过的电子电荷量，显然输出电流的大小与截面积的大小相关。为了便于衡量不同大小电池的输出性能，常以单位面积为基准来比较燃料电池的输出电流，即电流密度：

$$I=\frac{i}{A_{\mathrm{cell}}} \tag{1-22}$$

式中，$I$ 为电流密度，$\mathrm{A\cdot m^{-2}}$；$i$ 为电流，A；$A_{\mathrm{cell}}$ 为燃料电池的活化面积，$\mathrm{m^2}$。电流密度的标准单位为 $\mathrm{A\cdot m^{-2}}$，在实际应用中更常使用 $\mathrm{cm^2}$ 为单位描述电池的活化面积，因此 $\mathrm{A\cdot cm^{-2}}$ 也更常作为电流密度的单位。

2. 催化剂与活化能

燃料电池的电化学反应在催化剂的作用下发生，以氢气的氧化反应为例：

$$\mathrm{H_2 \rightleftharpoons 2H^+ + 2e^-} \tag{1-23}$$

注意与之前表达不同的是，反应符号为可逆符号。因为对于一个化学反应，存在正向反应的同时，也一定存在逆向反应，即

$$\text{正向反应：}\ \mathrm{H_2 \longrightarrow 2H^+ + 2e^-} \tag{1-24}$$

$$\text{逆向反应：}\ \mathrm{2H^+ + 2e^- \longrightarrow H_2} \tag{1-25}$$

氢气存在于多孔电极的气相孔隙中；质子仅能在电解质中传输；而电子则仅能在多孔电极的固体骨架中传输；氢气的氧化反应也是由一系列更基本反应叠加而成的总反应，需要催化剂的参与才能保证整个反应进行的速率。因此一般需要在反应气、电解质和催化剂这三者同时存在的位点，这一反应才能高效进行，即电化学反应一般发生于反应气-电解质-电极(催化剂)三相交界面。

活化能是分子从常态转变为容易发生化学反应的活跃状态所需要的能量。活化能可以理解为化学反应的能量壁垒，分子需先越过活化能的壁垒，反应物才能转化为生成物。对于电化学反应，同样存在能垒，活化能越小，意味着电化学反应越容易发生，而活化能的大小与催化剂的属性密切相关。由于正、逆向反应同时在发生，上一小节中所讲的电化学反应速率是正向净反应速率，即正向反应与逆向反应速率之差。对于正向反应的发生，反应物分子需要越过正向反应的活化能垒 $\Delta E_1$，同样，对于逆向反应的发生则需要越过逆向反应的活化

能垒 $\Delta E_2$。当 $\Delta E_1 < \Delta E_2$，正向反应比逆向反应更容易发生；$\Delta E_1 > \Delta E_2$，则逆向反应比正向反应更容易发生。当 $\Delta E_1 < \Delta E_2$ 时，即正向反应速率大于逆向反应速率，并存在正向反应净速率。此时只有存在正向反应净速率，$\Delta E_1$ 和 $\Delta E_2$ 存在以下关系：

$$\Delta G = \Delta E_1 - \Delta E_2 \tag{1-26}$$

式中，$\Delta G$ 为反应物到生成物的吉布斯自由能变，$kJ \cdot mol^{-1}$；$\Delta E_1$ 为正向反应的活化能垒，$kJ \cdot mol^{-1}$；$\Delta E_2$ 为逆向反应的活化能垒，$kJ \cdot mol^{-1}$。$\Delta E$ 的计算总是终态减初态，即活化能垒 $\Delta E$ 总是正值。

3. Butler-Volmer 方程

燃料电池的可逆电压是基于热力学平衡状态求得，此时正向反应速率与逆向反应速率相等，也就是没有净反应速率，即燃料电池没有对外的电流输出。没有净反应速率并不意味着正向反应和逆向反应各自没有进行，此时正向反应和逆向反应均在发生，且进行的速率相同。

由之前的讨论，反应速率和电流密度具有相似的概念，均可描述电化学反应进行的速率。由此可以定义平衡态下的正向(或逆向)电流密度为交换电流密度：

$$j_1 - j_2 = j_0 \tag{1-27}$$

式中，$j_1$ 为正向电流密度，$A \cdot m^{-2}$；$j_2$ 为逆向电流密度，$A \cdot m^{-2}$；$j_0$ 为交换电流密度，$A \cdot m^{-2}$。此时正向反应与逆向反应的活化能垒也相等。

对于燃料电池，人们需要的是燃料电池输出电流，对外做电功，即存在正向净电流密度，因此必须打破正向反应与逆向反应相等的活化能垒，使得反应进行的速率偏向于正向反应的进行。由 Butler-Volmer 方程(式(1-28))，为了产生正向的净电流密度，需要牺牲部分热力学有用的电压，以打破正逆向反应速率的平衡，降低正向活化能垒并提高逆向活化能垒：

$$I = j_0 \left( e^{\frac{\alpha n F \eta}{RT}} - e^{-\frac{(1-\alpha) n F \eta}{RT}} \right) \tag{1-28}$$

式中，$I$ 为正向净电流密度，$A \cdot m^{-2}$；$j_0$ 为交换电流密度，$A \cdot m^{-2}$；$\alpha$ 为传输系数；$\eta$ 为获得正向的净电流密度而牺牲的部分电压，称为活化过电势，或活化损失，V。

式(1-28)的 Butler-Volmer 方程也常简称为 BV 方程。由 BV 方程可知，正向净电流密度与交换电流密度成正比关系，交换电流密度 $j_0$ 越大，越容易获得更高的反应速率(或电流密度)。交换电流密度 $j_0$ 则与反应物的浓度、活化能壁垒的大小、温度及反应位点面积等因素相关。增加催化层内反应物浓度和提高温度均有利于增大交换电流密度。传输系数 $\alpha$ 表征通过牺牲电势对改变正向和逆向活化能垒的大小，因此 $\alpha$ 的值总是介于 0～1，越大的 $\alpha$ 代表着更快速的正向的反应动力学。

4. 简化形式的 Tafel 公式

BV 方程给出了电化学反应速率(或电流密度)与活化损失 $\eta$ 间的关系，但公式的形式较为复杂。塔菲尔从一系列的实验结果中归纳总结出了电极表面过电势与电流密度间的经验公式——Tafel 公式：

$$\eta_{act} = b\ln\frac{I}{j_0} \tag{1-29}$$

$$b = \frac{RT}{\alpha nF} \tag{1-30}$$

式中，$\eta_{act}$ 为活化损失，V；$b$ 为 Tafel 斜率，其表达式如式(1-30)；$I$ 为电流密度，$A \cdot m^{-2}$；$j_0$ 为交换电流密度，$A \cdot m^{-2}$。式(1-29)也可表示为如下形式：

$$\eta_{act} = b\ln I - b\ln j_0 \tag{1-31}$$

可见活化损失 $\eta_{act}$ 与 $\ln I$ 为线性关系，斜率为 $b$。Tafel 公式的形式较 BV 方程简化了许多，两者均描述反应动力学。当活化损失 $\eta_{act}$ 很大时(室温下大于 50～100mV)，BV 方程中的第二指数项可以忽略，此时正向反应方向起决定性作用，相当于一个完全不可逆反应过程，此时 BV 方程简化为

$$I = j_0 e^{\frac{\alpha nF\eta}{RT}} \tag{1-32}$$

式(1-29)与式(1-31)完全相同，可见当活化损失 $\eta_{act}$ 很大时，BV 方程与 Tafel 公式在数学上等同，也可以认为 Tafel 公式是 BV 方程在高活化损失下的近似拟合式。燃料电池在对外输出电流时，也就对应着正向反应占主导地位，即活化损失 $\eta_{act}$ 很大的情况，这使 Tafel 公式具有广泛的应用。

### 1.2.5 燃料电池的输出性能

一般情况下，燃料电池输出性能，就是燃料电池在一定电流密度下的输出电压(或一定输出电压下的电流密度)。电势是电子能量的一种衡量方法，而电流密度对应着电化学反应的速率。燃料电池对外输出电流时，由于存在不可逆的动力

学，燃料电池的实际输出电压无法达到可逆电压。事实上，除了由反应动力学造成的电压损失，燃料电池在工作状态下还存在其他原因造成的电压损失。一般而言，电压损失可概括为以下 3 种。

(1) 活化损失：为获得正向净反应速率，由反应动力学造成的电压损失，也称为极化损失。

(2) 欧姆损失：质子和电子传导中存在阻力而造成的电压损失。

(3) 传质损失：反应物由流场输送至催化层，反应物浓度降低造成的部分电压损失，也称为浓度损失或浓差损失。

燃料电池的实际输出电压可以表示为热力学提供的电压上限(可逆电压)减去各项电压损失：

$$V_{out} = E_r - \eta_{act} - \eta_{ohm} - \eta_{conc} \tag{1-33}$$

式中，$V_{out}$ 为燃料电池的实际输出电压，V；$\eta_{ohm}$ 为欧姆损失，V；$\eta_{conc}$ 为传质损失，V。

了解各项电压损失的产生机制，明确如何降低各项损失的技术途径，是实现电池设计优化，提升电池性能的基础。由 Tafel 公式可知，活化损失 $\eta_{act}$ 随着反应速率的增加而增加，由欧姆定律，欧姆损失 $\eta_{ohm}$ 也是随着输出电流密度的增加而近似线性增长，而传质损失 $\eta_{conc}$ 也在大电流密度下变得十分显著。可以判断，燃料电池的实际输出电压随输出电流密度的增大而减小。常用电流密度-电压特性图，即 *I-V* 曲线，或称为极化曲线，来描述一个燃料电池的输出性能。图 1.5 为一个质子交换膜燃料电池的典型极化曲线。可以看出，输出电压随着电流密度的增大而下降。通常极化曲线可以大致分为 3 段。

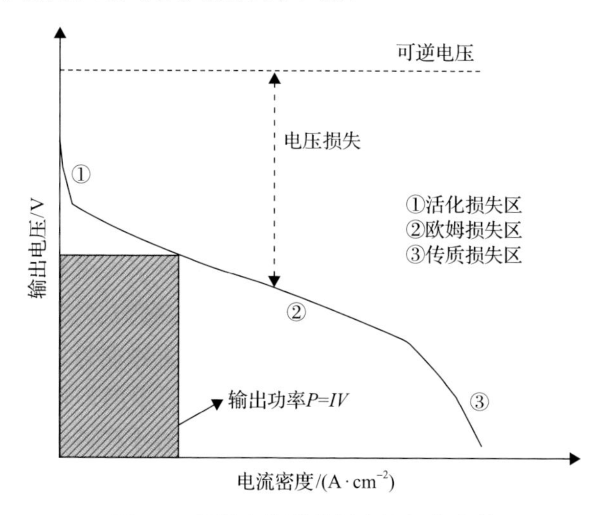


图 1.5　质子交换膜燃料电池极化曲线

(1) 活化损失区。电流密度极小时，电压随电流密度呈快速下降。由 BV 方程，活化损失 $\eta_{act}$ 与 $\ln I$ 成正比，在小电流密度区会随着电流密度的增加而快速增加；由欧姆定律，欧姆损失 $\eta_{ohm}$ 与电流密度 $I$ 为正比关系，小电流密度区时欧姆损失很小；传质损失在小电流密度区时更无从体现。这一段内活化损失在各项电压损失中占主导，因此极化曲线的小电流密度区称为活化损失区。

(2) 欧姆损失区。随着电流密度的增大，电压呈一段近似线性的下降。由 BV 方程，电流密度较大后，活化损失的增长不再明显。而电压的近似线性下降正对应于欧姆定律的特点，这一段内电压损失的增长主要源于欧姆损失的增大，因此这一段称为欧姆损失区。

(3) 传质损失区。当电流密度继续增大，对应着催化层内电化学反应速率的增长，气体反应物消耗速率和阴极产水速率增大。一方面气体反应物传输到催化层的速率往往有限，高电流密度下催化层内气体反应物浓度会有显著下降，不利于反应动力学；另一方面电化学反应生成物水在催化层内的积累也不利于反应的持续进行，液态水还会堵塞多孔电极内气相输运通道，更加不利于气体反应物输运至催化层。当电流密度增大到一定程度时，输出电压可能会急速下降。这一般由气体反应物供给不足和生成水不能快速排出导致，即传质不良造成的电压损失，称这一段为传质损失区。

当燃料电池的输出电压降为 0 时，即将极化曲线延长与横轴的交点，该点对应的电流密度为极限电流密度。由于阴极氧气的还原反应的动力学要比阳极氢气的氧化反应的动力学缓慢很多，而且氧气的体扩散率较氢气更小，阴极内液态水积累的问题更为严重，更阻碍了阴极内氧气的传输，所以极限电流密度的大小与阴极催化层内氧气浓度不足密切相关。一般认为，当阴极催化层内氧气浓度降为 0 时，燃料电池达到极限电流密度，由此可以大致推算极限电流密度为

$$\frac{j_{lim}}{4F}=\frac{c_{ch,O_2}-0}{\delta_c}D_{c,O_2} \tag{1-34}$$

式中，$j_{lim}$ 为极限电流密度，$A\cdot m^{-2}$；$c_{ch,O_2}$ 为阴极流道内氧气浓度，$mol\cdot m^{-3}$；0 表示阴极催化层内氧气浓度为 0；$\delta_c$ 为阴极电极厚度，m；$D_{c,O_2}$ 为阴极电极内氧气的扩散率，$m^2\cdot s^{-1}$。式 (1-34) 仅是粗略的估算，阴极内液态水的存在也会阻碍氧气传输，当然也存在其他诸多因素影响极限电流密度的大小。目前高性能的质子交换膜燃料电池的极限电流密度能达到 3 至 $5A\cdot cm^{-2}$，未来极限电流密度还会进一步升高。

### 1.2.6 燃料电池的效率

同其他能量转化装置类似，了解燃料电池的能量转化效率十分必要。一般定

义能量转化装置的效率为输出的有用功与燃料中可提取的总能量之比。由热力学第二定律，任何能量转化装置在能量转化过程中总是存在着各项损失，包括热机和燃料电池，实际效率远远无法达到 100%。

为了解燃料电池效率的优势，先简单回顾一下传统热机的最高效率极限，即卡诺循环的效率。热机是将燃料中的化学能转化成热能，再转化为机械能的一类动力机械装置。其中的机械能为最终的有用功，而燃料充分反应所能提供的热能为燃料可提取的总能量。热机吸收高温热源 $T_H$ 释放的热量 $Q_H$，并将部分热能以有用功 $W$ 的形式输出，剩余浪费的热能 $Q_L$ 耗散向低温热源 $T_L$，满足 $W = Q_H - Q_L$。热机的卡诺效率定义为

$$\eta_t = \frac{W}{Q_H} = \frac{Q_H - Q_L}{Q_H} = \frac{T_H - T_L}{T_H} = 1 - \frac{T_L}{T_H} \tag{1-35}$$

式中，$\eta_t$ 为卡诺效率；$W$ 为对外输出的有用功，$J \cdot mol^{-1}$；$Q_H$、$Q_L$ 分别为热机由高温热源吸收的热量和向低温热源释放的热量，$J \cdot mol^{-1}$；$T_H$、$T_L$ 分别为高温热源和低温热源的温度，K。对于一个工作在最高温度 300℃(573K) 和最低温度 25℃(298K) 的热机，其卡诺效率仅为 48%。而且卡诺循环考虑的是可逆过程，实际热机由于存在摩擦等大量不可逆过程，使得一切热机的实际效率还要低于卡诺效率。

对于燃料电池，反应焓 $dH_r$ 决定了从燃料中能够提取的最大热能，而吉布斯自由能变 $dG_r$ 给出了燃料中化学能转化为电功的最大限值。因此，燃料电池的最大效率极限，热力学可逆效率为

$$\eta_r = \frac{dG_r}{dH_r} \tag{1-36}$$

式中，$\eta_r$ 为燃料电池的热力学可逆效率；$dG_r$ 为单位摩尔反应的吉布斯自由能变，$J \cdot mol^{-1}$；$dH_r$ 为单位摩尔反应的反应焓变，$J \cdot mol^{-1}$。反应焓 $dH_r$ 和吉布斯自由能变 $dG_r$ 均为温度和压力的函数，因此燃料电池在不同温度和压力下的可逆效率有所不同。标准状态下，氢—氧燃料电池的吉布斯自由能变化和反应焓分别为：$dG_r^0 = -237.145\ kJ \cdot mol^{-1}$ 和 $dH_r^0 = -285.83\ kJ \cdot mol^{-1}$。由此标准状态下氢—氧燃料电池的热力学可逆效率为

$$\eta_r = \frac{dG_r^0}{dH_r^0} = \frac{-237.145}{-285.83} = 83\% \tag{1-37}$$

对比卡诺效率，燃料电池的可逆效率显然更具优势。不过值得注意的是，对于热机，提高热机的最高温度可以提高卡诺效率；而对于燃料电池，提升温度反而造成可逆效率的下降。

热机的实际效率无法达到卡诺循环效率极限。燃料电池的可逆效率对应着可逆电压，但燃料电池对外输出电流时，由于存在不可逆的活化损失、欧姆损失及传质损失，使燃料电池的实际输出电压低于可逆电压，也就意味着燃料电池的实际效率也总是要低于可逆效率。由于实际输出电压低于可逆电压导致的效率称为电压效率，其定义为燃料电池的实际输出电压与可逆电压之比：

$$\eta_{out}=\frac{V_{out}}{E_r} \tag{1-38}$$

式中，$\eta_{out}$ 为电压效率，燃料电池实际输出电压越高，燃料电池的效率越高。由燃料电池的极化曲线，输出电流密度的升高导致电压的下降，进而导致燃料电池效率的降低。在燃料电池实际应用中，为保证较高的总能量转化效率，燃料电池一般在 0.6～0.8V 的输出电压范围内工作。

燃料电池工作时不仅存在能量转化的效率，还存在燃料利用效率。如部分未参与电化学反应的氢气被排出浪费，阴阳两极气体跨膜输运产生寄生电流等。由此定义燃料利用效率 $\eta_{fuel}$ 为燃料电池产生有效电流输出所消耗燃料的速率与实际燃料供给的速率之比：

$$\eta_{fuel}=\frac{I/nF}{\dot{N}} \tag{1-39}$$

式中，$n$ 为每摩尔燃料发生电化学反应产生的电子的摩尔数；$\dot{N}$ 为供给燃料的速率，$mol\cdot s^{-1}$。

综上所述，燃料电池的实际效率应该包含可逆效率、电压效率和燃料利用率三部分，实际效率可表示为

$$\eta_{fc}=\eta_r\eta_{voltage}\eta_{fuel} \tag{1-40}$$

式中，$\eta_{fc}$ 为燃料电池的实际效率。

以上讨论的仅为燃料电池本身的能量转化效率。实际中为保证燃料电池的持续工作，燃料电池需要诸多供气、热管理等辅助设备，与燃料电池共同构成燃料电池系统，而这些辅助设备一般也都需要消耗电能，这也会进一步降低燃料电池系统的整体效率。

## 1.3 质子交换膜燃料电池水热管理

### 1.3.1 水热管理

质子交换膜燃料电池作为一种能量转化和动力机械装置，许多方面可以与内

燃机来类比。内燃机工作时我们所关注问题包括燃料供给、新鲜空气的补充和尾气的排放、气道和气缸内的流动、燃烧过程、冷却系统及启动系统等。对于质子交换膜燃料电池内部过程，气体反应物输送至电化学反应位点的过程可类比于燃料和新鲜空气的供给，电化学反应生成物水的排出可类比于内燃机尾气的排放，燃料电池的流道和多孔电极中的流动可类比于歧管和气缸中的流动，电化学反应过程类比于燃烧及做功过程。燃料电池虽然具有较高的能量转化效率，但依然有废热产生，需要冷却系统带走多余的热量。质子交换膜燃料电池同样存在启动和低温启动等问题。因此，质子交换膜燃料电池水热管理，就是质子交换膜燃料电池所有内部传输过程的统称，涵盖了电池内“气—水—电—热—力”传输的所有过程[2]。

质子交换膜燃料电池内部过程常被统称为“水管理”，这足以见得水在质子交换膜燃料电池中的重要性和复杂性。质子交换膜的质子电导率与水含量关系密切，全氟磺酸膜作为目前应用最为广泛的质子交换膜材料，只有在充分水合状态下，才能保证其具有较高的质子电导率，高质子电导率对于燃料电池意味着高输出性能、高能量利用率及高寿命。水也是电化学反应的生成物，目前燃料电池的发展趋势是工作电流密度逐渐增高，生成水的速率也相应增大，因此电池内似乎并不缺水。但事实上，一方面，仅有与膜结合状态的水才有利于质子电导率的提高，而过多的液态水会占据多孔电极内孔隙，阻碍气体反应物传输至电化学位点，即“水淹现象”，严重降低电池性能；另一方面，由于电化学反应生成水在阴极，电渗拖拽作用将更多的水从阳极带至阴极，使电池内水分布非常不均，阳极缺水，而阴极易水淹，这些过程造成了电池内水分布的复杂性。我们既需要膜保持高水合度，从而具有高的质子电导率，也需要过多的生成水能够及时排出电池，保证高的电化学反应速率和气体反应物的高效传输。

质子交换膜燃料电池工作过程中不可避免地产生一定的废热，使电池的温度有所升高，一定程度的温度升高有利于提高催化剂活性和电化学反应速率，也有利于避免水淹，废热的产生也有助于电池的冷启动。但如果热量不能高效地散出电池，会造成电池温度持续升高和温度分布的不均匀，膜的含水量下降，输出性能和电池内各部件的寿命会遭受不可逆的衰减。因此，在实际操作中对电池高效控温十分必要，燃料电池堆往往需要配置相应的冷却系统，目前质子交换膜燃料电池正常工作温度一般在 60～95℃，其工作温度与环境温度的温差很小(与内燃机对比)，这也增大了燃料电池堆散热难度。

气体反应物需要源源不断地输送至催化层内，才能保证电化学反应不间断进行，持续输出功率。催化层内充足的气体反应物浓度，既能提高电化学反应速率，降低活化损失，提高输出性能，也能避免气体反应物缺乏而导致的催化层寿命衰减。目前实际应用中，对燃料电池要求的工作电流密度不断增高，意味着要求的气体反应物供给速率也在不断增大，且对气体反应物在电池活化面积上的均匀分布要求也在不断提高。气体反应物的传输包括在流场和多孔电极中的传输，一方面通过流场的优化设计，提高气体进入多孔电极的速率；另一方面也要保证气体在多孔电极内的高效传输(这部分则与液态水的有效排出关系密切)。

质子交换膜燃料电池内部电传输包括质子传输和电子传输，质子的传输区域包括质子交换膜和催化层的电解质部分，其电导率与电解质的水合度密切相关。由于质子电导率远小于电子电导率，我们往往认为质子电导率是影响电池输出性能的重要因素。尽管电子传输速率较快，但电池内各部件间可能存在的接触电阻，会造成极高的欧姆损失和局部高温，而接触电阻的大小则与电池的装配密切相关。一方面，较大的装配力有利于增强内部气密性，减小电池内的接触电阻，但同时也会造成气体扩散层局部压缩严重，电极内液态水分布不均等问题。另一方面，过小的装配力会造成电池气密性不良，发生漏气等问题，使电池不能正常工作。

以上的讨论均为概述性的，相应的内容都会在之后的各章节中详细展开。从以上叙述可以看出，电池内的“水—电—热—气—力”五点彼此影响，耦合在一起，均对质子交换膜燃料电池的输出性能和寿命有重要的影响，这使质子交换膜燃料电池水热管理充满挑战。质子交换膜燃料电池水热管理研究涵盖了传热学、流体力学、电化学、固体力学及材料科学等相关知识，是燃料电池技术发展中最为重要的部分之一，涉及电池组件、单电池、电池堆再到整个燃料电池系统各个层面。

### 1.3.2 水热管理的研究内容及现状

毫无疑问，每一次水热管理的突破都将带来质子交换膜燃料电池技术的重大进展，本书以质子交换膜燃料电池水热管理为核心进行叙述。水热管理的主要研究内容可以概括为：深入理解质子交换膜燃料电池内多种传输现象的机理，进而通过对各部件的优化设计和优化控制实现对电池内部传输过程的有效调控，最终实现提高电池性能、降低成本及提高寿命的目标。在研究对象上，本书包括组成单电池的各部件：双极板和膜电极(包括质子交换膜、气体扩散层、微孔层及催化层)；电堆各部件：进排气歧管、冷却流道等；燃料电池系统各部件：空压机、散热器及氢气循环泵等。在研究方法上，主要介绍实验表征测试和建模分析。

实验测试是研究质子交换膜燃料电池内传输现象的主要手段，事实上目前对于大部分现象的初步认识和理解都是通过实验发现的，包括燃料电池的输出性能测试、内部传输过程及多物理量的测试及材料属性表征测试等。对于燃料电池的表征测试技术，一般可以分为在线表征技术和离线表征技术。在线表征可以理解为保证燃料电池的工作状态下对其进行的表征测试，主要包括宏观特性实验、电化学表征、可视化表征及分布特性表征等。在线表征实现了真实工作状态的还原，其结论也最具有效性和说服力，但其难度也是可想而知的。对于电流、电势以及温度等物理量及这些物理量的空间分布观测，目前观测技术已较为成熟；但对于阻抗、气体组分及水含量等物理量及这些物理量的空间分布观测，尽管部分能够实现，但其在线及动态表征和定量分析依然是目前实验测试中的难点，有待进一步发展。离线表征，可以理解为脱离燃料电池的工作状态下的表征测试，主要包括材料离线表征以及一些燃料电池内部传输过程在线测试。尽管离线表征不能完全地反映燃料电池真实工作状态下的特性，但依然可为材料特性和多种传输特性起到重要的指导作用。

在燃料电池研发中，仅依靠实验往往是不够的，尽管目前测试技术发展迅速，但对燃料电池内部传输现象和分布的表征依然存有困难，尤其是燃料电池原位表征中，大量参数难以准确定量分析。而仿真模型的建立可以更深入和详尽地探究电池内部传输现象，起到节省实验时间和费用的作用。仿真技术与实验测试是相辅相成的关系，仿真结果也需要实验结果的验证，以确定模型的有效性。

对于质子交换膜燃料电池内部传输现象的机理的探究，数值模拟是重要的手段。催化层的厚度仅为几个微米，孔径在纳米量级，适合使用分子动力学的微观模型或格子玻尔兹曼方法(lattice Boltzmann method，LBM)的介观模型模拟其内部电子、质子及气体传输，甚至电化学反应过程[3-8]。气体扩散层的厚度和孔径较催化层大得多，可以使用介观模型或宏观数值模拟手段研究多孔电极内多相流动[9,10]，如多孔电极内的交叉流和液态水排出等过程，VOF(volume of fluid，流体体积法)方法是宏观数值模型中捕获相界面的主要方法；双极板流场的多相流则使用宏观数值模拟手段[11,12]，以仿真液态水的排出过程。目前对电池内部传输过程的研究已有大量的工作，但往往受到跨尺度和计算量等问题的限制，相关数值模型和对多相传输过程机理的探究在未来仍有相当的发展空间。未来的相关研究工作将主要集中于优化催化层内催化剂分布、提高气体反应物在多孔电极内传输效率及促进液态水的排出过程等。

对于单电池的仿真建模，从模型维度角度，一般可以分为一维模型[13-15]、二维(或准二维)模型[16-18]及三维模型[19-24]。一维模型具有极高的计算效率，可预测不同电池参数和工作工况下的输出电压，但无法获取电池内部多物理量场的分布，不适合对电池内部传输过程的准确研究。三维模型可以较为详尽地考虑电池内部的各项传输过程，在考虑多孔电极参数和双极板具体物理结构下，可以更为准确和详尽地获取多物理量场分布和预测电池输出性能，是燃料电池设计和优化的重要工具，但三维模型常面临计算量大、收敛难度高、所需计算时间长等问题，它的实际应用往往受到一定的限制。二维模型的特点则介于一维模型和三维模型之间，其中准二维模型的开发目前受到较为广泛的关注，尽管其同样难以考虑复杂双极板结构，但可通过适当的修正实现模型的降维简化，在保持较高的计算效率前提下，获得更多电池内物理场的信息，适合于燃料电池动态仿真建模，也适合作为燃料电池控制系统的模型基础。通过单电池建模，可以实现预测电池输出性能和内部传输过程、获取多物理场的分布、衡量不同双极板设计并实现优化、评估不同多孔电极及操作工况参数对电池性能的影响等。

对于燃料电池堆层面的建模，主要关注的是电堆内单电池间物理参数的一致性问题，如进气分配、压降、温度及输出电压等[25-28]。电堆的全电池多维数值模型尤其受到巨大计算量的限制，因而更多的是仅对电堆内一些物理过程单独仿真[25,26]。对于电堆的输出性能预测，低维模型具有更强的计算效率和应用优势[28]，但也缺乏了对电堆内传输过程详尽的描述，而全电堆输出性能预测的多维数值模型则有待进一步发展改进。

对于燃料电池系统层面的建模，除燃料电池电堆外，还包括了气体供给子系统、加湿子系统、热管理子系统等，对于车用燃料电池系统，还包括汽车动力系统。其中涉及的辅助部件包括空压机、散热器、氢气循环泵及加湿器等，这些部件的工作过程和特性一般也可以通过建模的方式加以描述，将这些辅助部件与电堆模型耦合，最终构成燃料电池系统模型，提出对系统整体的优化设计，此类研究工作也有待进一步发展和完善。

2014 年 12 月丰田发布了搭载质子交换膜燃料电池动力系统的 Mirai 燃料电池汽车。Mirai 燃料电池系统从单电池组件到电堆及电堆系统，应用了大量水热管理研究的最新先进技术，如三维流场设计、电极的设计与优化、阳极尾气循环池的自增湿及单堆系统优化设计等技术，吸引了燃料电池技术人员的广泛关注[29]。这些先进技术的形成过程也源于对燃料电池内部传输现象的深入理解，而最终也应用于燃料电池水热管理优化，以提高输出性能、降低成本、提高寿命。在本书的内容中也将多次涉及丰田 Mirai 应用的各项水热管理。

由上面的介绍可以看出，水热管理对质子交换膜燃料电池十分重要，而对水热管理的研究亦具有相当的复杂性，之后的各章节将对以上提及的内容进行详细的介绍和阐述。

## 参 考 文 献


[1] 国内外燃料电池出货量现状 [EB/OL].(2018-11-16) [2020-01-01]http://www.chyxx.com/industry/201811/692605.html.

[2] Jiao K, Li X. Water transport in polymer electrolyte membrane fuel cells[J]. Progress in Energy & Combustion Science, 2011, 37(3): 221-291.

[3] Zheng C, Geng F, Rao Z. Proton mobility and thermal conductivities of fuel cell polymer membranes: Molecular dynamics simulation[J]. Computational Materials Science, 2017, 132: 55-61.

[4] Rao Z, Zheng C, Geng F. Proton conduction of fuel cell polymer membranes: Molecular dynamics simulation[J]. Computational Materials Science, 2018, 142: 122-128.

[5] Chen L, Kang Q, Tao W. Pore-scale study of reactive transport processes in catalyst layer agglomerates of proton exchange membrane fuel cells[J]. Electrochimica Acta, 2019, 306: 454-465.

[6] Chen L, Feng Y L, Song C X, et al. Multi-scale modeling of proton exchange membrane fuel cell by coupling finite volume method and lattice Boltzmann method[J]. International Journal of Heat and Mass Transfer, 2013, 63: 268-283.

[7] Gao Y, Hou Z, Wu X, et al. The impact of sample size on transport properties of carbon-paper and carbon-cloth GDLs: Direct simulation using the lattice Boltzmann model[J]. International Journal of Heat and Mass Transfer, 2018, 118: 1325-1339.

[8] Molaeimanesh G R, Nazemian M. Investigation of GDL compression effects on the performance of a PEM fuel cell cathode by lattice Boltzmann method[J]. Journal of Power Sources, 2017, 359: 494-506.

[9] Niu Z, Bao Z, Wu J, et al. Two-phase flow in the mixed-wettability gas diffusion layer of proton exchange membrane fuel cells[J]. Applied Energy, 2018, 232: 443-450.

[10] Niu Z, Wu J, Bao Z, et al. Two-phase flow and oxygen transport in the perforated gas diffusion layer of proton exchange membrane fuel cell[J]. International Journal of Heat and Mass Transfer, 2019, 139: 58-68.

[11] Niu Z, Wang R, Jiao K, et al. Direct numerical simulation of low Reynolds number turbulent air-water transport in fuel cell flow channel[J]. Science bulletin, 2017, 62(1): 31-39.

[12] Hou Y, Zhang G, Qin Y, et al. Numerical simulation of gas liquid two-phase flow in anode channel of low-temperature fuel cells[J]. International Journal of Hydrogen Energy, 2017, 42(5): 3250-3258.

[13] Springer T E, Zawodzinski T A, Gottesfeld S. Polymer electrolyte fuel cell model[J]. Journal of the Electrochemical Society, 1991, 138(8): 2334-2342.

[14] Abdin Z, Webb C J, Gray E M A. PEM fuel cell model and simulation in Matlab–Simulink based on physical parameters[J]. Energy, 2016, 116: 1131-1144.

[15] Falcão D S, Oliveira V B, Rangel C M, et al. Water transport through a PEM fuel cell: A one-dimensional model with heat transfer effects[J]. Chemical Engineering Science, 2009, 64(9): 2216-2225.

[16] Berg P, Promislow K, Pierre J S, et al. Water management in PEM fuel cells[J]. Journal of the Electrochemical Society, 2004, 151(3): A341-A353.

[17] Wang B, Wu K, Yang Z, et al. A quasi-2D transient model of proton exchange membrane fuel cell with anode recirculation[J]. Energy Conversion and Management, 2018, 171: 1463-1475.

[18] Massonnat P, Gao F, Roche R, et al. Multiphysical, multidimensional real-time PEM fuel cell modeling for embedded applications[J]. Energy Conversion and Management, 2014, 88: 554-564.

[19] Um S, Wang C Y. Three-dimensional analysis of transport and electrochemical reactions in polymer electrolyte fuel cells[J]. Journal of Power Sources, 2004, 125(1): 40-51.

[20] Ye Q, Van Nguyen T. Three-dimensional simulation of liquid water distribution in a PEMFC with experimentally measured capillary functions[J]. Journal of the Electrochemical Society, 2007, 154(12): B1242-B1251.

[21] Meng H. A two-phase non-isothermal mixed-domain PEM fuel cell model and its application to two-dimensional simulations[J]. Journal of Power Sources, 2007, 168(1): 218-228.

[22] Jiao K, Li X. Three-dimensional multiphase modeling of cold start processes in polymer electrolyte membrane fuel cells[J]. Electrochimica Acta, 2009, 54(27): 6876-6891.

[23] Sivertsen B R, Djilali N. CFD-based modelling of proton exchange membrane fuel cells[J]. Journal of Power Sources, 2005, 141(1): 65-78.

[24] Zhang G, Jiao K. Multi-phase models for water and thermal management of proton exchange membrane fuel cell: A review[J]. Journal of Power Sources, 2018, 391: 120-133.

[25] Mustata R, Valino L, Barreras F, et al. Study of the distribution of air flow in a proton exchange membrane fuel cell stack[J]. Journal of Power Sources, 2009, 192(1): 185-189.

[26] Jiao K, Zhou B, Quan P. Liquid water transport in parallel serpentine channels with manifolds on cathode side of a PEM fuel cell stack[J]. Journal of Power Sources, 2006, 154(1): 124-137.

[27] Shimpalee S, Ohashi M, van Zee J W, et al. Experimental and numerical studies of portable PEMFC stack[J]. Electrochimica Acta, 2009, 54(10): 2899-2911.

[28] Amirfazli A, Asghari S, Sarraf M. An investigation into the effect of manifold geometry on uniformity of temperature distribution in a PEMFC stack[J]. Energy, 2018, 145: 141-151.

[29] Yoshida T, Kojima K. Toyota MIRAI fuel cell vehicle and progress toward a future hydrogen society[J]. Electrochemical Society Interface, 2015, 24(2): 45-49.

# 第 2 章　各部件工作原理与传输机制

了解质子交换膜燃料电池各部件内部“气—水－电－热－力”的传输机制，是水热管理研究的基础。换言之，水热管理就是通过分析电池各部件内的传输机制，提出优化设计与控制策略，以提升质子交换膜燃料电池的输出性能和耐久性，并降低成本。本章将详细讲述各部件的工作原理及内部传输机制，从而更深入全面地了解质子交换膜燃料电池水热管理。

## 2.1　水热管理中的“水”和“热”

质子交换膜燃料电池水热管理大致包含“水管理”和“热管理”两部分，二者联系紧密，常统称为“水热管理”。在介绍质子交换膜燃料电池各部件工作原理及传输机制之前，我们有必要先对电池内部水的存在状态、各状态水间的转化及产热和散热做一个系统概述。

### 2.1.1　水的状态

目前质子交换膜燃料电池正常工作温度在 60～95℃，未来随着膜、电极及催化剂等材料的发展，电池工作温度有望提高至 100℃以上。在当前的工作温度区间内，气态水和液态水都可能存在。此外，在车用质子交换膜燃料电池的实际应用中，还会涉及 0℃以下启动的过程，称为“冷启动”。在冷启动过程中，由于电池温度低于冰点温度，上一次停机后电池内存留的水和电化学反应生成的水都有结冰的可能。质子交换膜和催化层中的电解质会结合一定量的水，以这种形式存在的水由于其传输机制明显不同于气态水和液态水，通常将存在于电解质中的水称为“膜态水”，膜态水的相关概念会在 2.3 节电解质传输过程中详细讲述。表 2.1 描述了质子交换膜燃料电池不同部件内水的存在状态[1]。

表 2.1　质子交换膜燃料电池各部件内水的状态[1]

| 电池部件 | 材料 | 水的状态 |
| --- | --- | --- |
| 流道 | | 水蒸气、液态水、冰* |
| 扩散层<br>微孔层 | 多孔区域 | 水蒸气、液态水、冰* |
| 催化层 | 多孔区域 | 水蒸气、液态水、冰* |
| | 电解质 | 非冻结膜态水、冻结膜态水* |
| 质子交换膜 | 电解质 | 非冻结膜态水、冻结膜态水* |

*仅在低于 0℃下存在。

质子交换膜燃料电池内部不同状态水之间会因局部工况(如温度、压力和相对湿度等)的差异而相互转化。目前对于各状态水之间转化机理的研究尚不深入，如膜吸收或者释放的水是液态水还是水蒸气，电化学反应产生的水最初是以什么状态存在，一定工况下各状态水间转化的速率有多“快”等问题尚不明晰。这些过程难以通过实验进行定量测量，这也进一步增加了水热管理的复杂性。图 2.1 为质子交换膜燃料电池在常温工作和冷启动过程下各部件内中所有可能存在的各状态水转化的路径。需要注意的是，图 2.1 所示的各条水转化的路径发生条件并不相同，各条路径也可同时进行。

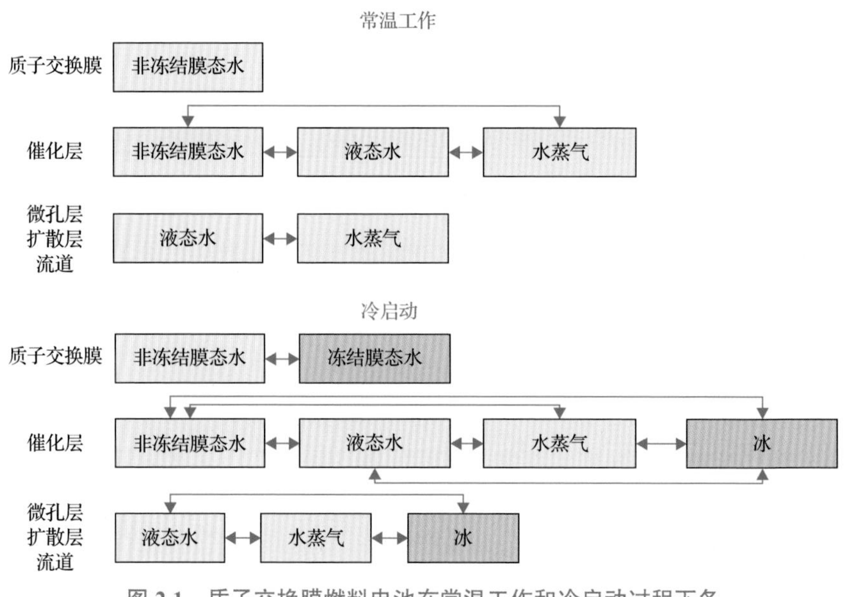


图 2.1　质子交换膜燃料电池在常温工作和冷启动过程下各部件内中所有可能存在的各状态水转化的路径

需要注意的是，图 2.1 中并未标注催化层中冻结膜态水，这是由于冻结膜态水往往在在线测试中难以监测，但在质子交换膜的离线冷启动检测中，冻结膜态水的存在是显著的。

### 2.1.2　电池中的产热与散热

在质子交换膜燃料电池对外输出电能的过程中，也会不可避免地产生一定的热量。在电池工作时，温度过高会导致膜的含水量下降，进而造成膜的耐久性下降。低温则会降低催化剂活性，也更容易造成“水淹”现象。不仅如此，电池中的传输参数也大都和温度相关。因此，保持电池在一定温度范围内工作是水热管理的一项重要目标。

质子交换膜燃料电池中产热主要包括可逆热、不可逆热、焦耳热和相变潜热四部分。其中，可逆热是指催化层中电化学反应产生的热量，与反应前后物质熵变及电化学反应速率有关；不可逆热则是指催化层中克服活化损失而产生的热量；焦耳热，又称欧姆热，是电池中电子电流和离子电流传导所产生的热量，包括离子在质子交换膜和催化层内电解质传导产生的热量，以及电子在多孔电极、双极板和集流板内传导产生的热量及各部件间接触电阻产生的热量；相变潜热是指电池中水相变或电解质吸放水时所释放或吸收的热量。质子交换膜在实际应用中，常装配为电堆的形式，很容易出现各片电池间的温度分布不均，因此设计合适的冷却系统，带走多余的热量，维持电池在一定温度范围内工作十分必要。

## 2.2　极板和流场

质子交换膜燃料电池极板的主要作用包括支撑膜电极、传导电流、输运并分配反应气体及排出液态水等。极板表面包含流场结构，气体反应物在流场中传输并进入多孔电极，因此极板也称为流场板。流场结构设计对于提高电化学反应速率和改善电化学反应均匀性非常关键。设计不合理的流场结构，电池很容易出现反应气体分布不均匀和“水淹”等问题，导致输出性能、工作稳定性和寿命都显著下降。近年来，膜和催化剂材料的发展推动质子交换膜燃料电池的输出电流密度不断升高，同时车用燃料电池对功率需求的增加也导致电池的反应面积也越来越大，这对流场结构设计也提出了更高的要求。本节将对传统流场设计及一些新型流场设计(三维流场及多孔介质流场等)进行介绍。

### 2.2.1　传统流场

理想极板材料应具备以下特点：导电率高、质量轻、化学性能稳定和易于机加工等，常见极板材料包括石墨、金属及复合材料等。石墨是较早开发和利用的极板材料，具有质量轻、耐腐蚀性强和导电率高的优势。石墨板主要靠机加工形成流场结构和密封槽，加工过程无须开模，在实验室测试验证阶段成本较低；但大批量制造时，机加工成型的成本就会大幅增加，因此一般不适合大批量生产。石墨板的质地较脆，组装过程中很容易压碎，这也导致石墨板一般较厚，不适用于大型电堆。较大的厚度也增加了极板的热容，在车用质子交换膜燃料电池背景下，冷启动过程需要吸收更多的热量，不利于电池冷启动。图 2.2 为石墨流场板实物图。

金属板具有质量轻、导电率高、导热性好、机械加工性强、厚度与热容低及致密性高等优势，且适合批量加工，具备降低成本的潜力。金属板的不足之处在于金属板易发生腐蚀，从而降低了电池的耐久性，腐蚀产生的金属离子也会对膜电极结构产生不良影响[2]。总体来看，金属板的寿命和耐久度仍有待考验，因此金属板更适用于对电堆功率密度要求更高的应用场景，如乘用车燃料电池堆。实

图 2.2　石墨流场板实物图

际应用中金属板一般需要做表面改性处理，以提升金属板的耐腐蚀性。金属板的基体材料主要包括铁基合金、镍基合金及铝、钛等轻金属合金，而其表面材料主要包括碳类(如石墨、导电聚合物等)和金属类(如贵金属、金属碳化物和金属氮化物等)等。其中钛板在酸性环境下的耐腐蚀性优于不锈钢和铝合金，且强度高，有利于降低极板的质量，从而提升电池的功率密度，被视为未来金属极板的重要材料[3]。日本丰田 Mirai 的电堆双极板即采用钛板。钛板面临的最大问题是其表面易生成弱导电性的 $TiO_2$ 膜，常见的解决办法包括掺杂其他金属形成导电氧化物和表面涂层。在钛板表面制备碳基涂层，不仅有利于提升钛板的导电性和耐腐蚀性，而且碳基涂层的成本相对低廉。金属极板的表面改性方法包括物理气相沉积技术、化学气相沉积技术、电镀和化学镀等湿化学法及渗氮处理等，金属极板的加工成形技术主要包括塑性成形技术、液态成形技术和特种加工技术[2]。

复合材料板一般由高分子树脂基体和石墨等导电填料组成，具有耐腐蚀和易加工的特点。与机加工成型的石墨板相比，具备更优异的批量加工潜力；与金属板相比，碳基复合板具有更好的耐腐蚀性等优势，因此复合板更适用于需要寿命长，但对功率密度要求较低的质子交换膜燃料电池应用领域，如商用车和分布式电站等。目前复合板技术仍有待进一步发展，如通过热模压成型石墨—聚合物复合板，采用石墨作为核心导电填充，辅助添加特殊耐高温聚合物，通过粉体热模压成型工艺加工制备，可以保持高纯石墨导电导热的优势，兼具更好的机械强度和更优的耐温与耐腐蚀性。

良好的材料仅是极板设计的一部分，而水热管理关注的是如何优化流场结构以提升电池性能。良好的流场结构一般应符合以下几点要求。

(1)提升反应气体供给速率。需要注意的是，这里的气体供给速率，是指气体从流场进入多孔电极并参与电化学反应的供给速率，而不是流场入口的气体流量。传统流场设计中，气体在流场内流动的方向与气体进入电极的方向相垂直，反应气体主要依靠扩散作用进入电极，在高电流密度工况下很容易发生供气不足、催化层内局部反应气体缺乏的问题。在阴极流场增加一定的挡板或导流板可以促进气体由流场进入多孔电极的对流，有效降低高电流密度区域的传质损失，但也会增加流场压降，导致系统整体效率有所下降。同时，极板设计应保持阴阳极两侧不存在过大的压力差。

(2) 有效排出液态水。多孔电极中液态水排入流场后，会在表面张力作用下集聚形成液滴，如果反应气体不能及时将这些液滴排出，很有可能造成局部“水淹”现象，阻碍反应气体进入多孔电极中参与电化学反应，从而降低电池输出性能。

(3) 保证反应气体在活化面积上分布均匀。反应气体分布不均会导致电化学反应速率分布不均。反应气体不足的区域，反应速率也相应降低，一方面，该区域的产热量和温度会低于其他区域，由此促进该区域内水蒸气凝结和液态水含量增加，加剧该区域水淹的可能并进一步降低电化学反应速率；另一方面，局部气体缺乏也会造成电池输出性能和耐久性的下降。

(4) 控制合理的流场压降。流场压降上升即泵气损失增加，会降低电池的整体效率。但更高的流场压降有利于提升反应气体供给速率和促进流场内液态水排出，因此在实际的流场设计过程中，需平衡好二者之间的关系，以获得合适的流场压降。例如，在流场中加入导流板能够有效提升反应气体供给速率和促进流场内液态水排出，但会增大流场的泵气损失。

如图 2.3 所示为 4 种常见的传统流场设计，分别为平行流场、蛇形流场、平行蛇形流场及叉指形流场，这 4 种流道设计各有其特点。平行流场由数条平行的流道组成，每条流道较蛇形流道长度短，因此压降较小，但当流场宽度较大时，并列的流道条数增加，每条流道之间气体分布均匀性较差；平行流场包含多条流道，使每条流道中的流速不高，较难吹走流道中的液态水，容易发生液态水集聚的问题，降低电池的输出性能和工作稳定性。蛇形流场的反应气体从流场入口只能沿一条流道到达出口(单蛇形流场)，流道中气体流速高，更易于吹走流道中的液态水，排水性能好，但在流场面积较大时，会大幅增加流场压降，由于流场中仅有一条气体流通路径，流道中任何一个位置堵塞都会导致反应气体传输彻底受阻。为了平衡平行流场和蛇形流场特性，进而设计了平行蛇形流场结构。该流场由多条蛇形流道组成，这种混合流场结合了蛇形流场和平行流场的特点，可以通过调整流道的长度和数量以满足不同的流场板形状和压降需求，获得合适的流场压降和气体分配均匀性，因此目前平行蛇形流场的应用最为广泛。叉指形流场的特点是非畅通流道，流场内存在很多死端，加强了反应气体进入多孔电极的强制对流，但也会造成很大的流场压降。

除了上述 4 种流场设计，本田的燃料电池汽车 Clarity 采用波浪形流场[4]，其能够促进垂直于流动方向平面上的二次流，增强反应气体从流场到多孔电极的对流作用，也有利于促进流场内液态水排出。图 2.4 所示为波浪流场示意图[4]。

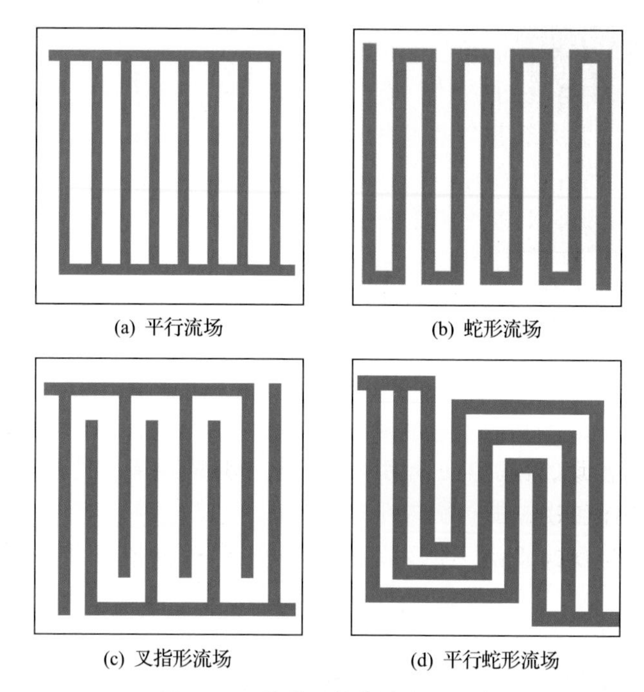

(a) 平行流场　(b) 蛇形流场

(c) 叉指形流场　(d) 平行蛇形流场

图 2.3　4 种常见的传统流场设计

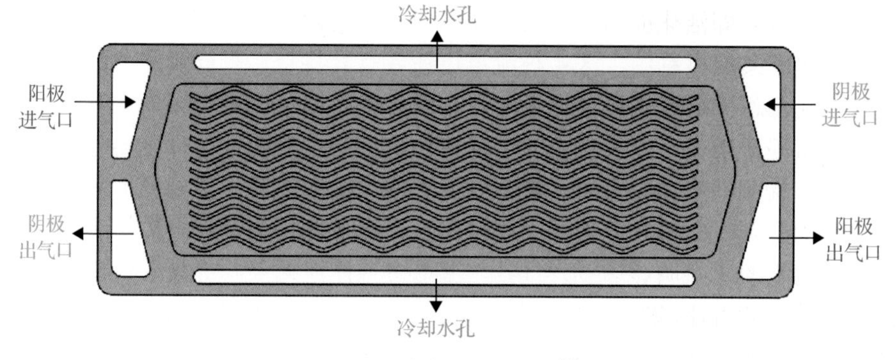


图 2.4　波浪流场示意图[4]

随着车用燃料电池的电流需求逐步增高，流场面积也随之增大，目前车用燃料电池流场面积一般在 200～300cm$^2$，在反应气体由流场入口进入流场主区域的过程中，控制进入每条流道的反应气体流量并使之具有较高的均一性，是一件非常具有挑战性的工作。对于车用燃料电池的全尺度流场，在流场入口和出口设置合理的气体流量分配区至关重要，实现气流的多级分配，使流场内各区域均有气流通过。为了改善分配不均，可以在入口处各个流道之间添加一系列的微通道，形成“点阵”结构[5]，这种点阵的设计可以有效提升电池流道内反应气体分布均匀性。图 2.5 为流场进出口分配区及“点阵”设计的示意图。

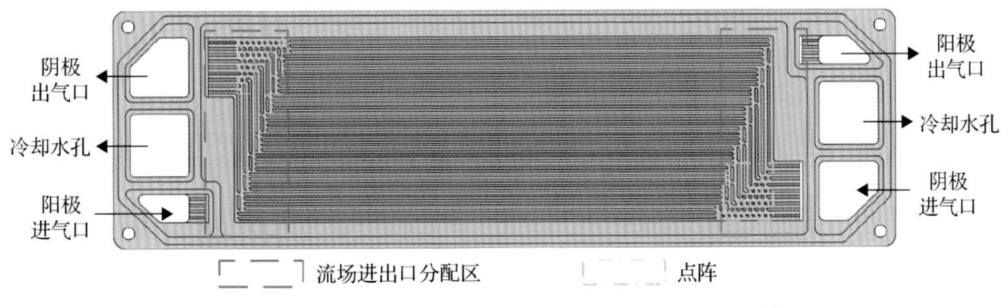


图 2.5　流场进出口分配区及“点阵”设计示意图[5]

### 2.2.2　三维流场

传统的平行流场、蛇形流场及叉指形流场等均由沟脊结构组成，沟(流道)中传输气体，排出液态水，脊(肋板)提供支撑，传输电流。流场设计的一大要素即如何增强气体输运，宽度较大的脊显然不利于气体在整个流场内的传输和均匀分布。

在流场平面内，气体由流道扩散至流道下方对应的扩散层区域，而脊下方的扩散层区域不与流道直接接触，反应气体进入这一区域就要难得多，需要由流道下方扩散层区域传输而来，传输路径的增大造成脊下方扩散层区域的气体浓度要低于流道下方，即活化面积内气体分布严重不均。脊的存在同样不利于流场排出液态水，电池装配过程中，流场板与扩散层间的接触压力会压缩扩散层，沟脊结构的传统流场板使扩散层受压程度不均，脊下方的扩散层受挤压严重，而流道下方的扩散层受压影响很小，脊下方的液态水不能直接进入流道，且扩散层薄的位置更容易集聚液态水[6]，使排水过程更为困难。上述过程导致脊下方的扩散层内液态水体积分数更高，这又增大了脊下方扩散层内气体传输的阻力。可见流场中宽度较大的脊的存在明显不利于气体传输和液态水排出。由此可以推断，一方面，降低流场中脊的占比，增大流场内气体流经面积，另一方面，将脊结构变得更窄(但流场的总沟脊比不变)，即流场结构更为精细化，均有利于反应气体输运和液态水排出，从而会提升电池输出性能[7]。

三维流场设计从以上两个优化角度出发，其流场功能由重复的三维微型格子结构实现，每个单位结构可视为微挡板，微挡板壁厚一般仅为 0.1mm，远小于传统流场结构中的脊宽度，且整个流场平面内流场板与扩散层接触面积也大幅缩小。既打破了传统的沟脊设计，提升了气体流经面积，又实现了流场精细化设计，这两点均被视为未来高性能质子交换膜燃料电池流场发展的重要方向。

图 2.6 所示为三维流场中最为知名的丰田 Mirai 的三维微型格子流场设计(阴极)[8]，这种流场结构的优点可以概括为以下几点[8-10]。

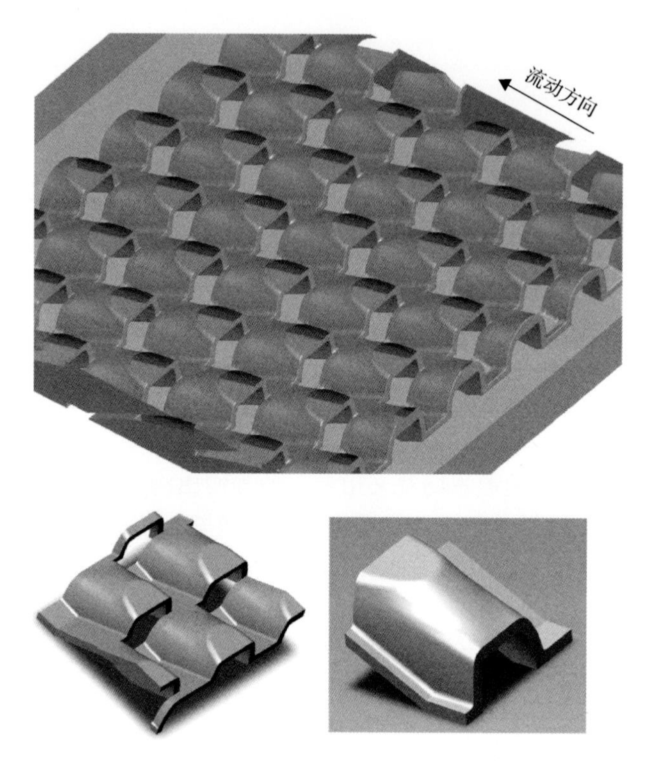


图 2.6　丰田 Mirai 的三维微型格子流场及微型格子单元示意图

(1) 流场精细化设计。通过减小流场板脊的宽度和流场板脊与扩散层的接触面积，增大了气体向扩散层传输的面积。重复的三维微型格子结构间提供了更多的气流通道，有利于气体在整个流场平面内分布更为均匀，很大程度上解决了传统流道中脊下方气体不足和液态水集聚的问题。

(2) 三维微型格子的挡板结构使气体流动中产生垂直于扩散层的分量。如前所述，传统流场中气体在流场中流动方向垂直于气体进入多孔电极的方向，因此气体进入多孔电极主要依靠扩散作用，而对流作用微弱。在三维流场结构中，脊结构变薄可以带来额外的扰动，甚至产生湍流，增强气体进入扩散层的对流作用，在扩散层与流场接触面形成微尺度表面流；而在挡板结构侧面形成涡旋和回流区，有利于液态水的排出。

(3) 良好的液态水排出性能。通过优化三维微型格子结构的前后面形状和材料的亲水性，使三维流场具有较高的“亲水性”，电极中的液态水能够被快速“拽”到流场中，进而将液态水排出多孔电极，避免液态水在电极和流场中的集聚，有利于提高电池的输出性能和工作稳定性。

总体而言，三维流场具有增强气体向电极内传输，改善气体在活化面积内分布均匀性和促进液态水排出等优势。往往阴极氧气的输运是限制电流密度提升的主要原因，且液态水在阴极生成使得“水淹”更容易发生于阴极，丰田 Mirai 的三维流场板仅用于阴极。

阳极和阴极的进气流向在流场设计中也往往需要考虑。车用质子交换膜燃料电池常设计为长方形，进排气口一般设置于短边侧，即气流在流场内沿长边流动，由于进气口的宽度势必小于短边长的一半(阴极和阳极两个进气口，且冷却水口可能设置于短边侧)，气流在各条流道的流量均匀性往往难以保证，所以进排气口设置于短边的目的在于降低气流分配距离，有利于气流分配的均匀性。阴阳两极气体的流动方向上，由于阴极生成水会随着阴极气体流动而带出，使阴极出口处相对湿度最高，所以目前的电池常采用阳极和阴极气流方向相反的设计，称为逆流(counter-flow)，以增强水从阴极到阳极的扩散作用，也有利于沿流道方向水分布更为均匀。而丰田 Mirai 的质子交换膜燃料电池则采用了阴阳极流动方向垂直的设计。这是由于 Mirai 阴极采用三维流场，三维流场能较好地分配气流，但压降较大；而阳极采用平行流场，气流分配性较差，但压降低，所以采用阳极进气口设置于短边，有利于改善气流分配，同时气体流经长边，可适当增加压降；阴极进气口设置于长边，气体流经短边，可降低压降。

### 2.2.3 多孔介质流场

极板作为质子交换膜燃料电池的重要部件，往往占据了电池总成本和重量的大部分，而具有复杂流场结构的石墨板或金属板的制造难度和成本更高，因此探索新材料的极板设计将是未来流场发展的重要思路。上一小节中我们讨论了传统沟脊结构流场的不足，沟传输气体和水，脊传输电流，也传递大部分的热量，使流场内传质、传热与导电间存在明显界限，而催化层内消耗气体、生成水、输出电流及产生热量均伴随着电化学反应在相同点位产生，使传统流场内传质、传热与导电并未形成良好的匹配。由于电极为多孔材料，如果流场也由多孔介质填充，则有望实现更好的“气—水—电—热—力”传输，且能简化电池结构，即实现质子交换膜燃料电池结构一体化设计。近年来多孔介质流场以其独特的优势和可行性，被视为一种极具发展潜力的流场设计。而上一小节中所述的三维流场，也可视为多孔介质流场的一种简化结构[9]。

多孔介质流场，也称为泡沫流场，目前文献中常采用金属泡沫(metal foam)和碳泡沫(carbon foam)两种材料，如图 2.7 所示为金属泡沫填充于极板的流道槽内的实物图。其中，金属泡沫的制造方法包括金属纤维烧结、铸型铸造和电沉积等方式，其具有质量轻、导电率高、机械强度高和比表面积大等优势，常见的材料包括不锈钢泡沫、镍泡沫和铜泡沫等；而碳泡沫抗腐蚀性较好，两种材料都具有广阔的应用前景。

图 2.7　金属泡沫流场实物图

泡沫材料的特性主要包括内部形貌、孔隙率、孔径尺寸、渗透率、可湿性和耐腐蚀性等。泡沫流场通常具有 90%甚至更高的孔隙率，而传统沟脊流道设计可以近似的认为孔隙率为 50%(假设沟脊宽度比为 1.0)，使泡沫流场的流通性强，有利于改善流场中气体分配不均的问题。目前文献中应用于质子交换膜燃料电池流场的金属泡沫和碳泡沫材料，常见的孔隙密度在 10～100ppi(单位英寸长度上的平均孔数)[11,12]。泡沫流场的渗透率是影响质子交换膜燃料电池性能的关键因素，流场中插入泡沫材料能够有效降低气体的渗透率，从而提高电极内压力差，加强扩散层内气体对流作用。泡沫材料的可湿性对质子交换膜燃料电池水热管理的影响也将是未来对泡沫流场深入研究的一项重要课题，亲水性泡沫流场的应用在文献中有所报道[12]，其亲水性有利于将电极中的液态水“拽”至泡沫流场中，缓解电极水淹。将传统的平行石墨流道与插入金属泡沫的泡沫流场进行对比，干燥进气条件下，插入具有亲水性金属泡沫的泡沫流场较传统的平行石墨流道的性能和工作稳定性上均有大幅提升，相同工况下功率密度提高 3.5 倍，且变负载的瞬态性能稳定[13]。可视化研究对置入碳泡沫的平行石墨流道和传统平行石墨流道内两相流进行比较，发现泡沫流场内水分布明显更为均匀，水管理更为优化[11]。

综上所述，泡沫流场的优势是显著的，泡沫流场的应用有望实现质子交换膜燃料电池结构一体化设计，即省去气体扩散层(碳纸)结构，直接将微孔层和催化层直接喷涂于泡沫流场表面，这样可以大幅度减小流场板和电池的厚度，降低成本，结构一体化设计可能是未来质子交换膜燃料电池发展的重要方向。目前泡沫流场的开发还处于初步探索阶段，泡沫结构异常复杂，具有十四面胞体模型、十二面胞体模型、随机分布球体模型等不同的多孔结构，这些多孔泡沫的结构对于质子交换膜燃料电池内部多相传热传质过程的影响规律、对复杂环境下的工作适应性等，还缺乏系统和深入的认识。适用于质子交换膜燃料电池流场的泡沫材料的具体工艺目前也尚无定论，在泡沫流场的耐久性进一步提升后，才有望被广泛应用。

# 2.3 电　解　质

质子交换膜，或称为电解质，是质子交换膜燃料电池的核心部件，电解质内的传输过程是水热管理的重要部分。本小节将详细介绍电解质内水的状态，电解质内的质子、水和气体传输过程。

## 2.3.1 电解质及水的状态

电解质的主要作用包括为质子的快速传导提供通道并阻隔电子传导，将阳极的燃料和阴极的氧化物阻隔开并为催化层提供有效支撑。良好的质子交换膜材料应具备以下属性：低水合度下仍具有高质子电导率、具有良好的热稳定性、化学稳定性和机械强度、具有低电子传导率、长期工作下的高耐久性及低廉的材料和制造成本。质子交换膜性能的好坏直接决定了电池整体的性能和寿命。

质子交换膜的材料可分为高分子聚合物、固体酸及复合膜材料。高分子聚合物膜，也称为聚合物电解质膜，包括全氟磺酸膜(perfluorosulfonic acid，PFSA)、非全氟化质子交换膜、无氟化质子交换膜及复合质子交换膜等。其中全氟磺酸膜是目前质子交换膜燃料电池中最为广泛应用的膜材料，由于其分子侧链上的亲水性磺酸基具有高吸水性和高质子传导率，全氟磺酸膜的力学和化学性能稳定，寿命高于其他膜材料，但全氟磺酸膜也存在不耐高温和成本较高等缺点。

目前提供商品化的质子交换膜的公司主要有美国杜邦公司、美国陶氏公司、日本旭化成公司、日本旭硝子公司、加拿大巴拉德公司及中国东岳公司等。以较为知名的杜邦 Nafion 系列全氟磺酸质子交换膜为例，常见型号包括 Nafion 117、Nafion 115、Nafion 112、Nafion 211 等，型号的最后一位数字表征膜的厚度，即 Nafion117 厚度为 0.007in(175μm)，Nafion 112 厚度为 0.002in(50.8μm)，Nafion211 厚度为 0.001in(25.4μm)。厚度是质子交换膜的重要参数，质子交换膜越薄，质子需要传导的路径越短，造成的欧姆损失也就越小，有利于提升电池的输出性能；但厚度的降低也会导致膜机械性能下降，造成电池的耐久性不足等问题。不仅质子交换膜由电解质构成，催化层中也含有一定比例的电解质，将会在本章的后面部分详细讲述，在以下叙述中，“膜”既指质子交换膜，也广泛的代指电解质。

以 Nafion 膜为例，图 2.8 为 Nafion 化学结构示意图，由疏水的聚四氟乙烯骨架(polytetrafluoroethylene，PTFE)、能够渗透气体的全氟化碳及亲水的磺酸基 $H^+SO_3^-$ 所组成，聚四氟乙烯骨架为膜材料提供机械支撑，侧链上的磺酸基为质子传导提供途径。其中 $SO_3^-$ 联结于聚四氟乙烯骨架结构中难以移动，$H^+$ 与 $SO_3^-$ 间存在引力从而形成磺酸基 $H^+SO_3^-$。具有亲水簇的磺酸基能够吸收大量的水分子，形成一片水合区域，在水合区域中，$H^+$ 与 $SO_3^-$ 间的引力会变弱使 $H^+$ 能够较轻易移动，水合区域可以看作稀释的酸液，$H^+$ 会从一个磺酸基上离开并与另一个 $SO_3^-$ 结合，$H^+$ 在 $SO_3^-$ 间移动形成了质子在电解质中的传输，这就是电解质需要吸水和水合才能传导质子的原因。

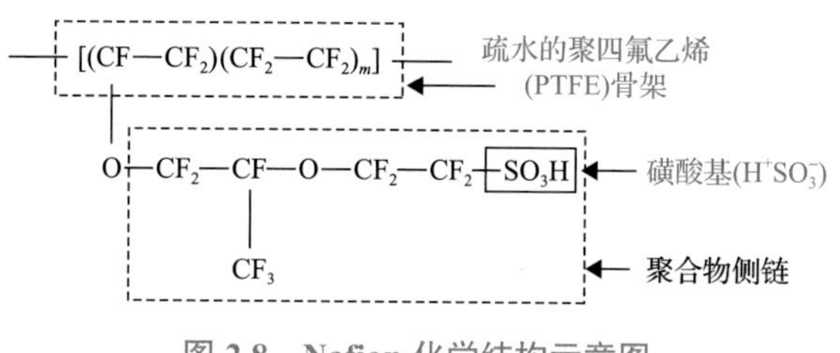


图 2.8　Nafion 化学结构示意图

如前所述，存在于电解质中的水，其传输机制明显不同于水蒸气和液态水，因而常被称为“膜态水”或“电解质水”。对于充分水合的 Nafion 膜，每个 $SO_3^-$ 周围可结合约 20 个水分子，质子电导率可达 $0.1S\cdot cm^{-1}$ 以上。因而采用每摩尔 $SO_3^-$ 周围结合水分子的摩尔数来衡量电解质的水合程度，称为电解质水含量，或膜态水含量(water content)，常用 $\lambda$ 表示。电解质中的水浓度与电解质水含量关系如下：

$$\lambda = \frac{\mathrm{EW}}{\rho_{\mathrm{m}}} c_{\mathrm{w}} \tag{2-1}$$

式中，$\rho_{\mathrm{m}}$ 为干态膜密度，$g\cdot m^{-3}$；$c_{\mathrm{w}}$ 为电解质中的水浓度，$mol\cdot m^{-3}$；EW 值(equivalent weight)为膜的当量质量，$g\cdot mol^{-1}$，表示含有 1mol $SO_3^-$ 的干态膜质量克数。一般而言，EW 值越高，疏水骨架含量越高，膜材料的热稳定性和机械性能越好；EW 值越低，质子传导的载体含量越高，从而具有更高的质子电导率。对于 Nafion 117、Nafion 115、Nafion 112、Nafion 211，EW 值均为 $1.1kg\cdot mol^{-1}$。

质子交换膜燃料电池在实际应用中会存在低于 0℃工作的状态，即冷启动过程中电解质内的水也会以冰的形式存在，因而电解质内的水可分为非冻结膜态水和冻结膜态水，其中冻结膜态水的存在可由差示扫描量热法观测得到。实验表明，在低于 0℃的不同温度下，Nafion 膜中所能存在的最大非冻结膜态水含量与温度相关[14]。依据电解质内水分子与磺酸基连结的紧密程度，非冻结膜态水可进一步细分为不可冻结膜态水、可冻结膜态水和自由态水。不可冻结膜态水与磺酸基连结最为紧密；可冻结膜态水与磺酸基连结则较为松散，可冻结膜态水也呈现出冰点降低的特点；自由态水仅在膜态水含量很高时才会存在。基于实验测量的结论[14]，Jiao 和 Li[15]提出了在低于 0℃的不同温度下，Nafion 膜中所能存在的最大非冻结膜态水含量的公式：

$$\begin{cases} \lambda_{sat} = 4.837, & T<223.15\mathrm{K} \\ \lambda_{sat} = (-1.304 + 0.01479T - 3.594\times 10^{-5}T^2)^{-1}, & 223.15\mathrm{K}<T<T_N \\ \lambda_{sat} > \lambda_{nf}, & T>T_N \end{cases} \tag{2-2}$$

式中，$\lambda_{sat}$ 为电解质内可存在的非冻结膜态水含量的最大值，或称为饱和水含量；$\lambda_{nf}$ 为实际的非冻结膜态水含量；$T$ 为实际温度，K；$T_N$ 为水的正常结冰点温度，273.15K。

由此可以认为，当温度低于–50℃时，饱和水含量约为 4.8。当温度在–50～0℃之间，饱和水含量随着温度的升高而增加，当温度高于正常结冰点温度，饱和水含量会一直远高于实际非冻结膜态水含量。因而当温度低于结冰点温度且非冻结膜态水含量高于饱和水含量，电解质中的非冻结膜态水会转化为冻结膜态水。

### 2.3.2 电解质内质子传输

膜的高质子电导率是质子交换膜燃料电池的高输出性能的必要条件，对于全氟磺酸膜(及一些其他的膜材料)的质子电导率取决于膜的水合度，另一方面质子传输也会影响水的分布(如电渗拖拽效应)。

质子在电解质中的传导过程在上一小节中已有简单的叙述，电解质中存在被聚合物侧链所包围的纳米尺度的空隙空间，电解质吸水后水占据了这些空间形成水合区域，水合区域内 $H^+$ 与 $SO_3^-$ 间作用力变弱，一方面，随着侧链的振动会从一个带电荷位点($SO_3^-$)转移到另一个，形成了 $H^+$ 在 $SO_3^-$ 间的传递，因而增加电解质中的 $SO_3^-$ 数目，缩短质子传递的路径，有利于提高质子电导率。另一方面，聚合物侧链的振动增强了质子的传输，这也是高分子聚合物膜的质子电导率比其他没有振动侧链的固体电解质高的原因。质子还会与水分子结合成水合氢离子(如 $H_3O^+$ 、$H_5O_2^+$ 或其他的形式)，随着水合氢离子由高浓度区向低浓度区的扩散作用而移动。质子借助水分子的传输过程被称为车载机制，可以看出，车载机制下的质子输运同样依赖于膜的高水合度。一般认为电解质中质子电导率遵循阿伦尼乌斯定律，由于膜的电导率受电解质水含量和温度的影响，Springer 等[16]基于 Nafion117 膜在 30～80℃的实验数据，由修正形式的阿伦尼乌斯定律得到 Nafion 膜电导率的拟合式：

$$\kappa_{H^+} = (0.5139\lambda - 0.326)\exp\left[1268\left(\frac{1}{303.15} - \frac{1}{T}\right)\right] \tag{2-3}$$

式中，$\kappa_{H^+}$ 为膜的质子电导率，$S\cdot cm^{-1}$；$\lambda$ 为电解质水含量；$T$ 为温度，K。需要注意的是，式(2-3)是基于 30～80℃的实验数据得到的拟合式，可能不适用于冷启动过程中的低温情况。有实验表明，在温度低于 0℃时，电导率会大幅下降[15]。

由于电子的传导速率往往比质子大几个数量级，在不考虑接触电阻的情况下，质子传导的电阻占欧姆损失的主要部分，所以减少质子传导造成的电压损失是提升电池输出性能的一项重要途径。质子在膜中传导造成的电压损失可表示为

$$\eta_{\text{ohm,m}} = \frac{\delta_{\text{m}}}{\kappa_{\text{H}^+}} I \tag{2-4}$$

式中，$\eta_{\text{ohm,m}}$ 为质子在膜中传导造成的电压损失，V；$\delta_{\text{m}}$ 为膜厚度，m；$\kappa_{\text{H}^+}$ 为膜电导率，$\text{S}\cdot\text{cm}^{-1}$；$I$ 为电流密度，$\text{A}\cdot\text{m}^{-2}$。为了降低高电流密度下的电压损失，一方面可以降低质子交换膜的厚度，缩短质子传导的路径，另一方面则需要提高膜的质子电导率。2014 年丰田 Mirai 采用先进的质子交换膜材料，膜厚度减为上一代的 1/3[17]，膜的质子电导率较之前也大幅提升。

由前述，降低膜的厚度和提高膜的质子电导率可有效提升质子交换膜燃料电池的性能，但这些是有待材料科学解决的问题。水热管理关注的是通过优化电池设计，实现电池内部传热传质过程的有效调控，进而使膜具有更好的润湿性和高质子电导率。尽管质子交换膜燃料电池的总反应是生成水的，但电池内依然面临水分布不均的问题，尤其是阳极内电解质比较缺水，局部的膜态水含量不足会造成质子电导率低和电池性能下降，甚至影响膜的耐久性。在质子交换膜燃料电池运行中，往往采取进气加湿的方式为膜加湿补水，以保证电池的稳定工作和高性能输出，这种通过进气加湿的方式，称为外增湿，进气湿度一般会对电池的输出性能有较大的影响。对于质子交换膜燃料电池汽车(特别是乘用车)，进气加湿需要电堆系统配备水箱和外增湿器，会增加系统的体积和复杂程度，导致外增湿的成本较高。质子交换膜燃料电池高性能工作需要膜的充分水合，同时水又是电化学反应的产物，尤其是在高电流密度下阴极的产水量也会大幅增加，如果能解决好水在电池内分布不均的问题，就能充分利用电化学反应生成水，使膜能充分水合，又不至液态水“水淹”电极。如何通过水热管理优化设计，实现无外增湿下的质子交换膜燃料电池高性能输出是水热管理研究的重要方向。阳极尾气循环被认为是有望实现电池无外增湿工作的重要途径，2014 年丰田 Mirai 就采用阳极尾气循环技术[17]，将尾气循环至入口与干燥氢气混合作为反应物，既提高氢气利用率，还将阳极排出的水(可回收的主要是水蒸气)为进气增湿。2014 年发布的 Mirai 电堆系统不再配备外部增湿器[17]，仍能保证电池的高性能工作，并通过降低膜的厚度加强了阴极到阳极的液态水反扩散，改善阳极上下游水分布的均匀性。通过去掉外部增湿器，Mirai 的燃料电池系统较上一代系统体积减小 15L，总重量降低 13kg[17]，系统的功率密度也大幅提升。

### 2.3.3 电解质内水传输

电解质内水的传输过程是水热管理研究中最为重要的一部分，质子交换膜燃料

电池工作过程中，电解质内的水的传输机制包括多种。通过水管理研究，我们希望得到的是膜内及阳极和阴极两侧的水均匀分布，这样有利于提升电池性能、工作稳定性和耐久性。电解质内水的输运主要包括 3 种机理，即浓差扩散(diffusion)、电渗拖拽效应(electro-osmotic drag，EOD)及液压渗透(hydraulic permeation)。

1. 浓差扩散

浓差扩散是在电解质内水浓度梯度驱动的扩散作用。由于电化学反应生成水在阴极，使阴极总是比阳极富水，所以浓差扩散的总体方向也是由阴极到阳极的，浓差扩散的效果能削弱一部分水分布的不均。浓差扩散的通量可由表征为

$$J_{\mathrm{mw,diff}} = -D_{\mathrm{mw}} \nabla c_{\mathrm{mw}} = -\frac{\rho_{\mathrm{m}}}{\mathrm{EW}} D_{\mathrm{mw}} \nabla \lambda \tag{2-5}$$

式中，$J_{\mathrm{mw,diff}}$ 为由浓差扩散造成的水跨膜通量，$\mathrm{mol \cdot m^{-2} \cdot s^{-1}}$；$D_{\mathrm{mw}}$ 为电解质内水的扩散率，$\mathrm{m^2 \cdot s^{-1}}$；$c_{\mathrm{mw}}$ 为电解质内水浓度，$\mathrm{mol \cdot m^{-3}}$；$\rho_{\mathrm{m}}$ 为干态膜密度，$\mathrm{kg \cdot m^{-3}}$；EW 为膜的 EW 值，$\mathrm{kg \cdot mol^{-1}}$；$\lambda$ 为电解质内水含量；式中的负号表示扩散通量的方向是沿浓度下降方向。

膜内水的扩散率与膜内水含量密切相关。膜内水的自扩散源于分子的随机无规则运动，与膜内水含量和温度的变化相关，由于水分子在膜内的扩散发生在极小的区域内，且水分子的运动往往受到氢键的阻碍，所以即使膜在饱和水蒸气中完全湿润，膜内水分子的自扩散率仍远小于液态水中水分子的自扩散率。

实验中可以采用梯度脉冲核磁共振光谱仪测量不同温度和水含量下的膜态水的自扩散率，所测量的膜具有均匀的润湿性。然而电池在工作过程中，无论是质子交换膜还是催化层中的电解质都存在水合度的不均匀分布，因而膜内存在一定的水含量梯度，通常采用菲克扩散率描述膜内水的扩散更为合适，而膜内水的菲克扩散率取决于自扩散率。基于实验测量结果[18]，Springer 等[16]将自扩散率转化为膜内水的菲克扩散率：

$$\begin{cases} D_{\mathrm{mw}} = 2.692661843 \times 10^{-10}, & \lambda \leqslant 2 \\ D_{\mathrm{mw}} = 10^{-10} \exp\left[2416\left(\dfrac{1}{303} - \dfrac{1}{T}\right)\right][0.87(3-\lambda) + 2.95(\lambda - 2)], & 2 \leqslant \lambda \leqslant 3 \\ D_{\mathrm{mw}} = 10^{-10} \exp\left[2416\left(\dfrac{1}{303} - \dfrac{1}{T}\right)\right][2.95(4-\lambda) + 1.642454(\lambda - 3)], & 3 < \lambda \leqslant 4 \\ D_{\mathrm{mw}} = 10^{-10} \exp\left[2416\left(\dfrac{1}{303} - \dfrac{1}{T}\right)\right](2.563 - 0.33\lambda + 0.0264\lambda^2 - 0.000671\lambda^3), & \lambda > 4 \end{cases} \tag{2-6}$$

除式(2-6)外，Motupally 等[19]根据相同的实验数据，也提出了相应的膜内水菲克扩散率的拟合式：

$$\begin{cases} D_{\mathrm{mw}} = 3.1\times10^{-7}\lambda[\exp(0.28\lambda)-1]\exp\left(\dfrac{-2346}{T}\right), & 0<\lambda<3 \\ D_{\mathrm{mw}} = 4.17\times10^{-8}\lambda[161\exp(-\lambda)+1]\exp\left(\dfrac{-2346}{T}\right), & 3\leqslant\lambda<17 \end{cases} \tag{2-7}$$

式(2-7)和式(2-8)在质子交换膜燃料电池建模中均有广泛应用，然而这两个公式实际存在的差距是不可忽略的，读者在建模中应当注意两者存在的区别。

对于催化层内电解质中的水，其有效扩散率常采用 Bruggeman 公式修正：

$$D_{\mathrm{mw,cl}}^{\mathrm{eff}} = D_{\mathrm{mw}}\omega^{1.5} \tag{2-8}$$

式中，$D_{\mathrm{mw,cl}}^{\mathrm{eff}}$ 为催化层内电解质中水的有效扩散率，$\mathrm{m\cdot s^{-2}}$；$D_{\mathrm{mw}}$ 为电解质中水的扩散率，$\mathrm{m\cdot s^{-2}}$；$\omega$ 为催化层的电解质体积分数，Bruggeman 修正形式会在 2.4.2 节详细讲述。

2. 电渗拖拽效应

电渗拖拽效应是指质子从阳极跨膜输运到阴极过程中，质子会拖拽一定数目的水分子一起移动，这一现象造成了一定量水的跨膜输运，事实上质子在传输中也常是以水合氢离子($H_3O^+$)的形式移动的。为了简化，一般定义电渗拖拽系数 $n_{\mathrm{d}}$ 为伴随每摩尔质子一起移动的水分子的摩尔数。由电渗拖拽造成的水跨膜通量为

$$J_{\mathrm{mw,EOD}} = n_{\mathrm{d}}\frac{I_{\mathrm{H^+}}}{F} \tag{2-9}$$

式中，$J_{\mathrm{mw,EOD}}$ 为电渗拖拽造成的水跨膜通量，$\mathrm{mol\cdot m^{-2}\cdot s^{-1}}$；$n_{\mathrm{d}}$ 为电渗拖拽系数；$F$ 为法拉第常数；$I_{\mathrm{H^+}}$ 为质子移动的电流密度，$\mathrm{A\cdot m^{-2}}$。

电渗拖拽系数 $n_{\mathrm{d}}$ 的大小取决于膜的水含量。关于 Nafion 膜的电渗拖拽系数测量，Zawodzinski 等[20]采用电极两侧连通毛细管柱的方式，测量了室温下 Nafion117 在不同水含量下的电渗拖拽系数。水含量为 22 时，电渗拖拽系数为 2.5；水含量为 11 时，电渗拖拽系数为 0.9。Springer 等[16]对实验数据进行修正，以 $n_{\mathrm{d}}$ 与 $\lambda$ 的线性关系应用于质子交换膜燃料电池建模中：

$$n_{\mathrm{d}} = \frac{2.5\lambda}{22} \tag{2-10}$$

Zawodzinski 等[21]则根据 $n_d$ 的阶跃性提出相应的另一种表达式：

$$\begin{cases} n_d = 1, & \lambda \leqslant 14 \\ n_d = 0.1875\lambda - 1.625, & \lambda > 14 \end{cases} \tag{2-11}$$

式(2-10)和式(2-11)在质子交换膜燃料电池水热管理模型中均被广泛应用，但两者在数值上也存在明显差异，读者在建模中也应注意应用两者可能造成的差异。

3. *液压渗透*

液压渗透是由压力梯度驱动水的渗透作用，由液压渗透的水通量可表示为

$$J_{mw,hyd} = -c_{mw}\frac{K_{mw}}{\mu_{mw}}\nabla p_{mw} = -\lambda\frac{\rho_m}{EW}\frac{K_{mw}}{\mu_l}\nabla p_{mw} \tag{2-12}$$

式中，$J_{mw,hyd}$ 为液压渗透造成的水跨膜通量，$mol\cdot m^{-2}\cdot s^{-1}$；$c_{mw}$ 为电解质中水的浓度，$mol\cdot m^{-3}$；$\mu_{mw}$ 为电解质中水的动力黏度，$kg\cdot m^{-1}\cdot s^{-1}$；$p_{mw}$ 为电解质内液压，Pa；$\rho_m$ 为干态膜密度，$kg\cdot m^{-3}$；$\mu_l$ 为液态水的动力黏度，$kg\cdot m^{-1}\cdot s^{-1}$；式中的负号表示扩散通量的方向是沿浓度下降方向；$K_{mw}$ 为膜对液态水的渗透率，$m^2$，其数值与电解质的水含量相关[22]：

$$K_{mw} = 2.86\times10^{-20}\lambda \tag{2-13}$$

由式(2-13)可看出，膜的渗透率非常小，当阳极和阴极的进气压力相同时，由膜两侧压力差造成液压渗透的水跨膜通量一般远小于浓差扩散和电渗拖拽。

由于阴极比阳极富水，从水热管理角度，阴极液压高于阳极以促进阴极到阳极的液压渗透，更有利于均衡膜两侧的含水量。但在实际操作中，考虑到质子交换膜存在一定的气体跨膜运输，基于氢气的爆炸极限，从安全角度一般采用阳极的进气压力高于阴极的进气压力方式，即尽量减少氧气跨膜至阳极，使电池工作更为安全。阴阳极两侧所允许最大压力差，也取决于膜的机械性能，机械性能较差的膜会在两侧压力差较大时发生穿孔，使电池失效甚至发生危险。气体跨膜的相关内容会在下一节中继续讲述。

除了浓差扩散、电渗拖拽和液压渗透 3 种水跨膜输运的机理外，一些文献中提出膜内温度梯度也会造成一定的膜内水传输，称其为“热拖拽”[23]，目前关于热拖拽造成水传输的机理尚不明确，也缺乏广泛认可的经验公式来描述，因而在质子交换膜燃料电池水热管理模型难以考虑。

水的跨膜输运是水管理的研究重点，电渗拖拽将阳极的水拖拽到阴极，且电渗拖拽造成的水迁移量随着电流密度的增大而增加，从而造成阳极的干涸和质子

电导率的下降。而对于阴极，电化学反应生成水在阴极催化层内，加之电渗拖拽将水拖拽至阴极，使阴极更加富水，阴极催化层内往往处于过饱和状态，从而形成液态水，液态水会阻碍气体输运，其存在往往对电池性能是不利的。因而电渗拖拽效应是加剧了阴阳极两侧水分布的不均，在水热管理研究中电渗拖拽被视为不利因素。一般阴极的水含量高于阳极，浓差扩散方向往往是从阴极到阳极的，而浓差扩散则是抵消一部分水分布不均的有利因素，因此浓差扩散也常称为反向扩散(back diffusion)。增强反向扩散，增强膜两侧水分布的均匀，是水热管理优化和质子交换膜燃料电池自增湿的一项手段，降低膜厚度和提高电解质内水扩散率是增强反向扩散的手段。以丰田 Mirai 为例，降低膜的厚度以增强水从阴极到阳极的反向扩散[17]，实现阴阳极更好的水分布。

### 2.3.4 电解质内气体传输

分隔阴阳极两侧的气体反应物是质子交换膜的基本作用，但质子交换膜并不能完全阻隔气体传输，阴阳极反应物“串气”造成的寄生电流和氮气渗透等问题就与气体跨膜输运相关，而催化层中电解质的导气性则有利于增大有效反应面积，因而电解质的气体传输特性具有两面性。一方面，我们希望质子交换膜能够良好地阻隔阴阳极反应气，尽量减少气体反应物的跨膜输运。因为气体反应物的跨膜输运使燃料与氧化剂直接混合，产生寄生电流，加速电池性能衰退。并且由于氢气存在爆炸极限，氧气跨膜到阳极甚至会发生爆炸的危险。另一方面，对于催化层中的电解质，我们则希望其具有较高的导气性。催化层内电化学反应的位点是多相的，催化剂颗粒常被聚合物电解质所包裹，气体反应物需要穿过电解质才能到达催化剂颗粒表面，因此催化层内电解质具有较高的导气性有利于增大实际活化反应面积，提升反应速率。对于质子交换膜和催化层中电解质对气体传输的不同需求，两者可以考虑采用不同的电解质材料。

除气体反应物氢气和氧气的跨膜造成寄生电流，对电池性能造成影响，一些情况下，氮气跨膜的问题也是我们需要考虑的。质子交换膜燃料电池工作过程中，为保证电池不处于反应气体饥饿状态，阳极和阴极的实际进气化学计量比需大于1，实验条件下阳极流道常为流通状态(flow-through)，阳极尾气中多余的氢气直接排放。但对于实际应用中的质子交换膜燃料电池，如燃料电池汽车，阳极尾气的直接排放会造成大量的氢气浪费，氢气燃料的携带量决定了汽车的续航能力，显然氢气是十分珍贵不能轻易浪费的，且氢气在室内的排放会产生安全隐患。为了提高氢气利用率，阳极流道通常采用出口封死模式(dead-ended anode)或尾气循环模式(anode recirculation)[24]，出口封死模式下阳极出口关闭，不对外排放；尾气循环是将尾气循环至阳极入口，将尾气与新供给的氢气混合不断输入电池。但这两种设计也会造成一些新的问题，在汽车应用中，阴极进气为空气，空气中的氮气会缓慢跨膜渗透到阳极。由于渗透速率很小，在阳极为流通状态时氮气能快速被带出，但阳极在出口封死状态下，如果没有排气吹扫过程，氮气会一直留存在阳极内，氮气又难以从混合气体中分离，使循环模式也存在同样的问题，随着工作时间的增加，氮气会在阳极内逐渐积聚，较长时间工作后阳极内氮气体积分数能达到 50%～70%，占据多孔电极内氢气传输通道，稀释催化层内氢气浓度，造成电池性能下降、阴极催化层碳腐蚀、耐久性下降等问题。

为了计算气体反应物跨膜造成的寄生电流，或是计算氮气在阳极内的积聚量，都要先了解气体跨膜的流量和气体跨膜的渗透率。气体跨膜的流量与膜两侧气体分压的梯度相关，可以表示为

$$J_{\mathrm{i,cro}} = K_{\mathrm{i,m}} \frac{p_{\mathrm{i,a}} - p_{\mathrm{i,c}}}{\delta_{\mathrm{m}}} \tag{2-14}$$

式中，$J_{\mathrm{i,cro}}$ 为气体组分 i 由阳极到阴极跨膜的通量，$\mathrm{mol \cdot m^{-2} \cdot s^{-1}}$；$K_{\mathrm{i,m}}$ 为气体组分 i 跨膜渗透率，$\mathrm{mol \cdot m^{-1} \cdot s^{-1} \cdot Pa^{-1}}$；$p_{\mathrm{i,a}}$ 和 $p_{\mathrm{i,c}}$ 分别为阳极和阴极内气体组分 i 的分压，Pa；$\delta_{\mathrm{m}}$ 为质子交换膜的厚度，m。气体在膜中传输，需要先溶于电解质结构中，随后在浓度梯度驱动下传输。而在质子交换膜燃料电池中，电解质总是处于水合状态且气体跨膜渗透率与水含量相关，虽然气体是不易溶于液态水本身的，但电解质水含量的增加却会增大气体的跨膜渗透率。除了水含量，气体跨膜渗透率还与气体的活化能和温度相关，Nafion 膜的氢气、氧气和氮气的跨膜渗透率分别为[24,25]

$$K_{\mathrm{H_2,m}} = (0.29 + 2.2\chi) \times 10^{-14} \exp\left[\frac{E_{\mathrm{H_2}}}{R}\left(\frac{1}{303} - \frac{1}{T}\right)\right] \tag{2-15}$$

$$K_{\mathrm{O_2,m}} = (0.11 + 1.9\chi) \times 10^{-14} \exp\left[\frac{E_{\mathrm{O_2}}}{R}\left(\frac{1}{303} - \frac{1}{T}\right)\right] \tag{2-16}$$

$$K_{\mathrm{N_2,m}} = (0.0295 + 1.21 f_{\mathrm{v}} - 1.93\chi^2) \times 10^{-14} \exp\left[\frac{E_{\mathrm{N_2}}}{R}\left(\frac{1}{303} - \frac{1}{T}\right)\right] \tag{2-17}$$

式(2-15)～式(2-17)中，$K_{\mathrm{H_2,m}}$、$K_{\mathrm{O_2,m}}$、$K_{\mathrm{N_2,m}}$ 分别为氢气、氧气和氮气的跨膜渗透率，$\mathrm{mol \cdot m^{-1} \cdot s^{-1} \cdot Pa^{-1}}$；$E_{\mathrm{H_2}}$、$E_{\mathrm{O_2}}$、$E_{\mathrm{N_2}}$ 分别为氢气、氧气和氮气的活化能，$\mathrm{kJ \cdot mol^{-1}}$；$R$ 为通用气体常数；$T$ 为温度，K；$\chi$ 为膜内水的体积分数，可表示为

$$\chi = \frac{\lambda V_{\mathrm{w}}}{V_{\mathrm{m}} + \lambda V_{\mathrm{w}}} \tag{2-18}$$

式中，$V_w$ 为液态水的摩尔体积，$L \cdot mol^{-1}$；$V_m$ 为干态膜的摩尔体积，$L \cdot mol^{-1}$。

对于阳极出口封死和尾气循环两种模式，排出渗透到阳极的氮气十分必要。两种模式均可采用脉冲排放的方式，用氢气吹扫出阳极内的氮气，过于频繁的扫气会增加氢气的浪费，但扫气间隔过长也会造成电池性能下降和碳腐蚀等耐久性下降的问题；扫气时长过长会造成氢气浪费，过短也会导致氮气不能排尽。因而选择优化扫气策略，包括扫气间隔、扫气时长及扫气流速的设计，对于提升能量利用率和降低燃料浪费率十分必要。对于阳极循环模式，还可采用阳极出口存在一定比例的泄漏量，即不完全循环，来排出渗透到阳极的氮气。由于氮气跨膜速率很小，往往很小的泄漏比例即可有效降低阳极内氮气积累量，当氮气跨膜速率等于氮气从阳极泄漏口排出的速率时，阳极内氮气含量将不再随工作时间而增长。

## 2.4 多孔电极

质子交换膜燃料电池多孔电极部件包括气体扩散层、微孔层和催化层。这一小节中我们将详细介绍多孔电极的各部件，以及多孔电极孔隙区域中的气液两相流动和气液态水相变，催化层内不同状态水的转化以及固体导电区域中电子传输。

### 2.4.1 多孔电极结构

#### 1. 气体扩散层

气体扩散层，或扩散层，其主要功能包括传导电流、传输气体反应物、排出液态水、支撑催化层及实现气体反应物在流场和催化层间的再分配，扩散层是多孔电极中厚度最大的部件，因而气体扩散层可视为多孔电极的主体部分，是影响电极性能的关键部件之一。在一些文献[26]中，气体扩散层被定义为基底层和微孔层的组合，其中的基底层即为本书所叙述的气体扩散层，也请读者有所区分。

气体扩散层由导电的多孔材料构成，常用材料为碳纸或碳布，也有非织造布和炭黑纸，图 2.9 为气体扩散层(碳纸)实物图。良好的气体扩散层应具备以下要求：良好的透气性、高电子电导率、结构紧密且表面平整以减少装配产生的接触电阻、均匀的多孔结构、具有一定的机械强度、适当的刚性和柔性有利于电极的制作、具有良好的化学稳定性和热稳定性及低制造成本。扩散层的基底材料，如碳布或碳纸等的制备方式，在这里不详细介绍，感兴趣的读者可以翻阅文献[27]。传输气体和排出液态水是扩散层的重要功能。扩散层常作疏水处理以构建内部疏水的气相传输通道，聚四氟乙烯是扩散层处理中常用的疏水剂。扩散层的疏水化处理，将碳纸或碳布等基底材料均匀的浸入一定浓度的聚四氟乙烯乳液中，进行疏水处理，再将浸好的基底材料置于烘箱内在 300～400℃下焙烧，使浸在基底材料中的聚四氟乙烯乳液所含的表面活性剂被除去，同时使聚四氟乙烯热熔烧结并均匀地分散在基底材料中。

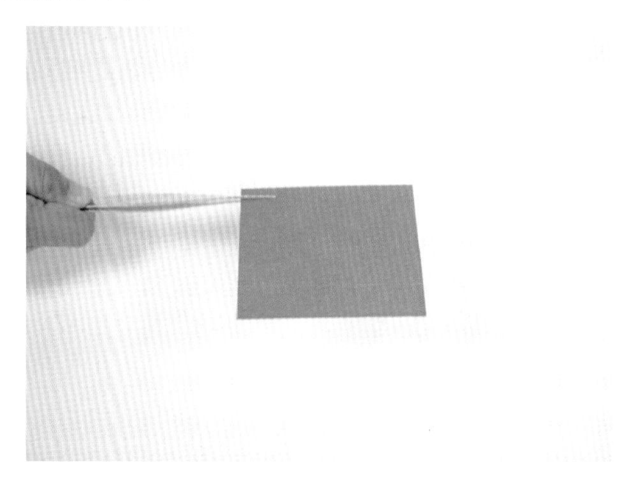

图 2.9　气体扩散层（碳纸）实物图

气体扩散层的主要表征参数包括厚度、电子导电率、孔隙率、迂曲度、孔径、渗透系数及亲疏水性等。扩散层厚度一般在 100～400μm 之间。扩散层为电流和气体传输提供路径，厚度越薄，气体传输越短，传质阻力就越小，但其机械强度也会降低，导致其对催化层和膜的支撑作用减弱，降低电池的耐久性。另外，扩散层厚度对电子传导速率的影响也较为复杂，这是由于扩散层的导电性在不同方向上有很大的差异，这源于碳纸制备中纤维的排列方向造成的各向异性，碳纸内部的层状结构使层内方向（in-plane）的电子电导率要比垂直层方向（through-plane）大几个数量级，从而在传统沟脊结构流场设计中，扩散层厚度的增加可能有利于电子的传输。

孔隙率是指多孔介质中孔隙体积占材料总体积的比例，扩散层作为一种多孔材料，孔隙率是表征其流体传输特性的重要参数。常用的孔隙率测量仪包括压汞仪和毛细管流动孔隙仪，但这两种方法都不能完全反应扩散层内真实的物质传输通道，因为测量中将断孔和死孔等都包含在内，而这些非连通孔并非扩散层中有效的物质传输通道，对气体和水的传输没有意义。一般孔隙率越高，扩散层内输运通道的体积越大，物质传输效率越高，而导电性则会因为电子传输路径的减少而下降。相较催化层和微孔层，扩散层通常具有较大的孔隙率。迂曲度用以描述多孔介质内毛细管的迂回曲折程度，气体组分在扩散层中的有效扩散率受孔隙率和迂曲度的影响，水热管理模型中常采用 Bruggeman 修正，会在 2.4.2 小节中多孔电极内的扩散中详细讲述。孔径的大小对于扩散层内传质也有很大的影响，有研究根据孔分布曲线，按孔径大小将扩散层中的孔分为微孔（0.03～0.06μm）、中孔(0.06～5μm)和大孔(5～20μm)，并认为大孔的存在可以减少液态水的积聚，有效避免水淹，加强扩散层内的物质传输[28]。多孔电极内的对流流动的特征参数为达西渗透系数，会在 2.4.2 小节中多孔电极内的对流中详细讲述。

扩散层合适的亲疏水性有利于提高气、液传输效率，提升极限电流密度。表征扩散层的亲疏水性包括浸渍法和接触角测量法。浸渍法直接表征其亲水孔和疏水孔孔体积，接触角测量法通过测量液滴在扩散层表面的接触角，以获得材料的亲疏水性，接触角测量法主要有固定滴降法、Wilhelmy 方法、动态 Wilhelmy 法等[25]，接触角小于 90°为亲水，大于 90°为疏水，接触角越小则亲水性越强，越大则疏水性越强。如前所述，扩散层常作疏水处理，需要注意的是，所测量的扩散层的接触角大小仅是其表面性质，而扩散层内部的物质传输通道间疏水剂分布又不一定很均匀，通过测量的接触角来判断扩散层的内部亲疏水性并不准确。

2. 微孔层

微孔层通常是为了改善气体扩散层的孔隙结构，而在气体扩散层表面制作的碳粉层，其位于催化层和气体扩散层之间。在一些文献中将微孔层作为气体扩散层的一部分[26]，由于微孔层在水热管理研究中的重要性及微孔层对质子交换膜燃料电池性能的影响的复杂性，本书将微孔层以一个单独的部件列出进行讲述。

由于扩散层孔隙一般在微米量级，而催化层孔隙则在纳米量级，两者的直接接触使电子、气体和水在界面间的传输受到一定影响，而微孔层的主要功能包括增强气体扩散层表面平整度、改善孔隙结构、降低催化层和气体扩散层之间的接触电阻，微孔层的加入实现了扩散层和催化层孔隙范围之间的平滑过渡。图 2.10 为微孔层实物图，微孔层一般制备于气体扩散层的一侧，与图 2.9 气体扩散层表面

图 2.10 微孔层实物图

相比较，可以明显看出微孔层更为致密，孔径和孔隙率较气体扩散层更小。微孔层的厚度一般在 10～100μm，通常由碳粉和黏结剂组成，碳粉提供微孔层的骨架并提供电子传导路径，黏结剂使微孔层结构稳定并改变微孔层的亲疏水性，黏结剂往往是疏水的，聚四氟乙烯是常用的黏结剂。除使用碳粉制备微孔层，也有其他材料，如碳纳米管、碳纳米纤维等应用于微孔层的制备。微孔层的常用制备方式是用水与乙醇的混合物作为溶剂，将碳粉与聚四氟乙烯乳液混合，用超声波震荡形成糊状浆料，采用刮涂等方法将浆料制作于气体扩散层上，经过焙烧形成微孔层。

微孔层的存在对于质子交换膜燃料电池水管理而言存在一定复杂性，一般情况下，微孔层的存在对水管理起到积极的作用，微孔层的疏水性有利于催化层和质子交换膜保持足够的水合度，特别是在低电流密度工况下，但在高电流密度下，微孔层会不利于催化层中生成的液态水排出，造成水淹的可能。微孔层表面会存在一些裂缝，可视化研究表明，裂缝为液态水的排出提供了有效的途径，而气体的传输路径主要为微孔层上较小的孔隙[29]。由此在微孔层加工中，也会人为在其表面制造裂缝，也增强液态水的排出。

此外，微孔层的设计与优化还包括碳粉的类型和用量、聚四氟乙烯含量及微孔层内孔结构。碳粉的用量直接决定了微孔层的厚度，对传质产生一定的影响。聚四氟乙烯的疏水性为微孔层内部提供气相传输通道，减小传质阻力，但聚四氟乙烯本身不导电，一般认为聚四氟乙烯含量存在一个最佳值。微孔层制备中还会添加一定量的造孔剂来调控其孔隙率和孔分布。目前已有一些从水热管理角度探究微孔层对质子交换膜燃料电池性能影响的研究，在不同操作条件下微孔层所表现出的效果也可能有所不同，微孔层的添加已被广泛认为是提高电池性能、改善水热管理、增强电池运行稳定性和延长电池寿命的有效方式。

3. 催化层

催化层是电化学反应发生的场所，良好的催化层是质子交换膜燃料电池具备高性能，高耐久性和低成本的重要决定因素，应具备以下特点：内部的三相接触面积大、高质子电导率、良好的气相传输通道并利于液态水的排出，以及内部连续的离子电流和电子电流的传输通道等。催化层的厚度往往仅有几个微米，催化层的制备是制作膜电极中至关重要的部分。

催化层提供电化学反应的位点，内部包含以导电基体为支撑的金属催化剂(如碳载铂 Pt/C)、传导质子的聚合物电解质(如全氟磺酸膜)及保证合适的孔隙率并构建内部气相通道疏水材料(如聚四氟乙烯)。通常催化层使用聚四氟乙烯或全氟磺酸电解质充当黏结剂，而催化层呈现出亲水性或疏水性则取决于黏结剂添加的量。制备催化层的第一步就是配置催化剂浆料，催化剂浆料一般包含催化剂、碳粉、黏结剂和溶剂，有时还会添加其他成分来增加浆料的分散性和稳定性，经超声或搅拌形成均匀分散的催化剂浆料[30]。将催化剂浆料覆盖于扩散层(碳纸)或质子交换膜表面，形成催化层，进而组装为膜电极。

较早期的方法是将催化层制备在扩散层表面，形成气体扩散电极(gas diffusion electrode，GDE)，再将阴极和阳极通过热压的方式压制在质子交换膜两侧，称为 GDE 法。其具体工艺包括：将 Pt/C 催化剂与黏结剂聚四氟乙烯乳液在水和异丙醇的混合溶剂中混合成催化剂浆料，随后采用刮涂、喷涂、滚压、丝网印刷法等方法，将催化剂浆料均匀涂布在气体扩散层上，使其自然晾干，再在高温常压下烘干，最后将质子交换膜置于两个涂布有催化剂的气体扩散层，经热压成型即得 GDE 型膜电极。GDE 法的主要缺点为催化层易与质子交换膜发生局部剥离，GDE 制备过程中，部分催化剂颗粒渗入气体扩散层中，使其无法成为电化学反应位点，降低催化剂的利用率。目前 GDE 法已较少采用。

另一种方法是将催化层直接制备在质子交换膜上，形成催化剂覆盖的膜(catalyst coated membrane，CCM)，再与扩散层组合成膜电极，称为 CCM 法。制备 CCM 的方法主要包括干喷法、贴制转移法及浸渍还原法等[31]。以贴制转移法为例，将 Pt/C 催化剂、全氟磺酸电解质溶液、水和异丙醇混合制得催化剂浆料，将浆料涂于聚四氟乙烯薄膜上，并在一定温度下烘干，随后将带有催化层的聚四氟乙烯膜与质子交换膜热压处理，使得催化层转移到质子交换膜上，这样形成了 CCM，CCM 与两侧的扩散层热压形成 CCM 型膜电极。CCM 法较为简便，有利于催化层与质子交换膜的紧密结合，有效避免催化层从质子交换膜上剥离，催化剂利用率和催化层寿命较 GDE 法均有显著升高。CCM 法也是目前主流的催化层和膜电极制备方法。

催化层的主要宏观表征参数包括厚度、孔隙率、电解质体积分数等。催化层内部包含各种不同尺度的颗粒和孔，其内部的各种物理化学过程是质子交换膜燃料电池各部件中最为复杂的，包括电化学反应、电子和质子的迁移、气体和水的输运过程等，这都与催化层的多孔结构相关，良好的催化层与适当的孔结构密不可分。催化层过大的孔隙率会减少电化学反应位点，而过小的孔隙率会增加传质的阻力，不利于反应气体的传入和液态水的排出[32]。催化剂浆料配制中也会添加造孔剂如草酸铵等，以提高催化层的孔隙率。

催化剂浆料的配比主要包括催化剂与电解质的比例，是催化层制备中的关键。使用贵金属铂作为催化剂，是质子交换膜燃料电池高成本的一项重要因素。尽管目前应用碳载铂及其他多种载体与铂形成的催化剂材料已经大大增加了铂的活化面积和利用率，商业化的质子交换膜燃料电池的催化剂铂载量已降至 $0.1mg \cdot cm^{-2}$ 以下，并且未来铂的使用量仍有待进一步降低，达到 $0.05mg \cdot cm^{-2}$ 以下的目标。实现该目标的主要手段包括开发降低贵金属铂用量的载体材料，如碳纳米管载铂及其他非碳载体与铂的催化剂，以及发展非铂的廉价催化剂以减少铂用量[33]。然而目前铂依然是最常用的催化剂材料。对于制备催化层的电解质材料，Nafion 最为常见。使用 Nafion 膜溶液配制催化剂浆料，其兼具传导质子，黏结剂和溶解催化剂颗粒的作用，并定义 Nafion 在催化剂浆料中的体积分数为催化层的 Nafion 含量。Nafion 含量太少，催化层的离子传导速率不足，导致低铂利用率和高阻抗，而 Nafion 含量过多也会影响催化层的气体传输和电子传导，而适宜的 Nafion 比例往往与催化剂用量相关。总结而言，催化层内催化剂与电解质的配比是决定催化层性能的重要因素。催化层的厚度对电池性能也有重要的影响，厚度的优化往往也取决于催化剂与电解质的配比。

由于催化层内催化剂、电解质和孔的随机无序分布，往往造成大量区域无法满足三相界面的要求，且无序催化层的应用也导致了燃料电池性能的不确定性，这种不确定性造成的问题会在电堆层面更为显著。为进一步提高催化剂利用率，提升电堆的寿命和可靠性，有序化催化层结构的研究受到广泛关注。有序化催化层结构是指催化层结构具备纳米尺度上的高度有序性，如定向生长的碳纳米管（carbon nono tube，CNT）载铂催化剂层[34]、定向生长的纳米有机晶须载铂催化剂层[35]等。定向碳纳米管催化层的优势包括定向碳纳米管的导电率远好于交叉的碳纳米管，且定向碳纳米管具有更高的气体渗透率和疏水性能，有助于气体反应物的输运和液态水的排出[35]。目前存在 些商业化的有序化催化层，但其广泛应用有待进一步发展。

### 2.4.2 多孔电极内的扩散与对流

气体传输和液态水的排出是多孔电极最重要的功能。本节我们将讨论流体在多孔电极内传输的两种机制：对流和扩散。

对流是指在外力作用下由流体的体运动造成的物质传输，扩散是指由于浓度梯度形成的物质传输。流体在多孔电极中多孔且迂曲的微米至纳米尺寸的通道中传输，总体而言，对流的作用被明显限制。显然流场中的输运是对流主导，对于传统流场设计，流场中气体流动方向与气体向多孔电极传输的方向是垂直的，气体由流场进入多孔电极往往是扩散主导。实际上，多孔电极中主要输运方式也与流场设计相关。对于平行流道，入口到出口的流动距离较短，进出口压力差较小，流场内压力分布也更均匀，流场下方的多孔电极内压力差也较小，此时多孔电极内输运方式为扩散主导。对于蛇形流道，气体流通路径较长，进出口压力差较大，使高压区流道的气体会经由多孔电极流向低压区的流道，这种流动一般成为交叉流，此时多孔电极内输运方式为扩散和对流混合主导。而叉指形流场的流场压降可能更大，多孔电极内对流则会更为显著。

1. 扩散

在多孔电极结构迂曲的孔隙通道内，气体分子的运动受到孔壁的限制，使得气体的有效扩散率要低于气体的体扩散率。气体的有效扩散率受到孔隙率和迂曲度的影响，可以表示为

$$D_i^{\text{eff}} = D_i \frac{\varepsilon}{\tau} \tag{2-19}$$

式中，$D_i^{\text{eff}}$ 为气体组分 $i$ 在多孔电极内的有效扩散率，$m^2 \cdot s^{-1}$；$D_i$ 为气体组分 $i$ 的扩散率，$m^2 \cdot s^{-1}$；$\varepsilon$ 为多孔电极的空隙率；$\tau$ 为多孔电极的迂曲度。由 Bruggeman 修正，多孔介质的迂曲度和孔隙率具有如下关系[36]：

$$\tau = \varepsilon^{-0.5} \tag{2-20}$$

由此式(2-19)可简化为仅与孔隙率相关的形式：

$$D_i^{\text{eff}} = D_i \varepsilon^{1.5} \tag{2-21}$$

也存在一些其他的对于多孔介质内有效扩散率的修正方式，但由于 Bruggeman 修正的形式最为简单，其应用也最为广泛。之前讲述气体扩散层中提及过，由于碳纸内纤维排列的各向异性，电子在 in-plane 方向上的传输速率远大于 through-plane 方向，对于气体传输存在类似的问题，使用 Bruggeman 修正式往往会高估其有效气体扩散系数，尤其是 through-plane 方向，在考虑其各向异性时，应对其有效扩散率进行修正，具体计算公式我们将在后面章节进行介绍。考虑到质子交换膜燃料电池工作过程中，多孔电极中会存在液态水，电池在低温启动过程中多孔电极中还会存在冰，液态水和冰的存在对气相的传输具有一定的阻碍作用，阻碍作用与液态水或冰在孔隙中的含量，位置和形貌相关。实际上多孔电极，尤其是催化层中液态水和冰存在的形貌十分复杂，往往难以捕捉。由于液态水或冰与固体材料阻隔气体传输的效果类似，基于多孔介质体积平均理论，有效气体扩散率可表示为[22]

$$D_i^{\text{eff}} = D_i \varepsilon^{1.5} (1 - \chi_{\text{lq}} - \chi_{\text{ice}})^{1.5} \tag{2-22}$$

式中，$\chi_{\text{lq}}$ 为多孔电极中液态水体积分数；$\chi_{\text{ice}}$ 为多孔电极中冰体积分数。

2. 对流

多孔电极内对流作用受材料渗透率的影响。对于气相和液相，压力梯度可以由达西定律表示：

$$\nabla p_{g,lq} = -\frac{\mu_{g,lq}}{K_{g,lq}} \boldsymbol{u}_{g,lq} \tag{2-23}$$

式中，下标 g、lq 分别代表气相和液相；$p$ 为压力，Pa；$\mu$ 为动力黏度，$kg \cdot m^{-1} \cdot s^{-1}$；$K$ 为渗透率，$m^2$；$\boldsymbol{u}$ 为流速，$m \cdot s^{-1}$。注意达西定律仅在其他作用力影响，如重力、惯性力等可以忽略的情况下适用。气相渗透率($K_g$)和液相渗透率($K_{lq}$)均取决于材料的固有渗透率和孔隙内液态水体积分数[37]：

$$K_g = K_0(1-\chi_{lq})^{3.0} \tag{2-24}$$

$$K_{lq} = K_0 \chi_{lq}^{3.0} \tag{2-25}$$

式中，$K_0$ 为材料的固有渗透率，$m^2$。由于扩散层、微孔层和催化层的材料差异，各部件的固有渗透率有所不同。式(2-24)、式(2-25)中的指数 3.0 源于孔隙率在 0.1～0.4 的沙石类多孔介质的立方相关经验公式，而质子交换膜燃料电池催化层在孔隙率和形貌上与沙石类多孔介质具有诸多相似性，因此催化层内气相和液相渗透率常采用立方相关的修正。也有研究表明对于孔隙率在 0.6～0.8 的高孔隙率多孔材料(如扩散层和微孔层)，指数 3.0 的立方相关修正可能高估了液相渗透率，尤其是在低液态水饱和度下，因而更推荐采用 4.0 和 5.0 为指数[37]。

### 2.4.3 多孔区域内水的相变

多孔电极的孔隙区域内水的状态包括水蒸气和液态水，再考虑到冷启动过程中多孔区域内还可能存在冰。质子交换膜燃料电池工作过程中，水蒸气和液态水的分布受水蒸气和液态水间相变的影响，水的凝结与蒸发是质子交换膜燃料电池常温工作下最为主要的水相变过程。

基于理想气体假设，各气体组分及混合气体：

$$p_i = c_i RT \tag{2-26}$$

式中，$p_i$ 为组分或气体混合物的气体压力，Pa；$c_i$ 为 $i$ 组分或气体混合物的气体压力，$mol \cdot m^{-3}$。

多孔区域内液态水以液态水饱和度(liquid saturation，s)，也称为液态水体积分数，其表示液态水体积占据孔隙总体积的百分比。之前已有多次提及质子交换膜燃料电池中液态水的存在常是不利于电池性能的，气体反应物是经过扩散层的孔隙区域输运至反应场所的，液态水会占据扩散层内空腔的体积，堵住气体传输的通道，所谓的“水淹”就是多孔电极内液态水过多造成电池性能快速衰减甚至不能稳定工作。

在质子交换膜燃料电池工作状态下，多孔介质内水凝结和蒸发过程的进行速率与温度、压力、气液相的比界面积等诸多因素相关，其基本研究方法涉及分子动力学理论。而对于质子交换膜燃料电池水热管理宏观模型，凝结和蒸发过程中涉及的诸多微观参数往往难以准确获得，因此一般采用 Langmuir 修正形式来表征质子交换膜燃料电池电极内的凝结和蒸发两个过程，其包含了孔隙率和液态水体积分数的影响[38]：

$$\begin{cases} S_{\mathrm{vl}} = \gamma_{\mathrm{cond}}\varepsilon(1-\chi_{\mathrm{lq}})\dfrac{p_{\mathrm{vp}}-p_{\mathrm{sat}}}{RT}, & p_{\mathrm{vp}} > p_{\mathrm{sat}} \\ S_{\mathrm{vl}} = \gamma_{\mathrm{evap}}\varepsilon\chi_{\mathrm{lq}}\dfrac{p_{\mathrm{vp}}-p_{\mathrm{sat}}}{RT}, & p_{\mathrm{vp}} < p_{\mathrm{sat}} \end{cases} \tag{2-27}$$

式中，$S_{\mathrm{vl}}$ 为水蒸气和液态水的转化速率，$\mathrm{mol \cdot m^{-3} \cdot s^{-1}}$；当 $p_{\mathrm{vp}} > p_{\mathrm{sat}}$ 时，$S_{\mathrm{vl}}$ 为凝结速率；当 $p_{\mathrm{vp}} < p_{\mathrm{sat}}$，$S_{\mathrm{vl}}$ 为蒸发速率；$\gamma_{\mathrm{cond}}$ 和 $\gamma_{\mathrm{evap}}$ 分别为综合凝结率和蒸发率，$\mathrm{s^{-1}}$；$\varepsilon$ 为多孔介质的孔隙率；$\chi_{\mathrm{lq}}$ 为液态水体积分数；$p_{\mathrm{vp}}$ 为水蒸气压力，Pa；$p_{\mathrm{sat}}$ 为饱和蒸汽压，Pa。需要注意的是，凝结率和蒸发率都是严重受局部传热传质过程影响，在宏观层面上很难获得凝结率和蒸发率的准确数值，$\gamma_{\mathrm{cond}}$ 和 $\gamma_{\mathrm{evap}}$ 均是包含了诸多因素的综合凝结率和蒸发率。在文献中和的数值从 $1.0 \sim 5000\mathrm{s^{-1}}$ 均有所应用[37,39]。Meng[39]的数值模型结果显示，凝结率由 $500\mathrm{s^{-1}}$ 增加至 $2000\mathrm{s^{-1}}$ 时，电池内最高的液态水体积分数增大 20%；凝结率由 $2000\mathrm{s^{-1}}$ 增加至 $5000\mathrm{s^{-1}}$ 时，液态水体积分数增大仅为 6%；当凝结率大于 $5000\mathrm{s^{-1}}$ 时，液态水分布基本不再受到影响。

由式(2-27)的形式可以看出，多孔电极内水凝结或是蒸发，取决于局部水蒸气压力与当地饱和蒸汽压的大小关系，当局部水蒸气压力高于当地饱和蒸气压力，水蒸气会凝结为液态水；相反地，若水蒸气压力低于饱和蒸汽压力，而此时还有液态水存在，液态水会蒸发为水蒸气。Springer 等[16]对饱和蒸汽压力表中的数据进行修正和拟合，得到饱和蒸气压与温度的拟合经验公式，该式适用于 –50～100℃：

$$\begin{aligned} \lg\left(\frac{p_{\mathrm{sat}}}{101325}\right) = & -2.1794 + 0.02953(T-273.15) \\ & -9.1837\times10^{-5}(T-273.15)^2 + 1.4454\times10^{-7}(T-273.15)^3 \end{aligned} \tag{2-28}$$

当考虑质子交换膜燃料电池冷启动时，电极内的水蒸气或液态水(如电化学反应生成水)会冻结为冰。水蒸气与冰的相变速率[15]：

$$\begin{cases} S_{vi} = \gamma_{desb}\varepsilon(1-s_{lq}-s_{ice})\dfrac{(p_g\chi_{vp}-p_{sat})M_{H_2O}}{RT}, & p_g\chi_{vp} \geqslant p_{sat},\ T < T_N + T_{FPD} \\ S_{vi} = 0, & p_g\chi_{vp} < p_{sat},\ T < T_N + T_{FPD} \\ S_{vi} = 0, & T \geqslant T_N + T_{FPD} \end{cases} \tag{2-29}$$

式中，$S_{vi}$ 为水蒸气和冰的转化速率，$mol \cdot m^{-3} \cdot s^{-1}$；$T_N$ 为水的正常结冰点温度，273.15K；$T_{FPD}$(Freezing point depression，FPD)为结冰点降低温度，K，由于催化层内存在纳米量级的微小空隙，这些微小空隙中的水表面力增强，使得催化层内常存在冰点降低的现象，催化层内约为–1℃；$p_g$ 为气压，Pa；$\chi_{vp}$ 为水蒸气体积分数；$\gamma_{desb}$ 为凝华率，$s^{-1}$；$M_{H_2O}$ 为水的摩尔质量，$kg \cdot mol^{-1}$。

由式(2-29)可知，仅当水蒸气压力超过饱和蒸汽压，且温度低于实际结冰点时，水蒸气会转化为冰。

液态水与冰的相变速率[14]：

$$\begin{cases} S_{li} = \gamma_{fr}\varepsilon\chi_{lq}\rho_{lq}, & T < T_N + T_{FPD} \\ S_{li} = -\gamma_{melt}\varepsilon\chi_{ice}\rho_{ice}, & T \geqslant T_N + T_{FPD} \end{cases} \tag{2-30}$$

式中，$S_{li}$ 为液态水和冰的转化速率，$mol \cdot m^{-3} \cdot s^{-1}$；$\gamma_{fr}$、$\gamma_{melt}$ 分别为冻结率和融化率，$s^{-1}$；$\chi_{lq}$，$\chi_{ice}$ 分别为液态水和冰的体积分数；$\rho_{lq}$ 、$\rho_{ice}$ 分别为液态水和冰的密度，$kg \cdot m^{-3}$。当温度低于实际结冰点时，液态水转化为冰，当温度高于实际结冰点时，冰转化为液态水。这里需要注意的是，$\gamma_{desb}$、$\gamma_{fr}$ 和 $\gamma_{melt}$ 与之前所述的凝结率 $\gamma_{cond}$ 和蒸发率 $\gamma_{evap}$ 类似，均是包含了诸多因素的综合速率，在宏观模型中我们一般都使用常数代替这些速率。

### 2.4.4　催化层内水的状态和传输

水在催化层的多孔区域内的存在状态包括水蒸气和液态水，与电极内其他孔隙区域相同，而水在催化层的电解质内的存在状态与膜中相同，即 2.1.1 小节中所述的膜态水，因而催化层内水的输运和转化是最为复杂的。在催化层内或催化层和质子交换膜的交界面，存在着电解质从周围的催化层多孔区域内吸放水的变化，即膜态水与水蒸气或液态水的转化(图 2.1 所示)。在冷启动过程中，非冻结膜态水，液态水和水蒸气都可能直接转化为冰。为了判断电解质吸放水方向，Springer 等[16]在质子交换膜燃料电池建模中提出了平衡态水含量 $\lambda_{eq}$，其取决于催化层多孔区域内的水活度：

$$\begin{cases} \lambda_{eq} = 0.043 + 17.81a - 39.85a^2 + 36.0a^3, & 0 \leqslant a \leqslant 1 \\ \lambda_{eq} = 14.0 + 1.4(a-1), & 1 < a \leqslant 3 \end{cases} \tag{2-31}$$

式中，$\lambda_{eq}$ 为平衡态水含量，$a$ 为催化层内的水活度，一般定义为

$$a=\frac{\chi_{vp}p_g}{p_{sat}}+2\chi_{lq} \tag{2-32}$$

当电解质内的水含量小于平衡态水含量，电解质吸水，孔隙内的水蒸气或液态水转化为电解质中的水(膜态水)；当电解质内的水含量大于平衡态水含量，电解质放水，电解质中的水转化为水蒸气或液态水。

电解质的吸放水过程决定了膜(包括催化层内的电解质)的湿润度和离子导电率，是质子交换膜燃料电池水管理中至关重要的过程。在质子交换膜燃料电池宏观模型中，仅了解电解质吸放水的方向是不够的，更要知道吸放水进行有“多快”。实验表明在膜吸水的过程中，吸收液态水和吸收饱和水蒸气的速率并不相同，吸收液态水的速率更高，对于最常用的电解质材料，全氟磺酸膜，当其接触水蒸气时表面呈现强疏水性，但当接触液态水时，电解质表面会变得亲水。当电解质吸收液滴后，电解质表面的亲水性会增强，使得更多的液态水被电解质所吸收；而电解质从水蒸气中吸收水，一般需要经过水蒸气在电解质疏水表面凝结，随后液态水被电解质吸收的过程。当有液态水存在时，水活度 $a$ 一般都会大于 1.0。将干燥的膜置于湿空气中，膜吸水达到平衡状态的时间尺度一般在 100～1000s，因而膜被水蒸气湿润是一个很慢的过程。实际上催化层内电解质吸放水的速率还取决于电解质内水含量与平衡态水含量的差值[22]：

$$\begin{cases} S_{mv}=\gamma_{mv}\dfrac{\rho_m}{EW}(\lambda-\lambda_{eq}) \\ S_{ml}=\gamma_{ml}\dfrac{\rho_m}{EW}(\lambda-\lambda_{eq}) \end{cases} \tag{2-33}$$

式中，$S_{mv}$、$S_{ml}$ 分别为膜态水与水蒸气和液态水相互转化的速率，$mol\cdot m^{-3}\cdot s^{-1}$；$\gamma_{mv}$、$\gamma_{ml}$ 分别为膜态水与水蒸气和液态水的综合转化率，$s^{-1}$。其中，$\gamma_{mv}$、$\gamma_{ml}$ 也是与上一节所述的凝结率 $\gamma_{cond}$ 和蒸发率 $\gamma_{evap}$ 类似的综合速率，其包含了大量复杂的因素，在模型中我们常适用常数表示，一般将 $\gamma_{mv}$、$\gamma_{ml}$ 取值为 $1.3s^{-1}$[38]。

如图 2.1 中所示，催化层内电解质吸放水，即图中涉及膜态水的转化路径中，既包含与水蒸气相互转化，也包含与液态水相互转化。事实上，发生哪条转化途径均与电池局部的温度、压力及材料参数等物理量密切相关，在宏观模型中无法准确判定。因此往往需要添加相应的模型假设进行简化。比如，由于电渗拖拽作用使得阳极催化层内较缺水，阳极催化层内膜态水仅与水蒸气相互转化；对于阴极催化层，当进气未加湿时，阴极催化层内膜态水仅与水蒸气相互转化，当进气

完全加湿时，阴极催化层内膜态水仅与液态水相互转化。

除了催化层内膜的吸放水的状态，阴极催化层内电化学反应生成水的状态同样难以通过一般的实验手段观测，非常值得讨论。一般认为电化学反应的发生需要满足三相界面要求，可以由此假设生成水的状态。如果水生成并溶于电解质中，可以定义生成水的状态为膜态水；而如果产生于催化层的孔隙内，则应该是水蒸气或液态水。常见的催化层制备方法是将膜溶液喷涂于质子交换膜表面，一般认为电化学反应发生的活化区域是被电解质所包裹的，而气体反应物需要溶于电解质才能抵达反应界面，质子作为阴极电化学反应的反应物，其主要在电解质中传导，因而生成的水分子很可能被电解质的磺酸基所结合，生成水为电解质中的水，即膜态水。部分质子也会溶于液态水中，在液态水、氧气与催化剂的交界面发生电化学反应，由于质子交换膜燃料电池的工作温度一般低于 100℃，生成水即为液态水。除非电池工作温度较高，否则生成水蒸气的可能性应较小[40]。

以上讨论是从阴极电化学反应位点的角度对生成水可能的状态进行的讨论，在实际的模型应用中，对生成水状态的不同假设往往也会对模型计算结果产生较大影响。在冷启动模型中，一般工作电流密度较低，可以假设生成水为膜态水[40]；而在常温工作下，电流密度较高使得生成水速率很高，如果仍假设生成水为膜态水，会导致阴极催化层内水含量远远高于平衡态水含量值，往往假设生成水为液态水[41]；或假设当水蒸气未达饱和蒸汽压时，生成水为水蒸气，当达到饱和蒸汽压后，生成水为液态水[42]，这样的假设有利于加快气液相平衡的达成。需要说明的是，合理的生成水状态假设在质子交换膜燃料电池水热管理模型中十分重要，特别是对瞬态过程模型的计算结果产生较大影响。

### 2.4.5 多孔电极内电传输

质子交换膜燃料电池的多孔电极不仅传输反应气体和液态水，还承担着电子传导的作用，而催化层的电解质部分则还涉及质子的传导。多孔电极的碳骨架为电子的传导提供路径，正如气体在多孔电极中的有效扩散率用 Bruggeman 修正，电子在多孔电极中的传导也采用类似的修正，对于扩散层和微孔层，有效电子电导率可表示为

$$\kappa_{\mathrm{s}}^{\mathrm{eff}}=\kappa_{\mathrm{s}}(1-\varepsilon)^{1.5} \tag{2-34}$$

式中，$\kappa_{\mathrm{s}}^{\mathrm{eff}}$ 为扩散层和微孔层有效电子电导率，$\mathrm{S\cdot m^{-1}}$；$\kappa_{\mathrm{s}}$ 为固体区域固有电子电导率，$\mathrm{S\cdot m^{-1}}$，多孔电极内电子导电率的各向异性会在后面章节中继续讲述。

催化层内由于包含催化剂和电解质结构，若基于催化层的均相假设，催化层内的有效质子电导率和电子电导率可表示为

$$\kappa_{\mathrm{m}}^{\mathrm{eff}}=\kappa_{\mathrm{m}}\omega^{1.5} \tag{2-35}$$

$$\kappa_{\mathrm{s}}^{\mathrm{eff}}=\kappa_{\mathrm{s}}(1-\chi-\varepsilon)^{1.5} \tag{2-36}$$

式中，$\kappa_{\mathrm{m}}^{\mathrm{eff}}$ 为催化层的有效质子电导率，$\mathrm{S\cdot m^{-1}}$；$\kappa_{\mathrm{s}}^{\mathrm{eff}}$ 为催化层的有效电子电导率，$\mathrm{S\cdot m^{-1}}$；$\kappa_{\mathrm{m}}$ 为电解质的质子电导率，$\mathrm{S\cdot m^{-1}}$；$\chi$ 为催化层内电解质体积分数。

以上对催化层均相假设所建立的模型，称为催化层的均相模型。但由于催化层是电化学反应发生的场所，内部结构也比扩散层和微孔层更为复杂。催化层中的催化剂颗粒往往是被电解质所包裹，形成微米级的球形结块。均相模型难以准确反映催化层的一些特性，而结块模型更符合催化层内真实结构。催化层结块模型是目前宏观尺度下最为复杂的催化层模型，结块模型下催化层的孔隙、电解质和催化剂三部分体积分数关系密切，其中一个参数的变化均会改变催化层各组分含量，电导率和气体的扩散率也在结块模型中进一步修正。结块模型会在第 5 章中详细叙述。

## 本章小结

本章系统地介绍了质子交换膜燃料电池各部件，如极板、质子交换膜、扩散层、微孔层及催化层的工作原理和内部传输机制，包括质子交换膜燃料电池内的多相流动和传热传质过程、质子和电子的传输、水在不同部件内的多种存在状态及不同状态水间的转化、流场设计及未来发展方向等。质子交换膜燃料电池内传输过程的有效调控，即水热管理，是提升电池性能和寿命并降低成本的关键。上述内容也是质子交换膜燃料电池水热管理建模的基础，相关的内容也会在之后的各章中反复涉及。

## 参考文献

[1] Jiao K, Li X. Water transport in polymer electrolyte membrane fuel cells[J]. Progress in Energy and Combustion Science, 2011, 37(3): 221-291.

[2] 付宇, 侯明, 邵志刚, 等. PEMFC 金属双极板研究进展[J]. 电源技术, 2008, 32(9): 631-635.

[3] 李伟, 李争显, 刘林涛, 等. 氢燃料电池中钛双极板研究进展[J]. 钛工业进展, 2018(6): 10-15.

[4]Clarity fuel cell[EB/OL].[2020-01-01]https://automobiles.honda.com/clarity-fuel-cell.

[5] Zhang G, Xie X, Xie B, et al. Large-scale multi-phase simulation of proton exchange membrane fuel cell[J]. International Journal of Heat and Mass Transfer, 2019, 130: 555-563.

[6] Santamaria A D, Das P K, Macdonald J C, et al. Liquid-water interactions with gas-diffusion-layer surfaces[J]. Journal of the Electrochemical Society, 2014, 161(12): F1184-F1193.

[7] Hamada S, Kondo M, Shiozawa M, et al. PEFC Performance improvement methodology for mehicle applications[J]. Sae International Journal of Alternative Powertrains, 2012, 1(1): 374-380.

[8] Bao Z, Niu Z, Jiao K. Analysis of single- and two-phase flow characteristics of 3-D fine mesh flow field of proton exchange membrane fuel cells [J]. Journal of Power Sources, 2019, 31: 226995.

[9] Yoshida T, Kojima K. Toyota MIRAI fuel cell vehicle and progress toward a future hydrogen society[J]. Electrochemical Society Interface, 2015, 24(2): 45-49.

[10] Nonobe Y. Development of the fuel cell vehicle mirai[J]. IEEJ Transactions on Electrical & Electronic Engineering, 2017, 12(1): 5-9.

[11] Chen J. Experimental study on the two phase flow behavior in PEM fuel cell parallel channels with porous media inserts[J]. Journal of Power Sources, 2010, 195(4): 1122-1129.

[12] Yuan W, Wan Z, Tang Y, et al. Feasibility study of porous copper fiber sintered felt: A novel porous flow field in proton exchange membrane fuel cells[J]. International Journal of Hydrogen Energy, 2010, 35(18): 9661-9677.

[13] Litster S, Santiago J G. Dry gas operation of proton exchange membrane fuel cells with parallel channels: Non-porous versus porous plates[J]. Journal of Power Sources, 2009, 188(1): 82-88.

[14] Thompson E L, Capehart T W, Fuller T J, et al. Investigation of low-temperature proton transport in Nafion using direct current conductivity and differential scanning calorimetry[J]. Journal of Applied Physics, 2006, 153(12): 3445-3455.

[15] Jiao K, Li X. Three-dimensional multiphase modeling of cold start processes in polymer electrolyte membrane fuel cells[J]. Electrochimica Acta, 2009, 54(27): 6876-6891.

[16] Springer T E, Zawodzinski T A, Gottesfeld S. Polymer electrolyte fuel cell model[J]. Journal of the Electrochemical Society, 1991, 138(8): 2334-2342.

[17] Outline of the Mirai. [EB/OL]. [2020-01-01]https://www.toyota-europe.com/download/cms/euen/Toyota%20Mirai%20FCV_Posters_LR_tcm-11-564265.pdf.

[18] Jr T A Z, Neeman M, Sillerud L O, et al. Determination of water diffusion coefficients in perfluorosulfonate ionomeric membranes[J]. Journal of Physical Chemistry, 1991, 95(15): 6040-6044.

[19] Motupally S, Becker A J, Weidner J W. Diffusion of water in Nafion 115 membranes[J]. Journal of The Electrochemical Society, 2000, 147(9): 3171-3177.

[20] Zawodzinski T A, Derouin C, Radzinski S, et al. Water uptake by and transport through Nafion® 117 membranes[J]. Journal of the electrochemical society, 1993, 140(4): 1041-1047.

[21] Zawodzinski T A, Davey J, Valerio J, et al. The water content dependence of electro-osmotic drag in proton-conducting polymer electrolytes[J]. Electrochimica Acta, 1995, 40(3): 297-302.

[22] Bernardi D M, Verbrugge M W. A mathematical model of the solid-polymer-electrolyte fuel cell[J]. Journal of the Electrochemical Society, 1992, 139(9): 2477-2491.

[23] Kim S, Mench M M. Investigation of temperature-driven water transport in polymer electrolyte fuel cell: thermo-osmosis in membranes[J]. Journal of Membrane Science, 2009, 328(1-2): 113-120.

[24] Wang B, Hao D, Jiao K. Purge strategy optimization of proton exchange membrane fuel cell with anode recirculation[J]. Applied Energy, 2018, 225: 1-13.

[25] Kocha S S, Yang J D, Yi J S. Characterization of gas crossover and its implications in PEM fuel cells[J]. AIChE Journal, 2006, 52(5): 1916-1925.

[26] 王晓丽, 张华民, 张建鲁, 等. 质子交换膜燃料电池气体扩散层的研究进展[J]. 化学进展, 2006, 18(4): 507-513.

[27] 黄乃科, 王曙中, 李灵忻. 质子交换膜燃料电池电极用气体扩散层材料[J]. 电源技术, 2003, 27(3): 329-332.

[28] Deevanhxay P, Sasabe T, Tsushima S, et al. Observation of dynamic liquid water transport in the microporous layer and gas diffusion layer of an operating PEM fuel cell by high-resolution soft X-ray radiography[J]. Journal of Power Sources, 2013, 230: 38-43.

[29] Kong C S, Kim D Y, Lee H K, et al. Influence of pore-size distribution of diffusion layer on mass-transport problems of proton exchange membrane fuel cells[J]. Journal of Power Sources, 2002, 108(1): 185-191.

[30] Zhang J. PEM Fuel Cell Electrocatalysts and Catalyst Layers[M]. London: Springer, 2008.

[31] 夏丰杰, 叶东浩. 质子交换膜燃料电池膜电极综述[J]. 船电技术, 2015, 35(6): 24-27.

[32] Li W Z, Wang X, Chen Z W, et al. Carbon nanotube film by filtration as cathode catalyst support for proton-exchange membrane fuel cell[J]. Langmuir, 2005, 21(21): 9386-9389.

[33] Vielstich W, Lamm A, Gasteiger H A. Handbook of Fuel Cells -Fundamentals, Technology and Applications[M]. New York: Wiley&Sons, Ltd, 2003.

[34] 刘锋, 王诚, 张剑波, 等. 质子交换膜燃料电池有序化膜电极[J]. 化学进展, 2014, 26(11): 1763-1771.

[35] 田明星, 木士春, 潘牧. 质子交换膜燃料电池催化层设计与优化[J]. 电池工业, 2010, 15(1): 57-60.

[36] Bruggeman DAG. The calculation of various physical constants of heterogeneous substances. I. The dielectric constants and conductivities of mixtures composed of isotopic substances[J]. Annalen der Physik, 1935, 24: 636-664.

[37] Ye Q, Nguyen T V. Three-dimensional simulation of liquid water distribution in a PEMFC with experimentally measured capillary functions[J]. Journal of the Electrochemical Society, 2007, 154(12): B1242-B1251.

[38] Wu H, Li X, Berg P. On the modeling of water transport in polymer electrolyte membrane fuel cells[J]. Electrochimica Acta, 2009, 54(27): 6913-6927.

[39] Meng H. A two-phase non-isothermal mixed-domain PEM fuel cell model and its application to two-dimensional simulations[J]. Journal of Power Sources, 2007, 168(1): 218-228.

[40] Huo S, Jiao K, Park J. On the water transport behavior and phase transition mechanisms in cold start operation of PEM fuel cell[J]. Applied Energy, 2019, 233-234, 776-788.

[41] Zhang G, Fan L, Sun J, et al. A 3D model of PEMFC considering detailed multiphase flow and anisotropic transport properties[J]. International Journal of Heat and Mass Transfer, 2017, 115: 714-724.

[42] Wang B, Wu K, Yang Z, et al. A quasi-2D transient model of proton exchange membrane fuel cell with anode recirculation[J]. Energy Conversion and Management, 2018, 171: 1463-1475.

# 第 3 章　质子交换膜燃料电池表征测试及诊断分析

质子交换膜燃料电池运行过程中，气—水—电—热—力等传输机制相互影响，导致电池内部运行情况非常复杂。为优化电池性能和提升电池耐久性，对电池进行必要的表征测试和诊断分析是十分重要的。据此，可以定性、定量地分析电池运行过程中的各种传输机制，从而对改进电池设计提供必要的指导意见。不仅如此，实验过程中得到的结果(如极化曲线，欧姆、活化损失等)也是后续建立电池模型进行仿真分析的重要基础。因此，表征测试和诊断分析技术在质子交换膜燃料电池的发展过程中具有不可替代的作用，本章将详细讲述表征测试及诊断分析相关技术及其在质子交换膜燃料电池水热管理研究中的应用。

## 3.1　实验方法概述

对于质子交换膜燃料电池而言，常温工况输出性能、低温启动性能及其耐久性能是水热管理研究中的重点。常温工况下，可以采用极化曲线表征电池的宏观输出特性，但单一的极化曲线只能反映出设计结构、材料特性和工况等所有特性参数对电池性能的综合影响。为进一步分析活化损失、欧姆损失及传质损失等特性，可以采用电化学表征技术进行定量分析。电池工作过程中，气体浓度、电流密度及温度等分布往往并不均匀，利用分布表征测试技术分析电池内部的分布特性也十分重要。由于目前质子交换膜燃料电池工作温度往往低于 100℃(未来随着膜材料、催化剂材料等技术的突破，电池工作温度有可能高于 100℃)，功率密度的提高及活化面积的增大，液态水的存在对电池性能也具有不可忽略的影响，采用可视化表征技术分析电池中的气液两相流动过程也是本章重要内容之一。除此之外，采用各种离线表征手段对电池单一部件如气体扩散层、催化层等物性参数进行分析，不仅有助于分析各部件对电池性能的影响，还可加深对电池内部传输机制和耐久性的理解。

随着测试技术的不断改进发展，一些新的测量方法也逐渐被应用于质子交换膜燃料电池表征技术中。例如，电池电极材料的尺度一般为微米甚至纳米，普通光学显微镜的分辨率无法满足其观测需求。此时扫描电子显微镜、原子力显微镜和透射电子显微镜等新型测试设备可以更精准地观测电极内部结构。利用冷冻电镜可以观测到低温启动时电池内部的结冰情况。在可视化表征中，中子成像等技术可以在尽量不破坏电池结构的情况下在线观测电池气液两相流动。

质子交换膜燃料电池表征测试技术可以分为两类：在线表征技术和离线表征技术。基于使用目的和测试手段，也可将表征技术大致分为宏观特性表征、电化学表征、分布特性表征、可视化表征及材料离线表征等方面。本章将基于以上 5 个方面对质子交换膜燃料电池表征测试技术进行全面系统的叙述。

## 3.2 宏观特性表征

### 3.2.1 极化曲线

极化曲线是指电流-电压的函数对应关系，是燃料电池在一定工况下综合性能的反映，也是评价电池正常工况下性能的最重要指标。通过极化曲线我们可以获取电池的一些基本信息，比如开路电压、峰值功率密度、极限电流密度等。由于极化曲线反映的是电池在稳定工况下的性能，测试过程中，需要经历尽可能长的时间使测量值恒定，保证每一个数据点采集时被测体系的稳定。测量的数据点越多，所得极化曲线也越精确。

电池装配过程中，采用合适的装配压力对于获取电池最佳性能也很关键。装配压力过低，电池内部各部件接触不紧密，会导致接触电阻增大，甚至有可能导致电池漏气；装配压力过高，则可能导致电池气体扩散层、催化层或膜等部件被过分挤压造成损坏，从而增加传质阻力和氢气渗透。另外，测试之前必须对电池进行激活，从而使电池性能达到最优。一般来说，激活的主要目的包括去除催化层中的杂质，冲刷催化剂表面氧化层，提高催化剂活性以及充分湿润电解质，增加离子通道和电极有效反应面积。

质子交换膜燃料电池典型极化曲线如第一章图 1.5 所示，极化曲线特性在第一章中也有叙述，在此也不再重复叙述。极化曲线常用的测量方法有两种：恒电位测量法利用恒电位仪或者电子负载控制电池的输出电压，记录对应电压下的电流响应；恒电流测量法利用恒流源或者电子负载控制电池系统的输出电流，记录在对应电流下的电压响应。理论上来说，当电池处于稳态时，用上述两种测试方法得到的极化曲线应该完全相同。除上述稳态测量方法之外，还有一种非稳态测量方法，即低速扫描法。测试过程中，对电池施加随时间线性变化的电流或电压信号，记录响应电压或电流值，得到对应的假稳态极化曲线。扫描速率越低，所得到的极化曲线就越接近稳态情况，当扫描速率降低到对极化曲线的影响忽略不计时，得到的曲线即可认为是稳态极化曲线。

### 3.2.2 机械振动

在质子交换膜燃料电池工作过程中，环境及本身固有的振动会给电池带来诸多问题，比如漏气、电阻增加、电池结构受损和渗氢等[1]。目前对振动方面研究还较少，主要的表征手段就是进行振动下的在线实验。目前，基于振动模式可将振动实验大致分为 4 种：冲击、谐波、随机、车辆运行实时振动[2]。冲击、谐波、随机形式的振动可以基于振动台模拟得到。车辆运行实时振动测试分为两种：将电池置于实际运行车辆中进行实验或通过采集运行车辆实际振动参数再在振动台上还原相应的振动进行实验。

目前，振动对电池性能的影响尚未有统一的结论。部分学者认为振动会对电池性能产生负面影响例如可导致电池泄氢和渗氢提高、电阻增加、开路电压降低及电池响应时间变慢等[3,4]。然而某些振动也有可能会对电池性能产生有利影响，如振动激励可以促进气体扩散层表面液滴的脱落，进而导致双极板上液态水的雾化与排出[5]。总之，目前对振动的研究还有很多不足之处，主要体现在：缺少长时间振动对电池性能影响的研究；缺少振动对电池部件微观影响的研究，例如电极、扩散层内部的水分布；缺少振动对电池低温启动性能影响的研究；缺少单一因素如频率、幅度、加速度及振动方向对电池性能影响的研究。

此外，在振动工况下可以考虑电化学和材料离线表征等表征手段，例如振动对电池有效反应面积、催化层微观形貌(如催化剂颗粒大小)和欧姆电阻的影响。总而言之，研究振动对电池性能的影响机理，均衡振动对电池造成的积极和消极影响，并进而提出有效的优化措施是非常重要的。

### 3.2.3　重力特性

在电池设计和运行过程中，重力也是一个不可忽视的重要因素。目前重力因素对燃料电池性能的研究主要是通过改变电池放置方向、供气方式等实现[6]。车辆爬坡下坡及加减速工况、航天航空超重力、微重力甚至零重力环境等都对电池内部水热管理提出了新的挑战。在超重、失重情况下，电池内部气液两相流中流型产生、转化机理、压降特性和传热传质机理也会与正常工况有很大区别[7]。具体来说，当电池处于失重情况下，一切由重力导致的影响都会被削弱甚至消失，例如，液体浮力消失，不同密度的液体组分分离及分层流动现象消失，毛细力对液态水流动影响加强[8]。而在超重情况下，一切由重力导致的影响则会被放大。此外，重力因素在一定时间内变化越大，电池内气液两相流动特性和电池输出特性的变化也就越明显，这对电池性能稳定性和耐久性也提出了考验。

航天飞机等航天器可进行长时间电池失重超重探究，大型空间站也可以进行长时间的失重探究，是极为理想的重力实验环境，但成本极高。目前大部分重力实验是基于短时的失重设备(如落塔)完成的，但也面临设备建造成本高，实验过程复杂的缺点。此外，落塔产生的短时微重力环境无法满足电池在所有运行工况下的实验测试。借助可视化表征手段，可以研究重力对电池内部气液两相流动特性的影响，但可视化手段的使用往往导致材料属性的改变，无法真实的还原电池在重力发生改变时的动态特性。另外，目前大部分重力实验均是对失重进行探究，对电池处于超重情况下的探究较少，在微重力情况下水的相变，如蒸发和结冰等，也会对电池性能产生一定的影响，但目前在该方面的研究还很少。

### 3.2.4 低温启动

质子交换膜燃料电池在低温情况(低于 0℃)下的启动过程，称为低温启动(或冷启动)。在冷启动过程中，一方面，电池阴极产生的水会冷冻结冰，覆盖三相反应界面并阻碍气体传输通道；另一方面，启动过程中，电化学反应产生的热量会促使电池温度上升。如果电池的有效反应面积在被冰完全覆盖前温度仍低于 0℃，则冷启动失败(电池死亡)，反之冷启动成功。

电池冷启动过程中，主要关心以下几个参数：启动温度、启动持续时间、产水量、膜吸水量、结冰位置、结冰量、电池性能衰减和能量消耗等。电池冷启动根据是否需要辅助加热可分为自启动和辅助启动两种启动方式。自启动是指电池依靠自身电化学反应产生的热量在低温情况下启动，而辅助启动则需要依靠外部热源或者辅助反应产生的热量，但这往往会增加电池系统复杂性和成本，降低系统效率。

实验室里，冷启动表征测试一般分为 4 个步骤：预工况、吹扫、冷冻和冷启动。预工况的目的是让电池回到一个最佳状态。电池经历反复的低温启动会面临可逆性和非可逆性的性能衰减，电池在常温工况下运行一段时间后可将可逆性性能衰减恢复。吹扫则是将电池内残余的液态水吹走并让电解质保持一个合适的水含量，避免在低温下结冰阻塞电池。需要指出的是，电解质可与水发生水合，在冷启动过程中可作为储水媒介，膜的初始水含量越低，理论上储水能力也越强。但是，当水含量较低时，一方面，电解质中离子传输通道数量也会减少，欧姆阻抗增大；另一方面，电极有效反应面积降低，水电解和碳腐蚀发生的概率增大，严重时甚至出现反极现象[9]。反极现象产生的主要原因是由于阳极缺氢或有效反应面积未被有效利用导致电池无法产生足够的电流(阳极无法产生足够的质子)。此时，不足的质子会通过碳腐蚀或者水电解进行补充，具体机理如下[10]：

$$H_2O \longrightarrow \frac{1}{2}O_2 + 2H^+ + 2e^- \tag{3-1}$$

$$\frac{1}{2}C + H_2O \longrightarrow \frac{1}{2}CO_2 + 2H^+ + 2e^- \tag{3-2}$$

除反极外，膜含水量改变导致的应力变化也会对膜和催化层结构产生损害，造成膜性能的衰减。水含量高时电解质膜会出现溶胀，水含量低时则会出现萎缩，膜反复膨胀/萎缩会导致膜和催化层界面分离、破坏电极内部结构[11]，降低有效反应面积。因此，合适的初始水含量对于保证电池冷启动性能和耐久性有十分重要的影响。

吹扫方式、温度、流量和时间等会影响电池中电解质膜的水含量。一般而言，吹扫气体温度越高，流量越大，时间越长，膜中水含量越低。吹扫流量过小或时间过短，很难将电池内液态水完全排出；吹扫流量过大或时间过长，则可能会导致电池内部过干，同时也会造成气体不必要的浪费。吹扫方式主要可分为干/湿气体吹扫、加压气体吹扫，真空干燥吹扫、压降吹扫以及阴极混合气体吹扫[12]。

冷冻可通过环境仓或者其他冷冻设备(如帕尔贴热电温控元件等)实现，冷冻过程中，应保证足够的冷冻时长确保电池内部各点温度达到预定值，且分布均匀。冷启动方式一般可分为恒电流启动、变电流启动、恒电压启动和恒功率启动[13]。当启动电流较大或启动电压较低时，冰的不均匀分布会导致池启动失败，此外，电池在启动初期无法达到预设定的电流，会产生反极现象，造成碳腐蚀；启动电流较小或启动电压较大时，尽管水/冰分布均匀，催化层储冰利用率高，但产生的热量可能不足以将电池温度升到 0℃以上，也会导致冷启动失败。通常低的启动电流会造成电池结冰速率降低；而高的启动电流则会使电池温度上升较快，变电流启动方式可以有效兼顾二者优点，提高电池的启动性能。恒功率启动受电池启动环境(初始水含量、启动温度等)影响较大，可能会出现电池催化层未完全被冰覆盖，电池已无法提供预期功率而启动失败，因此一个合适的启动方式是极其重要的[14]。一般电池冷启动性能随着启动温度的降低而降低，但是不同温度下电池失败的形式并不相同：当启动温度较低时，由于电池结冰速率缓慢，冷启动性能平稳，电池冷启动失败过程也较为缓慢；而启动温度较高时，则往往会出现一个突然的性能下降(电池的快速结冰)导致电池冷启动快速失败。

反应气体压降是电池冷启动过程中一个重要监测指标[15]。当电池流道和多孔电极内液态水增多或水结冰时，会堵塞气体传输通道，从而造成压降上升，因此压降经常被用来判断电池冷启动时内部结冰的依据。另外，由于电池中欧姆阻抗与膜水含量息息相关，采用高频阻抗监测电池欧姆阻抗可以实时监测冷启动过程中膜水含量的变化[16]。同时，电池内部温度也可以利用温度探针或传感器测量得到。

电池冷启动失败时，如果冷启动条件相同，我们可以根据电池存活时间评判其冷启动性能，但当电池冷启动状态不同时，比如启动电流不同，则无法根据电池存活时间比较冷启动性能，这时可以将电池启动过程中的电流对时间进行积分，计算出电池在冷启动过程中的产水量，如式(3-3)所示，并将其作为评价电池冷启动性能的指标[13]：

$$M_{\mathrm{w}}=\int_{t_0}^{t}\frac{IA}{2F}\cdot m_{\mathrm{w}}\,\mathrm{d}t \tag{3-3}$$

式中，$M_{\mathrm{w}}$ 为产水量，g；$t_0$ 为冷启动开始时刻，s；$t$ 为冷启动结束时刻，s；$A$ 为电池活化面积，$\mathrm{m}^2$；$m_{\mathrm{w}}$ 为水的摩尔质量，$\mathrm{g\cdot mol^{-1}}$。

电池冷启动过程中，影响其内部结冰的因素异常复杂，流道类型、扩散层结构、膜厚度、启动温度和启动方式等都会对电池内冰的产生和分布造成影响。为探究电池内部结冰情况，可以考虑采用可视化手段，如X光扫描技术、中子成像技术、核磁共振技术及透明电池等技术，这为电池冷启动过程中内部结冰机理研究提供了一种更为直观便捷的测试方法。随着科技进步，一些新兴可视化技术也可以被引入电池冷启动表征测试中。举例来说，目前主要应用于生物领域的冷冻电镜和冷冻透镜等设备可更直观地观测电池冷启动过程中的内部结冰过程。冷冻电镜技术可以瞬间冷却样品，并在冷冻状态下保持和转移避免冰融化，可以最大限度地保持样品的原始状态。电镜和透镜设备的详细介绍在下文离线表征中做了进一步介绍。

冷启动过程中水的相变机理也是该领域的难点。相关机理在前期章节中已初步讲述。在这里需要指出的是，有学者在实验中观察到了冷启动过程中电池内部过冷却水的存在(在冰点以下水依旧保持液态水形态)[17]，进一步丰富了水的相变机理研究。文献指出，过冷却水对外界环境较为敏感，其产生及存在的条件跟很多因素有关，如材料的疏水程度、环境温度、气体流速和振动等。一般而言，启动温度较高、启动电流较大、初始水含量较低及空间尺度较小时，电池中更容易出现过冷却水。可以预测，在不同层界面处，过冷却水会由于材料疏水性的变化突然结冰，造成界面堵塞，这与可视化实验观察的现象是吻合的。但目前学术界对过冷却水相关研究的争议还较大，仍需更进一步的探究。

此外，电池冷启动失败往往会造成膜衰减、催化层衰减、微孔层和气体扩散层衰减。电池内部水结冰/融化产生的应力变化也会对膜电极部件造成不可逆的损伤，降低电池的性能和耐久性。膜衰减主要包括膜与催化层分离、膜吸水速率降低、膜欧姆电阻增大及膜结构破坏等。膜衰减一般发生在膜表面，这是因为膜内部水可以与电解质水合，在较低的温度下仍保持液态，但是膜表面的水则容易结冰；催化层衰减主要包括物理结构破坏、碳腐蚀、铂颗粒脱落和迁移、疏水特性变化等；微孔层和气体扩散层衰减主要包括内部孔隙结构破坏、疏水性物质脱落从而导致气体渗透性和疏水性等发生变化。低温启动根据进气的湿度可以分为干态冷启动和湿态冷启动两种，相比干态冷启动(进气为完全干燥气体)，湿态冷启动(进气为部分加湿气体)对电池耐久性影响更大。

尽管低温启动已被广泛研究，但依然存在许多挑战，如目前大部分研究主要集中在单电池尺度，对电堆和系统的研究还远远不够；可视化手段或面临着成本过高的问题(如中子成像依赖反应堆)或会改变电池的结构(透明电池)，此外，冷启动过程中电池外表面结霜也会对内部冰的监测造成干扰；对结冰机理的研究还不够深入，随着过冷却水理论的提出，结冰机理研究需进一步完善和发展。

### 3.2.5 耐久性

质子交换膜燃料电池耐久性是其商业化应用之前必须解决的主要问题之一[18]。

电池使用过程中，任何一个部件受损都不仅会影响其整体宏观性能，也会对电池耐久性产生巨大影响。例如，当密封垫片老化无法有效密封，不仅会增加接触电阻，降低电池性能，甚至有可能造成电池漏气从而引发安全问题。另外，电池工作过程中，长时间的空载/负载变化时，局部反应气体饥饿及湿度、温度等变化都会或多或少的降低电池各部件的耐久性。如前所述，质子交换膜燃料电池组成部件主要包括膜、催化层、微孔层、扩散层、双极板和密封材料等，常见的电池部件衰减机制有如下几种。

(1) 膜衰减：电解质膜的衰减主要包括机械衰减、热衰减和化学衰减[19]。电化学反应速率过高会导致膜变干，局部“热点”(温度过高的点)的产生可能导致膜穿孔，长时间运行造成膜物理结构变化(如磺酸基数量减少)，导致离子传导速率降低。膜结构变化还可能加剧气体渗透，而氢气渗透不仅会造成能量浪费，降低能量密度，还会在阴极与氧气反应生成过氧化氢，进一步对催化层和膜造成化学侵蚀，导致膜变薄。

(2) 催化层衰减：催化层的衰减主要包括催化剂生长、迁移、溶解以及碳腐蚀[20]。电势循环会导致催化剂溶解迁移甚至进入膜中，从而形成潜在“热点”；在阴极电势过高时，Pt 会与水反应生成 $PtO_2$、PtO 等，尽管电势降低后 Pt 会还原，但是催化剂粒径大小和位置分布会发生变化，机理见式(3-4)、式(3-5)[10]：

$$Pt+H_2O \longrightarrow PtO+2H^+ +2e^- \tag{3-4}$$

$$PtO+2H^+ \longrightarrow Pt^{2+} +H_2O \tag{3-5}$$

此外，碳腐蚀会使承载铂的碳颗粒数量减少，催化剂流失，降低有效反应面积，机理如下[21]：

$$C+H_2O \longrightarrow CO+2H^+ +2e^- \tag{3-6}$$

另外，催化层一般会加入聚四氟乙烯(polytetrafluoroethylene，PTFE)进行疏水处理，长时间运行会导致疏水材料脱落或者失效，无法排出内部液态水，造成电池性能衰减。

电池低温启动失败时，催化层结冰体积膨胀会造成电极多孔结构破坏。进气中的污染物对电池耐久性也会造成一定的影响，例如空气中的氮氧化物及硫化物等造成催化剂中毒等。此外，催化层出现裂纹、分层等也是造成催化层衰减的原因。

(3) 其他组件：通常来说，气体扩散层、微孔层、双极板和端板等部件相对于膜和催化层而言耐久性更强。扩散层[22]和微孔层[23]出现衰减的原因主要有碳氧化、疏水性材料分解、机械性能衰减(如应力的变化导致裂纹和分层)等；双极板的主要材料有石墨、金属、石墨碳基复合材料和聚合物基复合材料，其主要的衰减原因是被氧化和腐蚀，这会造成接触电阻增加，密封件、集流板和端板等随着使用时间的增长会逐渐被氧化失效。

由于质子交换膜燃料电池各部件衰减机制种类较多且异常复杂，单一的表征方法无法对所有部件的耐久性进行探究，需要基于不同的衰减机制，制定不同的耐久性实验[24]。近些年来，越来越多的在线/离线测量方法被引入到质子交换膜燃料电池耐久性测试当中，如极化变化曲线法、循环伏安法、交流阻抗谱法、扫描电镜、透射电镜及X光衍射等。极化变化曲线分析是指通过分析电池各部分损失(活化损失、欧姆损失、传质损失和内部电流及渗透损失)随时间在不同电流密度下的变化趋势获取影响电池寿命的主要因素。如果活化损失上升较快，往往意味着催化层出现了明显的性能衰减；如果欧姆损失增大，则很可能意味着膜电导率降低、界面接触变差等；传质损失的变化可通过对比电池极限电流密度得出，造成电池传质损失上升的原因较为复杂，包括多孔材料性能衰减造成的疏水性变差等。此外，催化剂在工作过程中因氧化还原而重新分布也会导致电池欧姆损失和传质损失变大；当电池输出性能变化不大，但是开路电压却剧烈下降时，则说明电池内部发生显著的渗透损失或短路电流，可能的原因则是膜穿孔或者密封部件失效。总之，通过极化变化曲线我们可以清楚了解不同类型衰减发生的时间段，但是该方法并不能确定发生衰减的具体部件。循环伏安法、交流阻抗谱法、扫描电镜、透射电镜及X光衍射等会在接下来的章节中做详细描述，故此处不做赘述。

此外，耐久性测试很难在短时间内获得实验结果，测试时长往往达数百甚至上千小时，因此实际测试中常采用加速实验[25,26]。例如，研究人员常用循环伏安法基于两个设定电压进行循环扫描，利用氢的吸脱附获得催化剂活性区域来测量电池相对于循环次数的性能变化，相比传统的测试方法，可以更快速地评估电池的寿命。但由于衰减机理往往较为复杂，单独的一项加速实验往往无法有效辨识电池衰减机理，常常需要进行一系列的加速实验来隔离不同的衰减模式。

## 3.3 电化学表征

通过前文可知，电池的输出电压等于理想电压减去各类电压损失(极化损失、欧姆损失和传质损失)，因此量化电池各类损失的大小，对探究电池水热管理及提高电池性能有着至关重要的意义。电池本身是一个复杂的电化学体系，基于电化学表征测试可获取其内部复杂的电化学特性，如阻抗、氢渗、电极有效反应面积等参数。电化学表征测试技术根据系统的状态可分为稳态测量和瞬态测量：稳态测量即需要电池系统处于稳定工况下才可进行电化学测量，对干扰较为敏感，如电化学阻抗谱法；瞬态测量则在任何工况下都可以进行测量，如高频阻抗。

### 3.3.1 电化学阻抗谱法

电化学阻抗谱法(electrochemical impedance spectroscopy，EIS)是一种可以在短时间内准确无损地获取电池内部各项损失的测试技术[27,28]，常用来分析电池阴阳极活化阻抗、欧姆阻抗和传质阻抗(对应活化损失、欧姆损失和传质损失)。我们知道，阻抗表示的是被测量系统对电流流动的阻碍能力，其数值为随时间变化的电压与对应电流之间的比值[2]：

$$Z=\frac{V(t)}{i(t)} \tag{3-7}$$

式中，$Z$ 为阻抗，Ω；$V(t)$ 为电压关于时间的变化，V；$i(t)$ 为电流关于时间的变化，A。

其中

$$V(t)=V_0\cos(\omega t) \tag{3-8}$$

$$i(t)=I_0\cos(\omega t-\phi) \tag{3-9}$$

$$\omega=2\pi f \tag{3-10}$$

式中，$V_0$ 为电压的振幅，V；$I_0$ 为电流的振幅，A；$\omega$ 为角频率，$\mathrm{rad\cdot s^{-1}}$；$\phi$ 为相位差；$f$ 为频率，Hz。将其用复数形式表达为实部和虚部，如下式：

$$Z=\frac{V_0\cos(\omega t)}{I_0\cos(\omega t-\phi)}=Z_0\cdot(\cos\phi+\mathrm{j}\sin\phi) \tag{3-11}$$

可以看出，任何一个阻抗都可以用阻抗数 $Z_0$ 和相位差 $\phi$ 来表示，或者在复平面上用一个实部和一个虚部表示。电化学阻抗谱法测量需要电池处于稳态下，通过施加频率和幅值已知的电压/电流扰动信号，监测电池的电流/电压响应。由于电池并不是一个纯电阻系统，电流/电压响应信号与施加的电压/电流激励信号之间必然存在相位角偏差，通过分析二者在不同频率下幅值和相位角的差就可以获得电池系统的阻抗特性。电化学阻抗谱法测量过程必须要注意两点：一是被测量系统必须保持暂态稳定(电池性能没有明显波动)；二是施加的扰动信号相对于被测量体系要尽量小，保证扰动信号消失后，系统可以恢复到最初的状态，使系统一直处于线性状态中。

扰动信号的大小取决于电池的阻抗特性和测试仪器的测量范围，扰动信号过小可能会导致响应信号无法被电化学工作站捕捉，扰动信号过大则可能会干扰电池的运行状态，产生的响应信号有可能超出仪器最大安全值从而损坏测量仪器。扰动频率的选择范围常为 100k～100mHz。此外，为了测量精确，常用四电极体系测量电池阻抗，如图 3.1 所示。

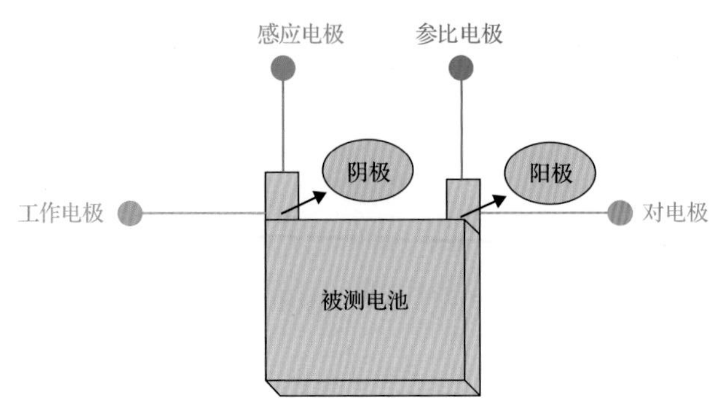


图 3.1　质子交换膜燃料电池四电极体系测试示意图

一般而言，工作电极和感应电极与电池阴极相连，参比电极和对电极与电池阳极相连。式(3-11)中，阻抗的相位角$\phi$可正可负或者为 0，当被测系统阻抗相位角为负值，说明系统对外整体表现电容特性；当被测系统阻抗相位角为正值，说明系统对外整体表现电感特性；当被测系统阻抗相位角为 0 时，则说明系统对外整体表现纯电阻特性。电化学阻抗谱法测量结果常常以波特(Bode)图或者奈奎斯特(Nyquist)图的形式绘制成阻抗谱图。二者均为阻抗的表现形式，各有优缺点，波特图能够给出电池阻抗幅值和相位角随频率的变化曲线，但是无法直观地给出特定频率下阻抗的实部和虚部，Nyquist 图则能够给出电池阻抗在不同频率下的实部和虚部，但无法直接获取数据点的测试频率。图 3.2 给出了一个典型的质子交换膜燃料电池的 Nyquist 图，从左往右频率逐渐减小，图中可以比较直观地看出电池的欧姆损失、阳极活化损失和阴极活化损失。其中高频区域与实轴有一个交点代表着欧姆损失，紧随着一小一大两个圆弧叠加而成的大圆弧，分别代表着阳极活化损失和阴极活化损失。

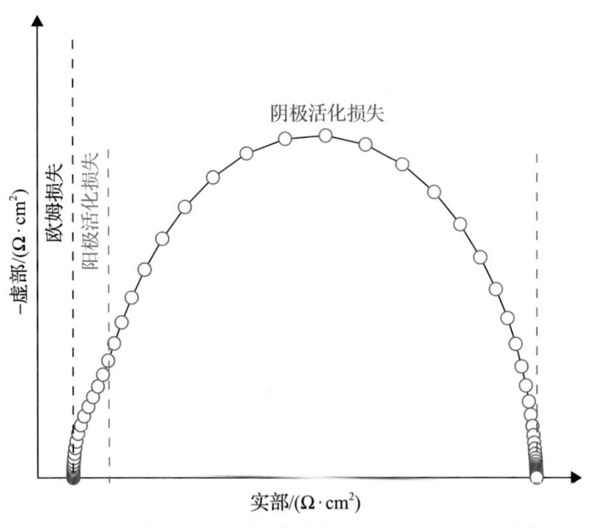


图 3.2　典型的质子交换膜燃料电池的 Nyquist 示意图

要明白此图表达的电池阻抗信息，首先要对电池内部各阻抗的电化学特性有个基础的了解。我们知道所有的电化学系统均可以用基本电器元件的串并联进行描述，质子交换膜燃料电池也不例外。质子交换膜燃料电池中，常见的电学元件有电阻元件、电容元件、电感元件、常相位元件、韦伯阻抗元件等。为了更好地理解电池的电化学特性，这里以各项损失进行分类，分别对相应阻抗以及表征这些阻抗常用的电学元件进行详细说明。

(1)欧姆损失：从上面我们知道电池损失中包括欧姆损失，其阻值等效为一个电阻，一般用 R 表示。电阻的阻抗只有实部没有虚部，且数值恒大于 0 且与频率无关。电池本身并无电感特性，但在测试中，高频区域常会看到电池表现电感特性，这是由于测量导线本身的感抗特性导致的，需要予以区分。

(2)活化损失：在电化学领域中，电化学反应界面常用一个并联组件(RC)表示，其中，法拉第电阻(R)和双电层电容(C)分别反映电化学反应中的动力学特性和电容特性[28]。在电池当中，其动力学特性可以通过 Tafel 公式进行量化分析，可以看到活化损失和电流密度呈非线性关系，与频率无关，对其求微分可得如下关系式[2]：

$$R=\frac{\mathrm{d}\eta_{\mathrm{act}}}{\mathrm{d}i}=\frac{RT}{\alpha nF}\frac{1}{i}=\frac{RT}{\alpha nF}\frac{1}{i_0\mathrm{e}^{\alpha nF\eta_{\mathrm{act}}/(RT)}} \tag{3-12}$$

式中，$R$ 为法拉第电阻，Ω；$i$ 为电流，A；$i_0$ 为交换电流，A。

电化学反应时，电子与离子分离后分别聚集到电极和电解质表面，这种分离导致界面如同一个电容 C。显然，电极表面积越大，可形成电容的点位也会更多，对应的电容也就越大。RC 并联单元的阻抗可以表示为下列各式：

$$\frac{1}{Z}=\frac{1}{R}+\mathrm{j}\omega C \tag{3-13}$$

$$Z=\frac{R}{1+\mathrm{j}\omega RC}=\frac{R}{1+(\omega RC)^2}-\mathrm{j}\frac{\omega R^2C}{1+(\omega RC)^2} \tag{3-14}$$

式中，$Z$ 为 RC 并联复合元件阻抗，Ω；$R$ 为法拉第电阻，Ω；$\omega$ 为角频率，$\mathrm{rad\cdot s^{-1}}$；$C$ 为法拉第电容，F。对应的 Nyquist 图和相应的等效电路如图 3.3 所示，电容 C 描述的是穿过界面的离子和电子的电荷分离，电阻 R 描述的是电化学反应过程的法拉第电阻，半圆顶点的频率值由组合元件(RC)时间常数决定。

可以发现，高频处截距为 0，低频处与实轴交点为 $R$，圆弧直径的大小代表着电池活化电阻的大小。半圆顶点的频率值由组合元件(RC)时间常数决定：$\omega=1/(RC)$。

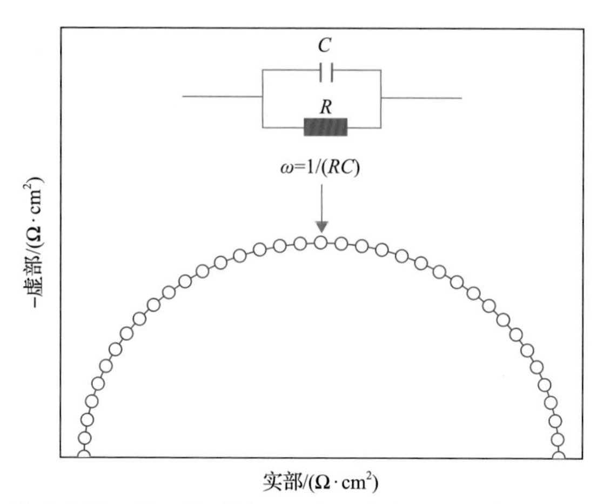


图 3.3 电化学反应界面的阻抗特性可以由一个电容和一个电阻的并联组合表示

需要指出的是，RC 并联电路体现的双电层电容一般适用于电极与溶液组成的界面情况。当电极为固体时(比如在质子交换膜燃料电池中)，其双电层电容的频响特性与纯电容并不完全相同，存在着或大或小的偏离，这种现象被称为“弥散效应”[29,30]，因此需要一个更真实的等效元件来表征电池的活化阻抗。由此引入了一个与真实电极相对应的等效原件即常相位元件(constant phase element，CPE)，用 Q 表示，常相位元件本身并不存在，是研究者发现现实生活中某些电器元件并不完美显示电阻、电感或者电容特性而创建的，其公式表达为

$$Z=\frac{1}{Y_0}(\mathrm{j}\omega)^{-\alpha} \tag{3-15}$$

式中，$Z$ 为 Q 元件阻抗，Ω；$Y_0$ 为双电层偏离纯电容等效元件，$\Omega^{-1}\mathrm{s}^{\alpha}$；$\alpha$ 为弥散系数，其相位角为 $\alpha\pi/2$。对应的 Nyquist 图如图 3.4 所示。

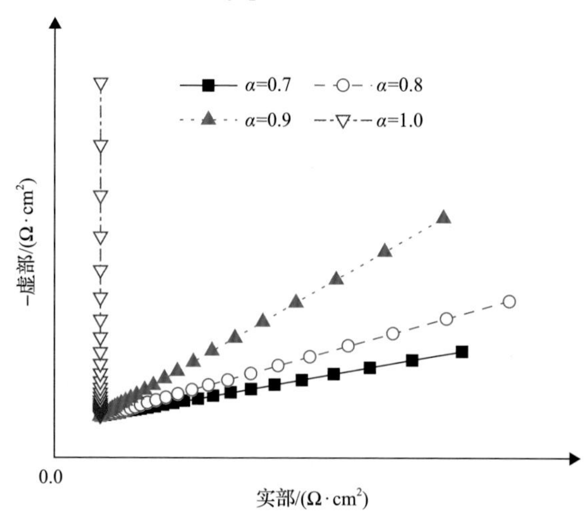


图 3.4 CPE 常相位元件在不同 $\alpha$ 下的 Nyquist 图

可以看到常相位元件的相位角与频率无关，故此得名。当 $\alpha$=0 时，常相位元件表现纯电阻特性；$\alpha$=1 时，常相位元件表现纯电容特性；$\alpha$=–1 时，常相位元件表现纯电感特性；$\alpha$=0.5 时，Q 表现为半无限扩散韦伯阻抗特性($Z_w$)。因此，在电池电化学反应中，RQ 并联元件相比于 RC 并联元件可以更真实地表征活化损失。元件 $\alpha$ 的取值一般大于 0 小于 1(非纯电容特性)。跟 RC 并联元件相似，RQ 并联复合元件的阻抗表达式为

$$Z = \frac{1}{R^{-1} + Y_0\omega^{\alpha}(\cos(\pi\alpha/2) + \mathrm{j}\sin(\pi\alpha/2))} \tag{3-16}$$

将其用复数形式表达为实部和虚部，如下式：

$$Z = \frac{R + Y_0 R^2 \omega^{\alpha}\cos(\pi\alpha/2)}{1 + 2Y_0 R\omega^{\alpha}\cos(\pi\alpha/2) + {Y_0}^2 R^2 \omega^{2\alpha}} - \mathrm{j}\frac{Y_0 R^2 \omega^{\alpha}\sin(\pi\alpha/2)}{1 + 2Y_0 R\omega^{\alpha}\cos(\pi\alpha/2) + {Y_0}^2 R^2 \omega^{2\alpha}} \tag{3-17}$$

式中，$Z$ 为 RQ 并联复合元件阻抗，Ω；$Y_0$ 为双电层偏离纯电容等效元件；$\alpha$ 为弥散系数。

对应的 Nyquist 图和相应的等效电路如图 3.5 所示，可以看出，RQ 并联电路并不像 RC 并联电路(完整的半圆)，仅为半圆上的一部分弧。

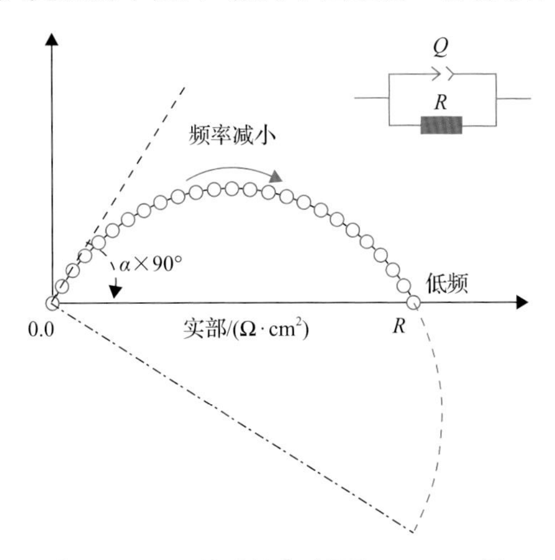


图 3.5　RQ 并联的电路图和 Nyquist 图

(3) 传质损失：上述讨论均没有考虑电极表面附近反应物及生成物的传质变化，当反应物靠近电极表面的扩散过程无法满足快速的电化学反应需要时，就会出现传质损失。与活化损失表征的离子和电子传输阻力不同，传质损失表征的是分子的传输阻力。在电池内部，传质损失产生的原因主要是气体饥饿和电极水淹。对于质子交换膜，传质损失一般发生在阴极。通常而言，传质损失常用平面电极

的半无限扩散阻抗($Z_W$)和有限层扩散阻抗($Z_o$)进行表征。

半无限扩散指的是在近似无限厚度的扩散层中的扩散过程。显然，现实中不存在无限厚的扩散层，但是对于分子和离子而言，在恒温静置的扩散层中其扩散过程可近似认为是半无限扩散。其阻抗可表示为

$$Z_W = \frac{\sigma}{\sqrt{\omega}}(1-\mathrm{j}) \tag{3-18}$$

式中，$\sigma$ 为物质的 Warburg 系数，其表征物质到达或者离开有效反应界面的有效度，定义为

$$\sigma = \frac{RT}{(nF)^2 A\sqrt{2}}\left(\frac{1}{C\sqrt{D}}\right) \tag{3-19}$$

式中，$n$ 为反应中传输电子数；$F$ 为法拉第常数，$\mathrm{C \cdot mol^{-1}}$；$A$ 为电极面积，$\mathrm{cm^2}$；$C$ 为物质的总浓度，$\mathrm{mol \cdot m^{-3}}$；$D$ 为物质的扩散系数，$\mathrm{cm^2 \cdot s^{-1}}$。

如果物质浓度很高而且扩散很快，那么 $\sigma$ 将很小，质量传输引起的阻抗则可以忽略。但是，如果物质浓度很低且扩散很慢，那么 $\sigma$ 将很大，质量传输引起的阻抗就会很显著。

从阻抗表达式(3-18)中可以明显看出，阻抗实部与虚部相同，故在 Nyquist 图中，是一条斜率为 45°的直线，该阻抗一般被称为 Warburg 阻抗，常用 $Z_W$ 表示。在质子交换膜燃料电池典型的电化学阻抗谱法图中，Warburg 阻抗常紧挨着活化损失圆弧(低频区域)出现，如图 3.6 所示。

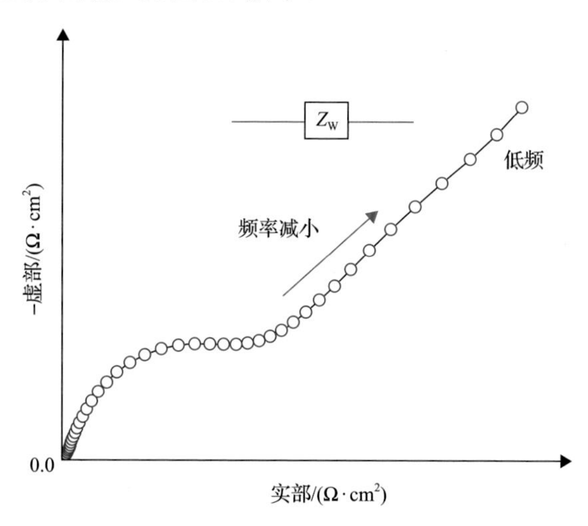


图 3.6　用于描述扩散过程的 Warburg 阻抗 Nyquist 图

半无限扩散仅仅在扩散层厚度无限大的条件下有效，但随着科技的进步，电池催化层厚度越来越薄，常常在几个微米以内，因此半无限扩散的应用准确性受

到了质疑。此外，在实际测量中很少会看到类似半无限扩散阻抗的曲线，且相位角也并不等于 45°，更多的传质损失弧最后回到了实轴。有限层扩散阻抗则可以更好地表征该种情况，有限层扩散表征的是在厚度有限的扩散层中的扩散过程(也被称为多孔有界的 Warburg 阻抗)，常用 $Z_o$ 表示，其阻抗表达式为

$$Z_o = \frac{\sigma}{\sqrt{\omega}}(1-j)\tanh\left(\delta\sqrt{\frac{j\omega}{D}}\right) \tag{3-20}$$

式中，$\delta$ 为扩散层厚度，cm；$\sigma$ 为物质的 Warburg 系数。相应的 Nyquist 图如图 3.7 所示。

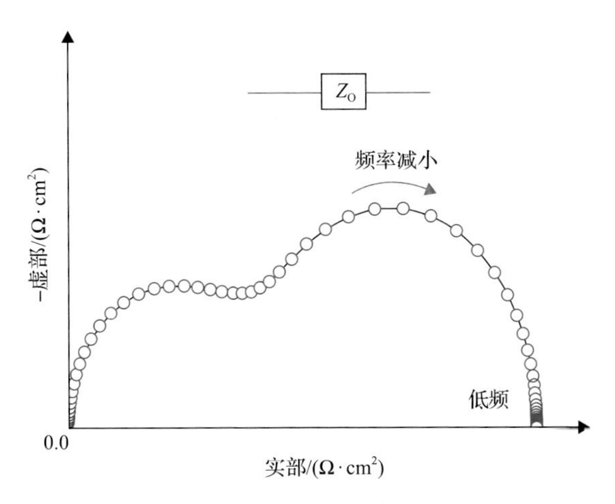


图 3.7　有限层扩散阻抗的 Nyquist 图

可以看出，在高频区域，有限层扩散阻抗特征与半无限扩散阻抗特征差别不大，低频区域有限层扩散阻抗会返回到实轴。关于选择有限层扩散阻抗还是选择半无限扩散阻抗，与电池本身(电极结构)有很大的关系，读者可以根据测得的交流阻抗谱图自行选择。对电池进行电化学阻抗谱测量的目的主要有两个：一是探究电池系统中的动力学过程及其机理；二是基于已有的等效模型，估算动力学参数及其他物理参数。

(4) 质子交换膜燃料电池模型及其等效电路：上面我们了解到，可以用电子元器件的串并联组合来模拟电池的电化学体系，进而描述其极化阻抗、欧姆阻抗和传质阻抗。这种基于电子元器件来描述分析电池的方法被称为等效电路模型方法。典型的质子交换膜燃料电池有 3 部分损失，即活化损失(可分为阳极活化损失和阴极活化损失)、传质损失和欧姆损失。传质损失若使用有限层扩散阻抗较为复杂，这里为了简单，我们将传质损失用半无限扩散阻抗模拟。因此在质子交换膜燃料电池等效电路中，欧姆损失用纯电阻 R 元件表征，阳极活化损失用 RQ 并联元件表征，阴极活化损失用 RQ 并联元件表征，扩散导致的阻抗通常都发生在低频区

域，故一般与阴极活化电阻串联。图 3.8 给出了质子交换膜燃料电池的等效电路图和 Nyquist 图。

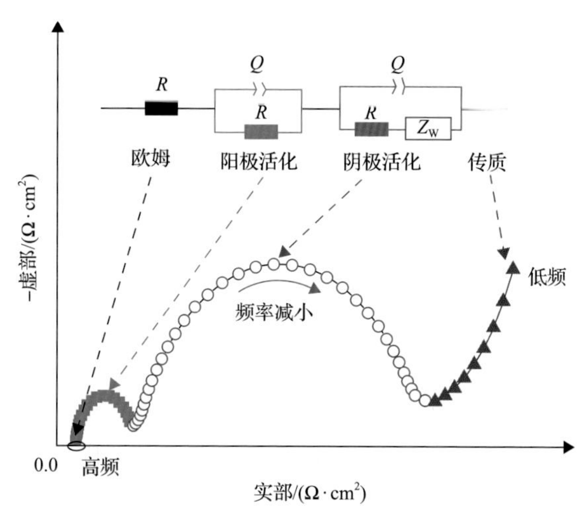


图 3.8　质子交换膜燃料电池 Nyquist 图

从 Nyquist 图可以看到，从图左侧开始(高频到低频)图形自实轴的某点开始，紧接着两个半圆和一条斜线。高频区域与实轴的交点表征的是电池的欧姆损失，第一个小圆弧对应阳极活化损失，第二个圆弧对应阴极活化损失，以及最后一条斜线对应着阴极的传质损失。可以看到，阴极活化圆弧要明显大于阳极活化圆弧。等效电路的主要作用就是对电池电化学行为进行拟合，进而求解电池欧姆电阻、阴阳极电极活化电阻和电容信息、传质损失等。

但电化学阻抗谱法拟合也存在着不确定性，上文中介绍到高频区域常常表现出电感特性，这通常是由于测量线未进行屏蔽处理造成的，而低频区域出现的感抗特性则往往是由于电池内部电化学反应的不可逆(非平衡)过程造成的，这些都会对电化学阻抗谱法拟合产生干扰。选择不同的等效电路图必然会得到不同的电化学参数，因此在电化学阻抗谱法拟合中，必须结合自身电池的实际运行参数和设计参数，合理选择等效电路图，剥离开测量产生的干扰项，这样得到的电化学参数才真实有效。同时，电化学阻抗谱法拟合中依然存在很多尚未解决的问题，例如在低频区域，传质阻抗特性和电化学反应的不可逆(非平衡)过程导致的电感特性如何有效分离；阳极与阴极活化损失的有效分离；传质弧相位角经常不是 45°但也没有回到实轴，半无限扩散阻抗($Z_W$)和有限层扩散阻抗($Z_o$)均无法有效表征时，如何使用新的等效电器元件进行代替。

### 3.3.2　高频阻抗

高频阻抗(high-frequency resistance，HFR)是一种实时测量电池欧姆电阻的表征方法[26]。基本原理是对电池施加一个固定频率的交流信号，基于激励信号(电压或者电流)和响应信号(电流或者电压)的幅值及相位角变化来获取电池的欧姆阻抗特性。与电化学阻抗谱法相比，高频阻抗的主要特点就是使用单一频率，可快速无损地对实时运行的电池欧姆阻抗进行监测，仅需一台内阻仪即可快速获取数据，成本较低，而且由于测量频率较高，高频阻抗对测试系统的影响较小，适用于电池实时在线测量。

电池欧姆阻抗可以通过其在高频区域的阻抗(与实轴的交点)获得，但是测量时间较长且需要电池保持在一个稳定的状态，无法满足实时测量电池欧姆阻抗的需求。理论上，为了使测得的阻抗完全反馈电池的欧姆特性，应尽量避免双电层电容对阻抗的影响，因此施加的频率应该使阻抗相位角为 0，即 Nyquist 图中阻抗曲线与实轴交点处的频率。通常而言，测量频率会随着不同的电池而发生变化，频率范围在 500～3kHz，但为了方便比较，一般会选择 1kHz。

质子交换膜燃料电池欧姆阻抗主要有以下几个部分组成：膜电阻、催化层电子电阻、催化层离子电阻、扩散层欧姆电阻、流场板欧姆电阻、集流板欧姆电阻和界面接触电阻等。催化层电子电阻($0.0001\Omega\cdot cm^{-2}$ 数量级)相对于离子电阻($0.1\Omega\cdot cm^{-2}$ 数量级)量级很小，几乎可以忽略不计。我们知道，膜电阻和催化层离子电阻是电池水含量和温度的函数，而接触电阻等其他电阻与水含量无关。因此，高频阻抗经常被用来监测质子交换膜燃料电池中水含量变化及冷启动过程中的结冰情况，如图 3.9(a)中电池高频阻抗在不同吹扫流量下随时间的变化关系，流量越大，电池内阻上升越快；3.9(b)中为冷启动过程，高频电阻随时间的变化关系。在反应初期，阻抗随着膜的水合下降；等到膜完全饱和后，水开始结冰，覆盖三相界面，阻碍气体传输通道，阻抗升高；等到三相界面被完全覆盖，电池死亡。

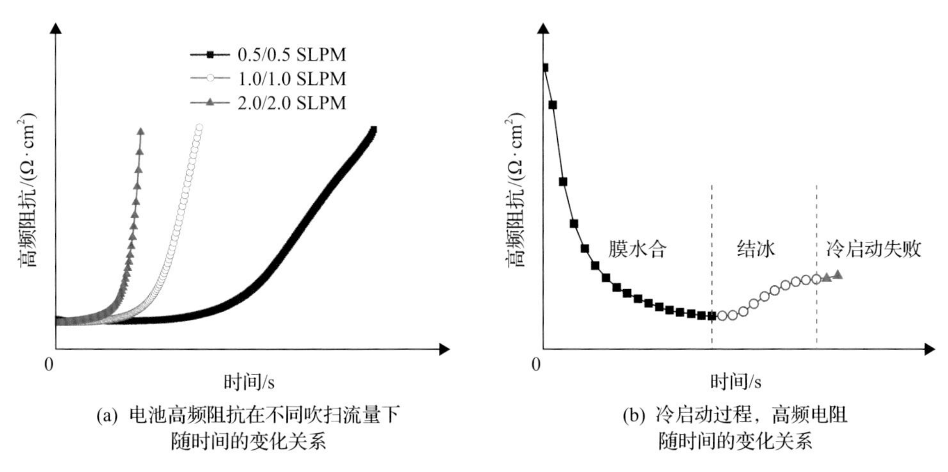

(a) 电池高频阻抗在不同吹扫流量下随时间的变化关系

(b) 冷启动过程，高频电阻随时间的变化关系

图 3.9　吹扫过程及冷启动过程中电池高频阻抗变化

### 3.3.3 电流中断法

在质子交换膜燃料电池表征中，有时仅需要单纯地区分电池欧姆损失和非欧姆损失。与电化学阻抗谱法和高频阻抗方法相比，电流中断法是一种快速有效获取电池欧姆损失与非欧姆损失的测试手段。

图 3.10 给出了电流中断法的测试原理。假设电池在某一电流(A1)下工作，在这种情况下，如果流经电池的电流突然被中断(降至 0 A)，如图 3.10(a)所示，电池欧姆损失会立刻消失，电压会瞬间升高；而非欧姆损失(活化损失和传质损失)由于与电化学反应和质量传输过程相关，从一个稳态到另外一个稳态需要经历一段时间，电压不会出现阶跃现象，而是随时间缓慢变化，如图 3.10(b)所示。

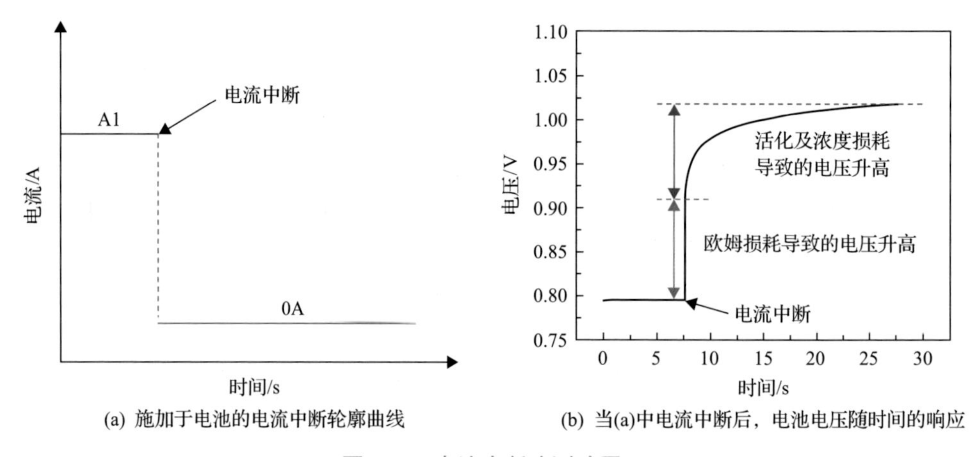

(a) 施加于电池的电流中断轮廓曲线　　(b) 当(a)中电流中断后，电池电压随时间的响应

图 3.10　电流中断法测试原理

当无法使用电化学阻抗谱法测量时，将电流中断法与电池的极化曲线相结合，也可以有效区分质子交换膜燃料电池中欧姆损失、活化损失和传质损失。具体做法为：基于电流中断法获取极化曲线上每个点的欧姆值，与对应的电流乘积得到对应欧姆损失，将这部分电压损失修复到测得的极化曲线可以得到一个新的极化曲线，通过 Tafel 等式拟合，可以将活化损失和传质损失分离开。值得注意的是，电流中断法对电压发生阶跃时的捕捉精度要求较高，快速采集瞬时电压数据(毫秒级)是分离电池欧姆损失和非欧姆损失的关键，一般的电子负载采集频率较低，因此一个高精度(千赫兹以上)的电压响应装置如示波器、电化学工作站等是极其必要的。电流中断法最大的优势在于手段简单、测试迅速及设备成本要求低。

### 3.3.4 循环伏安法

循环伏安法(cyclic voltammetry，CV)是一种有效表征电极有效反应面积和双电层特性的实验手段[31,32]。测量过程中，电池在两个电压之间以一定的扫描速率进行循环扫描，得到的电流与扫描电压曲线被称为循环伏安曲线。

在进行循环伏安法测量时，一般阳极通入常温下相对湿度100%的氢气作为参比电极和对电极，其具有动态氢电极的作用，阴极通入惰性气体(氮气或者氩气)，作为工作电极和感应电极。需要注意的是：扫描电压范围一般为0.05～1.2V，但当工作电极施加电压超过0.8V时，催化层中碳腐蚀电流会急剧增大，可能会造成催化层性能衰减，因此有些学者将扫描电压范围设置为0.05～0.8V。扫描速率的选取范围为 1～1000mV·s$^{-1}$，但为了尽量减少多孔电极的活化损失，一般倾向于选择较小的扫描频率(10mV·s$^{-1}$)。图3.11中给出典型的质子交换膜燃料电池循环伏安曲线。

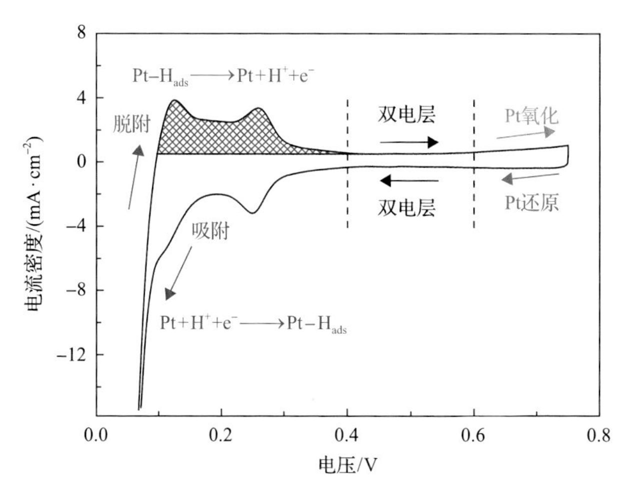


图3.11　质子交换膜燃料电池的循环伏安曲线

循环伏安法测量过程中，不同电压区间内发生的反应可通过以下关系式描述：

从0.3V～0.05V，Pt的表面发生吸氢反应(吸附)：

$$Pt+H^{+}+e^{-} \longrightarrow Pt-H_{ads} \tag{3-21}$$

从0.05V～0.3V，Pt的表面发生脱氢反应(脱附)：

$$Pt-H_{ads} \longrightarrow Pt+H^{+}+e^{-} \tag{3-22}$$

0.4～0.6V之间产生的电流主要是因为双电层的充放电导致：

$$DL_{charge} \rightleftharpoons DL_{discharge} \tag{3-23}$$

可以看到，0.3～0.6V之间电流密度较为平缓，这是双电层的充放电导致的，当从高电压到低电压进行扫描时，工作电极中的氧化物被完全还原，0.3～0.05V

区域内，工作电极上的铂表面开始吸附氢离子，到 0.05V 时完全饱和。当电压开始从 0.05～0.3V 扫描时，吸附在铂表面的氢离子开始被氧化(脱附)，理论上吸附氢量与脱附氢量二者应该完全相同。通过监测氢气脱附时产生的电流可以反推出铂表面上吸附氢量，进而得到铂的有效反应面积。

具体方法如下：为了使得到的数据尽量精准，首先需消除双电层充放电影响，因此从 0.4～0.6V(该段较为平缓)区域选取一条基准线与脱附峰围成一个区域，对该区域求积分获取总电荷量(图中栅格区域)。获取总电荷量之后，电极的有效反应面积可以通过以下公式得出：

$$A = \frac{Q_{\mathrm{H}}}{210 \times m_{\mathrm{pt}}} \tag{3-24}$$

式中，$A$ 为有效反应面积，$\mathrm{cm^2 \cdot g^{-1}}$；$Q_{\mathrm{H}}$ 为单位面积总电荷量，$\mathrm{\mu C \cdot cm^{-2}}$；$m_{\mathrm{pt}}$ 为铂载量，$\mathrm{g \cdot cm^{-2}}$。

此外，我们知道 0.3～0.6V 产生的电流全部是由电极双电层充放电产生，虽然电容的大小不是由 $Q$(带电量)或 $V$(电压)决定的，但可以通过二者关系求得电容，具体公式为

$$Q = C \times V \tag{3-25}$$

对时间进行微分可以得到电容的具体数值，具体公式如下：

$$i = C\frac{\mathrm{d}V}{\mathrm{d}t} = Cv \tag{3-26}$$

式中，$Q$ 为电荷量，C；$C$ 为电容，F；$V$ 为电压，V；$i$ 为双电层电流，A；$v$ 为扫描速率，$\mathrm{V \cdot s^{-1}}$。

需要指出的是，式(3-26)中的电流是双电层充放电电流和渗氢电流的总和。为了更加准确的得出电极的双电容特性，还必须从中分离开渗氢，相应的表征手段将在下一节线性扫描伏安法进行描述。

### 3.3.5 线性扫描伏安法

线性扫描伏安法(linear sweep voltammetry，LSV)是一种表征气体渗透的电化学技术，也常用来判断膜电极的寿命情况。电池在实际工作过程中，不可避免会有氢气从阳极透过膜渗透到阴极，在阴极催化层与氧气直接发生反应，不经外电路形成渗透电流。需要注意的是，尽管渗透电流($\mathrm{mA \cdot cm^{-2}}$ 级别)相对于电池正常工作电流而言较小，但是会显著降低电池开路电压。此外，渗氢还会抑制催化剂的团聚和生长，其具体机理见式(3-4)和式(3-5)和式(3-27)[10]：

$$Pt^{2+}+H_2 \longrightarrow Pt+2H^+ \tag{3-27}$$

在高电位下铂会被氧化成氧化铂，然后与质子反应产生铂离子，此时从阳极渗透过来的氢气会与其反应生成单质铂，从而抑制催化剂的团聚和生长。此外，如若发生在膜内，还会形成潜在热点，对膜的耐久性造成影响。

实验过程与循环伏安法测量过程类似，阳极通入氢气，阴极通入氮气，在电池两侧施加扫描电压(0～0.8V)，扫描速率范围为 1～100mV·s$^{-1}$，记录电压及响应电流获得相应的线性伏安曲线。图 3.12 中给出典型的质子交换膜燃料电池线性扫描伏安曲线。

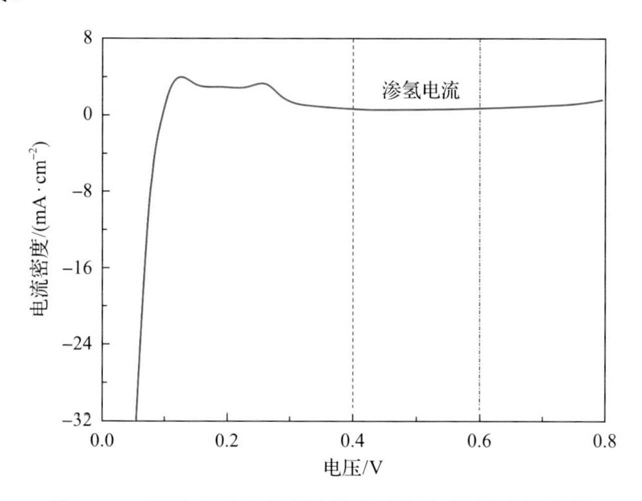


图 3.12　质子交换膜燃料电池的线性扫描伏安法曲线

正如上文循环伏安法中介绍，0.05～0.3V 吸附在铂表面上的氢离子被氧化，呈现一个脱附峰。在线性扫描伏安法测量中与此类似，但当电压超过 0.3V 之后，工作电极上的氢离子会完全被氧化。此时，由于电池阴极无活性气体，测得的电流均为阳极渗透氢气氧化反应产生，基于 0.3～0.6V 范围内的电流值，我们可以通过法拉第定律计算得到渗透氢气量：

$$J=\frac{i}{nF} \tag{3-28}$$

式中，$J$ 为渗透氢气流量，mol·s$^{-1}$；$i$ 为渗氢电流，A；$n$ 为反应中传输电子数。

如图 3.12 所示，在 0.4～0.6V 区间内，电流密度基本不变，但有时会出现线性上升的情况，这是线由于电池内部短路造成的，对应的电阻可以通过电势与电流的比值即斜率求得。需要指出的是，为保护电池催化层，在测量线性扫描伏安法时扫描电压一般不超过 0.8V，从而避免催化剂 Pt 被氧化。

### 3.3.6 一氧化碳溶出伏安法

一氧化碳溶出伏安法(carbon monoxide stripping voltammetry)也是一种用于测量质子交换膜燃料电池有效反应面积的表征技术[32,33]。从上文对循环伏安法的描述中知道，循环伏安法计算电池有效反应面积时需要考虑双电层充放电的影响，而双电层基准线的选择具有一定的主观性。一氧化碳溶出伏安法在测量时，阳极通入氢气，阴极则先通入一段时间的一氧化碳和惰性气体(氮气或者氩气)的混合气体，让一氧化碳与电极进行吸附，一氧化碳的吸附过程十分迅速(一般而言不超过半个小时)，铂表面会被完全覆盖，在覆盖过程中电池电势应尽量的低(低于0.9V，即一氧化碳的溶出电压)，然后用纯惰性气体(氮气或者氩气)吹扫数分钟排出电池内部残余的一氧化碳气体。在两个电压之间以一定的扫描速率进行循环扫描，但是最高电压必须高于0.9V。

图3.13给出了典型的质子交换膜燃料电池一氧化碳溶出伏安曲线，从图中可以看出，与循环伏安曲线相比，该曲线有一个明显的一氧化碳溶出峰。一氧化碳由于存在孤电子对，会以配位键的形式紧密地吸附在催化剂铂的表面，当电压高于一氧化碳溶出电压(0.9V)时，一氧化碳很快会被彻底氧化，具体机理如下：

$$CO+H_2O \longrightarrow CO_2+2H^++2e^- \tag{3-29}$$

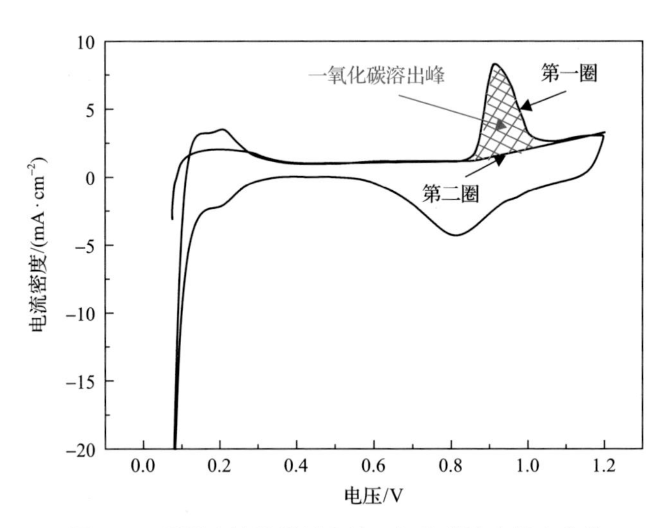


图3.13 质子交换膜燃料电池一氧化碳溶出伏安曲线

由于一氧化碳的存在，第一圈扫描时会出现一个溶出峰，第二圈扫描时，一氧化碳已经被完全氧化，溶出峰消失，从而在两圈扫描曲线之间形成一个特定的一氧化碳溶出峰(图中栅格区域)，对其进行积分计算可得到电荷总量，由于两次测量均存在双电层充放电效应，因此该效应会被抵消，由此计算得到的有效反应面积也更为准确。与循环伏安法计算有效反应面积类似，一氧化碳溶出伏安法也可以计算出电极的有效反应面积，公式如下：

$$A = \frac{Q_{\mathrm{CO}}}{484 \times M_{\mathrm{pt}}} \tag{3-30}$$

式中，$A$ 为有效反应面积，$\mathrm{cm^2 \cdot g^{-1}}$；$Q_{\mathrm{CO}}$ 为单位面积的电荷量，$\mathrm{\mu C \cdot cm^{-2}}$；$M_{\mathrm{pt}}$ 为铂载量，$\mathrm{g \cdot cm^{-2}}$。

## 3.4　分布特性表征

质子交换膜燃料电池工作过程中，内部气体传质、电流密度及温度等分布并不均匀，这种不均匀性对电池性能和耐久性具有非常重要的影响。但是，上文所介绍的宏观特性测试和电化学表征均是对整个电池的平均特性进行表征。为获知电池局部宏观特性和电化学特性，需采用分布特性表征测试技术。在线分区表征技术是一种有效探究电池内部各物理量分布特性的重要手段，对电池内部电化学反应和传热传质机理研究具有重要意义。

在电池分布特性研究初期，有研究人员通过对膜电极进行局部分割或覆盖探究电池的局部特性，但这样会破坏电池完整性而且分割面积的尺寸限制了测量结果的分辨率，因此往往误差较大。分块电池（segmented fuel cell，SFC）一定程度上解决了以上问题，分块包括分割催化层、气体扩散层、极板及集流板等，当电池内部的某一层需要分块时，对应外层往往也需要分块与其匹配，比如，对扩散层进行分割时，往往要求外层极板也进行分割，这在一定程度上会增加分块电池的设计和装配难度，尤其是装配错位会加快膜的化学降解速率和针孔的形成，破坏膜结构。为克服这一问题，可选择部分分割扩散层以减少块之间的相互作用；对极板分割时，还需保证分块后依旧提供统一且强大的机械支撑，否则会导致膜电极在高电密下发生降解。同时，分块电池块与块连接处也更容易发生气体泄漏。另外，分块电池要求压力分布更均匀，保证各块之间接触电阻尽量相同。因此，需要对各分块的接触电阻进行评估，当接触电阻不均匀时，需对其进行压降补偿，甚至有可能需要实时测量不同湿度下和温度下的高频阻抗变化，进行实时补偿。

### 3.4.1　电流密度分布

电流密度分布（current density distribution，CDD）可以认为是电池性能不均匀性的直接反映。目前广泛使用的电流密度分布测量技术按照测试方法可分为：子电池（subcell）法、印刷电路板法（printed circuit board，PCB）、网络电阻法（或称为电流分布绘图法，current distribution mapping）和电磁感应（hall effect）测试法 4 种[34]。

(1) 子电池法[35]：将一个大电池分割成多个子电池并使各子电池之间相互绝缘，且将各子电池接入相应的电子负载单独控制，然后通过测定各个子电池的电流密度从而获取整个大电池的电流密度分布。该方法的优点在于结构简单，但其缺点也很明显：破坏电池原始结构、分割或者制作小面积分区部分工序复杂、制作成本也较高。

(2) 印刷电路板法[36]：其原理在于将传统的集流板用分割成相互绝缘的若干分区的印刷电路板替换，测量各个区域内电流，从而获得电池电流密度的整体分布情况，需要指出的是，使用此种测量方法，原理上还需要对极板、扩散层和催化层也进行分块处理，但对催化层分割不易实现，且对膜电极影响较大；此外，鉴于相关学者通过实验证明了催化层和扩散层所产生的横向电流较小[37]，所以目前多数研究只对极板进行了分割。为降低印刷电路板改变对电池性能产生的影响，常常仅替换阳极流场板。该方法的优点是集成化程度高，且基本不改变电池结构；缺点主要是制作成本较高，且使用周期较短。

(3) 网络电阻法[38]：将电阻器（预先标定好的灵敏电阻或者标准电阻）镶嵌在一个不导电的薄板内并置于流场板和集流板之间，该方法与印刷电路板法原理相同，都是通过电压传感器检测电流流过各个电阻的压降，再基于欧姆定律获得电池各区域的电流分布。优点是制作成本相对较低，且易于实现。但缺点在于该方法改变了电池原始结构，需尽可能防止电池扩散层内横向电流过大（尤其是在大电流密度工况下），因此必须保证扩散层横向电导率非常低，而垂直平面电导率需较高。

(4) 电磁感应测试法[39]：基于霍尔效应检测各分区的电流分布。霍尔效应的原理是当电流流经磁场区域受到磁感应力的作用，导体内的电子发生偏移产生与电流和磁场方向都垂直的电压，且感应电压的大小由流经磁场的电流决定。因此只需将霍尔传感器置于阴极端板处，再在电池范围内施加一个磁场即可。该测量方法简单方便，精度较高；缺点在于成本较高，且附近的磁场可能会影响实验测量结果的准确性。

其他测试电池电流分布的实验方法大多都由以上实验方法衍生而来，且各种实验方法均各有其优缺点。使用印刷电路板法可保持电池本身的装配结构不发生改变，且由于其较高的测试精度，在单电池的测试中得到了较为广泛的应用；使用电磁感应测试法不需要额外引入电阻元件，具有更好的空间操作性，因此在电堆的测试中得到了较多的应用。

此外，当需要制作特殊的膜电极和流场板时，都会面临由于测量结构复杂和分辨率低导致电池设计较为困难，以及由于结构变化导致电池性能变化，从而引起额外实验误差的问题。由此可以看出，目前的在线分区测量技术还存在诸多不足，尤其是测量精准度和分辨率还仍需提高，因此实现催化层、扩散层等部分的完全分割又不影响膜电极的原始状态，以及零外接电阻下电流分布的准确测量将是未来的主要研究方向，并且该项技术在电堆中的使用还有待进一步开发。

电流密度分布是电池内反应物浓度、温度、水等分布影响的综合结果，电流密度分布不均匀意味着各区域的反应速率不均匀，可能会造成局部压差和面内电流。将电流密度分布与电化学阻抗谱法分布技术相结合，可以获知电流分布不均匀的原因。此外还可将电流分布技术与组分分布、水分布等相结合，能够快速提供电池工作过程中的一些重要信息，包括反应物在电池内部的传输情况、生成物排出情况及水分布情况等。通过多种分布测试技术相结合，可进一步深入研究结构/装配参数，运行参数及材料参数等对电池性能的影响，进而优化电池设计和运行策略，提升电池性能和耐久性。

### 3.4.2 电化学阻抗谱法分布

如前所述，电化学阻抗谱法测试技术可以表征电池的欧姆损失、活化损失和传质损失等电化学特性。传统电化学阻抗谱法测量得到的结果是电池的平均特性。实际电池工作过程中其内部各物理量和各项损失分布并不均匀，为获知电池内部各项损失的分布特性可以采用电化学阻抗谱法分区测量技术。

电化学阻抗谱法分布测量[40-42]基于分块电池技术，测量方法与电流分布测量类似，因此常常将电化学阻抗谱法分布测量与电流密度分布测量结合起来，有文献基于一个49小块的分块电池和50通道电化学工作站对电池不同区域进行电化学阻抗谱法分析[42]。基于电化学阻抗谱法分布测量，可以清楚了解电池各区域各项损失大小并探究电池工况、结构和材料等参数的影响，相关数据有助于电池故障的早期检测。

从上述分析可以得知，目前通过实验表征测试技术获得的电流密度分布和电化学阻抗谱法分布与电池内部真实分布仍有一定的差距。整体来说，需要解决的问题主要有以下几个方面：①提高空间分辨率以捕捉更小尺度的分布变化；②提高时间分辨率以捕捉电池的瞬时响应；③避免改变电池结构的前提下无损获取电池内部各物理量的分布；④提高测量系统对不同尺度、不同流场类型电池的适应性；⑤提高系统的补偿精度，消除外接测试系统对电池的影响；⑥降低各区域之间的相互影响。

### 3.4.3 组分分布

质子交换膜燃料电池内气体组分分布的均匀性直接影响电化学反应速率和电池局部温度分布，因此测量电池内部反应气体组分分布对于深入了解电池内部传质机理和加强电池早期故障的检测至关重要。组分分布测量可以获取在单电池不同区域或电堆不同位置连续变化的气体组分摩尔分数，从而详细了解各气体组分的传输过程和对应的时间尺度。此外，还可对反应气体中潜在杂质进行识别。

气体组分分布测量分析最常用的方法是气相色谱法(gas chromatography，GC)[43]，该方法可以提供较为精确的气体浓度分布数据，且样品使用量小。经特殊设计的采样端口可以对电池阴阳极不同位置氢气、氧气、水蒸气及氮气浓度分布进行检测，从而计算电池进、出口气体的含水量，估算膜的水合/脱水速率及水跨膜传输速率、测量膜的气体渗透率(渗氢率或渗氧率)等。但为实现空间多点采样，需相应的增加采集端口，这往往会改变电池结构。不仅如此，该方法测试单个样本周期较长，无法连续地获取采样点数据。

使用嵌入式传感器是获得电池内部组分分布的另外一种方式，传感器应不受电场影响且不对电池组件性能造成影响。除气体组分传感器外，光纤传感器、温度探针、湿度传感器、电流传感器、电势传感器等也可应用到质子交换膜燃料电池组分分布测试中。

### 3.4.4 温度分布

在工作过程中，质子交换膜燃料电池内部电化学反应、阻抗耗散及水相变等都会产生热量，电池不同区域产热不均匀导致其内部温度分布也并不均匀，温度分布不均匀性对电池内部电化学反应、材料热应力、电极腐蚀等都有十分重要的影响。例如，局部过热会造成电池性能恶化和耐久性下降。温度分布测量技术种类较多，常用的技术有接触式测量技术、红外探测技术和热色液晶技术等[44]。

#### 1. 接触式测量技术

将温度传感器靠近或者放置在测量区域上即可采集该位置的温度，常用的温度测点包括质子交换膜、扩散层表面、流道中部或流场板背面。接触式测量主要包括热电偶温度检测器和热阻式温度检测器两种。

(1) 热电偶温度检测器。目前电池中常用的温度测量装置为薄膜热电偶，具有体积小、性能高、对电池影响小的优点，其中 R 型和 T 型薄膜热电偶体积可达微米尺度。另外，微型热电偶或传感器也逐渐用于测量电池温度分布，常将微型传感器或微型热电偶与电池组件集成，置入流场板背面、脊中间、膜电极表面、催化层甚至膜中，从而采集电池内部各个分区的温度，但这无疑对电池体积、机械强度及绝缘与密封等问题提出了更为严格的要求。

(2) 热阻式温度检测器。热阻式温度检测器使用电阻测温器测量电池温度，其测温原理是：纯金属或合金自身电阻随温度升高而增大，且基本呈线性关系，因此可把温度信号转化为电压信号。热阻式温度检测器通常用铂金、铜或镍等金属材料做探头，当探头进入电池内部之后会迅速和周围介质达到热平衡，通过测量探头电阻即可得到该点温度值。除此之外还有一些基于其他原理的温度传感器，如使用光纤布拉格光栅传感器，相比热电偶具有更好的瞬态响应。光纤布拉格光栅传感器是一种以光为载体、光纤为媒介、感知和传输外界信号的新型传感技术，除了具备普通光纤传感器质量轻、体积小等优点，还具有较强的抗干扰能力。

2. 红外探测技术

红外探测的原理是基于黑体辐射，电池在不同区域由于温度的不同对外发射电磁波辐射，红外相机基于红外波长对物体进行二维成像进而得到不同点的温度，常用来反映电池不同区域的温度分布，但其无法获取垂直于成像方向上内部温度的分布。作为一种非接触式测温技术，红外探测可以在不破坏电池结构的前提下实时测量电池表面温度分布。此外，红外探测温度测量范围可达–20～800℃，因此也可用于电池低温启动过程中温度测试。但是，其测量精度受红外线衰减系数影响较大，测量前需先获取被测表面的发射率，从而排除镜头到被测表面之间环境对红外线的衰减影响。此外，为了探测电池内表面的温度，常需要对电池进行透明化处理，使用对红外测量没有影响的透明材料，如锌硒化物和氟化钡，通过红外透明窗口进行测量。

3. 热色液晶技术

热色液晶技术是一种可以定量分析的“场”温测量技术，其测温原理是利用热色液晶的反射光颜色随温度改变的特性，使用图像采集和处理系统，将温度与颜色一一对应，从而获得被测表面的温度分布，温度和空间分辨可分别达到 0.1℃和 0.1mm。热色液晶技术可以直接提供热色图，是一种较为先进的测温方式。其缺点在于影响判别温度结果的因素比较多，如涂层厚度、判读方法、样板和示温颗粒大小等，目前在电池中应用还较少。

综上可知，随着测温技术的发展，测温传感器的体积越来越小、精度也越来越高，测温方式也越来越多样化，包括接触式与非接触式、点测温与场测温等等，但大部分温度分布的测试方法都需要不同程度地改变电池自身结构。此外，大部分温度分布测量均是二维，而流场板和端板的表面温度分布并不能为膜电极分区温度提供准确的参考。因此无损精准地获取电池或者电堆系统温度分布信息依旧是电池温度分布测量的一个重大挑战。

## 3.5 可　视　化

对于质子交换膜燃料电池来说，内部气液两相流动对电池水热管理有着很大的影响，低温下液态水结冰也直接影响电池冷启动性能。在线无损地获得流道、扩散层甚至膜电极中水、冰位置分布等就显得尤为重要。质子交换膜燃料电池内部液态水分布测量方法可分为直接法和间接法。直接法即可视化表征，例如X光成像、中子成像、核磁共振及透明电池等；间接法即通过外部参数来反馈电池内部水分布，例如压降、高频阻抗、性能波动等[45]。可视化表征就是基于可视化仪器对电池内部液态水流动和相变过程进行直接观测的测试技术。相比间接法，可视化表征技术具有更准确、时间和空间分辨率高等优点。

基于表征手段，可视化表征技术又可以分为两大类：在线可视化表征和离线可视化表征。在线可视化表征是指对正在运行的电池或电堆进行实时、同步观测，具有时效性快、可靠性高的优点，缺点是实验装置结构复杂、台架布置困难、测试步骤复杂等。在线可视化表征时，电池内水的状态快速变化且常常伴有偶然和短寿命液体生成的过程，常常需要进行平均处理，对实验可重复性提出了更高的要求。离线可视化表征是指将电池某一部件从整体中剥离开，在一定条件下进行相关研究的实验，其优点在于实验台架搭设容易、实验操作简单，不足之处在于离线实验对于模拟条件要求苛刻，如果模拟条件不能满足要求则离线实验结果对研究电池内部水传输机理没有借鉴意义，而且，电池内部两相流动是复杂的动态过程，单一地控制模拟条件难以反映实际情况。因此，在本节，我们将重点介绍光学透明电池、X射线成像、中子成像和核磁共振成像4种在线可视化表征技术，并对各自原理和优缺点进行详细介绍。此外，近年来发展迅速的三维X光断层技术在电池可视化研究中表现出强大的潜力，也会在本章节做相关描述。

### 3.5.1 光学透明电池

一般来说，质子交换膜燃料电池各部件均为非透明材料，从外部无法观测到电池内部的情况。光学透明电池就是将电池的组成材料透明化(多使用具有一定强度的聚碳酸酯)，从而使实验者能够直接观测到电池工作过程中液态水在流道中的分布和传输规律。一般而言，透明电池实验需要的设备较为简单：电池测试台(供气与电子负载)、透明电池、观测照相设备(数字照相机)和数据采集系统，其中数字照相机决定了成像的空间分辨率和时间分辨率。

相比X射线和中子成像技术，光学透明电池设备成本较低，测试方法简单。其主要缺点如下：难以解决反应生成的高温水蒸气在可视化窗口冷凝问题；难以实现电池温度的精确控制(透明窗口限制了加热片和冷却水的布置)；难以量化电池内部的水含量。

此外，有研究基于两台高分辨率摄像机同时对电池阴阳两极进行图像采集，进而分析水的跨膜传输机理[46]。甚至有研究学者基于两台数字照相机从两个不同的方向对电池进行信息采集[47]，通过图像处理获取液滴的接触角和直径，再基于计算定量得出流道中液态水的量。为了尽可能全面的反馈并量化液态水在整个流道中的分布，常常需要对采集图像进行数学处理，常规做法为将采集的图像像素化，将电池在干态和工作状态下图像进行减影处理，从而得到水的厚度信息。光学透明电池除了可以研究水含量之外，还可以基于其他染剂研究电池内部温度、氧气、二氧化碳、水蒸气等浓度分布。比如通过激光照射氧敏感染料复合物探究流道进口到出口的氧浓度变化。光学透明电池也曾被用到电池微重力实验当中，来探究微重力工况下电池内部的气液两相流动情况。随着相机分辨率和采集速率的提高，光学透明电池可视化技术对揭示电池内部水传输机理有望发挥越来越重要的作用。

### 3.5.2 X射线成像

如前所述，由于光学透明电池改变了电池的材料，从而对电池形成产生不可避免的影响，实验获取的电池内部水分布结果往往与实际情况存在一定程度的偏差。所以，能够在线无损地获得电池内部水分布相关信息就显得极为重要。X射线具有波长短和穿透性强两个显著特点，常用作高分辨无损观测厚样品内部结构的表征手段[48-50]。二维X射线图是通过对样品进行X射线照射，并用探测器(一种将X射线转换为可被CCD(charge-coupled device)摄像机识别的可见光接收器)接受衰减的X射线转换成像而产生。X射线衰减是由于X射线被吸收导致的(光电吸收或康普顿散射)，主要与材料的原子数、密度等为Beer-Lambert定律[51]所描述：

$$I = I_0 \mathrm{e}^{-\mu\delta} \tag{3-31}$$

式中，$\mu$为X射线的衰减系数，$\mathrm{cm}^{-1}$；$\delta$为物体的厚度，cm；$I$为射线透射后的强度，$\mathrm{W \cdot m^{-2}}$；$I_0$为入射射线强度，$\mathrm{W \cdot m^{-2}}$。射线强度是指单位时间内通过垂直于射线传播方向上单位面积的X射线光子能量。$I_0$是管电压、管电流和焦距的函数[52]：

$$I_0 = I_0(A, U, F) \tag{3-32}$$

式中，$A$为射线的管电流，mA；$U$为射线的管电压，kV；$F$为焦距距离，mm。将X射线转化为灰度值图像，灰度值和入射射线强度关系是[52]

$$G = f(R_0, E_0, D_0) I_0(A, U, F) \mathrm{e}^{-\mu T} \tag{3-33}$$

式中，$G$为图像的灰度值；$R_0$为光电变换系数；$E_0$为模数转换系数；$D_0$为灰度值位数。$f(R_0, E_0, D_0)$仅与测试系统相关，是一个常数。由式可知，对于一次可视化实验来说，$f(R_0,E_0,D_0)$和$I_0(A,U,F)$是两个恒定值，即有

$$\ln G \propto T \tag{3-34}$$

当电池内部存在水时，采用X射线技术可以无损检测到水在电池内部的分布，

如图 3.14 所示，在 5cm×5cm 单电池上开设了 5 块区域进行可视化分析。B 区域为阴极入口，C 区域为阴极出口，可以发现水大部分累积在 A 区域和 D 区域。

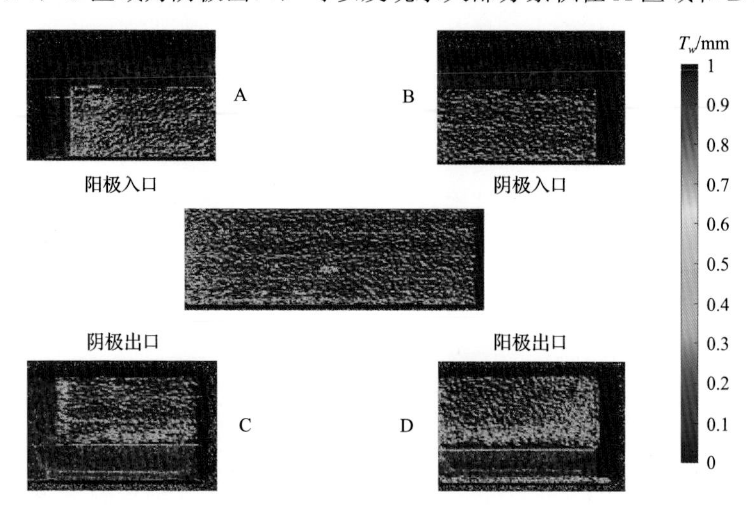


图 3.14 X 射线观测水在质子交换膜燃料电池内部的分布

近些年来，利用多角度 X 射线投影数据，获得物体内部三维结构信息的 X 射线断层扫描成像技术(X-ray Computed Tomography，XCT)日益成熟。与常规拍摄 X 射线二维成像技术相似，将样品旋转 180°～360°来获取多张投影图像，基于计算软件实现被测物体 3D 图像的重建，为进一步分析电池内部水/冰分布提供了可能。一般来说，获取的投影图像越多，对电池内部细节的捕捉精度也就越高。该技术的空间分辨率可达纳米尺度。在美国的能源部劳伦斯伯克利国家实验室及加拿大西蒙弗雷泽大学，有学者基于 X 射线断层扫描成像技术研究电池组件在不同温度和湿度条件下水分布及相变情况[53,54]。此外，基于 X 射线断层扫描成像技术还可获取电池内部电极的结构信息，如催化层厚度、裂纹、孔隙率和聚合物体积分数等。

### 3.5.3 中子成像

中子成像(neutron imaging)顾名思义是指以中子束为射线源，将所拍摄样品放置在中子束中，进而得到物体中子阴影的成像技术[55]。使用二维中子照相机捕捉到的图像实际上是一个灰度图像，每个像素的灰度值与通过物体的中子数成比例。这个灰度值与物质对中子的散射和吸收量成正比，这是由 Beer-Lambert 衰减定律决定的，衰减系数越大，表示物质散射或者吸收中子的能力也越强。当射线穿过物体时，中子会与样品中原子核发生散射和核反应，影响透射中子束的强度和空间分布；基于不同材料与中子束相互作用的强弱，可获得样品内部的物质及其分布信息[56]。与 X 射线成像相比，中子成像是基于中子与原子核之间的相互作用而不是电子间相互作用，因此在物质中被吸收的方式与 X 射线并不相同。事实上，与 X 射线相反，中子更容易被一些轻质材料(例如氢、硼和锂)吸收，但却能轻易穿透许多重质材料，例如钛和铅等，因此中子成像观测效果相比 X 射线可以大大提升。此外，中子具有更高的能量，更强的穿透能力，允许更短的曝光时间，具有更高的空间分辨率。

如上所述，中子成像与 X 射线成像均是基于射线衰减原理成像，因此获取材料的衰减系数是量化分析的关键。由于单个像素面积已知，基于衰减系数可以获取单个像素点上物质的厚度，从而可以将灰度值转化为液体的体积和质量以达到量化的目的。

在质子交换膜燃料电池中，金属、石墨等材料与水对中子的吸收特性不同，而且中子射线对氢元素更为敏感，因此常利用中子成像技术对电池内部水含量进行定性甚至定量分析。但中子的产生需要核反应堆、中子发生器或者加速器等大型设备，价格昂贵、操作复杂，目前也仅有少数国家的实验室可利用中子成像技术研究电池内部水分布和传输过程。尽管如此，中子成像凭借对氢的高敏感性和良好的空间分辨率在质子交换膜燃料电池的水分布及传输机理研究可视化领域中拥有巨大的优势。

### 3.5.4　核磁共振成像

核磁共振成像(magnetic resonance imaging，MRI)技术利用原子核的量子磁性来提供对比度图像。在核磁共振成像中，具有非零磁矩的特定原子核被一个静态磁场和一个射频信号激发，具体过程为：原子核在进动中吸收和原子核进动频率相同的射频脉冲，原子核就会发生共振吸收，当去掉射频脉冲后，原子核磁矩又把所吸收的能量中的一部分以电磁波的形式发射出来，这个过程称为共振发射，共振吸收和共振发射的过程称为“核磁共振”。利用核磁共振电磁波信号强弱，就可以得到该物质的原子核位置和种类，从而绘制出物体内部的精确立体图像，这种方法可以在几秒钟内获得连续的 3D 图像。

在质子交换膜燃料电池中，氢原子的信号强度与水含量具有良好的相关性，核磁共振成像技术利用氢原子核的核磁共振信号进行成像，可高精度(微米尺度下)地反映在线工作状态下的电池内部水分布及流动状态。在这里值得说明的是，在进行核磁共振成像测试时，电池各部件应尽量选用与核磁共振成像设备强磁场相容的材料，不能选用任何铁磁材料(含铁、镍或钴的物质)，且尽可能少的使用具有高导电性的材料(比如石墨、金和铜)。这是由于核磁共振成像梯度磁体会引起导电物体内部产生感应电涡流，遮挡水发出的信号，增加信号噪声。因此，采用核磁共振成像技术时，电池夹具无法选用金属材料，集流板需要加工变薄，流道选用有机玻璃加石墨涂层。由于膜电极的材料很难进行改变，所以核磁共振成像技术很难实现对气体扩散层(碳纤维)和催化层(铂碳)中水含量的可视化表征。当前核磁共振技术在电池三维水含量定量分析中，主要用于观察电池内部液滴形态、气液两相流动模式及水跨膜传输和膜态水含量变化等领域[57,58]。此外，在一些新型研究中，使用特殊方法比如 2H 等放射性同位素作为核磁共振标签组分，可以获取更多有关电池的信息。但核磁共振成像技术的缺陷也比较明显，需要对电池材料进行一定程度的更改，对扩散层和催化层中水的生成和传输过程也无法进行探究。

## 3.6 材料离线表征

### 3.6.1 多孔性与渗透性

多孔性与渗透性常用来表征材料的气体传输特性。一般来说，材料孔隙率可以通过材料的质量、体积及骨架密度推测，但在质子交换膜燃料电池中应用的电极材料在配置前后骨架密度会发生变化，因此很难准确计算其孔隙率。此外，孔径大小和孔隙分布等对电池内部传热传质过程也有非常重要的影响。在质子交换膜燃料电池中，常基于渗透和吸附技术来表征材料的多孔性，使用的方法主要包括压汞法[59]和吸附法[60]。

1. 压汞法

压汞法是将材料置于一个抽空的样本仓中，并将水银注入多孔样本中，低压下，水银表面张力较大无法进入材料孔隙，只有压力增大到一定值，水银才能进入样本孔隙中，测量不同压力下进入孔中汞的量即可知相应孔大小的孔体积，计算过程见 Wasbum 公式(式(3-35))。

$$p \geqslant \frac{2\gamma}{r}\cos\theta \tag{3-35}$$

式中，$\gamma$ 为水银表面张力 480(20℃)，$\mathrm{dyn \cdot cm^{-1}}$；$\theta$ 为水银接触角，(°)；$r$ 为圆柱形孔隙的浸入半径，nm；$p$ 为样品仓内压强(典型值为 1～1800MPa，每秒增加 100kPa)。

2. 吸附法

吸附法是指利用吸附现象对材料的多孔性进行表征。吸附是指物质在两相界面上浓集的现象，吸附剂是具有吸附能力的固体物质(如分子筛、催化剂和电极)，吸附质是被吸附剂所吸附的物质(如氮气)。通常采用氮气、氩气或者氧气作为吸附质测定多孔物质的比表面、孔体积、孔径的大小和分布，也可通过完整的吸附脱附曲线计算出介孔部分和微孔部分的孔体积和表面积等。其中，表面积判定法(brunauer emmett teller，BET)是吸附法在多孔性表征中最常用的技术之一，相比于循环伏安法通过电化学手段测量电化学活性面积，BET 法可以反映材料本身固有的多孔性质，与电化学活性无关。测量过程中，将预处理好样品中的气体抽出，然后将其冷却到液氮温度(77K)，逐渐增加样品管内的压力，氮气将会在样品表面发生物理吸附，根据吸附等温方程可计算样品的真实比表面积。

需要说明的是，压汞法适用于测定大孔和微米级孔的比表面积、孔隙率。实际上，对于纳米级别的孔测定是不准确的，因为在高压下，许多纳米级别的孔都会变形甚至压塌。氮吸附法适用于测定微孔、中孔材料比表面积、孔径分布。氮吸附法能测到的较大压力为常压，而很多大孔材料需要在更高的压力下才能吸附吸附质，所以对大孔的测定会产生较大的误差。因此，对于不同的样品测定比表面积、孔隙率要根据孔径选择测定方法，微孔、中孔样品选择氮吸附法测定，大孔样品的分布选择压汞法来测定。此外，压汞法的优势除了测量孔径分布外，还可以测得颗粒粒径、孔喉比、压缩率、渗透率、孔曲率等材料参数。

多孔材料除了要保持高的孔隙率和表面积，渗透性也是极其重要的。如果大多数孔不直接连通或者被封死，依旧无法保证有效的气体传输，这会造成电池传质损失大幅上升，从而大大降低电池性能。材料的渗透率 $k$ 可以通过达西定律(Darcy’s law)来获取：

$$Q=\frac{-kA}{\mu}\frac{\Delta p}{L} \tag{3-36}$$

式中，$Q$ 为流体的体积流速，$m^3 \cdot s^{-1}$；$k$ 为多孔材料的渗透率，$m^2$；$A$ 为多孔材料的横截面积，$m^2$；$\mu$ 为流体的黏度，$Pa \cdot s$；$\Delta p$ 为多孔材料的压差，Pa；$L$ 为通过多孔材料的距离，m。

### 3.6.2　膜电导率

质子交换膜燃料电池中，高膜电导率是降低电池欧姆损失的关键。一般而言，质子交换膜电导率是温度和水含量的函数。膜电导率常用的测量的方法是采用两电极或四电极法进行，在开路电压下进行交流阻抗谱测试。扫描频率为 100k～100mHz，扰动电压为 10mV，高频段与实轴交点即为测得的膜电阻 $R$。使用如下公式可求得膜的电导率：

$$\sigma=\frac{RA}{L} \tag{3-37}$$

式中，$\sigma$ 为膜的电导率，$\Omega \cdot m$；$L$ 为测试样品的长度，m；$R$ 为膜电阻，$\Omega$；$A$ 为膜的横截面积，$m^2$。

### 3.6.3　微观结构分析

#### 1. 扫描电子显微镜

扫描电子显微镜(scanning electron microscope，SEM)的原理是利用三级电子枪发出的热电子束，经电子光学系统会聚并在试样表面聚焦后，在扫描线圈的作用下，在样品表面进行扫描得到样品表面形貌[61]。扫描过程中，高能电子束与样品表面物质发生相互作用，有二次电子、背反射电子特征X射线等信号产生，接收器收集这些信号经放大调制成像。二次电子为样品外层电子(5～10nm)受激发脱离原子束缚的核外电子，是扫描电子显微镜检测的主要信号，对样品表面形貌十分敏感，可以准确地反映样品表面的形貌(凹凸)特性，获得具有立体感的图像，如图3.15所示。

(a) 不同放大倍数下膜电极催化层-1

(b) 不同放大倍数下膜电极催化层-2

(c) 碳纤维负载的硫化钴纳米片-3

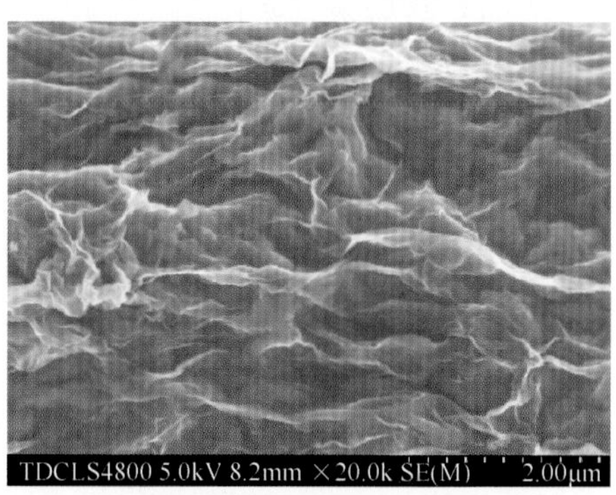


(d) 碳纤维负载的硫化钴纳米片-4

(e) 碳纤维纸气体扩散层-5

(f) 碳纤维纸气体扩散层-6

图3.15　不同样品的扫描电子显微镜(SEM)图

扫描电子显微镜信号为电子信号，可以适用于研究电子性导体和半导体样品，扫描范围大，具有较大的景深，视野大。在较高扫描范围(μm 或 mm 尺度)下，扫描电子显微镜的图像质量较高，但只能提供样品表面二维图像。在电池中，常用于对电池电极、催化层、微孔层及扩散层进行微观结构表征，有助于各部件的结构优化和破坏机理研究。

2. 原子力显微镜

原子力显微镜(atomic force microscope，AFM)是一种可用于研究固体材料表面结构的分析仪器。它通过检测样品表面和一个探针之间相互作用力(范德华力)来研究物质的表面结构及性质。探针一端固定在一根对微弱力极端敏感的悬臂末端，另一端的微小针尖接近样品，扫描样品时，针尖与样品相互作用，作用力使悬臂发生形变或运动状态发生变化。利用光电检测系统检测这些变化，就可获得作用力分布信息，从而获得样品表面形貌结构和粗糙度等信息，分辨率高达纳米尺度。

相比扫描电子显微镜，原子力显微镜能进行纵轴方向上的测量，并提供样品表面的高分辨率三维图像，如图 3.16 所示，对材料的表面信息反馈更为详细。原子力显微镜不受扫描电子显微镜必须在高真空条件下测试的约束，在常压下即可进行测量，且不需要对样品表面进行任何特殊处理，因此其适用性更为广泛。在纳米级的扫描范围内，原子力显微镜图像质量优于扫描电子显微镜，缺点是成像范围小，速度慢，操作复杂，测量表面起伏较大的材料时容易造成撞针导致测量失败。

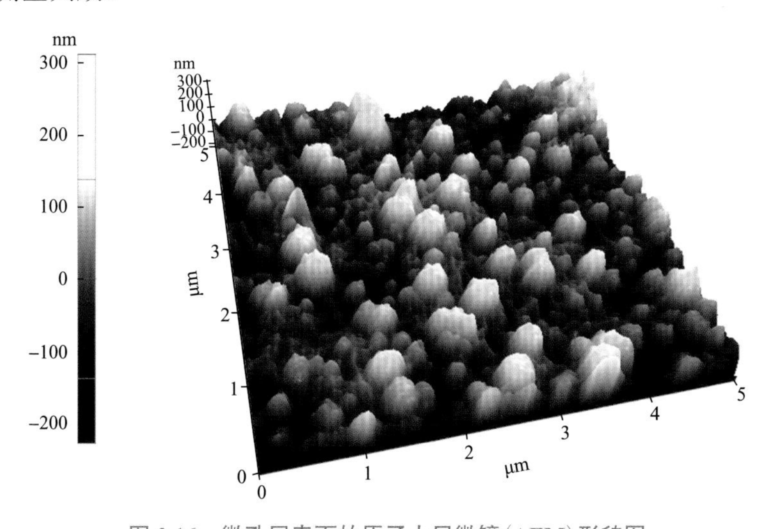


图 3.16　微孔层表面的原子力显微镜(AFM)形貌图

### 3.6.4 粒度分析

1. 透射电子显微镜及低温透射电镜

透射电子显微镜(transmission electron microscopy，TEM)成像技术是利用高能电子束作为光源，与样品发生散射或者衍射作用后，透过样品下表面的电子束在显微镜下得到样品表面放大图像，其分辨率为 0.1～0.2nm。由于电子易散射或者被样品吸收，穿透力低，样品的密度和厚度等都会影响成像质量，通常将样品制备为 50～100nm 超薄切片。在进行催化层表征时，通常使用乙醇将催化剂分散均匀，取适量溶液滴于透射电子显微镜载网膜上以便于观察。利用透射电子显微镜，可以观察样品的粒径大小及分布、颗粒形貌，也可以对聚合物共混合物进行相结构观察。在质子交换膜燃料电池领域，透射电子显微镜常用来观测催化剂 Pt/C 的形态、尺寸，并结合统计学计算粒径及其分布。

高分辨率透射电镜(HR-TEM)是研究局部结构的一种有力分析工具，可以直接观察材料的微缺陷和晶面结构，常用来分析电池催化层、扩散层和电解质膜。如图 3.17 所示，基于高分辨率透射电镜，可以发现 Co—N—C 催化剂中颗粒的微观分布并且可基于快速傅里叶变换得出晶面结构主要为(110)和(100)晶面。

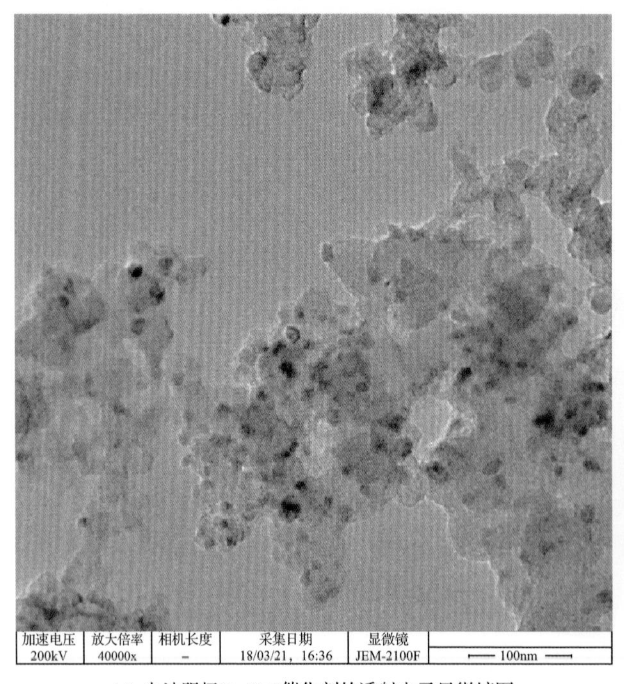


(a) 电池阴极Co-N-C催化剂的透射电子显微镜图

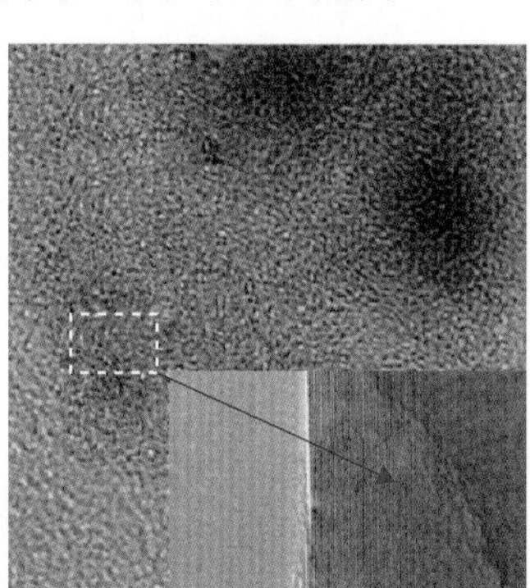

(b) 高分辨率透射电镜图

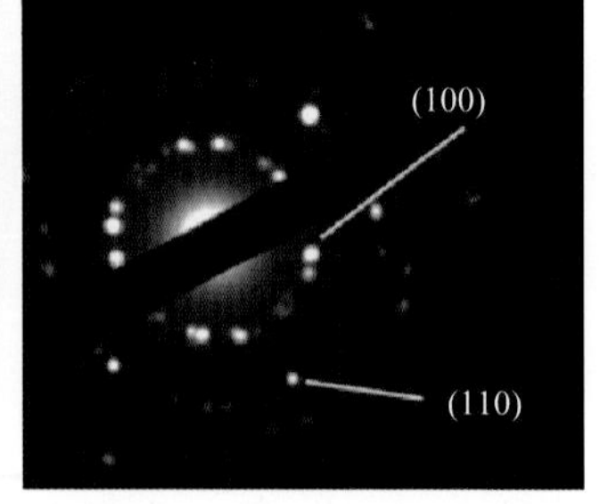


(c) 图(b)红色选框区域电子衍射图

图 3.17 Co—N—C 催化剂颗粒微观分布[62]

低温透射电镜(Cryo-TEM)也被称为冷冻电镜，观测过程中，样品经过超低温冷冻、断裂、镀膜制样(喷金/喷碳)等处理后，通过冷冻传输系统放入电镜内的冷台(温度可至–185℃)进行观察。其中，快速冷冻技术可使水在低温状态下呈玻璃态，减少冰晶的产生，从而不影响样品本身结构，冷冻传输系统保证在低温状态下依旧可以对样品进行电镜观察。此外，冷冻电镜还可用于研究膜电极中电解质水合过程、催化剂溶液中聚合物形态、团聚情况和干燥过程中聚合物形态的变化。

2. X 射线衍射法

X 射线衍射法(X-ray diffraction，XRD)利用 X 射线在晶体中的衍射现象来获得衍射后 X 射线信号特征，进而获得衍射光谱，是一种测定粉末、单晶或多晶体等块状材料中纳米晶体平均粒径的简便方法。每种晶体内部的原子排列方式是一致的，因此对应的 X 射线衍射图也是唯一的，这是利用 X 射线衍射法进行物相分析的重要依据。X 射线衍射法可以得到特定的定量结构信息，如晶体结构、取向和化合物等信息。在质子交换膜燃料电池领域，这些信息对于开发新电极、催化剂或者电解质材料非常重要。

布拉格方程是 X 射线衍射法理论的基石，即满足布拉格方程是 X 射线在晶体中产生衍射的基本条件，反映了衍射线方向和晶体结构之间的关系。

$$2d\sin\theta = n\lambda \tag{3-38}$$

式中，$\theta$ 为入射角，(°)；$d$ 为晶面间距，m；$n$ 为衍射级；$\lambda$ 为入射线波长，m；$\theta$ 为衍射角。

谢乐公式(Scherrer 公式)是测量晶粒度的理论基础。X 射线衍射谱带的宽化程度和晶粒的尺寸有关。谢乐公式描述了晶粒尺寸与衍射峰半峰宽之间的关系。半峰宽越宽，晶粒越细小。公式如下：

$$L = \frac{k\lambda}{(B-b)\cos\theta} \tag{3-39}$$

式中，$L$ 为晶粒垂直于晶面方向的平均厚度，mm；$k$ 为 Scherrer 常数，一般取 0.89；$\lambda$ 为 X 射线波长，取 0.154056nm；$\theta$ 为布拉格衍射角(Brag 角)，(°)；$B–b$ 为实测样品衍射峰的半宽度，计算中需要转化为弧度，rad；$b$ 为仪器因素校正系数。

使用 X 射线衍射仪(XRD)对 Co 基非贵金属氧还原催化剂进行物相分析。如图 3.18 可知，在不同温度下制备而成的 Co 基非贵金属催化剂在 44.1°和 51.5°出现明显的 X 射线衍射峰，分别对应于 Co(111)和(200)晶面(JCPDS No.15-806)。并且，随着热解温度的增高，这两个衍射峰的半峰宽逐渐减小。因此，根据 Scherrer

Equation 计算可知，热解过程会导致催化剂中 Co 元素团聚，形成纳米 Co 颗粒，并且，随着热解温度的升高，催化剂 Co 颗粒逐渐长大。这将不利于催化剂活性位的分散，因此，降低热解温度(700℃)有利于提高 Co 元素分散程度，增大活性位密度，从而获得更优的电催化活性。此外，XRD 还应用于质子交换膜燃料电池电极设计方面，可以有效测量催化剂铂的晶粒尺寸，进而估算 Pt 的表面积。

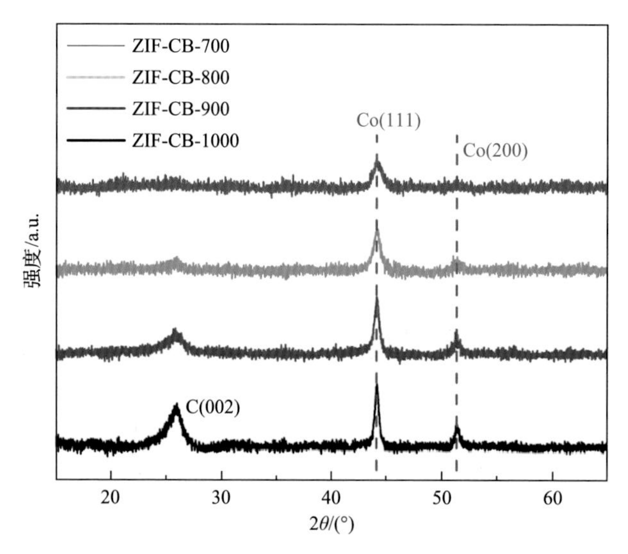


图 3.18　不同热解温度条件下 Co 基非贵金属催化剂 XRD 曲线[63]

### 3.6.5　元素分析

1. X 射线能谱仪

X 射线能谱仪(energy dispersive spectrometer，EDS)是用来分析材料成分与含量的仪器，常与扫描电子显微镜和透射电子显微镜配合使用。X 射线特征波长取决于能级跃迁过程中释放出的特征能量 $\Delta E$，只与样品组成元素有关。能谱仪通过捕捉高能电子束和样品表面相互作用产生的 X 射线，可对样品成分进行定性和定量分析。

高能电子束与样品表面物质发生相互作用产生的背发射电子同样可以用来反映样品成分分布。背发射电子是样品中原子核反射回来的一部分入射电子，反射系数与样品表面倾角和样品原子序数有关，可用于研究样品表面形貌和成分分布。但由于样品形貌图中有较重的阴影效应，且分辨率较低，一般不用于分析表面形貌，主要用于观察样品表面成分分布状况。

2. X 射线光电子能谱分析

X 射线光电子能谱分析(X-ray photoelectron spectroscopy，XPS)是用已知能量的 X 射线去辐射样品的表面区域，使原子或分子的内层电子或价电子受激发射出来，被光子激发出来的电子称为光电子。X 射线光电子能谱分析可以测量光电子离开材料表面时的动能即光子能量与束缚能的差值，进而可以计算出逸出电子的束缚能，而光电子束缚能取决于原子特性及轨道。通过以光电子的动能为横坐标、相对强度(脉冲/秒)为纵坐标可做出光电子能谱图，从而获得待测物组成，实现对表面元素的定性分析，尤其是化学分析，比如材料表面化学组分和各元素的化学结合态。在电池领域，X 射线光电子能谱分析常用于电极新材料的开发。

## 本章小结

质子交换膜燃料电池水热管理过程涉及电池内部“气—水—电—热—力”等多种传输机制及电化学反应过程，采用必要的表征测试和诊断分析对于合理组织、优化电池水热管理过程具有十分重要的意义。同时，表征测试得到的结果也是后续进行电池仿真分析的重要基础。本章从宏观特性测试、电化学表征、分布表征、可视化表征和材料离线表征 5 个方面对常用的质子交换膜燃料电池表征测试技术进行了详细介绍。

极化曲线反映的是特定电池在某一特定工况下正常工作的综合性能，是评价电池性能的最基本指标。但是，单一的极化曲线只能反映电池工作过程中所有工况、材料和结构等参数等对电池性能的综合影响，实际应用中，常常利用极化曲线进行对比分析以反映某一具体参数的影响。电池低温启动过程中，相变机理研究是其重要难点之一，过冷却水的发现更加丰富了这一部分内容。另外，目前对于电池冷启动的研究大多限制于单电池尺度，电堆和系统尺度的研究还相对较少。此外，振动和重力对电池宏观性能的影响仍需进一步深入研究。电池耐久性测试方面，目前仍然主要基于加速实验探究电池衰减机理。

质子交换膜燃料电池本身是一个复杂的电化学系统，采用电化学表征测试技术定量分析电池的欧姆损失、活化损失及传质损失对于进一步了解电池内部反应机理具有重要作用。电化学阻抗谱法可以有效地区分电池不同损失，基于等效电路还可以获取更多的电化学参数；电流中断法可以有效区分欧姆阻抗和非欧姆阻抗，在大功率电池系统中依然有效；循环伏安法及一氧化碳溶出伏安法可以为电极性能表征及其设计优化提供丰富的信息；线性扫描伏安法可以有效表征气体跨膜特性；高频阻抗则常用来表征电池水含量和结冰情况。

此外，电池工作过程中，内部电流密度、组分浓度和温度等分布并不均匀，研究内部各变量分布对于提升电池性能和耐久性同样具有重要意义。目前对于电池内各变量空间分布的表征测试技术大多都会改变电池结构，获取结果与正常电池仍有差异。特别地，在质子交换膜燃料电池中，由于其工作温度较低，内部气液两相流动机理探究十分重要，可以采用可视化表征技术获取电池内部水传输机理。目前常用的可视化表征手段主要有光学透明电池、X 射线成像、中子成像和核磁共振成像。这些技术各有其优缺点，总体来说，在线无损地获取电池内部水传输过程仍然是未来重点发展方向。

除在线表征测试技术外，对于电池各组成部件材料的物性参数和内部结构的离线表征对于加深电池内部各种传输机制的理解及提升电池性能和耐久性同样不可或缺。多孔介质中的孔径和渗透性分析对电池内部水热传输意义重大，膜内阻离线测试为膜的选型提供了更为简单的表征手段。在催化层，微观形貌常在纳米和微米尺度，扫描电子显微镜、原子力显微镜以及扫描透镜的使用为膜电极开发提供诸多便利。X 射线能谱仪和 X 射线光电子能谱分析等元素分析手段在催化剂开发中极为重要。总而言之，通过离线与在线表征手段的结合，可以从多维度上对电池内部的结构参数和运行机理进行分析和探究。

在质子交换膜燃料电池发展过程中，一些新型研究设备比如冷冻电镜、冷冻透镜等也逐步引入电池表征测试和诊断分析中，这些新型设备的引入可以提供更多电池内部信息。另外，开发集成化的表征手段(可以同时快速地获取电池内部多种信息)无疑也是未来的重要发展趋势。

## 参考文献


[1] Jung A, Oh J, Han K, et al. An experimental study on the hydrogen crossover in polymer electrolyte membrane fuel cells for various current densities[J]. Applied Energy, 2016, 175: 212-217.

[2] O'hayre R, Cha S W, Prinz F B, et al. Fuel Cell Fundamentals[M]. New York: John Wiley & Sons, 2016.

[3] Hosseinloo A H, Ehteshami M M. Shock and vibration effects on performance reliability and mechanical integrity of proton exchange membrane fuel cells: A critical review and discussion[J]. Journal of Power Sources, 2017, 364: 367-373.

[4] Wang X, Wang S, Chen S, et al. Dynamic response of proton exchange membrane fuel cell under mechanical vibration [J]. International Journal of Hydrogen Energy, 2016, 41(36): 16287-16295.

[5] Palan V, Shepard Jr W S. Enhanced water removal in a fuel cell stack by droplet atomization using structural and acoustic excitation[J]. Journal of Power Sources, 2006, 159(2): 1061-1070.

[6] Yi Y, Zheng K T, Zhi G Z, et al. Gravity effect on the performance of PEM fuel cell stack with different gas manifold positions [J]. International Journal of Energy Research, 2012, 36(7): 845-855.

[7] Guo H, Liu X, Zhao J F, et al. Gas-liquid two-phase flow behaviors and performance characteristics of proton exchange membrane fuel cells in a short-term microgravity environment[J]. Journal of Power Sources, 2017, 353: 1-10.

[8] 刘璿. 微重力环境下质子交换膜燃料电池内两相流体动力学特性研究[D]. 北京：北京工业大学, 2008.

[9] Xie X, Wang R, Jiao K, et al. Investigation of the effect of micro-porous layer on PEM fuel cell cold start operation[J]. Renewable Energy, 2018, 117: 125-134.

[10] Zhang J J. PEM Fuel Cell Electrocatalysts and Catalyst Layers: Fundamentals and Applications[M]. London: Springer Science & Business Media, 2008.

[11] Chang Y, Liu J, Li R, et al. Effect of humidity and thermal cycling on the catalyst layer structural changes in polymer electrolyte membrane fuel cells[J]. Energy Conversion and Management, 2019, 189: 24-32.

[12] Amamou A A, Kelouwani S, Boulon L, et al. A comprehensive review of solutions and strategies for cold start of automotive proton exchange membrane fuel cells[J]. IEEE Access, 2016, 4: 4989-5002.

[13] Luo Y, Jiao K. Cold start of proton exchange membrane fuel cell[J]. Progress in Energy and Combustion Science, 2018, 64: 29-61.

[14] Luo Y, Jiao K, Jia B. Elucidating the constant power, current and voltage cold start modes of proton exchange membrane fuel cell[J]. International Journal of Heat and Mass Transfer, 2014, 77: 489-500.

[15] Xie X, Zhang G, Zhou J, et al. Experimental and theoretical analysis of ionomer/carbon ratio effect on PEM fuel cell cold start operation[J]. International Journal of Hydrogen Energy, 2017, 42 (17) : 12521-12530.

[16] Chacko C, Ramasamy R, Kim S, et al. Characteristic behavior of polymer electrolyte fuel cell resistance during cold start[J]. Journal of The Electrochemical Society, 2008, 155 (11) : B1145-B1154.

[17] Ishikawa Y, Hamada H, Uehara M, et al. Super-cooled water behavior inside polymer electrolyte fuel cell cross-section below freezing temperature[J]. Journal of Power Sources, 2008, 179 (2) : 547-552.

[18] Chen H, Pei P, Song M. Lifetime prediction and the economic lifetime of proton exchange membrane fuel cells[J]. Applied Energy, 2015, 142: 154-163.

[19] Lim C, Ghassemzadeh L, van Hove F, et al. Membrane degradation during combined chemical and mechanical accelerated stress testing of polymer electrolyte fuel cells[J]. Journal of Power Sources, 2014, 257: 102-110.

[20] Hitchcock A P, Berejnov V, Lee V, et al. Carbon corrosion of proton exchange membrane fuel cell catalyst layers studied by scanning transmission X-ray microscopy[J]. Journal of Power Sources, 2014, 266: 66-78.

[21] Kim J, Lee J, Tak Y. Relationship between carbon corrosion and positive electrode potential in a proton-exchange membrane fuel cell during start/stop operation[J]. Journal of Power Sources, 2009, 192 (2) : 674-678.

[22] Park J, Oh H, Ha T, et al. A review of the gas diffusion layer in proton exchange membrane fuel cells: durability and degradation[J]. Applied Energy, 2015, 155: 866-880.

[23] Liu H, George M G, Ge N, et al. Microporous layer degradation in polymer electrolyte membrane fuel cells[J]. Journal of The Electrochemical Society, 2018, 165 (6) : F3271-F3280.

[24] Yuan X Z, Li H, Zhang S, et al. A review of polymer electrolyte membrane fuel cell durability test protocols[J]. Journal of Power Sources, 2011, 196 (22) : 9107-9116.

[25] Pei P, Yuan X, Chao P, et al. Analysis on the PEM fuel cells after accelerated life experiment[J]. International Journal of Hydrogen Energy, 2010, 35 (7) : 3147-3151.

[26] Zhang S, Yuan X, Wang H, et al. A review of accelerated stress tests of MEA durability in PEM fuel cells[J]. International Journal of Hydrogen Energy, 2009, 34 (1) : 388-404.

[27] Yuan X, Wang H, Sun J C, et al. AC impedance technique in PEM fuel cell diagnosis—A review[J]. International Journal of Hydrogen Energy, 2007, 32 (17) : 4365-4380.

[28] Niya S M R, Hoorfar M. Study of proton exchange membrane fuel cells using electrochemical impedance spectroscopy technique - A review[J]. Journal of Power Sources, 2013, 240: 281-293.

[29] Lasia A, Conway B E, Bockris J, et al. Modern Aspects of Electrochemistry[M]. Boston: Springer, 1999.

[30] Singh R K, Devivaraprasad R, Kar T, et al. Electrochemical impedance spectroscopy of oxygen reduction reaction (ORR) in a rotating disk electrode configuration: Effect of ionomer content and carbon-support[J]. Journal of the Electrochemical Society, 2015, 162 (6): F489-F498.

[31] Wu J, Yuan X Z, Wang H, et al. Diagnostic tools in PEM fuel cell research: Part I Electrochemical techniques[J]. International Journal of Hydrogen Energy, 2008, 33 (6): 1735-1746.

[32] Taylor S, Fabbri E, Levecque P, et al. The effect of platinum loading and surface morphology on oxygen reduction activity[J]. Electrocatalysis, 2016, 7 (4): 287-296.

[33] Vidaković T, Christov M, Sundmacher K. The use of CO stripping for in situ fuel cell catalyst characterization[J]. Electrochimica Acta, 2007, 52 (18): 5606-5613.

[34] 唐文超，林瑞，黄真，等. 在线分区测试燃料电池内部电流密度分布研究进展[J]. 化工进展，2013，32 (10): 2324-2335.

[35] Stumper J, Campbell S A, Wilkinson D P, et al. In-situ methods for the determination of current distributions in PEM fuel cells[J]. Electrochimica Acta, 1998, 43 (24): 3773-3783.

[36] Cleghorn S J C, Derouin C R, Wilson M S, et al. A printed circuit board approach to measuring current distribution in a fuel cell[J]. Journal of Applied Electrochemistry, 1998, 28 (7): 663-672.

[37] Lin R, Gülzow E, Schulze M, et al. Investigation of membrane pinhole effects in polymer electrolyte fuel cells by locally resolved current density[J]. Journal of the Electrochemical Society, 2011, 158 (1): B11-B17.

[38] Liu Z, Mao Z, Wu B, et al. Current density distribution in PEFC[J]. Journal of Power Sources, 2005, 141 (2): 205-210.

[39] Yoon Y G, Lee W Y, Yang T H, et al. Current distribution in a single cell of PEMFC[J]. Journal of Power Sources, 2003, 118 (1-2): 193-199.

[40] Kalyvas C, Kucernak A, Brett D, et al. Spatially resolved diagnostic methods for polymer electrolyte fuel cells: A review[J]. Wiley Interdisciplinary Reviews: Energy and Environment, 2014, 3 (3): 254-275.

[41] Liu D, Lin R, Feng B, et al. Investigation of the effect of cathode stoichiometry of proton exchange membrane fuel cell using localized electrochemical impedance spectroscopy based on print circuit board[J]. International Journal of Hydrogen Energy, 2019, 44 (14): 7564-7573.

[42] Gerteisen D, Mérida W, Kurz T, et al. Spatially resolved voltage, current and electrochemical impedance spectroscopy measurements[J]. Fuel Cells, 2011, 11 (2): 339-349.

[43] Wu J, Yuan X Z, Wang H, et al. Diagnostic tools in PEM fuel cell research: Part II: Physical/chemical methods[J]. International Journal of Hydrogen Energy, 2008, 33 (6): 1747-1757.

[44] Pérez L C, Brandão L, Sousa J M, et al. Segmented polymer electrolyte membrane fuel cells—A review[J]. Renewable and Sustainable Energy Reviews, 2011, 15 (1): 169-185.

[45] Bazylak A. Liquid water visualization in PEM fuel cells: A review[J]. International Journal of Hydrogen Energy, 2009, 34 (9): 3845-3857.

[46] Ous T, Arcoumanis C. Visualisation of water accumulation in the flow channels of PEMFC under various operating conditions[J]. Journal of Power Sources, 2009, 187 (1): 182-189.

[47] Sergi J M, Kandlikar S G. Quantification and characterization of water coverage in PEMFC gas channels using simultaneous anode and cathode visualization and image processing[J]. International Journal of Hydrogen Energy, 2011, 36 (19): 12381-12392.

[48] Deevanhxay P, Sasabe T, Tsushima S, et al. Effect of liquid water distribution in gas diffusion media with and without microporous layer on PEM fuel cell performance[J]. Electrochemistry Communications, 2013, 34: 239-241.

[49] Hinebaugh J, Lee J, Bazylak A. Visualizing liquid water evolution in a PEM fuel cell using synchrotron X-ray radiography[J]. Journal of The Electrochemical Society, 2012, 159(12): F826-F830.

[50] Takao S. X-ray absorption fine structure and scanning transmission electron microscopic analysis of polymer electrolyte fuel cells[J]. Current Opinion in Electrochemistry, 2020, 21: 283-288.

[51] Lee S J, Lim N Y, Kim S, et al. X-ray imaging of water distribution in a polymer electrolyte fuel cell[J]. Journal of Power Sources, 2008, 185(2): 867-870.

[52] 郭文明, 陈宇亮. X 射线图像灰度值与透照厚度的定量关系[J]. 无损检测, 2016, 38(2): 14.

[53] Zenyuk I V, Parkinson D Y, Hwang G, et al. Probing water distribution in compressed fuel-cell gas-diffusion layers using X-ray computed tomography[J]. Electrochemistry Communications, 2015, 53: 24-28.

[54] White R T, Orfino F P, El Hannach M, et al. 3D printed flow field and fixture for visualization of water distribution in fuel cells by X-ray computed tomography[J]. Journal of the Electrochemical Society, 2016, 163(13): F1337-F1343.

[55] 张新丰, 章桐. 质子交换膜燃料电池水含量实验测量方法综述[J]. 仪器仪表学报, 2012(9): 233-242.

[56] Kim F H, Penumadu D, Hussey D S. Water distribution variation in partially saturated granular materials using neutron imaging[J]. Journal of Geotechnical and Geoenvironmental Engineering, 2011, 138(2): 147-154.

[57] Tsushima S, Nanjo T, Nishida K, et al. Investigation of the lateral water distribution in a proton exchange membrane in fuel cell operation by 3D-MRI[J]. ECS Transactions, 2006, 1(6): 199-205.

[58] Dunbar Z, Masel R I. Quantitative MRI study of water distribution during operation of a PEM fuel cell using Teflon® flow fields[J]. Journal of Power Sources, 2007, 171(2): 678-687.

[59] El-Kharouf A, Mason T J, Brett D J L, et al. Ex-situ characterisation of gas diffusion layers for proton exchange membrane fuel cells[J]. Journal of Power Sources, 2012, 218: 393-404.

[60] Kang L, Shi M, Lang X, et al. Preparation of Pt-mesoporous tungsten carbide/carbon composites via a soft-template method for electrochemical methanol oxidation[J]. Journal of Alloys and Compounds, 2014, 588: 481-487.

[61] Majlan E H, Rohendi D, Daud W R W, et al. Electrode for proton exchange membrane fuel cells: A review[J]. Renewable and Sustainable Energy Reviews, 2018, 89: 117-134.

[62] Zhu W, Chen R, Yin Y, et al. Highly(110)-oriented $Co_{1-x}S$ nanosheetarrays on carbon fiber paper as high-performance and binder-free electrodes for oxygen production[J]. ChemistrySelect, 2018, 3(14): 3970-3974.

## 习题与实战

假设有一个 25cm$^2$ 单电池($T$=300K、$n$=2、$E_{\text{thermo}}$=1.2V)，极化曲线如图(a)所示，分别对 a、b 进行电化学阻抗谱法测量，点 a 对应的电流密度为 0.1A·cm$^{-2}$，电压为 0.796V，点 b 对应的电流密度为 0.5A·cm$^{-2}$，电压为 0.652V。图(b)是点 a、b 所测得的电化学阻抗谱法图，假设 a 点及 b 点工况只有欧姆损失和活化损失对电池性能造成影响，且阳极活化损失可以忽略，计算阴极交换电流密度 $j_0$ 和传递系数 $\alpha$ 。

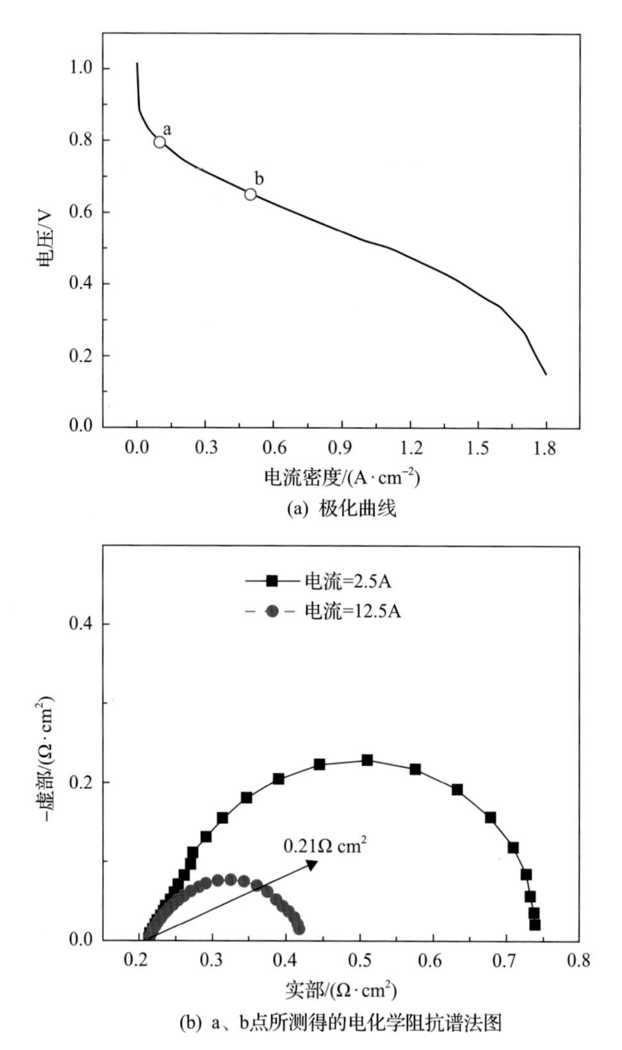


(a) 极化曲线

(b) a、b点所测得的电化学阻抗谱法图

课后习题答案

在点 a，电流密度为 $0.1\mathrm{A\cdot cm^{-2}}$，电池欧姆内阻为 $0.21\Omega\cdot\mathrm{cm^2}$，则阴极活化损失 $\eta_{\mathrm{act}} = E_{\mathrm{r}} - V_{\mathrm{out}} - \eta_{\mathrm{ohm}} = 1.2 - 0.796 - 0.1\times 0.21 = 0.383\mathrm{V}$

同理，在点 b：

阴极活化损失 $\eta_{\mathrm{act}} = E_{\mathrm{r}} - V_{\mathrm{out}} - \eta_{\mathrm{ohm}} = 1.2 - 0.652 - 0.5\times 0.21 = 0.443\mathrm{V}$

由 $\eta_{\mathrm{act}} = -\left(\dfrac{RT}{\alpha nF}\right)\ln I_0 + \left(\dfrac{RT}{\alpha nF}\right)\ln I$

将 a 和 b 代入该式，求解出 $\alpha$ 和 $I_0$：

$\alpha=0.365$，$I_0=2.0\times 10^{-6}\mathrm{A\cdot cm^{-2}}$

# 第 4 章　燃料电池部件内部多相流动和电极动力学仿真

从本章开始，我们将由小至大，按照部件—单电池—电堆—系统的顺序针对不同层次的物理问题进行数学建模和仿真。本章将对流道、微孔层、扩散层和催化层等部件进行说明和阐述。

随着膜和电极材料耐高温性的进一步发展，今后质子交换膜燃料电池有望在100℃以上的操作温度稳定运行，此时电池内部的液态水全部汽化，多孔电极和流道内复杂的两相流传输过程得到简化。基于目前的研究现状，本章仍聚焦于燃料电池部件内的气液两相传输问题。各部件仿真建模包括流道的宏观结构，扩散层微米尺度的介观结构和微孔层、催化层和质子交换膜纳米尺度的微观结构，这些多尺度的结构很难在同一尺度的数学模型中同时考虑，因此采用合适尺度的数学方法建立各部件模型，考虑各种传热传质过程和电化学反应，是优化水热管理和电极设计的关键之一。

## 4.1　数值方法回顾

质子交换膜燃料电池中的多相流动过程非常复杂，通常伴随着对流和组分扩散、相变、运动界面的产生和变化，以及电化学反应等物理化学现象。在介绍各部件仿真之前，本章先从整体上对可能涉及的数值方法进行回顾。

描述流体运动的数值方法根据不同尺度可以划分为基于牛顿方程的微观分子动力学模型、基于玻尔兹曼方程的介观粒子模型和基于 Navier-Stokes (NS) 方程的宏观连续模型。分子动力学模型将流体看作是由数量众多的分子构成的系统，用经典牛顿力学第二定律来跟踪每个流体分子的运动过程，然后基于统计方法得到流动的宏观物理量。介观粒子模型将流体和流动区域离散成一系列的流体粒子和规则的格点，通过研究粒子在格点上分布函数的时空演化过程建立粒子运动和宏观流动之间的关系。宏观连续模型不关注单个流体分子的运动行为，而是将流体视作是充满整个流场的连续介质，认为流体的运动遵循质量、动量和能量守恒定律，通过直接求解相应的偏微分方程得到宏观特性的统计量。

由于理论基础不同和具体研究对象差异，3 种方法有各自的适用范围。从理论上来说，分子动力学模拟从最基本的运动规律出发，对流体传输过程和热力学条件简化和假设最少，模拟结果最为精确且应用范围最广。但是从计算条件上来说，分子动力学模拟需要跟踪每一个分子的时空变化，因此对计算速度和数据存储都有很高的要求，目前在时空尺度上存在局限性，尽管许多研究团队试图将分子动力学与其他数值方法结合以拓宽其应用范围，但多尺度方法的耦合问题目前仍尚未解决。基于连续介质假设的宏观数值模型是目前发展最为成熟和应用范围最广的数值方法，能够适用于大多数工业和自然界的传热传质现象，但是对于努森数(分子平均自由程和流体系统的特征长度比值)较大的流动问题，如微纳尺度孔隙内的传输过程，由于连续介质假设不再成立，宏观连续模型也不再适用。介观粒子动力学模型的尺度介于微观和宏观之间，关注的是流体分子的统计量，但是又不受连续介质假设的限制，因此既可以应用于尺度较大的连续流动问题，也可以应用于尺度较小的非连续流动问题中。

具体到质子交换膜燃料电池流道和多孔电极内的流动问题，目前一般在宏观结构的流道和较大孔隙结构的扩散层使用宏观连续模型的最为广泛，但近年来在流道和扩散层中采用介观方法的研究也在迅速增长，对于微纳尺度的微孔层和催化层，绝大部分研究都基于介观方法，而分子模拟受时空尺度的限制和跨尺度的耦合问题，仍较少应用于燃料电池流动问题和电化学机理的研究。下面将具体继续介绍这些数值方法在质子交换膜燃料电池部件内的应用。

## 4.2 流道内的模拟

### 4.2.1 流动现象概述

质子交换膜燃料电池流道内的流动现象较为复杂，物理问题可以概括为是受多作用力(表面张力、黏性力和剪切力等)以及多物性和工况参数(液滴尺寸、进气速度、壁面可湿性和粗糙度等)影响的多组分(空气、水)多相(液态水、水蒸气)流动问题。大量实验和宏观数值仿真研究已经证明，阴极多孔电极和流道内的水淹现象是限制质子交换膜燃料电池极限电流密度提高的重要因素。值得注意的是，在阴极液态水积聚严重时，由于浓度差导致的回流(阴极到阳极)会大大超过电渗拖拽的水量(阳极到阴极)，导致阳极也出现较多的液态水，而且当阴极液压大于阳极液压时，阴阳极压差会加剧回流的水量。氢气密度和黏度远小于空气，与阴极空气气流相比，阳极氢气气流施加在液态水的剪切力和黏性力要小得多，因此在正常的电池工况下，简单的氢气吹扫很难实现阳极流道的有效排水。鉴于阴极水淹现象的先发性及阴极排水情况改善对避免阳极出现水淹的重要性，本节对流道内气液流动现象的建模分析仍以阴极流道为背景。

阴极流道内液态水的来源主要有两方面：一是当局部水蒸气分压超过该位置温度对应的饱和蒸汽压时，水蒸气会在流道壁面凝结形成液态水；二是阴极催化层反应生成的液态水在毛细压力的作用下经微孔层和扩散层传输，会抵达并突破与流道对接的扩散层孔隙表面。液滴在扩散层表面上的形成、生长、脱离和迁移过程及流动形式，与流道结构、扩散层表面物性和流动工况参数密切相关。图 4.1 给出了流道中液滴运动的受力分析示意图，图中的 $u_c$ 表示完全发展的气流在流道中心线上的速度，$F_{\Delta p}$ 和 $F_{shear}$ 分别表示液滴迎风面和背风面的气压差以及气流剪切力(和黏性力相关)，$\sigma_{lg}$、$\sigma_{sg}$ 和 $\sigma_{sl}$ 分别表示液滴三相界面处气液、固气和固液间的表面张力。从力学分析上来说，流道内液态水的运动过程是气流作用力与液滴表面张力较量的结果。如果外部气流的剪切力不足以克服流道壁面和扩散层表面孔隙对液态水的阻力，形成的液滴便无法及时脱离孔隙的束缚。由于液态水的持续排出及液滴沿扩散层表面蠕动过程中可能出现的聚并现象，液滴体积可能会增加到与上壁面或侧壁面相连，形成柱状流动堵死部分或整个流道，导致大的流道压降，或者形成膜状流动覆盖住扩散层表面的孔隙，影响反应气体向催化层的有效传输。如果外部气流的作用力能够克服阻力，液滴增加到一定高度后会摆脱孔的束缚并沿底部壁面往出口方向移动，液滴的移动速度会影响整体的排水效果及反应气体的有效传输和均匀分配。

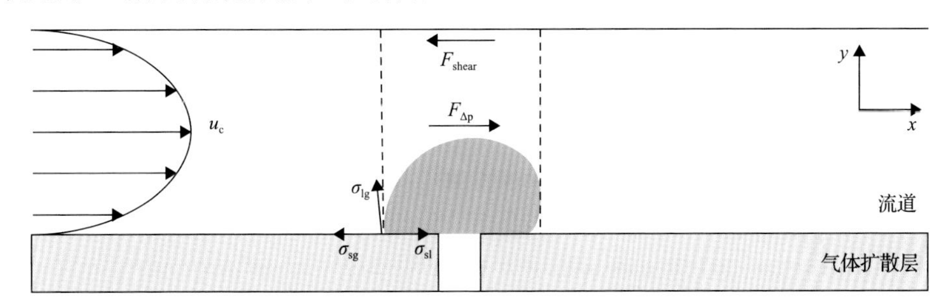


图 4.1　流道中液滴运动的受力分析示意图

对于小型电堆，大多数工况下，电池对气体的供给速度要求不会太高，因此流道内的主要流动形式为层流。但是需要注意的是，随着质子交换膜燃料电池极限电流密度的进一步提高(目前已超过 $3A\cdot cm^{-2}$)，再考虑到高功率电堆对于反应面积增长的需求，燃料电池系统要求气体反应物，尤其是空气的供给速度需要足够高，使流道内气体流速较大，并可能出现湍流[1]。此外，正如第 2 章所提到的，三维流场中脊结构的变窄会在扩散层与流场接触面形成微尺度表面流，导致挡板结构侧面形成涡旋和回流区，可能产生湍流扰动。相比于层流流动，湍流多尺度的不规则运动特点，容易造成液滴的不均匀撕裂，这进一步加剧了流道中多相流动模拟的复杂性。

之前大部分的数值研究主要关注的是结构设计、传输过程和电池性能之间的宏观联系，对真实的多相传热传质过程做了很多简化，比如流道内的液态水被简单地当作气态来分析(假设流道内的液态水能够被气流迅速带走或直接定义体积分数为 0)，或者假设液态水为雾状流动(气液同速)[2]。近年来，越来越多的研究人员开始运用实验和数值方法研究流道内真实的多相流动问题。总结而言，模拟流道内多相流动过程的难点主要在于捕捉或追踪流动过程中的多相界面，以及多相流体物理性质差异较大导致的计算不稳定性等。界面问题的重要性不仅体现在运动界面对整个流场中流体运动和物理参数求解的影响，而且界面形状和位置的变化，以及界面附近的流场特性本身也往往是人们最关注的地方。因此本节中流道内的数值模拟研究，将从三方面进行叙述：一是宏观数值方法如何耦合运动过程中界面表面张力的变化；二是格子玻尔兹曼(lattice Boltzmann，LB)方法应用到流道内的仿真时是否存在其他方面的问题以及如何解决；三是针对流道内可能产生的湍流流动，选取哪种方法建立模型。

### 4.2.2 宏观数值方法对运动界面的处理

宏观数值方法根据对流场中多组分/多相界面的不同处理方式可以大致分为两类：界面追踪方法和界面捕捉方法。界面追踪方法将流体界面视作可移动的内部边界，并解决了欧拉方程在界面处的间断初值问题，然后基于标准的高分辨格式对不同流体分别进行求解，通过网格的更新来追踪界面的发展变化。因为具有真实的物理特性，界面追踪方法可以很好地处理高密度比和高黏度比的流动问题，并准确地描述界面的变化，所以在多组分多相流动界面的数值仿真中有非常好的应用前景。但是由于需要显式追踪界面，界面追踪方法在高维流动问题中算法比较复杂且计算要求较高，目前这类方法的研究主要集中在如何获得精度较高的界面间断初值函数、多介质流动问题中的方法守恒性及混合网格内物理量和传输系数的计算等方面[3-5]。界面捕捉方法通过定义关于界面的标量函数，将其等值线或等值面视作流场中的流体界面，然后在流场计算中，基于流体速度场求解对流扩散方程或输运方程，实现界面标量函数的更新来隐式捕捉界面的变化。对于需要考虑表面张力的多介质流动问题，可以利用界面标量函数计算出表面张力项。一般来说，由于不需要更新网格，界面捕捉方法在存储和计算压力及应用的灵活性上都优于界面追踪方法，但是在同样的数值离散条件下，由于界面和流场控制方程没有耦合处理和存在数值耗散，会导致界面处出现非物理现象，所以获取的界面在准确性和分辨率上要差一些。

目前，应用最广的界面捕捉方法包括 Level-Set 方法和 VOF(volume of fluid)方法。Level-Set 方法由著名的应用数学家 Osher 于 1988 年提出[6]，最早用于计算物理中对相界面的捕捉，通过把界面定义为某个虚拟函数取某一特定值的集合，可以将描述界面的几何特性转换成追踪这一虚拟函数的变化。由于不需要对界面做特殊处理，Level-Set 方法非常容易处理界面处复杂的变形和拓扑结构变化，可以降低程序的复杂性，提高计算效率，在三维流动问题的应用上具有较大优势。此外，对于需要考虑表面张力的多组分多相流动问题，Level-Set 方法可以直接计算出界面处的曲率和法向方向来求得表面张力。但是一般来说，Level-Set 方法需要进行额外的重新初始化过程，以保证更新的虚拟函数为对应的界面距离函数，由于人为地重新初始化了界面距离函数，计算过程中会存在物理量的失衡及尖锐界面的抹去现象，无法保证宏观物理参数的守恒。

VOF 方法中体积分数函数的概念最早由 Noh 和 Woodward 于 1976 年提出[7]，1981 年 Hirt 和 Nichols 第一次正式将其发表[8]。VOF 方法的基本思想是通过计算网格单元内流体体积和网格体积比函数来追踪界面处质点的运动，并借助流体体积分数和速度场求解动量方程来描述界面的几何特性。但是由于体积函数只是给出了网格单元内流体体积的比值，而且流体物理性质(如密度和黏度等)在界面处的急剧变化会导致扩散效应和界面应力，所以最开始的 VOF 方法无法清晰地描绘出界面形状和位置。为了解决这个问题，研究人员发展了一系列界面重构的方法来提高界面的分辨率，其中分段线性界面计算(piecewise linear interface calculation，PLIC)型重构技术由于重构的界面分辨率高且计算误差较小，是现在应用较广的技术之一[9]，大部分的流体力学商业软件比如 Ansys Fluent、Flow-3D 和 Gerris 等的 VOF 模块搭配的均是 PLIC 技术。VOF 方法在研究相界面明显的流动问题中具有优势，对于计算存储要求较小，而且能够保证物理量的守恒。但是重构方法的引入进一步增加了计算复杂性和计算量，很难应用于大型的复杂流动问题。由于无法完全准确地给出界面信息，计算的界面曲率存在误差，传统的 VOF 方法也很难处理考虑存在表面张力变化(动态接触角变化)的流动问题。

目前解决 VOF 方法耦合表面张力变化的途径大致可以分为两种。一种途径是尝试将 VOF 和 Level-Set 方法结合，使耦合的界面捕捉方法集结两种方法的优点，其中心思想是利用 VOF 方法构造界面和给出距离函数，而界面处的曲率则由 Level-Set 方法计算得到。但是这种处理破坏了 Level-Set 方法界面的光滑连续性，导致计算出的距离函数存在一定的误差[10, 11]。此外，两种方法结合的处理目前仅应用于经典流动问题的模拟，对于更复杂的多组分多相流动问题还需要进一步研究。另外一种途径是发展动态接触角模型，考虑到静态接触角设定无法反映液滴运动前的滞后现象，模型引进动态接触角的概念来捕捉运动过程中界面的曲率和表面张力变化[12-14]。

在对各类动态接触角模型进行说明之前，先了解一下 VOF 方法在控制方程中是如何考虑表面张力项的。下面依次给出了 VOF 模型用到的质量和动量守恒方程(式(4-1)和式(4-2))及相连续性方程(式(4-3)和式(4-4))：

$$\frac{\partial \rho}{\partial t}+\nabla\cdot(\rho\boldsymbol{u})=0 \tag{4-1}$$

$$\frac{\partial(\rho \boldsymbol{u})}{\partial t}+\nabla\cdot(\rho \boldsymbol{u}\boldsymbol{u})-\nabla\cdot(\mu\nabla \boldsymbol{u})-(\nabla \boldsymbol{u})\cdot\nabla\mu=-\nabla P-\boldsymbol{g}\cdot\boldsymbol{x}\nabla\rho+\sigma\kappa\nabla\gamma \tag{4-2}$$

$$\frac{\partial\gamma_v}{\partial t}+\nabla\cdot(\gamma_v \boldsymbol{u})=0 \tag{4-3}$$

$$\frac{\partial\gamma_l}{\partial t}+\nabla\cdot(\gamma_l \boldsymbol{u})=0 \tag{4-4}$$

式(4-1)～式(4-4)中，$\rho$ 为组分的密度，$kg\cdot m^{-3}$；$\boldsymbol{u}$ 为速度矢量，$m\cdot s^{-1}$；$P$ 为静压，Pa；$\boldsymbol{x}$ 为空间位置矢量，m；$\mu$ 为动力黏度，$Pa\cdot s$；$\gamma$ 为相体积分数；$\boldsymbol{g}$ 为重力加速度，$m\cdot s^{-2}$；$\sigma$ 为表面张力系数，$J\cdot s^{-2}$；$\kappa$ 为自由界面的曲率，$m^{-1}$。

VOF 模型中，相界面的捕捉通过求解相连续性方程实现(式(4-3)或式(4-4))，下标 v 表示气相，下标 l 表示液相，$\gamma_v$ 和 $\gamma_l$ 分别表示气相和液相在网格单元内的体积分数。液相中，$\gamma_v$ 为 0，$\gamma_l$ 为 1，反之亦然。在气液相界面处，两者取值在 0～1 之间，满足 $\gamma_v+\gamma_l=1$。网格单元平均密度和动力黏度分别为：$\rho=\gamma_v\rho_v+\gamma_l\rho_l$，$\mu=\gamma_v\mu_v+\gamma_l\mu_l$。

可以看到，动量方程式(4-2)中，表面张力源项(等式右边最后一项)与表面张力系数和相界面的曲率相关联。表面张力系数受温度影响，一般在恒温工况中定为不变的常数，因此模型要准确地捕捉流动过程中的表面张力变化，需要能够实时更新相界面附近网格的曲率值。在流道内的多相流动过程中，壁面附近的相界面曲率由该点的法向量决定，而法向量的计算又和壁面接触角紧密关联，因此固体边界处壁面接触角的准确定义，是描述运动界面表面张力变化的关键。目前基于 VOF 方法的流道多相流研究中，对壁面接触角的处理方式大致可以分为两类：静态接触角模型和动态接触角模型，其法向量的计算分别如下所示：

$$\boldsymbol{n}=\boldsymbol{n}_w\cos\theta_s+\boldsymbol{t}_w\sin\theta_s \tag{4-5}$$

$$\boldsymbol{n}=\boldsymbol{n}_w\cos\theta_d+\boldsymbol{t}_w\sin\theta_d \tag{4-6}$$

式(4-5)和式(4-6)中，$\boldsymbol{n}_w$ 为壁面法向量；$\boldsymbol{t}_w$ 为切向量；$\theta_s$ 为壁面静态接触角，(°)；$\theta_d$ 为动态接触角，(°)。接下来我们对两种接触角的定义进行介绍，以加强对两类模型的理解。

接触角是指气/液界面和固体壁面所成的夹角，表征的是固体壁面被某种液体润湿的能力，数值大小由气液固三相在热力学平衡状态下的界面能量决定。如图 4.2 所示，当接触线静止不动且液滴无明显变形时，我们将此时的平衡接触角称作静态接触角 $\theta_s$，其数值满足 Young 方程：

$$\sigma_{lg}\cos\theta_s=\sigma_{sg}-\sigma_{sl} \tag{4-7}$$

式中，$\sigma_{lg}$ 为液—气界面的表面张力，N；$\sigma_{sg}$ 为固—气界面的表面张力，N；$\sigma_{sl}$ 为固—液界面的表面张力，N。

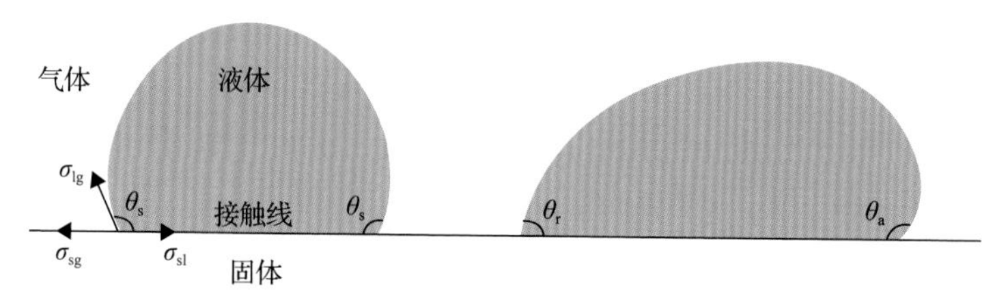


(a) 液滴静态接触角和动态接触角示意图

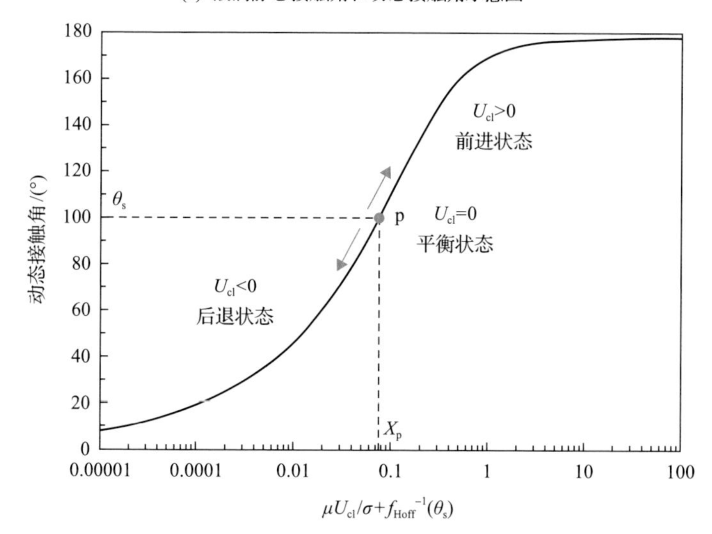


(b) Hoffman函数曲线：动态接触角和接触线速度关系

图 4.2　接触角示意图和 Hoffman 函数曲线[12]

事实上，由于外部气流力的作用，液滴在开始运动前存在一个静止的变形阶段，这个阶段液滴随着变形，曲率和表面张力均发生变化，接触线会有收缩或扩张的趋势，当外部气流作用力超过表面张力的束缚时，液滴才开始运动，这个过程称为接触角的迟滞现象。一般将液滴在迟滞阶段和运动过程中与壁面所成的最大和最小角度分别命名为前进角 $\theta_a$ 和后退角 $\theta_r$（图 4.2(a)），式(4-7)所描述的静态接触角数值介于两者之间。

在静态接触角模型中，壁面接触角被定义为常数，因此模型在整个流动过程中计算出的界面曲率和表面张力为常数，无法考虑液滴运动前的接触角迟滞现象及运动过程中的表面张力变化。这种处理只能保证液滴静止(液滴保持近似球状，曲率为常数)时模拟结果的精确性，而对于存在变形过程的运动液滴(曲率发生变化)，尤其是存在剧烈界面变形的湍流流动，模拟结果存在较大的误差。

为了考虑液滴变形和运动过程中的曲率变化，研究者们提出了动态接触角的概念，并根据可视化实验结果总结了不同的动态接触角经验方程[12-14]，在这些方程中，动态接触角 $\theta_d$ 被认为是与毛细数 Ca、静态接触角 $\theta_s$ 和材料特性参数 $k_i$ 相关，满足函数关系式 $\theta_d = f(\mathrm{Ca}, \theta_s, k_i)$。这里我们介绍两种应用较广的动态接触角方程，第一种是 1993 年由 Kistler[12]基于 Hoffman 实验数据[15]整理提出的 Hoffman 函数(也称作 Kistler's 定律)，第二种是开源软件 OpenFoam 耦合的动态接触角模型。Hoffmann 函数如下所示：

$$f_{\mathrm{Hoff}}(x) = \arccos\left\{1 - 2\tanh\left[5.16\left(\frac{x}{1 + 1.31x^{0.99}}\right)^{0.706}\right]\right\} \tag{4-8}$$

$$\theta_d = f_{\mathrm{Hoff}}\left[\mathrm{Ca} + f_{\mathrm{Hoff}}^{-1}(\theta_s)\right] \tag{4-9}$$

式中，毛细数 Ca 由接触线速度 $U_{\mathrm{cl}}$ $(\mathrm{m \cdot s^{-1}})$ 决定，满足 $\mathrm{Ca} = \frac{\mu U_{\mathrm{cl}}}{\sigma}$（$\mu$ 为液体动力黏度）。根据式(4-8)和式(4-9)，动态接触角和接触线速度满足图 4.2(b)所示的曲线。

假设接触线上的点 $p$ 为动态平衡点，即在此处满足接触线速度 $U_{\mathrm{cl}} = 0$，此时 $\mathrm{Ca} + f_{\mathrm{Hoff}}^{-1}(\theta_s) = f_{\mathrm{Hoff}}^{-1}(\theta_s)$，动态接触角 $\theta_d$ 等于静态接触角 $\theta_s$。在点 $p$ 右侧有 $U_{\mathrm{cl}} > 0$，此时 $\mathrm{Ca} + f_{\mathrm{Hoff}}^{-1}(\theta_s) > f_{\mathrm{Hoff}}^{-1}(\theta_s)$，动态接触角 $\theta_d$ 大于静态接触角 $\theta_s$，液体处于向前运动的势态。在点 $p$ 左侧有 $U_{\mathrm{cl}} < 0$，此时 $\mathrm{Ca} + f_{\mathrm{Hoff}}^{-1}(\theta_s) < f_{\mathrm{Hoff}}^{-1}(\theta_s)$，动态接触角 $\theta_d$ 小于静态接触角 $\theta_s$，液体处于向后收缩的势态。可以看到，Hoffman 函数能够很好地表征接触线速度对运动过程中动态接触角的影响，但是该方程存在的缺点是忽略了气体流速等其他因素对动态接触角的影响，而根据文献[16]中的实验结果，气体流速甚至接触线附近流场和几何的变化都会对接触角产生影响。

在另外一种动态接触角的处理中，OpenFoam 作为开源软件，内部耦合了处理接触角变化的库函数，其主要思想是将实验测得的具体工况下的前进角和后退角作为界限值，将动态接触角定义成值域在此区间并随着接触线速度变化的函数，函数关系式如下所示：

$$\theta_d = \theta_s + (\theta_a - \theta_r)\tanh\left(\frac{U_{\mathrm{cl}}}{U_{\mathrm{theta}}}\right) \tag{4-10}$$

式中，$\theta_s$ 为静态接触角，(°)；$\theta_a$ 为实验测定的前进角，(°)；$\theta_r$ 为实验测定的后退角，(°)；$U_{\mathrm{cl}}$ 为接触线速度，$\mathrm{m \cdot s^{-1}}$；$U_{\mathrm{theta}}$ 为可调的参考速度(用于实验验证)，$\mathrm{m \cdot s^{-1}}$。该方法可以通过调整参考速度来保证较好的精确性，但是一个比较明显的缺点是受文献中实验数据限制，在模拟时工况范围受限。

总的来说，相比于静态接触角模型，Hoffman 函数和 OpenFoam 耦合模型能够更好地还原接触角的迟滞现象和捕捉运动过程中的接触角变化，但是由于影响参数考虑不全面，两者在估计动态接触角时仍存在一定的误差。理想的动态接触角模型应能够反映气流速度，流场和流道几何结构变化对接触角的影响，这也是动态接触角模型进一步优化的方向。

### 4.2.3　格子玻尔兹曼方法在流道中的应用

上一节介绍了宏观数值模型处理运动过程中界面表面张力变化的方法，可以看出，目前的动态接触角方程在考虑影响参数的全面性和数值精度上仍有所欠缺。此外，传统的宏观连续模型虽然耗费了昂贵的计算资源，但也仅能够描述一些较大尺度的相界面问题，往往丢失了许多分散在整个流场的较小尺度的界面信息。由于流体的宏观动态行为是不同流体组分或相间微观作用的结果，如果能从更微观的角度建立小尺度的数学模型，得到更详细的流动信息，就能更合理地描述复杂流动下蕴含的微观机理。

具有微观粒子背景的 LB 方法便是基于这样的考虑发展起来，与宏观模型相比，它不需要追踪相界面，很适合处理多组分多相流动中的运动界面问题，并在处理复杂的结构边界和并行计算上具有显著的优势，因此逐渐被应用到流道和多孔介质内传输过程和微观电极动力学的研究[17]。LB 模型通过研究粒子密度分布函数的时空演化过程，消除了早期格子气流体模型存在的统计噪声和伽利略不变性等问题，随后在理论和应用等方面都迅速发展，包括针对多组分多相流问题的 Rothman-Keller 颜色模型[18]、Shan-Chen 伪势模型[19, 20]和 Swift 自由能模型[21, 22]，适合处理复杂结构边界的反弹和半反弹格式[23]，针对传热传质耦合问题的双分布函数模型[24]，以及增强数值稳定性的单松弛、双松弛和多松弛模型等[25]。

究竟选取何种多相 LB 模型来研究流道内的多相流动问题最为合适、目前模型需要解决的问题在哪里以及如何改进，是本节主要说明的内容，分为 3 个部分：LB 方法基本原理介绍、多相 LB 模型的概述、流道模拟存在的问题和改进措施。

#### 1. LB 方法基本原理

LB 方法直接从流动的物理过程出发，将流体和空间分别离散成一系列的流体粒子和规则格点，并规定流体粒子根据某些简单方式在格点上碰撞和迁移，宏观层面的密度和速度等统计参数通过对流体粒子的某些特性值取统计平均得到。这些特性值的获取是通过求解 LB 方程来描述具有离散速度的流体粒子分布函数在固定格子结构上的时空演化过程，目前单松弛时间和多松弛时间碰撞算子的 LB 模型应用最为广泛，其中单松弛时间的演化方程可以表示为

$$f_{\sigma,\alpha}(\boldsymbol{x}+\boldsymbol{e}_{\alpha}\Delta t,t+\Delta t)-f_{\sigma,\alpha}(\boldsymbol{x},t)=-\frac{1}{\tau_{\sigma}}(f_{\sigma,\alpha}(\boldsymbol{x},t)-f_{\sigma,\alpha}^{\mathrm{eq}}(\boldsymbol{x},t))+\boldsymbol{F}_{\sigma,\alpha}\quad(4\text{-}11)$$

式中，$f_{\sigma,\alpha}(\boldsymbol{x},t)$ 为密度分布函数；$\sigma$ 为组分；$\boldsymbol{x}$ 为空间坐标；$t$ 为时间；$\tau_\sigma$ 为无量纲离散时间；$\alpha$ 为速度方向；$\boldsymbol{F}_{\sigma,\alpha}$ 为 $\sigma$ 组分流体粒子的作用力项。

目前普遍使用的速度和格点离散规则是 Qian 等[26]提出的 D$m$Q$n$ 模型（$m$ 表示空间维数，$n$ 表示离散速度数），常用的包括 D1Q3、D1Q5、D2Q7、D2Q9、D3Q15、D3Q19 和 D3Q27 等，在 D$m$Q$n$ 模型中，平衡分布函数由下面方程给出：

$$f_{\sigma,\alpha}^{\text{eq}} = \omega_\alpha \rho_\sigma \left[ 1 + \frac{\boldsymbol{e}_\alpha \cdot \boldsymbol{u}_\sigma^{\text{eq}}}{c_{\text{s}}^2} + \frac{\boldsymbol{e}_\alpha \cdot \boldsymbol{u}_\sigma^{\text{eq}^2}}{2c_{\text{s}}^4} - \frac{\boldsymbol{u}_\sigma^{\text{eq}^2}}{2c_{\text{s}}^2} \right] \tag{4-12}$$

式中，$\boldsymbol{u}_\sigma^{\text{eq}}$ 为平衡速度；$\omega_\alpha$ 为权重系数；$c_{\text{s}}$ 为格子声速。$\omega_\alpha$ 和 $c_{\text{s}}$ 的数值取决于使用的格子结构，这里以 D2Q9 格子结构（图 4.3）作为代表说明。在 D2Q9 模型中，9 个方向的权重系数 $\omega_\alpha$ 分别为 $\omega_0 = 4/9$、$\omega_{1\text{-}4} = 1/9$ 和 $\omega_{5\text{-}8} = 1/36$，格子声速满足 $c_{\text{s}} = (\Delta x / \Delta t)/\sqrt{3}$，在无量纲 LB 模拟中，$\Delta x$ 与 $\Delta t$ 通常设置为 1，离散速度 $\boldsymbol{e}_\alpha$ 由下式给出：

$$\boldsymbol{e}_\alpha = \begin{cases} 0, & \alpha = 0 \\ \left( \cos\left[\dfrac{(\alpha-1)\pi}{2}\right], \sin\left[\dfrac{(\alpha-1)\pi}{2}\right] \right), & \alpha = 1,2,3,4 \\ \sqrt{2}\left( \cos\left[\dfrac{(\alpha-5)\pi}{2} + \dfrac{\pi}{4}\right], \sin\left[\dfrac{(\alpha-5)\pi}{2} + \dfrac{\pi}{4}\right] \right), & \alpha = 5,6,7,8 \end{cases} \tag{4-13}$$

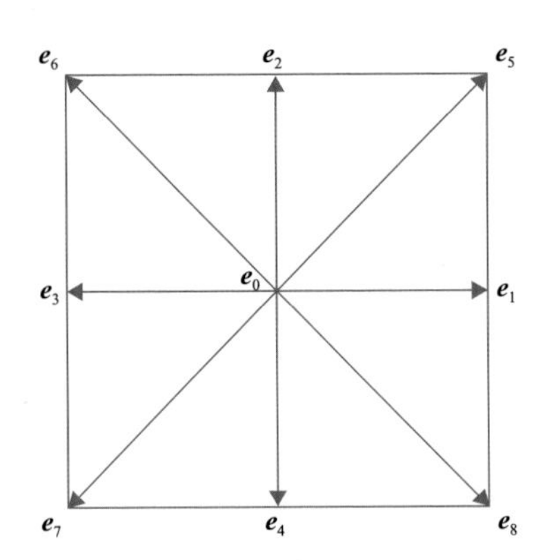


图 4.3 D2Q9 格子结构和速度矢量示意图

LB 模型的演变过程非常清晰，式(4-11)等号右侧为碰撞过程，左侧为迁移过程，碰撞-迁移过程一直重复，直到由离散分布函数和离散速度计算出的宏观物理量满足终止条件。如式(4-14)～式(4-16)所示，宏观流体密度和速度可以由密度分布函数和离散速度计算得到，格子运动黏度由松弛时间决定，这些格子参数和宏观量之间的联系是推导出正确的流动守恒方程的必要条件。

$$\rho_{\sigma}=\sum_{\alpha} f_{\sigma,\alpha} \tag{4-14}$$

$$\rho_{\sigma}\boldsymbol{u}_{\sigma}=\sum_{\alpha} f_{\sigma,\alpha}\boldsymbol{e}_{\alpha} \tag{4-15}$$

$$\upsilon_{\sigma}=c_{\mathrm{s}}^{2}(\tau_{\sigma}-0.5) \tag{4-16}$$

注意，LB 模型中，粒子所受作用力的耦合机制有多种，式(4-11)只是代表一种最常见的写法，在不同的力耦合机制中，作用力项 $\boldsymbol{F}_{\sigma,\alpha}$ 和平衡密度分布函数 $f_{\sigma,\alpha}^{\mathrm{eq}}(\boldsymbol{x},t)$ 中使用的平衡速度 $\boldsymbol{u}_{\sigma}^{\mathrm{eq}}$ 定义方式均有差别。在下面介绍多相 LB 模型时，会对不同的力耦合机制及它们的影响做出说明。

2. 多相 LB 模型的概述

正如前面已经说明的那样，模拟多相流动的关键在于模型能否正确地描述组分或相间复杂的相互作用过程，基于介观理论的 LB 方法以流体粒子为对象，为描述这些微观作用提供了天然的优势。根据相互作用描述方式的不同，LB 方法又可以细分为不同的多相流模型，包括早期的 Rothman-Keller 颜色梯度模型、Shan-Chen 伪势模型和 Swift 自由能模型等，其中 Shan-Chen 伪势模型由于具有算法简便、相自动分离等特点，是目前多相流问题中应用最广泛的 LB 模型[27]，本节主要对 Shan-Chen 伪势模型进行介绍，其他多相流模型的基本思想和特点，以及关于它们的推导、改进和更复杂的应用，读者可以查阅相关文献。

Shan-Chen 模型是通过定义伪势(又叫有效质量函数)来反映相同组分/相或不同组分/相粒子间的相互作用力，根据考虑组分和相的数量不同，又可以细分为单组分单相模型、单组分多相模型、多组分单相模型和多组分多相模型。由于流道内的流动现象涉及多组分(空气和水)和多相(液态水和气态水)，流道模拟应当选取多组分多相模型，其流体间作用力及流体和固体间作用力的计算可以表示为

$$\begin{aligned}\boldsymbol{F}_{\sigma,\mathrm{int}}(\boldsymbol{x})=&-G_{\sigma\sigma}\psi_{\sigma}(\boldsymbol{x})c_{\mathrm{s}}^{2}\sum_{\alpha=0}^{N-1}w(|\boldsymbol{e}_{\alpha}|^{2})\psi_{\sigma}(\boldsymbol{x}+\boldsymbol{e}_{\alpha})\boldsymbol{e}_{\alpha}\\&-G_{\sigma\bar{\sigma}}\psi_{\sigma}(\boldsymbol{x})c_{\mathrm{s}}^{2}\sum_{\alpha=0}^{N-1}w(|\boldsymbol{e}_{\alpha}|^{2})\psi_{\bar{\sigma}}(\boldsymbol{x}+\boldsymbol{e}_{\alpha})\boldsymbol{e}_{\alpha}\end{aligned} \tag{4-17}$$

$$\boldsymbol{F}_{\sigma,\mathrm{ads}}(\boldsymbol{x})=-G_{\sigma\mathrm{w}}\psi_{\sigma}(\boldsymbol{x})c_{\mathrm{s}}^{2}\sum_{\alpha=0}^{N-1}w(|\boldsymbol{e}_{\alpha}|^{2})\psi_{\sigma}(\rho_{\sigma}^{\mathrm{w}})s(\boldsymbol{x}+\boldsymbol{e}_{\alpha})\boldsymbol{e}_{\alpha} \tag{4-18}$$

式中，下标$\sigma$和$\bar{\sigma}$分别为不同的流体组分；$G$为作用力强度参数；$w(|\boldsymbol{e}_\alpha|^2)$为粒子运动方向的权重系数。对于 D2Q9 模型，权重系数$w(|\boldsymbol{e}_\alpha|^2)$分别取$w(1)=1/3$和$w(2)=1/12$；$\psi$为定义的伪势，原始 Shan-Chen 模型中一般直接定义伪势等于组分密度或为密度的指数形式。

对于流道和多孔电极内的空气-水两相流问题，空气一般被当作理想气体，因此空气组分内部的相互作用力可以忽略(作用力强度参数$G_{22}$取值为 0)。当其他作用力强度参数($G_{11}$取负值表示水组分内部的引力，$G_{12}$取正值表示水和空气组分间的斥力)绝对值大于临界值时，可以实现不同组分或相的自动分离，无须耗费额外的计算资源来追踪和捕捉界面，因此特别适合模拟流道和多孔电极内气液界面形状和位置变化较大的液态水运动过程。壁面可湿性的实现类似于流体间作用力，赋予壁面一个虚假的流体密度(假设与靠近壁面的那层流体网格密度相等，表示不可渗透边界)，通过判断函数$s$(固体网格值为 1，流体网格值为 0)区分格点类型，然后调节流固强度参数即可实现壁面接触角的调节。

选取合适的方式纳入相互作用力的影响对 Shan-Chen 模型的数值稳定性和精度影响甚大，最常用的力耦合机制包括速度滑移(velocity shifting)机制、Guo 机制和 EDM(exact difference method)机制，其对应的表达形式分别如下：

$$\boldsymbol{u}_\sigma^{\text{eq}}=\boldsymbol{u}_\sigma+\frac{\tau_\sigma \boldsymbol{F}_{\text{SC}(\sigma)}}{\rho_\sigma} \tag{4-19}$$

$$\boldsymbol{F}_{\sigma,\alpha}=\omega_\alpha\left(1-\frac{1}{2\tau_\sigma}\right)\left[\frac{\boldsymbol{F}_{\text{SC}(\sigma)}\cdot\boldsymbol{e}_\alpha}{c_{\text{s}}^2}+\frac{(\boldsymbol{u}_\sigma^{\text{eq}}\boldsymbol{F}_{\text{SC}(\sigma)}+\boldsymbol{F}_{\text{SC}(\sigma)}\boldsymbol{u}_\sigma^{\text{eq}}):(\boldsymbol{e}_\alpha\boldsymbol{e}_\alpha-c_{\text{s}}^2\boldsymbol{I})}{2c_{\text{s}}^4}\right] \tag{4-20}$$

$$\boldsymbol{F}_{\sigma,\alpha}=f_\sigma^{\text{eq}}\left(\rho_\sigma,\boldsymbol{u}_\sigma^{\text{eq}}+\boldsymbol{F}_{\text{SC}(\sigma)}/\rho_\sigma\right)-f_\sigma^{\text{eq}}\left(\rho_\sigma,\boldsymbol{u}_\sigma^{\text{eq}}\right) \tag{4-21}$$

式(4-19)～式(4-21)中，$\boldsymbol{F}_{\text{SC}(\sigma)}$为组分粒子受到的总作用力(流体间作用力、流体和固体间作用力及其他外力之和)。

原始 Shan-Chen 模型中作用力的耦合是通过速度滑移机制修改平衡分布函数中的平衡速度实现，因此演化式(4-11)中的$\boldsymbol{F}_{\sigma,\alpha}$定义为 0。而 Guo 机制和 EDM 机制均通过直接在演化方程中定义作用力项$\boldsymbol{F}_{\sigma,\alpha}$(式(4-20)和式(4-21))来考虑相互作用力的影响，平衡速度则不作变化，仍采用式(4-15)计算出的组分速度。有研究[28]比较过 3 种机制对于模型界面虚假速度、稳定温度范围、热力学一致性和可实现最大密度比的影响，结果表明：

(1) Guo 机制的模型稳定性最差，可实现的稳定温度范围最窄，而速度滑移机制和 EDM 机制在松弛时间为 1 时稳定性一致，松弛时间小于 1 时，EDM 机制的稳定性更好，松弛时间大于 1 时则情况相反。

(2) 使用 Guo 机制的模型热力学一致性最好，而其余两种机制则存在着一定的误差，且温度越低误差越大。

(3) 速度滑移机制会导致密度分布和表面张力对组分黏度(松弛时间)产生依赖，即组分黏度(松弛时间)的调整会导致前两者的变化，而采用 EDM 机制和 Guo 机制的模型不存在这种关联性。

3 种机制各有优劣，不过在模拟流道内真实多相流动方面均存在各自的不足，因此需要对力耦合机制做进一步的改进，这部分内容我们在下面会继续介绍。

### 3. 流道模拟需要解决的问题

因为计算高效简便，上述单组分或多组分 Shan-Chen 伪势模型已经被广泛用于模拟多相流问题。但是同样值得注意的是，原始 Shan-Chen 模型存在着许多缺陷，比如相界面附近较大的虚假速度、热力学不一致性、只能实现比较低的密度比和黏度比、表面张力和黏度比无法独立于密度比进行调节等[27]。因为孔隙尺度内的流动主要受表面张力支配(这一部分将在后面多孔介质的部分详细说明)，这些缺陷在模拟多孔电极内部的多相流动时通常被研究人员忽略，但是与扩散层、微孔层和催化层这些流动区域很窄的多孔介质相比，由于物理尺寸的变化，流道中的毛细数要大得多，此时流道中的气液两相流动不再受表面张力的单独支配，所以不能够忽略密度比和黏度比的影响，表面张力也需要能够自由调节至相应温度下的真实值。

这些模型的缺陷主要来自水组分状态方程不够真实或是受力的计算方法过于简单，导致流动特性参数和模型稳定性相互关联，难以同时实现目标特性。基于这些不足，研究人员探究了背后的原因并在水组分的处理方面做了许多改进，包括以下几方面。

(1) 发现提升液态水-空气间密度比的首要步骤是提升水组分即液态水和气态水间的密度比，因此需要采用更真实的相界面状态方程，合理地调整方程参数，实现更好的模型数值稳定性和拓宽可模拟的温度工况范围[28-30]。

(2) 发现速度滑移机制和 EDM 机制在推导宏观守恒方程时，存在与当地密度和松弛时间相关的附加项，正是这些附加项导致模型热力学一致性较差，而原始的 Guo 机制尽管推导出的方程不含附加项，但是模型数值稳定性很差，无法实现低温工况和高的液-气密度比。在修正的 Guo 机制中[31]，研究人员通过修正平衡速度消除了推导宏观方程时产生的附加项，结果表明，通过调节引入的参数可以实现机械稳定工况和热力学理论的一致性。在另外的研究中[27, 32]，水组分在进行受力计算时引入了伪势的双梯度，发现适当地调节两种梯度的配比参数也可以达到改善热力学一致性的效果。

(3) 原始 Shan-Chen 模型中，作用力项的耦合方式使用的是速度滑移机制，松弛时间的调整会引起速度和密度分布的变化，因此无法独立地调节黏度比值。当作用力耦合方式替换为(2)中修正的 Guo 机制后，推导出的宏观方程中包含的附加项不受松弛时间影响，此时如果保持气态(包括水蒸气和空气)的松弛时间不变，而只调节液态水的松弛时间，就可以实现调节气液黏度比的同时不会影响组分的密度分布。

(4)表面张力是流动问题中需要重点关注的一个物理性质，不同组分或相界面的形成与表面张力相关，而表面张力的数值大小由界面处法向压力张量分量和切向压力张量分量的差值决定。要想实现表面张力的独立调节，需满足切向压力张量分量在不影响法向压力张量分量的条件下能够自由调节。但是通过计算发现，原始的 Shan-Chen 模型和以上的修正模型切向压力张量分量均无法独立变化，导致表面张力项与密度比有很强的关联性。为了解决这一问题，研究人员对水组分的作用力项做了进一步的修正，通过修改作用力项的二阶动量，推导出的压力张量方程会引入与表面张力调节参数相关的两数学项，而这两项在调节参数取任何值时都能够相互抵消，因此可以保证表面张力项的调节不会影响法向压力张量分量的数值，从而保证密度比不会改变[33-35]。

需要说明的是，上面提到的几乎所有研究都局限于单组分工况或静态工况，并没有实际应用到流道内真实的流动工况。此外目前模拟流道内液滴运动的 LB 模型，通常将进出口多相边界设置为周期边界，并让液滴在给定的体积力下运动，这样的设置能够消除液滴运动到出口边界附近由于相界面虚假速度导致的模型发散问题，但是对于压差驱动或进口固定速度供给气体的流道，这样的设置并不合理，因此目前文献中大部分针对流道的 LB 模拟结果准确性存疑。在最近的 LB 文献中[36, 37]，研究人员基于上述模型进行了提升，同时解决了模型在模拟真实多相流动时存在的缺陷，并应用于流道内的多组分工况。他们的实验验证结果表明模型能够准确地预测液态水从孔内钻出、生长、脱离和沿壁面运动的过程，并且在特定时刻的形状(高度、接触线长度和动态接触角等)都和实验结果达到了较好的一致性。但是需要注意的是，该模型对多相边界的处理仍采取的是折中的方法，即进出口分别采用速度和压力边界，但是将流道计算域取足够长，使进出口远离中心流动区域，保证流动尽可能地不受边界影响。有希望解决多相边界问题的方法是采用开放式边界或虚拟流体格点法(在边界周围加一层或数层虚拟格点)，该方法在低密度比的多组分流动工况中已成功实现液滴以自然形状顺利排出[38]，但是在质子交换膜燃料电池流道内真实流动工况中，相界面处密度的急剧变化会造成该方法的失效，因此仍需要进一步研究。

### 4.2.4 流道内的湍流流动模拟

在介绍如何进行流道内湍流现象的模拟之前，本节先对湍流的流动特点和相关的数值方法进行简单的回顾。湍流是多尺度的不规则流体运动，对于空间和时间分辨率要求很高，因此传统的两相湍流模型(如 $k-\varepsilon$ 模型和大涡模拟(large eddy simulation，LES)方法)很难捕捉所有尺度的流动信息，而直接数值模拟(direct numerical simulation，DNS)方法的发展背景正是为了解决传统湍流模型存在的可靠性和适用性问题。DNS 方法基于时空高阶精度格式，通过直接求解流体运动的 NS 方程，可以获得流动的全部信息，包括任意时刻任意空间位置的流动变量(密度、速度、压力和温度等)。直接求解 NS 方程的好处在于：①无须从平均运动方程出发，可以保留脉动运动在内的所有流动信息；②NS 方程本身就是封闭的，因此不需要引入任何湍流模型和依赖任何模型参数，具有健全的理论基础，是目前唯一能获得真实湍流流场信息的方法。

为了获取湍流中各种尺度的涡信息，DNS 方法使用的计算域需要满足两个条件：一是计算网格单元的分辨率 $\Delta x$ 应该足以捕捉最小尺度的涡，即 Kolmogorov 提出的耗散尺度 $\eta=(\nu^3/\varepsilon)^{1/4}$，$\nu$ 为运动黏度，$\varepsilon$ 为速度动能耗散；二是计算域的尺寸(假设某个方向的格点数为 $N$，则该方向长度为 $N\Delta x$)应该足以覆盖最大尺寸的涡，即积分尺度 $L$。这两个条件用数学语言可以表述为：$\Delta x\leqslant\eta, N\Delta x\geqslant L$，其中速度动能耗散 $\varepsilon\approx u_{\mathrm{p}}^3/L$，$u_{\mathrm{p}}$ 为脉动速度的均方根。这样可以计算出三维的 DNS 模型网格数需要满足 $N^3\geqslant(u_{\mathrm{p}}L/\nu)^{9/4}=Re_{\mathrm{p}}^{9/4}$，注意这里的 $Re_{\mathrm{p}}$ 指的是脉动雷诺数，而通常的流动雷诺数 $Re=u_{\mathrm{f}}H/\nu$ 中使用的是平均特征速度 $u_{\mathrm{f}}$，脉动速度大小与方向和扰动幅度等因素有关，一般为平均速度的百分之几。以流动雷诺数 $Re$=40000(假设对应的脉动雷诺数 $Re_{\mathrm{p}}$ 为 2000)的流动为例，为了满足上述两个条件，所需要的最低网格数接近 27000000，这无疑对计算机内存和计算机时耗费提出了极高的要求。因此 DNS 方法目前还难以预测高雷诺数的复杂湍流运动，只能计算雷诺数较低的简单湍流运动，比如圆管或槽道中的湍流。幸运的是，质子交换膜燃料电池流道内的湍流流动雷诺数不会太高(最高一般在几千左右)，因此在可接受的计算机时耗费内，能够使用 DNS 方法来研究流道内的两相湍流流动问题。

流道中的湍流流动属于典型的壁湍流，而在壁湍流中通常使用壁面摩擦速度($u_\tau=\sqrt{\tau_{\mathrm{w}}/\rho}$)定义速度尺度，$\tau_{\mathrm{w}}$ 为壁面切应力，$\rho$ 为流体密度，因此壁湍流中也以壁面摩擦速度为特征速度来定义壁面摩擦雷诺数 $Re_\tau=u_\tau H/\nu$，$H$ 为流道宽度。壁面摩擦雷诺数和流动雷诺数的关系满足 $Re_\tau/Re=u_\tau/u_{\mathrm{f}}$。由于气流由流动方向的定常压力梯度 $\left(\dfrac{\mathrm{d}p}{\mathrm{d}x}\right)$ 驱动，故壁面摩擦速度的平均值满足

$$u_\tau^2=-\frac{1}{4}H\frac{\mathrm{d}p}{\mathrm{d}x} \tag{4-22}$$

对于完全发展的单相不可压湍流，DNS 模型主要的控制方程包括连续性方程和 NS 方程：

$$\nabla \cdot \boldsymbol{u} = 0 \tag{4-23}$$

$$\frac{\partial \boldsymbol{u}}{\partial t} + \nabla \cdot (\boldsymbol{u}\boldsymbol{u}) = -\nabla P + \nu \nabla^2 \boldsymbol{u} + \boldsymbol{F}_{\mathrm{i}} \tag{4-24}$$

式中，$P$ 为脉动压力，$m^2 \cdot s^{-2}$；$\nu$ 为运动黏度，$m^2 \cdot s^{-1}$；$\boldsymbol{F}_{\mathrm{i}}$ 为压力梯度场的名义值，$m \cdot s^{-2}$。沿流动方向设为定常压力梯度，用于驱使流体运动。

对于完全发展的两相不可压湍流，相应的连续性方程和动量方程变为

$$\frac{\partial \gamma}{\partial t} + \nabla \cdot (\boldsymbol{u}\gamma) + \nabla \cdot [\boldsymbol{u}_{\gamma}\gamma(1-\gamma)] = 0 \tag{4-25}$$

$$\frac{\partial (\rho \boldsymbol{u})}{\partial t} + \nabla \cdot (\rho \boldsymbol{u}\boldsymbol{u}) - \nabla \cdot (\mu \nabla \boldsymbol{u}) - (\nabla \boldsymbol{u}) \cdot \nabla \mu = -\nabla P_{\mathrm{d}} - \boldsymbol{g} \cdot \boldsymbol{x} \nabla \rho + \sigma \kappa \nabla \gamma \tag{4-26}$$

式(4-25)和式(4-26)中，$\boldsymbol{u}_{\gamma}=\boldsymbol{u}_{\mathrm{l}} - \boldsymbol{u}_{\mathrm{g}}$ 为相对速度矢量，$m \cdot s^{-1}$；下标 l 和 g 分别表示液态水和空气；$P_{\mathrm{d}}$ 定义为 $P_{\mathrm{d}} = P - \rho \boldsymbol{g} \cdot \boldsymbol{x}$，Pa；$\boldsymbol{x}$ 为空间位置矢量，m；$\mu$ 为动力黏度，$Pa \cdot s$；$\gamma$ 为相体积分数；$\boldsymbol{g}$ 为重力加速度，$m \cdot s^{-2}$；$\sigma$ 为表面张力系数，$J \cdot s^{-2}$；$\kappa$ 为自由界面的曲率，$m^{-1}$。两相湍流模型中，相界面的捕捉仍可通过搭配 PLIC 重构技术的 VOF 方法实现。

对于具有较大反应面积的大尺寸质子交换膜燃料电池，采用光学可视化和中子成像实验能够观测到流道下游积聚有相当数量的液态水。因此流道内的湍流流动可以总结为单个/多个液滴在湍流流场中变形、破碎和运动的过程，但是在早期的管道内两相湍流流动研究中，DNS 模拟主要关注的是气泡流动，而气流作用下的液滴运动则很少涉及。针对流道中普遍存在的液滴运动问题，两相湍流流动模拟的难点之一是边界条件的设置，也就是如何将充分发展的湍流流场赋给入口边界。在近几年基于 DNS 方法建立的流道两相湍流模型中[39, 40]，研究人员在开始两相湍流的模拟之前，先进行流道内的单相湍流模拟，得到充分发展的速度流场作为两相湍流模拟的入口速度边界。而对于单相湍流模拟，初始湍流流场可由各向同性的湍流流场演化得到。该研究探究了不同流道结构参数和工况下湍流流场对于液态水传输过程的影响，结果表明，流道内液态水运动特征在湍流流场和层流流场中有很大区别，湍流流场中存在液滴破碎的现象，而液滴破碎的必要条件包括两方面：湍流流场和足够大的尺寸。此外，液滴的初始位置也是影响破碎的重要因素，靠近流道中心位置更加容易破碎。

# 4.3 多孔介质内的模拟

## 4.3.1 多孔介质内物理问题概述

在第 2 章我们对多孔电极的构成和内部的水-热-电-气传输过程有了整体上的认识，其物理问题可以概括为这样的一幅图景：以图 4.4 所示的阴极为例，在催化层由碳载体、电解质和铂粉颗粒构成的三相界面处，经由质子交换膜传递过来的质子，固体骨架(流道极板、扩散层、微孔层和催化层固体部分构成的电子通道)传递过来的电子和孔隙区域传输到活化区域的氧气，在这里反应生成水和产生热量，膜吸收部分液态水形成膜态水，并在浓差和压差梯度及电渗拖拽的作用下跨膜传输，而多余的液态水通过多孔介质孔隙区域流向流道，在空气气流的作用下排出。部分生成的热量可用于低温质子交换膜燃料电池的自加热效应，剩余热量的平衡可以利用冷却流道、流动的反应物和生成物、周围空气的流动及电池壁面的散热等实现。

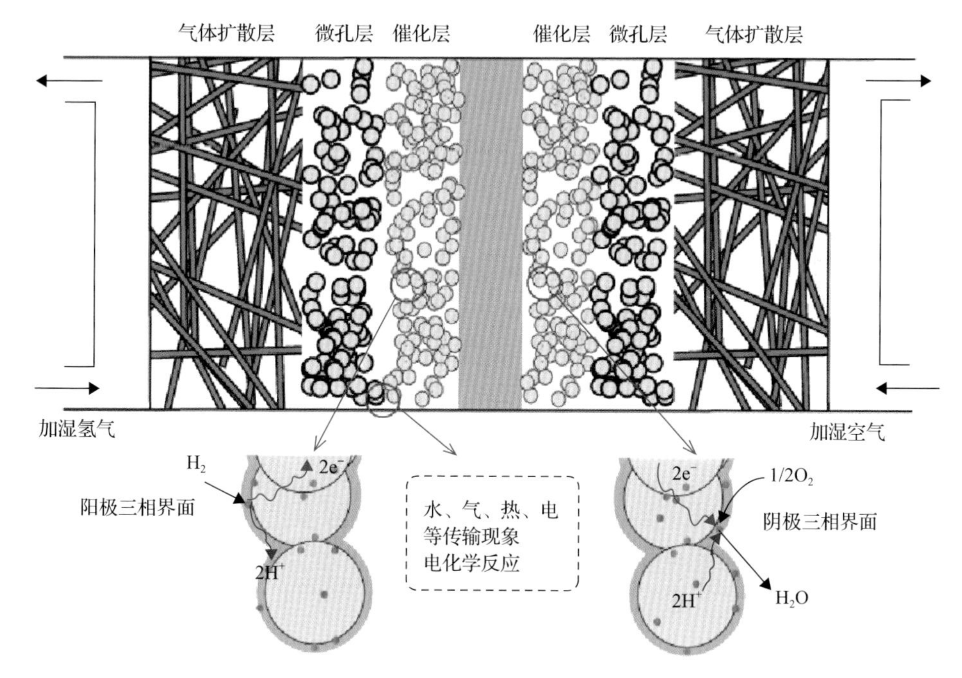


图 4.4 质子交换膜燃料电池多孔介质部件结构示意图

当然，上述的描述是基于理想的水热平衡，事实上存在很多水热失衡的情况，比如液态水的排出不及时会堵塞多孔电极和流道，导致反应气体的传输困难，热量的过度累积会使电池温度过高导致部件和电池寿命下降甚至烧毁。这些问题正是目前水热管理工作的复杂性所在，而理解多孔电极内部的传热传质机理和电极动力学有助于揭示电池宏观设计、微观结构、传输过程和电池性能之间的耦合影响规律。

成熟的宏观数值模型可以从整体上模拟电池内的传热传质过程和电化学动力学现象，但是对于微观结构的影响(比如催化层中电解质、铂粉和碳颗粒的配比和具体分布、微孔层和扩散层中的孔隙分布和连通性等等)却束手无策，具体体现在以下 3 方面。

(1) 目前大多数宏观数值模型将多孔介质简化为各向同性的材料，单纯地用孔隙率、有效扩散系数、渗透率和热导率等参数来表征扩散层、微孔层和催化层的微观结构和流动物性，再引入宏观守恒方程(连续性方程、动量方程和能量方程等)和电化学方程进行联立求解得到宏观上的物理量分布(密度、浓度、速度、温度和电势等)。但是均匀材料的假设无法体现多孔介质千差万别的微观结构和几何参数，因此也就无法探知孔隙尺度的传热传质规律和电化学现象。

(2) 宏观数值模型通常使用一些经验公式或参数来表征多孔介质的结构参数和流动参数之间的关系，比如水的气液相变规律及毛细压力与液态水体积分数的关系等，一方面这些经验公式或参考数值的确定存在局限性，例如无法准确地反映多孔介质微观结构影响，另一方面受实验环境/实验方法制约和材料因素等的制约，这些经验公式或参考数值的获取通常成本很高、耗时长，且经验公式或参数值的应用覆盖面相对较窄。因此使用这些经验公式和参数进行模拟，计算结果在准确性和适用性上无法令人满意。

(3) 多孔介质内部存在的温度、压力、浓度和电势梯度，会引起相关的自然对流和扩散过程及它们之间复杂的耦合效应。此外，孔隙尺度下的微尺度效应和滑移效应使微孔内的传热传质特征与宏观尺度下有很大区别，因此传统的宏观数值模型难以反映电池内部真实的传输和电化学机理。

只有基于真实的多孔介质微观结构进行模拟，才能获得准确的传热传质机理。由于扩散层、微孔层和催化层具有不同尺度的微观结构，选取合适的数值方法来建立部件模型就变得十分重要。本节将从 3 个方面介绍多孔介质方面的模拟工作，包括多孔介质真实微观结构的重构、宏观方法在多孔介质方面的模拟应用及介观孔隙尺度模型的优势和应用。

### 4.3.2 多孔介质微观结构重构

目前多孔介质的微观结构重建方法主要可以分为两种：X-CT (X-ray computed tomography) 图像处理技术和基于随机方法的多孔介质重建模型。X-CT 图像处理技术通过 X 射线断层成像技术获得多孔介质的切面结构图像，然后将适当裁剪的切面图像导入图像处理软件，可以获得反映真实多孔介质结构的二维图像。一般来说，图像处理主要包括二值化(凸显固体骨架结构)、去噪(去除图像数字化和传输过程中受到成像设备与外部环境等噪声影响形成的图像干扰)、滤波(将信号中特定波段频率过滤，抑制和防止测量误差和其他随机干扰)和锐化(补偿图像细节，增强图像边缘的对比度，使图像变得清晰)等步骤，处理后的图像可以提取出孔隙和骨架分布等信息。基于一系列处理后的二维切片图像，可以实现多孔介质的三维重建。通过程序语言将处理好的图片转换为计算需要的数据文件或网格，比如在 LB 模型计算中用来区分流体区域和固体区域的数字矩阵文件，由此得到的计算域能够反映多孔介质的真实信息，从而保证多孔介质内部流动模拟的有效性。使用 X-CT 技术重建的多孔介质基于实际材料，具有能够完全真实地反映研究对象微观结构的特点，特别适合用来模拟某特定多孔介质内的流动现象或测定有效传输物性参数的研究。然而由于 X-CT 技术使用的材料的唯一性，而换一种材料又往往导致诸多结构微观特征和统计参数的变化，所以如果研究目的在于探究多孔介质某单一结构参数变化的影响，寻求进一步指导多孔介质微观结构的设计，X-CT 技术并不是最理想的选择。

基于随机方法的多孔介质重建模型完全基于程序语言或造型软件重建多孔介质，所有结构参数均灵活可控，能够避免 X-CT 技术无法独立改变某一结构参数的缺点，再加上成本较低，因此在模拟多孔介质内部传输过程的研究中也被广泛采用。其中心思想是预设多孔介质的目标统计参数(比如孔隙率、厚度、扩散层中的 PTFE 含量、催化层中的铂载量和电解质含量等)，利用材料的已知性质(比如扩散层中碳纤维的直径、微孔层和催化层中的碳颗粒直径等)，基于随机算法合理地生成目标多孔介质。基于随机方法的重建模型可以方便地调节模型参数来改变多孔介质的整体或局部结构，有针对性地生成在某一结构参数或特性上存在差异的多孔介质用于研究。但是由于多孔介质内部孔隙和骨架的随机分布和杂乱性，该方法很难实现现实中某一多孔介质的完全真实重建。

两种方法各有所长，在选取重建方法时应该具体问题具体分析，秉持的基本原则是对于探究微观结构参数影响的研究，可以使用基于随机方法重建的多孔介质，而如果要对该模型进行实验验证(即已有基于某一多孔介质结构的实验数据)或是单纯地只探究某一真实多孔介质内的流动问题，可以使用基于 X-CT 技术重建的多孔介质。下面以具体的例子来讨论基于随机方法的重建思路。

1. 气体扩散层重建

扩散层是由一定数量的碳纤维构成单层再由多个单层叠加并压缩形成的多孔材料，压缩的目的是增强扩散层强度、导电率和导热率。碳纤维之间通过添加一定量的黏结剂黏合，黏结剂材料一般为热固性树脂，两者在热处理步骤中均会被碳化/石墨化。此外，扩散层通常置于一定质量分数的 PTFE 溶液做疏水处理，实现更疏水的表面物性(接触角约 100°～150°)。扩散层厚度约 150～400μm，碳纤维直径一般在 7μm 左右。扩散层内部的孔隙分为微观孔和宏观孔两种类型：微观孔包括黏结剂和 PTFE 内部形成的孔隙，宏观孔主要为扩散层碳纤维交错形成的孔。微观孔直径一般小于 0.5μm，液态水很难进入，因此主要作为气体传输的路径，而宏观孔直径在几十到上百微米区间变化，主要用于液态水的传输。

碳纸型和碳布型扩散层的区别在于单层内的碳纤维是随机分布还是经过有序的编排，本节以碳纸型扩散层为例进行重建(规则结构的碳布型扩散层的重建工作更加简单)，重建扩散层的思路为：利用指定直径的碳纤维在同一平面区间随机组合形成单层，然后叠加一系列碳纤维层得到目标结构参数的扩散层，在重建时，可以根据具体的需要选择性地做一些合理的简化，比如目前常见的简化措施包括：假设碳纤维为长直圆柱体，在同一平面内组合形成单层，沿厚度方向穿插的碳纤维不予考虑；假设碳纤维的直径相同且为常数；假设碳纤维之间允许相互穿透；忽略压缩过程和外部预紧力造成的纤维形变；忽略黏结剂和 PTFE 等。需要注意的是，不同多相流模型对于几何结构的文件格式各有要求，比如 VOF 方法通过划分的网格区分固体和流体区域，而 LB 方法则通过数字矩阵判定，因此，两者在重建时采用的方法或软件会有所差别，不过总体来讲，两者的重建思路是相似的，下面分别介绍碳纤维结构和 PTFE 的生成过程。

图 4.5 给出了基于随机方法生成纤维结构的流程图和分步示意图，该随机重建过程的程序可以借助成熟的数学软件编写，也可以使用更基础的程序语言比如 C 语言。作为练习，本章最后会附上用 C 语言编写的碳纤维结构重建程序，感兴趣的读者可以试着编译和修改以加深理解。纤维结构生成的第一步是在给定面积的平面内生成随机点组(每组包含两个随机点)再相连生成直线，用来表示碳纤维的中心线；第二步是将第一步中的纤维中心线三维膨胀成圆柱体，形成单根碳纤维，圆柱体的直径为预设的碳纤维直径，处理方法是判断中心线周围的孔隙格点到中心线的距离是否小于碳纤维半径，若是则该格点转变为纤维格点，否则仍保持为孔隙格点；第三步工作是重复第一步和第二步的工作，生成若干数量的碳纤维直到该层的孔隙率满足要求；第四步工作是重复第一步、第二步和第三步的工作，生成目标数量的碳纤维层再叠加得到目标厚度的纤维结构。基于程序可以方便地控制扩散层微观结构的局部或整体变化，比如纤维结构的厚度、各层的孔隙率和孔隙尺寸等，将重建的不同结构的数字矩阵或网格导出，可以用于后面扩散层微观结构变化对传输机理影响的研究。数字矩阵的规模或网格数量与网格分辨率有关，网格分辨率越高，则重建的碳纤维形貌越真实，但相应地计算量也就越大。

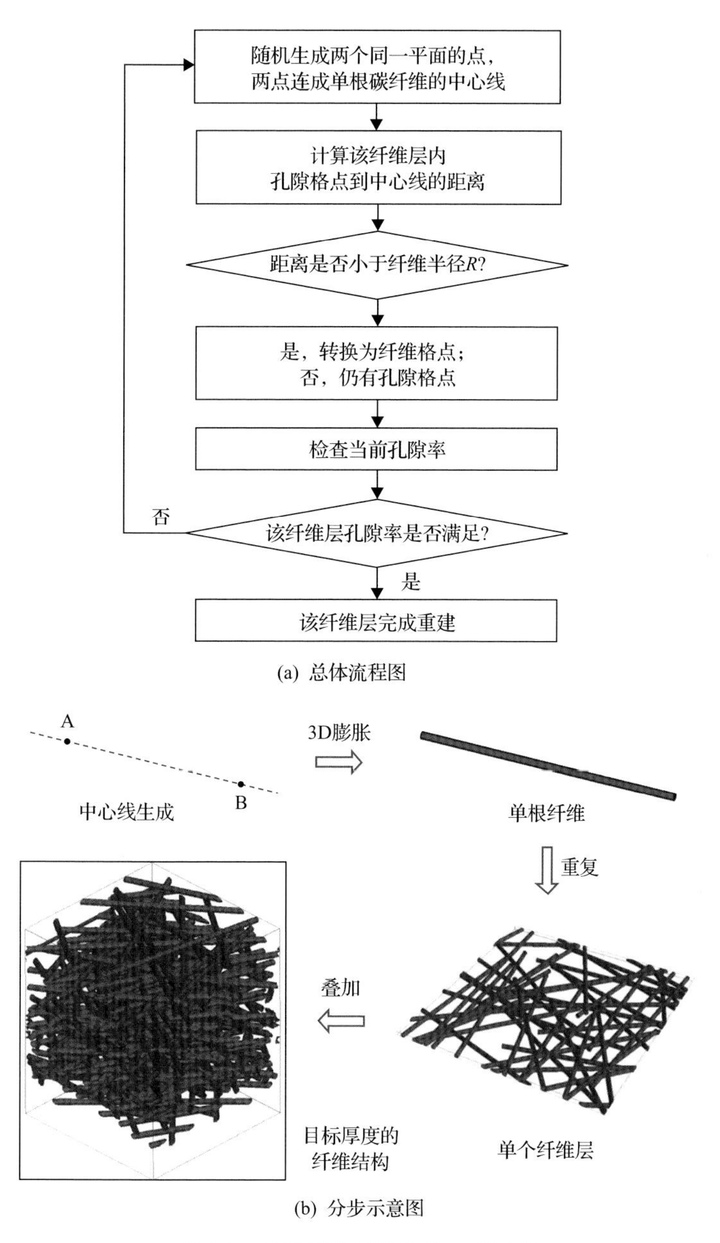


图 4.5　扩散层碳纤维结构生成过程

为了增强反应气体的扩散和快速排走阴极生成的液态水，扩散层一般会做一定的疏水处理，最常用的疏水剂是 PTFE。疏水处理的具体做法是利用 PTFE 乳液配置一定质量分数的 PTFE 溶液，将溶液超声震荡使其混合均匀然后将扩散层样本浸入 PTFE 溶液数分钟，取出并快速转入干燥箱进行干燥，待干燥完成后，转入高温环境(比如马弗炉)进行烧结。实验研究表明，PTFE 溶液的质量分数和样本浸泡时间会影响最后样本的 PTFE 含量，而干燥时间及干燥环境的压力则影响着最后 PTFE 的分布特征。

干燥时间方面，Mathias 等[41]和 Quick 等[42]的研究表明干燥速度越慢，扩散层内部的 PTFE 含量越高，干燥速度越快，则表面附近的 PTFE 含量越高。干燥压力的影响方面，Ito 等[43]分别在大气环境和真空环境对样本进行了干燥处理(本书称为空气干燥和真空干燥)，并利用基于 X 射线光谱分析的扫描电镜技术测得了 PTFE 在扩散层中的分布。图 4.6(a)给出了该实验测得的两种干燥方式对应的 PTFE 分布，其中 $z$ 表示无量纲厚度，$f$ 表示 PTFE 含量占总含量的百分数，可以看到空气干燥处理时，PTFE 聚集在扩散层一侧，中部区域和另一侧则几乎没有 PTFE，而真空干燥处理时，PTFE 在厚度方向的分布则比较均匀。造成这种分布差异的主要原因是空气干燥的过程中，扩散层是放置在某个平面上，远离平面的一侧由于接近空气更容易蒸发，下部区域的水在毛细力作用下会带着 PTFE 往上运动，所以最后干燥完成时 PTFE 会囤积在上部区域，而真空干燥过程中水的蒸发速率比空气干燥快得多，毛细力对于 PTFE 结块的影响有限，从而整个区域内的分布更为均匀。

在实际的扩散层结构中，PTFE 散布于碳纤维表面，因此 PTFE 的重建需建立在上一节纤维结构重建完成的基础上。图 4.6(b)给出了基于随机重建模型生成 PTFE 的过程，第一步根据扩散层内 PTFE 的目标质量或体积分数及实验测得的 PTFE 在厚度方向的相对含量，计算出每一纤维层内 PTFE 的预期体积分数作为控制参数；第二步对所有孔隙格点进行遍历，判断周围是否存在碳纤维格点或 PTFE 格点，并计算出周围固体格点的数目并换算为生成概率 $P$；第三步将生成概率 $P$ 与临界概率 $P_0$ 进行比较，若 $P$ 大于 $P_0$，则该孔隙格点转换为 PTFE 格点，否则仍然保持为孔隙格点；第四步遍历完所有孔隙格点一次后，检查该碳纤维层当前 PTFE 含量是否达到需求，若是，结束循环，否则重复第一、二和三步。

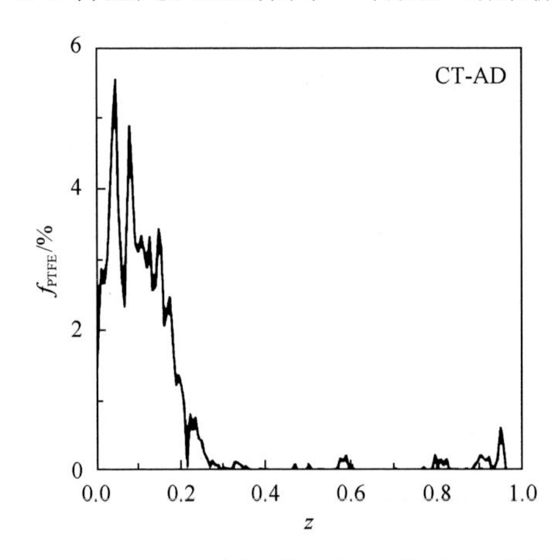


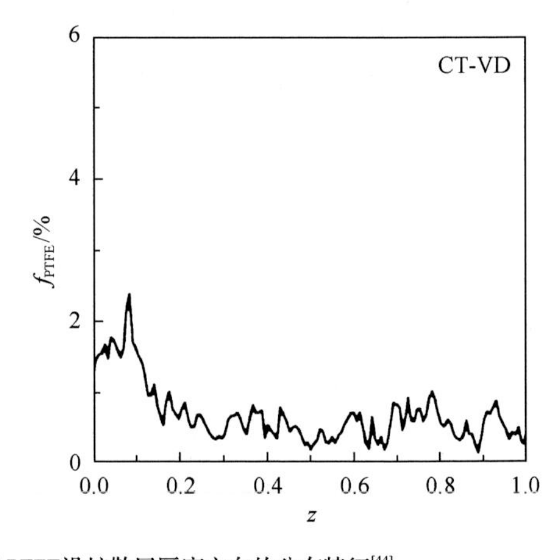


(a) 空气干燥和真空干燥下实验测得的PTFE沿扩散层厚度方向的分布特征[44]

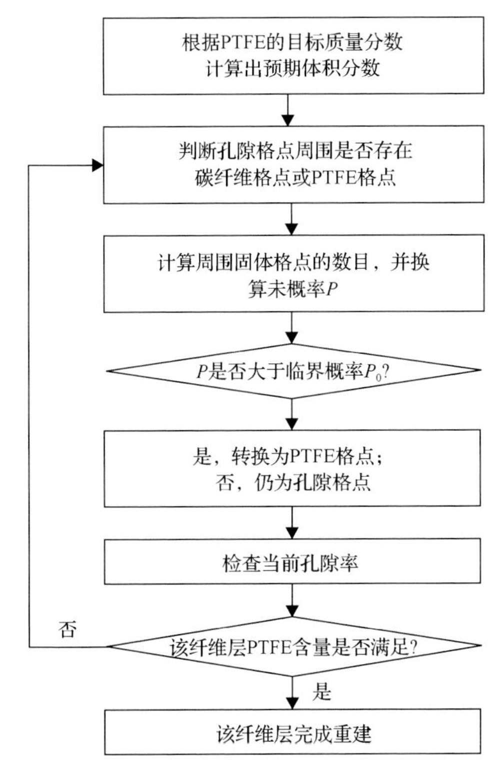


(b) 基于随机重建模型生成PTFE的流程图[41]

图 4.6　PTFE 分布特征和重建流程

图 4.7(a) 为基于实验数据和此重建流程生成的含 PTFE 的扩散层微观结构，灰色为碳纤维，蓝色是 PTFE，其中左侧为空气干燥，右侧为真空干燥，可以看到 PTFE 的分布特征与图 4.6(a) 中实验曲线是比较吻合的，说明了该重建模型在参数控制上的有效性。图 4.7(b) 给出了上一节生成的不含 PTFE 的扩散层结构，以及本节重建的空气干燥和真空干燥(质量分数为 4%) 下的扩散层结构孔隙率沿厚度方

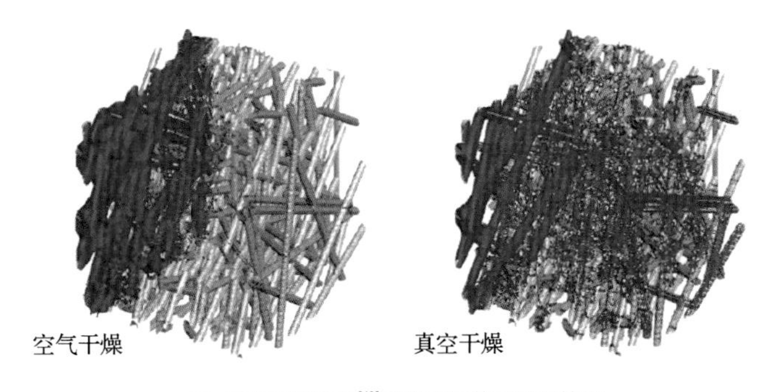


(a) 基于实验数据[43]重建的扩散层微观结构

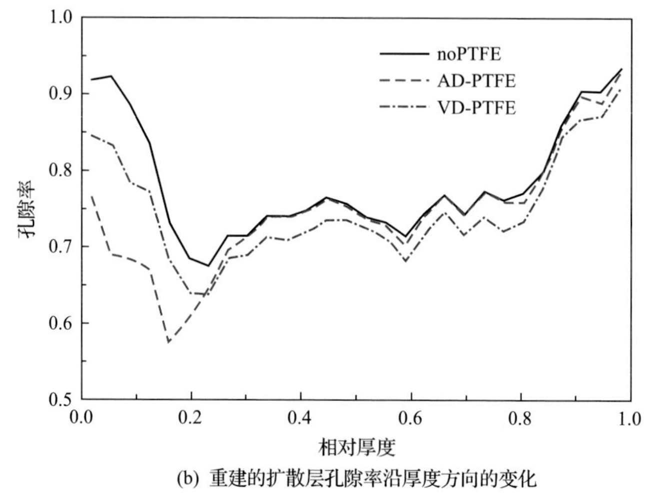


(b) 重建的扩散层孔隙率沿厚度方向的变化

图 4.7 重建的扩散层结构和孔隙率分布

向的变化，可以看到，真空干燥的扩散层在各个厚度位置孔隙率均有下降，且下降幅度较为均匀，而空气干燥的扩散层孔隙率下降的区域主要集中在前面，中间和后面区域的孔隙率几乎没有变化，这一特点与图 4.6(a) 中的 PTFE 分布特征吻合。

基于程序可以有针对性地控制扩散层局部的结构变化，比如人为减小某个孔隙的尺寸、比较变化前后的流动现象差异。在最近的文献[44]中，研究人员利用随机方法生成了不同孔隙率的扩散层结构，并基于 VOF 方法模拟了不同 PTFE 含量和压差下液态水的传输过程和分布情况，结果表明重构的结构特征和传输特性均与实验吻合较好。

2. 微孔层重构

与扩散层中添加 PTFE 做疏水处理的作用类似，在扩散层和催化层间置入微孔层的主要作用之一也是为了优化扩散层内的反应气体和液态水传输。只不过 PTFE 是直接影响扩散层内部的传输过程，而微孔层主要是为了优化催化层和扩散层界面处液态水的传递，避免生成的液态水将扩散层前端区域淹没，导致反应气体无法及时传输到活化界面处。多相流宏观数值模型在考虑微孔层影响时，只能使用厚度、孔隙率和接触角等参数或经验公式来粗略地表征结构对于组分传输的影响，并不能充分考虑微孔层孔隙分布、碳颗粒形状、大小和排列对于液态水传输和电池性能的影响，因此，重建真实的微孔层微观结构对于研究微孔层内部和界面处的液态水传递过程十分必要。

碳颗粒和 PTFE 制备的传统微孔层存在的一个问题是稳定性问题，主要是因为 PTFE 等聚合物在长时间的运行工况特别是温度较高和较为湿润的工况下，疏水性会有一定损失，所以最近的一些实验文献中提到了一些不加入疏水剂的新型微孔层纳米结构，比如碳纳米管和碳纳米纤维等[45, 46]。本章仍然以传统的碳-PTFE结构微孔层作为说明，从结构上来说，传统微孔层是由碳颗粒混以一定量的疏水剂构成的多孔材料，它的厚度在 10～100μm 之间，孔隙率约为 30%～50%。其中碳颗粒是球形的纳米颗粒，单个粒径在 10～100nm 之间，疏水剂为磺化的高聚合物，典型的疏水剂材料有 PTFE 等。微孔层内的孔隙类型根据尺度一般可以分为微观孔隙(由碳颗粒和 PTFE 形成，孔径小于 500nm)和宏观裂缝(5～15μm)，其中，宏观裂缝的形成和微孔层在扩散层内的侵入距离与材料性质、制造工艺、干燥过程和热处理步骤都有很大关系。

由于微孔层置入扩散层和催化层间的主要作用之一是优化两者界面处的液态水传递，所以有研究尝试同时研究扩散层和微孔层内部的液态水传输过程[47, 48]以获得更全面的传输机理，但是，由于扩散层中的碳纤维和微孔层中的碳颗粒在直径上存在百倍的差距，而且扩散层和微孔层并不是完全独立的两个多孔层，事实上两者是有部分重叠的，所以重建的扩散层空间分辨率必须服从于微孔层空间分辨率，这会导致非常大的网格数量及流动模拟巨额的计算量。目前仅有的两篇研究扩散层和微孔层界面传输过程的文献[47, 48]，均只重建了二维的扩散层—微孔层计算域来研究界面处和孔隙内的流动现象，并且重建时忽略了碳颗粒/碳纤维和 PTFE 形成的内部孔隙，假设扩散层和微孔层是由尺寸更大的组合体构成，来降低重建和流动模拟的计算量。基于此假设重建的二维平面多孔介质不能详尽地反映三维空间内孔隙分布状态和固体骨架的立体结构，因此损失了许多真实的流动信息。

基于“组合体假设”重建微孔层的核心思想是假设构成微孔层的碳颗粒和 PTFE 混合均匀，形成一个个的组合体，组合体具有相同的直径并允许交叉渗透(事实上，定义直径在一定范围内变化也很简单)，并忽略组合体内部的孔隙和具体结构。图 4.8 给出了微孔层随机重建过程中的分步结果示意图，主要可以分为三步：第一步在指定面积的区域内随机生成 $N$ 个点；第二步将 $N$ 个点三维膨胀生成规定直径大小的球，球半径即为定义的组合体(碳颗粒和 PTFE 的混合物)直径；第三步检测微孔层孔隙率是否满足要求，若不满足，调整第一步中的随机点数量，若满足，对重建的微孔层二值化处理或划分网格，导出计算需要的几何结构数据文件。

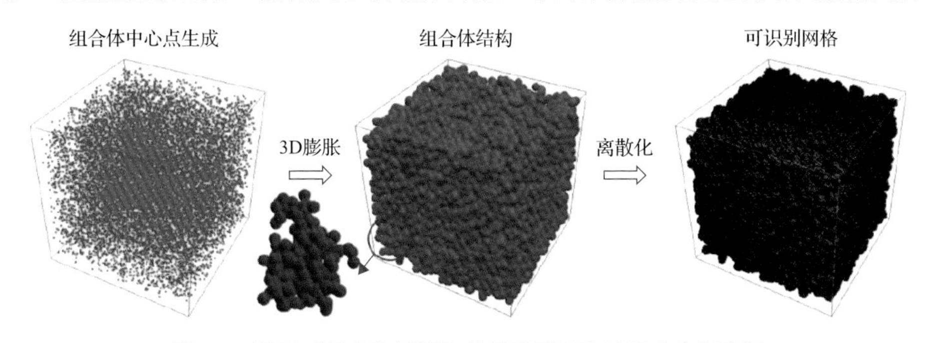


图 4.8　基于“组合体假设”的微孔层重构过程分步示意图

尽管如同文献中的处理一样，重建出图 4.8 中的微观结构可以用来研究两种不同孔径和孔隙率的多孔介质间界面处的液态水传递现象，但是组合体的假设并不能很好地表征扩散层和微孔层的真实微观结构。要研究扩散层和微孔层界面处的传输现象，首先必须基于上一节的随机重建模型重建出具有纤维结构和 PTFE 的扩散层，然后微孔层的重建也应基于更合理的孔隙大小分布特征。实验研究表明[49, 50]，液态水在微孔层中的传输主要是通过宏观裂缝传输，由碳颗粒和 PTFE 形成的微观孔隙只能作为气体传输的路径，因此针对不同的研究需求，重建微孔层时可以选择对其微观结构做不同程度的简化。比如研究液态水的传输时，可以忽略微观孔隙，只将微孔层表面和内部的裂缝重建出来，而在研究气体组分传输的时候，则需要考虑碳颗粒和 PTFE 对微观孔隙结构的影响。这里我们针对液态水在多孔介质内部和界面处的传输过程来重建微孔层，如前所述，宏观裂缝的形成与制造工艺有很大关联，因此在重建时我们可以对裂缝的结构做一定程度的简化，比如忽略没有完全断裂至扩散层表面的裂缝，忽略裂缝曲折的形貌并假设所有的裂缝是垂直的通道，同时规定裂缝宽度在 5～15μm 随机变化。图 4.9 给出了加入微孔层后重建的整体结构，其中灰色的纤维结构和蓝色的 PTFE 基于上一节的随机方法重建得到，红色部分为具有表面裂缝的微孔层。

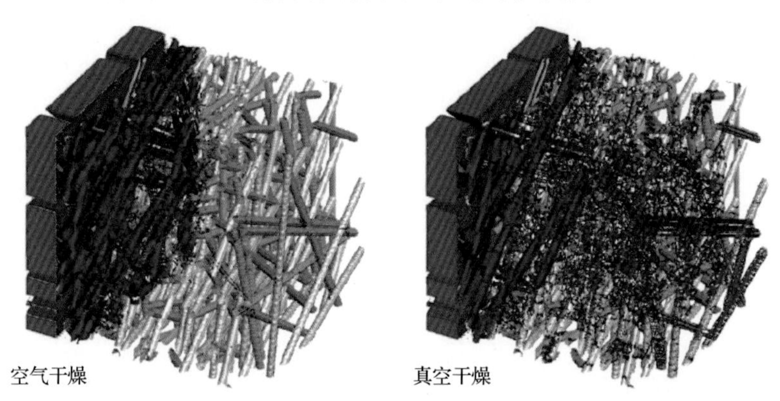


图 4.9　不同 PTFE 干燥方式下重建的扩散层结构(含微孔层)

3. 催化层重构

催化层是由散布于碳载体上的铂粉颗粒、充当离子通道的电解质和传输反应物/生成物的孔隙空间构成。所谓的活化区域即为三者所构成的三相界面，是阳极燃料和阴极氧化剂各自发生化学反应，实现化学能转变成电能的场所。催化剂微粒的大小、表面形态、电子结构和载体结构都影响着其活性，而催化活性通常被认为是影响电化学动力学速率和贵金属催化剂载量的最主要的因素。此外，电解质的含量和分布也对反应气体的有效传输和离子有效传导等有很大的影响。因此，重建真实结构的催化层，研究微观结构变化对传输过程和电化学反应的影响规律，是进一步优化电极设计，提升电池性能和耐久性、降低电池成本的重要途径。

相比于重建扩散层和微孔层，重建具有多尺度结构的催化层更加困难。从材料构成上来说，催化层包括三种不同的相物质：孔相(或气相)、混合电子相(碳颗粒和铂粉颗粒)和电解质相。从催化层和构成材料的尺寸上来说，催化层厚度约5～10μm，单个铂粉颗粒直径在2～5nm，碳载体直径在10～100nm，它们与电解质勾勒出的孔隙直径在100nm左右。考虑到计算能力的限制，流动模拟采用的催化层计算域网格规模和空间分辨率不能过高，因此文献中在对催化层重建时往往会部分简化具体的微观结构特征，处理方式主要分为以下几类。

(1) 最简单的处理是假设催化层由孔相和固体相构成(碳颗粒、铂粉和电解质视为一体)，这样的处理程序最简单，计算量最低，但相应地流动和电化学反应模拟中能考虑的结构因素也就最少。

(2) 更精细的处理是考虑电解质相的存在，这样模型可以考虑气体组分和质子在电解质内的传输及电解质分布对孔隙结构的影响，而碳载体和铂粉颗粒仍视为一体不做区分，可以这样处理的原因是铂粉所占的体积分数相对于碳载体来说可以忽略，当然这样的假设会使模型无法研究催化剂表面形态和分布对传输过程和电化学反应的影响。

(3) 最真实的处理是同时考虑碳颗粒、铂粉和电解质的存在，它们的含量和分布能够通过模型参数自由地调节和控制。

目前文献中以方式(3)重建催化层的研究比较少，Siddique 和 Liu[51]基于随机方法建立的重建模型，近似地还原了催化层真实的形成过程。基于他们的工作，Chen 等[52]利用随机生长四参数生成法(quartet structure generation set，QSGS)方法再次实现了催化层真实微观结构的重建。QSGS 方法特别适合用来重建由多相物质构成的多孔介质，这里对其构造过程进行简要描述。

①在规定区域内的每个网格格点生成[0, 1]区间的随机数，假定生长相 $i$ 生长核的初始分布概率为 $P_{i0}$(不大于该生长相期望的体积分数)，若随机数不大于 $P_{i0}$，则该格点为生长相 $i$ 在区域内的初始生长核。

②每一个生长核以给定的概率 $P_{i\alpha}$($\alpha$ 为方向，不同方向的概率可以不一样)向相邻格点生长，即重新赋予 $\alpha$ 方向的相邻格点一个随机数，若该随机数小于 $P_{i\alpha}$，则该格点变成生长相。

③重复②的工作，直到该生长相达到预期的体积分数。

④当下一个相和其他相的生长不会互相影响时，重复①～③的工作完成该生长相的生长，当与其他相会互相影响时，引入概率密度 $P_{ji\alpha}$(表示 $\alpha$ 方向 $j$ 生长相在 $i$ 生长相上的生长概率)。

本节基于 QSGS 方法实现了催化层微观结构的重建，下面对重建过程进行说明。

1) 控制参数计算

重建的第一步是根据催化层的预设统计参数计算出碳颗粒、铂粉颗粒和电解质各自的体积分数($\varepsilon_C$、$\varepsilon_{Pt}$、$\varepsilon_{ion}$)和铂载量$\gamma_{Pt}$，作为后续重建过程中的控制参数。这些预设统计参数包括催化层孔隙率$\varepsilon$、厚度$\delta$、铂碳质量比$\theta_{Pt/C}$和电解质含量$\theta_{ion}$(电解质和电极质量比)，它们和控制参数之间的关系满足：

$$\varepsilon_C=(1-\varepsilon)\frac{1/\rho_C}{\theta_{Pt/C}/\rho_{Pt}+1/\rho_C+(1+\theta_{Pt/C})\theta_{ion}/[\rho_{ion}(1-\theta_{ion})]} \tag{4-27}$$

$$\varepsilon_{Pt}=(1-\varepsilon)\frac{\theta_{Pt/C}/\rho_{Pt}}{\theta_{Pt/C}/\rho_{Pt}+1/\rho_C+(1+\theta_{Pt/C})\theta_{ion}/[\rho_{ion}(1-\theta_{ion})]} \tag{4-28}$$

$$\varepsilon_{ion}=(1-\varepsilon)\frac{(1+\theta_{Pt/C})\theta_{ion}/[\rho_{ion}(1-\theta_{ion})]}{\theta_{Pt/C}/\rho_{Pt}+1/\rho_C+(1+\theta_{Pt/C})\theta_{ion}/[\rho_{ion}(1-\theta_{ion})]} \tag{4-29}$$

$$\gamma_{Pt}=\varepsilon_{Pt}\rho_{Pt}\delta \tag{4-30}$$

2) 生成碳载体相

Chen 等[52]在重建催化层时，碳颗粒的生长过程与 QSGS 方法描述的步骤基本一致，只是在两个地方做了特殊处理。第一个是他们假设生长核只会向相邻的六个方向生长(上下左右前后，不考虑对角线方向)；第二个是若某个格点周围同时存在两个及两个以上生长核，则该格点自动变为生长相，否则仍是以 QSGS 中的规则进行判定，该处理的目的是提升碳载体相间的连接性。

但是在实际的催化层结构中，碳载体主要为球形的纳米碳颗粒，单个粒径在 10～100nm，因此 Chen 等假设催化层中碳载体相是由 5nm 的碳点往周围生长简化了碳颗粒的球形形貌，是不够真实的。更真实的碳载体相生长过程应该是一个个具有相同或不同直径的球状的碳颗粒的堆积(可以有部分重合)，而非碳点的蔓延生长。基于更小的网格单元(比如 2nm)重建球状颗粒形成的碳载体结构，可以更准确地研究碳载体内部孔隙的传质过程及电解质分布的影响，其具体生成过程如下。

(1) 生成一个新的碳球：在规定区域内的随机位置生成一个直径在指定区间变化的碳球载体(第 $i$ 个)。

(2) 判断是否为生长核：生成一个[0, 1]区间的随机数，假定碳载体相生长核的初始分布概率为 $P$，若随机数小于 $P$，则(1)中生成的碳球为新的生长核。此时需要对该碳球的位置进行校准，若该碳球与之前的 $i$–1 个碳球有任何重合的部分，则回到(1)重新生成，直到该碳球与所有其他的碳球均没有交集。进行这个处理是为了保证最后生成的碳球分布更为均匀，而非成块地聚在一起。

(3)判断是否重合：若(1)中生成的碳球不是新的生长核，首先需要判断该碳球是否与其他碳球有重合，若是，进行下一步，若否，重新随机生成碳球并进行(3)的判断。

(4)判断重合度：定义碳球间允许的最大重合度值为 $r$，计算新碳球占据的区域内其他碳球占据的体积百分比，若不大于 $r$，进行下一步，若否，重新随机生成碳球并回到(3)进行判断。

(5)碳球确认生成：当(2)达到要求或(3)和(4)同时达到要求，说明新生成的碳球为有效碳球，将新碳球占据的区域内的所有格点转变为碳载体相格点。

(6)体积分数检查：检查此时碳载体相的体积分数是否达到要求，若否，重复(1)～(5)步。

3) 生成铂粉和电解质相

铂粉颗粒的生长过程和 QSGS 方法描述的步骤基本一致，只是生长位置被限制在与碳载体相邻的格点(保证铂粉和碳载体的有效接触)。通过程序可以施加限定条件，保证每一个铂粉颗粒至少与一个碳载体格点接触。对于电解质相最简单的处理是假设电解质厚度均匀地分布在电子相表面，这种处理在之前大部分的结块模型[53]和少数孔隙尺度的催化层模型[54, 55]中被广泛采用。不过有研究发现，这种均匀化的简化处理会高估氧气的扩散系数和低估质子的传导速率[55]。基于 QSGS 方法可以实现电解质在 Pt/C 表面的非均匀分布，生长的限制条件和铂粉相似。此外，同 Chen 等[52]生成碳载体相时的做法类似，假设被多个生长核围绕的格点自动处理为生长相，有助于实现电解质间的有效连接。

基于预设的统计参数和物理性质（$\theta_{\mathrm{Pt/C}}=0.8$，$\theta_{\mathrm{ion}}=0.3$，$\rho_{\mathrm{C}}=1800\mathrm{mg\cdot cm^{-3}}$，$\rho_{\mathrm{Pt}}=21450\mathrm{mg\cdot cm^{-3}}$，$\rho_{\mathrm{ion}}=2000\mathrm{mg\cdot cm^{-3}}$），重建了不同电解质和电极质量比、铂载量和碳球直径的催化层，图 4.10 为催化层电解质和电极质量比 0.3 时的三维重建结构，以及重建过程中相应步骤结果的二维切面示意图。可以看到，重建结构和扫描电镜观测的实验结果(图 4.11)具有相似的碳载铂结构。需要注意的是，图 4.10 重建的催化层大小为 2000nm×200nm×200nm，对应的计算域网格规模为 1000×100×100，也就是网格单元大小为 2nm。继续降低网格单元大小可以重建出更真实的催化层形貌，但是相应地，对于计算能力的需求也会成几何倍数增加。

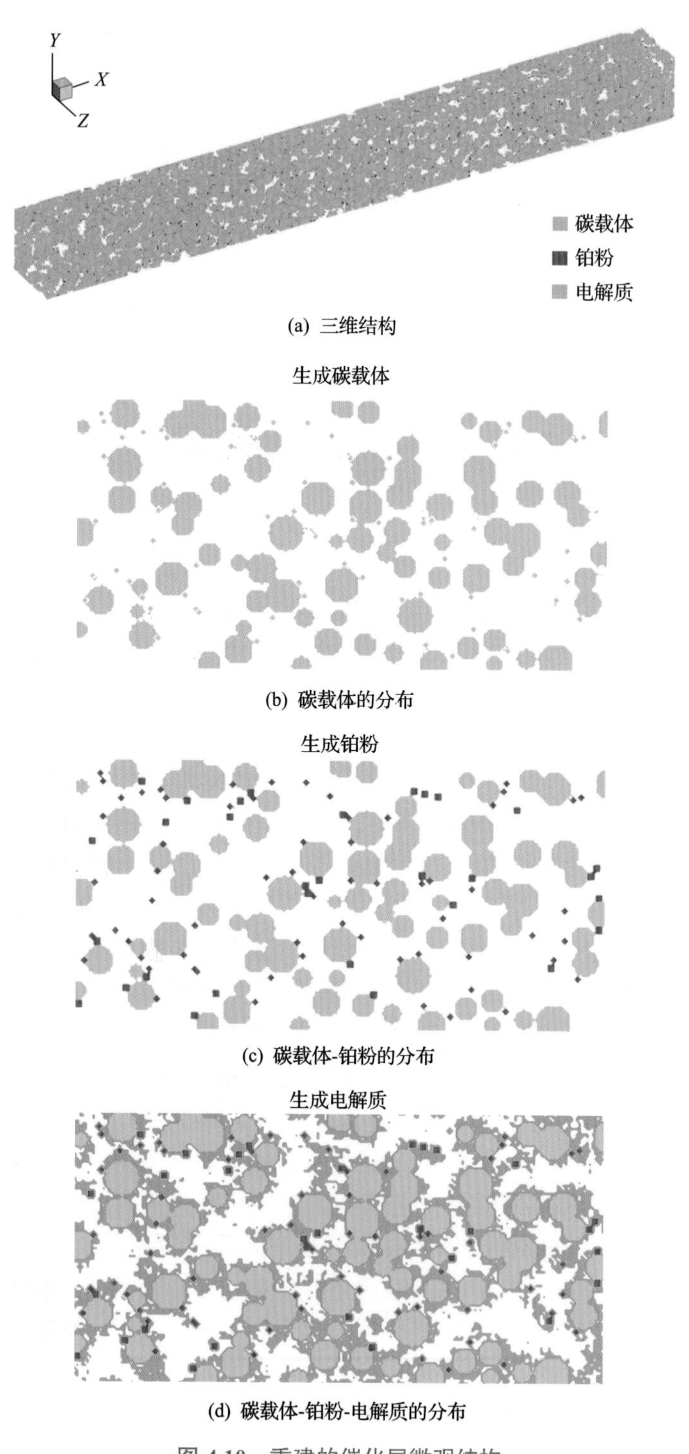


(a) 三维结构

(b) 碳载体的分布

(c) 碳载体-铂粉的分布

(d) 碳载体-铂粉-电解质的分布

图 **4.10** 重建的催化层微观结构

图 4.11　扫描电镜观测的催化层微观结构[57]

### 4.3.3　VOF 方法在多孔介质内的应用

由于复杂的固体骨架结构和不规则的孔隙分布，传统的数值方法很难获取多孔介质孔隙内详尽的流动信息，进而难以研究微观结构变化对传输和电化学反应的影响。模拟多孔介质内的流动过程难点主要在于三方面：一是如何重建具有真实微观结构的多孔介质(这部分工作参见 4.3.2 节)；二是数值方法如何处理多孔介质的复杂固体边界；三是微尺度或介观尺度下，如何考虑多组分多相流动的传热传质过程、相变过程和电极中的电化学反应。这三方面是能获取每个孔隙内精确流动信息，实现流场、电场和微观结构耦合的基础。目前研究扩散层内部多相流动的数值方法主要包括 VOF 方法和 LB 方法，本节主要介绍 VOF 方法在多孔介质内的应用，LB 方法将在下节进行说明。

目前，宏观的 VOF 方法被广泛用于扩散层内的多相传输过程的研究中，主要是因为扩散层的孔隙直径一般在几十微米左右，大部分孔隙区域满足努森数小于 0.01 的条件，因此这些孔隙区域内的气体流动可以认为属于连续介质范畴。但在某些极限条件下，比如孔隙的狭窄区域或孔隙大部分空间被液态水占据的情况，此时留给气体传输的空间变得很小，不一定满足连续介质假设，这也是 VOF 方法在模拟扩散层内部流动问题上的局限性。总的来说，除去少数特殊位置的结构或工况下的流动信息，VOF 方法依旧是目前研究扩散层内部流动规律的有效手段[56-58]。

针对扩散层建立的 VOF 两相流模型，所使用的连续性方程、相体积分数方程和动量方程与 4.2.2 节中介绍的并无区别。相比于流道模拟，需要特别注意的地方是复杂固体结构边界的处理，即在对基于随机方法重构生成的扩散层结构进行网格划分时应保证足够高的空间分辨率，避免边界表面出现明显的锯齿状。在将网格文件导入多相流程序后，孔隙区域被定义为流体区域，而扩散层的碳纤维区域和流道的脊部分定为固体区域，气液传输方程在流体区域求解，而热电传输方程在固体区域求解。不过根据文献中的研究分布来看，目前扩散层内大部分基于VOF方法的研究集中在液态水的传输过程，而少部分与热电相关的研究主要是对有效热导率和电导率的预测。在不考虑传热过程和电子传输过程时，固体部分的网格可以不用参与迭代，只需要作为流动的结构边界。

基于相似的研究思路，在近期的一篇文献[58]中，研究人员将VOF方法应用于流道和扩散层内交叉流动现象的研究。他们首先基于单相流模型预测了不同孔隙率下重构的扩散层在in-plane和through-plane方向的渗透率，并将结果和Tomadakis-Sotirchos(TS)模型[59]预测的值进行比较，验证了重构结构和数值方法的精确性。然后，基于两相流模型探究了不同工况和结构参数的影响(高压流道中的液滴位置、相邻流道间的压差、碳纤维静态接触角和底部水入口孔的位置)，结果表明，在高压流道中，由于更大的压力梯度，靠近脊的液滴比流道中心的液滴更容易通过下方的扩散层进入低压流道，说明交叉流动现象主要发生在脊两侧的角落区域。当扩散层的疏水程度增加时，由于强烈的毛细作用，液态水很难突破孔隙到达低压流道，增加相邻流道间的压差(实际中可以通过增加蛇形流道的长度实现)有助于增强交叉流动现象。在接触角较小的扩散层中，从底部渗入的液态水会沿着脊下的路径往上突破，最后进入低压流道，而当接触角增加时，部分的液态水会直接进入高压流道。这里给出了该研究总结的两相交叉流动路径示意图(图4.12)，可以看到液态水的流动路径主要包括四种，一是流道内沿气流方向的

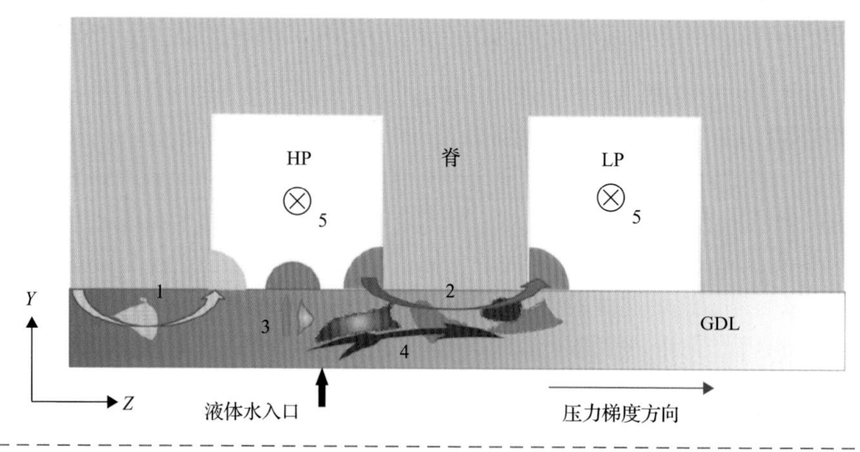


图 4.12　两相交叉流动路径示意图[58]

流动，二是流道间的交叉流动，三是底部渗入的液态水流向临近的低压流道，四是底部渗入的液态水部分直接流入对应的高压流道，四种路径对应的工况和详细的解释可以在文献[59]中找到。

结合 4.3.2 节以及本节的说明，可以看到，VOF 方法能够胜任较大孔隙尺度（直径约几十微米）的多孔介质及流道和扩散层界面的流动现象模拟，但是对于更小孔隙尺度（几十到上百纳米）的流动信息，比如微孔层和催化层内的液态水和氧气传输，由于努森数较大，连续性假设不再适合，VOF 方法无法应用于此类问题研究。此外，宏观的 VOF 模型中，相变过程通常被忽略或假设以固定的相变速度进行，电化学反应也只是通过 Butler-Volmer 方程简化为源项添加，因此无法更深入地探索微尺度下的传输和反应机理。

### 4.3.4　格子玻尔兹曼方法在多孔介质内的应用

相比于 VOF 方法，LB 方法基于介观动力学理论，在处理多相流界面问题和复杂结构边界上具有明显的优势，越来越广泛地被应用于多孔介质内的流动和电化学机理研究。此外，LB 方法的局部性和易并行性，使在较大计算区域内和跨尺度的背景下探索微观流动规律和电极动力学成为可能。LB 方法能够处理复杂结构边界的关键在于处理静止无滑移壁面时所使用的反弹模式（或半反弹模式），即在判断流体和固体格点位置的前提下，假设粒子碰到固体格点后以一定的规则逆转方向。由于反弹模式（或半反弹模式）操作简单（局部性和高效性），不需要增加额外的计算量，特别适合处理多孔介质各向异性和极不均匀的微观结构以及其他流固作用的流动问题（比如冰的融化过程）。目前，质子交换膜燃料电池中使用 LB 方法研究多孔介质的工作主要可以分为三类：一是预测多孔介质的结构或物性参数，比如渗透率、有效扩散系数、热导率和黏性系数等；二是研究多孔介质内部孔隙尺度的组分传输现象，比如液态水的动态行为等；三是催化层内部电极动力学的研究。

1. 传输物性参数预测

多孔电极的孔隙分布、连通性和活化区域的比表面积等特征量与多孔介质的微观结构紧密相关，对质子交换膜燃料电池性能有重要的影响。有效传输系数（比如有效扩散系数、渗透率、电导率和热导率等）是联系多孔介质微观结构和电池宏观性能的桥梁，其数值大小既和多孔介质本身材料有关，又受内部复杂的固体骨架结构和孔隙分布影响。因此，开展相关研究对这些参数进行准确预测，是自下而上优化电极微观结构设计的重要手段和获得准确的流动模拟结果的前提。目前，绝大部分宏观数值模型使用的有效扩散系数和电导率等，其数值基于经验方程比如 Bruggeman 近似计算得到，在普适度和精确性上受到较大限制。近年来，越来越多的数值方法被用来估计多孔介质的有效传输系数，VOF 方法和 LB 方法便是其中的佼佼者，尤其是 LB 方法由于在处理多孔介质复杂结构方面的优势使它被广泛应用于此类研究。质子交换膜燃料电池中最早的 LB 研究工作是由 Wang 和 Afsharpoya[60]进行的流道内的单相流研究，他们测试了流道的摩擦系数。然而，迄今为止在 LB 模拟开展最多的研究工作，还是在预测多孔介质特别是扩散层的流动物性参数方面。

基于重构的扩散层，大部分的单相流 LB 模拟工作计算了扩散层在不同的微观结构(碳纤维接触角和分布方向等)和流动工况(流体流动方向、压降和黏性比等)下沿 in-plane 和 through-plane 方向的绝对或相对渗透率等物性参数[61-64]，并试图建立渗透率和其他有效参数的联系，比如孔隙率、迂曲率和毛细压力等。在更精确的两相流工作中，传输物性和液态水饱和度与结构参数(孔隙率和接触角等)之间的关系得到进一步研究，比如液态水含量对毛细压力、渗透率和热导率等的影响，孔隙率变化对渗透率的影响等[65-69]。这些由 LB 模拟测定的有效物性参数，与实验结果和经典的理论或半经验模型(表述渗透率和孔隙率关系的 Kozeny-Carman 关系式和 Tomadakis-Sotirchos 关系式[70]，以及 Nam 和 Kaviany 提出的渗透率和气相饱和度间的幂律关系式[71]等)比较，均取得了非常好的一致性。此外，这些 LB 研究还发现了许多新的参数耦合规律，比如 PTFE 含量和分布对孔隙率、迂曲率和渗透率的影响等。在最近的研究工作中，Zhou 等[72]基于随机算法重建了扩散层的三维微观结构，并通过有限元方法施加组装力模拟了扩散层的压缩形变，得到了不同压缩率的扩散层结构，并对液态水传输的动态行为进行了研究(图 4.13)。基于该工作，我们可以建立相应的 LB 模型来预测扩散层压缩后的有效扩散系数和渗透率等关键传输参数，这部分工作请读者关注我们后续的研究成果。

由于孔隙尺寸更小(100nm 左右，与气体分子的平均自由程接近)，重构具有更精细结构的微孔层和催化层更加复杂，且努森扩散现象必须考虑，因此相比扩散层，针对微孔层和催化层内开展的液态水传输过程和有效传输系数的研究仍比较欠缺。2010 年 Ostadi 等[73]最早重建了微孔层，并测定了在平面内和厚度方向的渗透率，结果显示微孔层在 through-plane 方向的渗透率要比扩散层在该方向的渗透率小五个量级。许多计算催化层有效传输系数和迂曲率的 LB 模拟工作[74-76]的研究结果表明，由 LB 方法模拟得到的迂曲率和孔隙率的关系与经验方程 Bruggeman 近似有很大差别，LB 模拟的数值要小于指数为 1.5 时的 Bruggeman 近似计算得到的值。这是因为 Bruggeman 近似假定多孔介质由一系列连续的传导相(孔相传导气液流体、电子相(碳黑载体和铂粉)传导电子、电解质相传导质子)构成，有效传输系数只和各自对应的相体积分数相关，而与多孔介质具体的微观结构无关，因此无法准确地描述微观结构对传输过程的影响。总结来说，LB 方法相比传统的经验方程和数值方法，能更加精确地估计多孔介质的有效传输系数。

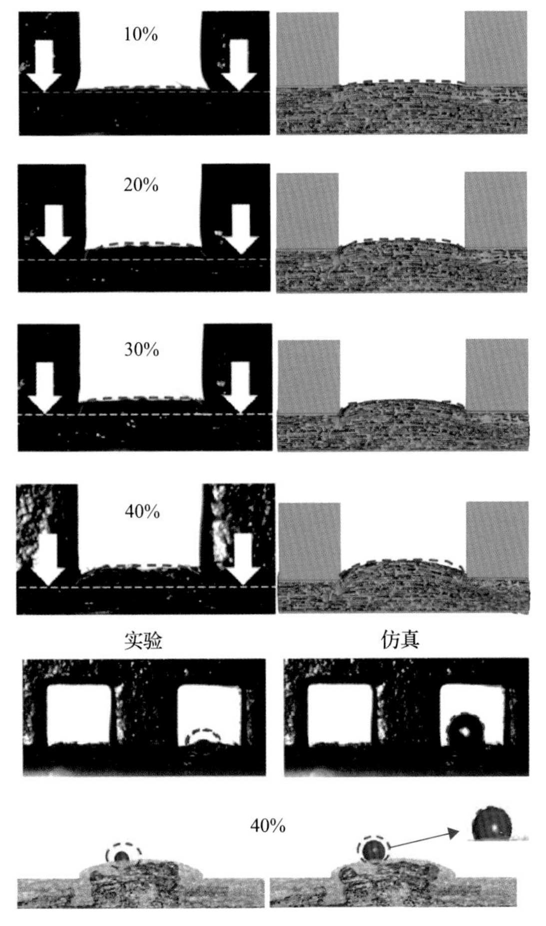


图 4.13　不同压缩率下扩散层的形变和液态水传输特征[72]

2. 水热传输过程

前面已经强调了水热管理工作的复杂性和多孔介质微观结构影响的重要性，从孔隙尺度研究多孔介质内部的传热传质过程，揭示微尺度的水热传输机理，由小到大地探讨微观结构与宏观传热现象的关系，是进一步提升电池性能和降低成本的重要途径。就目前文献中 LB 方法的研究对象分布来看，与传输系数的计算类似，扩散层内部的传输过程研究最多，近些年有少量研究人员开始着眼于微孔层，一般是在考虑扩散层的基础上加入微孔层作为计算域，同时研究各自内部的传输过程和界面处的流动现象。催化层内部传输现象更为复杂，一方面是因为更小尺度的精细结构，另一方面是水热传输过程直接和电化学反应关联，有关催化层微尺度模拟的工作将在本节最后一个部分介绍。

除了需要在模拟中考虑复杂的固体结构边界，多孔介质内部的传热传质过程与流道内也有很大区别。首先来看液态水的传输模拟，在扩散层、微孔层和催化层等多孔介质中，由于它们复杂的微观结构和微米尺度或纳米尺度的孔隙，表面张力对内部的两相流过程起主导作用，而黏性力、重力和惯性力等的作用则可以忽略，因此一般认为密度比和黏度比的影响可以忽略，这大大地简化了 LB 方法的提升要求，只需要使用原始的 Shan-Chen 模型即可以实现多孔介质内部多相流动过程的模拟。而与扩散层和催化层相比，由于物理尺寸的变化，流道中的毛细数要大很多，表面张力不再对运动起完全支配作用，此时流道中的气液两相流并不能忽略密度比和黏度比的影响，这就要求 LB 模拟需要考虑真实的流体物性。因此流道中的液滴运动过程是气流剪切力和液滴表面张力较量的结果，而多孔介质内部的液态水传输是由毛细压差驱使所致。相比于流道内的模拟，模拟多孔介质内部的液态水传输过程可以忽略流体真实物性的影响，其关键点在于重建真实微观结构的多孔介质，以及选取合适的格子参数保证合理的计算量和良好的模型稳定性。

上述简化处理是基于无量纲参数的定量分析，定量分析的无量纲参数主要包括：雷诺数（$Re=\rho_2\boldsymbol{u}_2D/\mu_2$，表征惯性力和黏性力之比）、毛细数（$\mathrm{Ca}=\mu_2\boldsymbol{u}_2/\sigma$，表征黏性力和表面张力之比）、邦德数（$Bo=\boldsymbol{g}(\rho_2-\rho_1)D^2/\sigma$，表征重力和表面张力之比）和韦伯数（$We=\rho_2\boldsymbol{u}_2^2\boldsymbol{D}/\sigma$，表征惯性力和表面张力之比）。其中，下标 1 和 2 分别表示空气组分和水组分；$\rho_1$ 和 $\rho_2$ 分别表示空气和液态水密度；$\boldsymbol{u}_2$ 为液态水速度；$D$ 为特征长度；$\mu_2$ 为液态水动力黏度；$\boldsymbol{g}$ 为重力加速度；$\sigma$ 为表面张力。这里以扩散层为例，孔隙内的液态水速度取合理的表观速度 $1\times10^{-5}\mathrm{m\cdot s^{-1}}$，特征长度取孔径的典型值 $50\,\mu\mathrm{m}$，表面张力和物质性质、温度压力及壁面接触角有关，这里取液态水室温下的估计值 $0.072\mathrm{N\cdot m^{-1}}$，密度和黏度取室温下对应的数值。这样可以计算得到室温下表征扩散层流动的四个无量纲数分别为：雷诺数 $5.3\times10^{-4}$、毛细数 $1.3\times10^{-7}$、邦德数 $3.4\times10^{-4}$ 和韦伯数 $6.9\times10^{-11}$。从扩散层内 4 个无量纲数的定义和典型数值可以得出如下结论：与黏性力相比，惯性力可以忽略；与表面张力相比，黏性力可以忽略；与表面张力相比，重力可以忽略；与表面张力相比，惯性力可以忽略。总结来看，扩散层内部表面张力对流动起支配作用，而惯性力，黏性力和重力的影响可以忽略，因此无须考虑真实的密度比（室温下液态水和空气密度比值约为 836）和黏度比（室温下液态水和空气动力黏度比值约为 51）的影响。由于微孔层和催化层孔径更小，表面张力影响更大，这个结论同样适用于微孔层和催化层中的流动。由于不需要实现液态水和空气之间高的密度比和黏度比，模拟多孔介质内部流动的 LB 模型和模拟流道内多相流动的 LB 模型相比更为简单，主要不同点包括以下两点。

(1) 可以使用原始的 Shan-Chen 模型，包括定义伪势直接等于组分密度或密度的指数形式，采用速度滑移机制耦合力的作用，而针对高密度比、热力学一致性、高动力黏度比和表面张力独立调节的模型提升工作均无须开展。

(2) 忽略了水蒸气影响或者可以视为水蒸气和空气一体(即没有考虑相变过程)，因此只需要考虑水和空气组分间的斥力及流体和固体壁面间的作用力。

基于上述模型，研究人员探究了不同碳纤维接触角和压差、扩散层压缩及微孔层的加入和结构变化等因素对扩散层和微孔层内液态水传输过程的影响[77-80]。在最新的工作中[80]，研究人员以重建的扩散层和微孔层微观结构为固体边界，建立了以液态水渗透过程为研究对象的三维两相 LB 模型。模型与文献中的可视化实验和 VOF 模拟进行了流动工况的验证，结果表明，重建的微观结构和不同压差下的流动特征均达到了较好的一致性。重建的微观结构计算域考虑了不同干燥方式对 PTFE 分布特征的影响，并根据微孔层微孔和宏观裂缝的传输特点对结构进行了合理的简化。在此基础上，研究了不同接触角定义方式、PTFE 分布、扩散层两侧压差和微孔层的引入对液态水传输过程的影响，并首次讨论了微孔层的宏观裂缝对扩散层/微孔层界面处液态水分布的优化作用。研究结果表明，对不同固体材料分别定义接触角更加合理，且所获得的液态水流动特征与按照平均接触角定义所获得的液态水流动特征有显著差异。真空干燥的 PTFE 在整个扩散层区域内分布更加均匀，不会导致液态水在局部区域的明显滞留，疏水程度的快速切换有利于液态水在平面内和厚度方向的滚动。空气干燥的 PTFE 主要集中在前端区域，需要更大的压差或更长的时间通过孔隙狭窄的区域，稳定状态时该区域的液态水保留量也要更低。压差越高，液态水突破进入小孔隙的能力变强，孔隙率较小区域的液态水保留量有明显改善。扩散层的一侧加入微孔层后，由于孔径更小，液态水突破进入扩散层所需要的压差变大(临界压差增加近 30%)。加入微孔层后，液态水不再像之前那样直接铺满扩散层的整个前端区域(造成界面处的水淹现象和反应气体传输受阻)，而是经由微孔层中的宏观裂缝传递过来，只会覆盖部分对接的区域，证明了微孔层宏观裂缝在界面处对液态水的重新分布起到了重要的优化作用。图 4.14 给出了不同时刻扩散层和微孔层内液态水的侵入状态及界面附近三个方向截面内的液态水分布云图，其中不同时刻扩散层和微孔层内液态水的侵入状态分别为：图(a)无微孔层，空气干燥/真空干燥，混合接触角，压差 7000Pa；图(b)有微孔层，空气干燥/真空干燥，混合接触角，压差 10000Pa；扩散层/微孔层界面附近三个方向截面内的液态水分布：图(c)无微孔层，空气干燥/真空干燥，混合接触角，压差 7000Pa；图(d)有微孔层，空气干燥/真空干燥，混合接触角，压差 10000Pa。更多结果分析可参见文献[80]。需要注意的是，目前文献中尚无考虑真实密度和黏度比与采用上述简化处理时多孔介质的流动特性差异的研究结果，因此本节也只介绍了目前普遍使用的简化处理，对真实物性影响感兴趣的读者可以关注作者后续的 LB 研究工作。

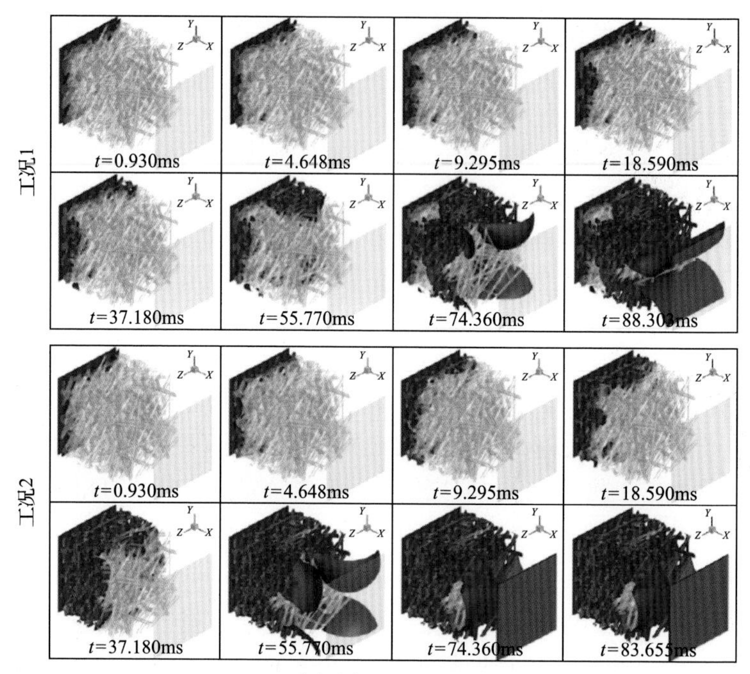


(a) 液态水侵入状态：无微孔层

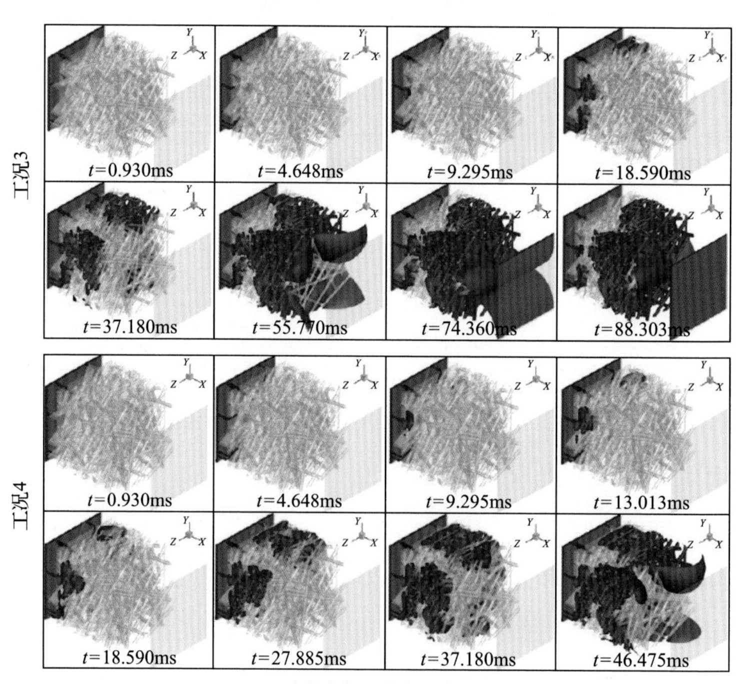


(b) 液态水侵入状态：有微孔层

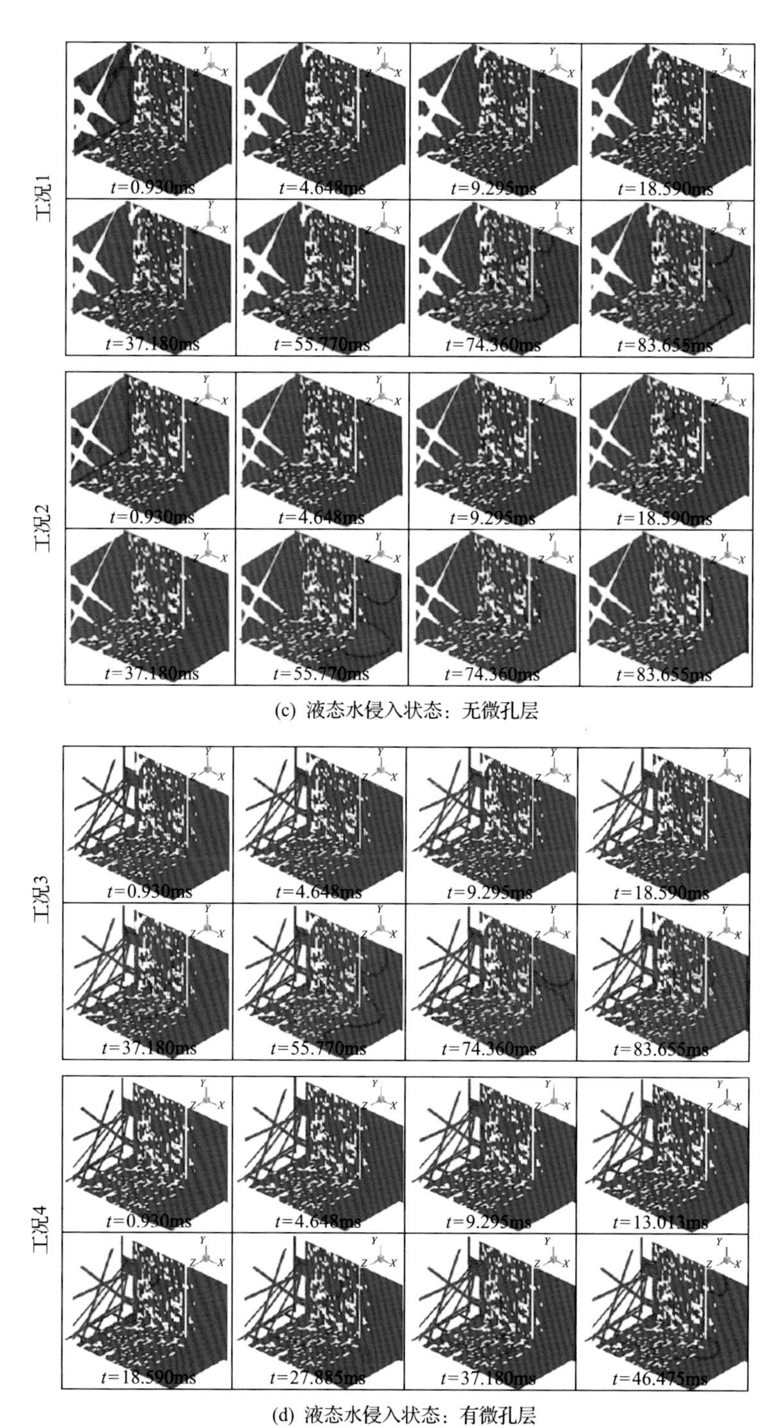


(c) 液态水侵入状态：无微孔层

(d) 液态水侵入状态：有微孔层

图4.14　不同时刻扩散层和微孔层内液态水的侵入状态及界面附近三个方向截面内的液态水分布

多孔介质微观结构和孔隙分布对传热过程也有重大影响，目前 LB 模型耦合传热过程的方法主要有两种：多速度方法(multi-speed)[81, 82]和被动张量方法(passive-scalar)[83-85]。多速度方法是在平衡分布函数中加入由更多离散速度表示的高阶速度项，保证推导出的宏观能量守恒方程满足正确的形式，可以视作等温 LB 模型的延伸。但是多速度方法导致模型稳定性很差，而且由于使用的是同一个松弛时间，模型反映的普朗特数与实际流动对应值相差较远。被动张量方法是在原有等温 LB 模型的基础上加入另一个演化方程来考虑温度场的变化，也就是所谓的双分布函数 LB 模型。

在双分布函数 LB 模型中，方程 4-31 中的密度分布函数 $f_{\sigma,\alpha}$ 用来表征流体质量迁移，下面演化方程中的温度分布函数 $g_\alpha$ 用来表示热量的对流-扩散。

$$g_\alpha(\boldsymbol{x}+\boldsymbol{e}_\alpha\Delta t, t+\Delta t)-g_\alpha(\boldsymbol{x},t)=-\frac{1}{\tau_{\mathrm{T}}}\left[g_\alpha(\boldsymbol{x},t)-g_\alpha^{\mathrm{eq}}(\boldsymbol{x},t)\right]+\boldsymbol{S}_{\mathrm{T}} \tag{4-31}$$

式中，$\tau_{\mathrm{T}}$ 为温度场的无量纲离散时间，与热扩散率 $D_{\mathrm{T}}$ 间的关系和等温模型中密度场的无量纲时间 $\tau_\sigma$ 与运动黏度 $\upsilon_\sigma$ 间的关系类似，满足 $D_{\mathrm{T}}=c_{\mathrm{s}}^2(\tau_{\mathrm{T}}-0.5)$。$\boldsymbol{S}_{\mathrm{T}}$ 为相关热源项，$g_\alpha^{\mathrm{eq}}(\boldsymbol{x},t)$ 为在位置 $\boldsymbol{x}$ 和时间 $t$，沿 $\alpha$ 方向的密度分布函数(不同文献选取的形式有差别)，用于推导出正确的宏观对流-扩散方程：

$$g_\alpha^{\mathrm{eq}}=\omega_\alpha T\left(1+\frac{\boldsymbol{e}_\alpha\cdot\boldsymbol{u}^{\mathrm{eq}}}{c_{\mathrm{s}}^2}+\frac{\boldsymbol{e}_\alpha\cdot(\boldsymbol{u}^{\mathrm{eq}})^2}{2c_{\mathrm{s}}^4}-\frac{(\boldsymbol{u}^{\mathrm{eq}})^2}{2c_{\mathrm{s}}^2}\right) \tag{4-32}$$

式中，温度 $T$ 满足 $T=\sum\limits_\alpha g_\alpha$；$\boldsymbol{u}^{\mathrm{eq}}$ 为平衡速度。注意文献中针对传热过程的研究一般依旧忽略真实密度和黏度比的影响，但一般认为真实流体物性的考虑能更精确地模拟传热机理和相变过程，因此理想的双分布函数 LB 模型应该是对 4.2.3 节中考虑真实流体物性的等温 LB 模型的改造，而非原始的 Shan-Chen 模型。此外，文献中以质子交换膜燃料电池为对象的 LB 传热研究很少[86]，尤其是对受微观结构影响较大的多孔电极内部的传热问题。因此，基于修正的 LB 模型和双分布函数方法，建立全面的 LB 传热传质耦合模型，是研究不同微观结构下电化学反应、电阻、相变等产热吸热所导致的传热现象的发展方向。

### 3. 微尺度下的电极动力学

目前限制质子交换膜燃料电池性能提升的主要因素包括缓慢的电极动力学和复杂的水热管理。其中，缓慢的电极动力学主要是受阴极缓慢的氧气还原反应拖累，有研究表明，阴极氧气还原反应速率约为阳极氢气氧化反应速率的 1/6～1/4。此外，氧气还原反应为放热反应，生成物为水，说明有效的水热传输也与阴极催化层内的电化学反应密切相关。前面催化层重构部分的工作已经强调了微观结构(催化剂微粒的大小、表面形态、电子结构和载体结构、电解质的含量和分布等)对催化剂活性、反应气体有效传输和离子传导的重要性，因此亟需建立微尺度的催化层模型，探索电极微观结构、传热传质过程和电化学反应之间的耦合规律，以提升电化学反应速率和降低贵金属催化剂载量。

传统的宏观数值模型处理催化层的方法是将催化层视作各向同性的多孔材料，使用孔隙率、电解质含量、有效扩散系数、渗透率和热导率等表征材料的结构和传输物性，使用估计的参考电流密度和反应传递系数等表征电流密度和活化过电势间的关系，忽略了微观结构对这些传输过程和反应速率的影响，这不能满足人们探索微观规律和宏观设计间关系的需求，因此研究人员又陆续发展了一系列的催化层模型，主要可以分为三类：界面模型(thin-film)、均相模型(discrete-volume)和结块模型(agglomerate)。有研究人员基于有限体积方法，比较了三种方法模拟催化层的特点，结果表明，只有考虑催化层实际结构的结块模型能够捕捉高电流密度工况下的质量传输限制现象[87]，本书在下一章单电池的模拟会详细介绍结块模型。

本节主要目的在于介绍 LB 方法在催化层模拟上的可行性，并较为详细地说明如何开展这部分的模拟工作。事实上，2010 年前，关于 LB 方法是否适用于催化层模拟的争论一直存在，主要是围绕着 LB 方法是否能够很好地处理电化学反应，直到近些年相关工作逐渐开展起来，大家才意识到 LB 方法在模拟电极动力学上也是强有力的工具。

尽管 LB 方法在处理复杂的结构边界上具有明显的优势，但是早期的许多 LB 研究也是基于简化处理的催化层。2010 年，Ostadi 等[88]使用多组分单相 LB 模型研究阴极扩散层内的多组分气体传输问题，他们的模型首次尝试将催化层考虑进来，不过催化层被简化成薄膜平面用于定义流动边界(气体组分分压和流率)，而且假设整个催化层平面内的电流密度分布均匀。Chen 等[89]同样在模型中将催化层简化成扩散层底部一侧的界面；在后续工作[90]中，催化层不再被视作界面，而是简化成规则的结构，孔隙和固体结构间隔分布；在最近的工作[52]中，三维的催化层纳米结构基于随机生长四参数生成法(quartet structure generation set，QSGS)重建而成，该方法能够自由地控制碳骨架、电解质和铂粉的含量和分布，并能通过它们调整催化层的孔隙率、孔隙分布和比表面积等参数，基于重构的催化层和 LB 方法，研究结果发现催化层微观结构对组分的有效扩散系数有显著影响，模拟得到的迂曲率要大于 Bruggeman 近似估计的值，LB 模拟的质子传导率和文献[91]中模拟结果接近，但远低于实验测得的值[92]，表明质子传输除了电解质外可能另有其他路径，比如在液态水中传输[93]。需要提出的是，该工作在重建 CL 时，假设碳载体是由一个个的碳相格点堆积形成，而非真实的球状结构，因此形成的孔隙在尺寸和分布上仍与真实结构存在一定的差距。Molaeimanesh 等[94]假设 CL 由随机分布的椭球构成，基于 LB 方法和有限方法建立了三维 CL 结块模型，研究了不同 CL 结构时孔隙区域的气体组分浓度分布、电解质内的离子电势分布以及膜和 CL 界面处电流密度的分布，不过由于忽略了铂粉的存在和结块内部的详细结构，该模型无法获取三相界面附近详细的分布特性。这些工作[88-91, 94, 95]均是通过在 LB 演化方程的右侧加入额外的源项来考虑电化学反应的影响，源项大小和电流密度成正比，而电流密度通过 Butler-Volmer 方程与催化层表面附近的氧气浓度相关联，或是将化学反应的影响直接反映为活化格点处组分密度分布函数的变化[96, 97]。

这里对文献[96, 97]提出的表面反应 LB 模型进行介绍，只考虑水蒸气和氧气两个组分，即假设阴极供给的是纯氧，相变过程和传热过程均不考虑。具体思路是：①将重构的催化层转换为程序语言；②求解组分的 LB 演化方程获得流场信息和密度分布；③根据活化表面附近的反应气体浓度和规定的过电势，通过 Butler-Volmer 方程计算出该位置的反应速率；④根据③中的反应速率和化学方程式，计算出该位置反应物的消耗和生成物的增加速率；⑤通过修改壁面边界分布函数反映物质量的前后变化，并执行下一次迭代。下面对上述五个步骤进行详细说明。

第一步：主要是催化层的重构工作，重建结构的精细程度决定了 LB 模拟的计算量和简化程度，具体过程可以参见 4.3.2 节。这里简单地将催化层处理成气相和固相进行说明，重构的催化层一般是导出为数据矩阵，流体区域值为 0，固体区域值为 1。这样通过矩阵数值程序能够迅速地定位固体格点所处的位置，在 LB 方法中一般使用具有二阶精度的半反弹格式实现固体壁面的无滑移边界。半反弹格式假设沿某个方向射向壁面的粒子沿相反方向反弹回来，如此简单的反弹机制正是 LB 方法区别于其他方法在处理多孔介质复杂结构边界上的优势。

第二步：设定 LB 模型所使用的密度分布函数演化方程、平衡分布函数、组分的有效质量函数、流体间及流固间作用力的计算方程和耦合方式等均与多组分两相原始 Shan-Chen 模型相同。在此条件下通过迭代，可以获得流动过程中的流场信息和密度分布。

第三步：阴极氧气还原反应化学方程式为 $O_2+4H^++4e^- \rightleftharpoons 2H_2O$，反应速率 $r$ 和电流密度 $j$ 相关联，$r=\dfrac{j}{4F}$，$F$ 为法拉第常数，而电流密度 $j$ 通过 Butler-Volmer 方程与局部氧气浓度/密度和活化过电势 $\eta$ 相联系为

$$r=\frac{j}{4F}=\left\{\frac{a}{4F}\frac{j^{\mathrm{ref}}}{\rho_{O_2}^{\mathrm{ref}}}\left[\exp\left(\frac{\alpha_{\mathrm{f}}F\eta}{R_{\mathrm{L}}T}\right)-\exp\left(-\frac{\alpha_{\mathrm{r}}F\eta}{R_{\mathrm{L}}T}\right)\right]\right\}\rho_{O_2} \tag{4-33}$$

式中，$j^{\text{ref}}$ 为参考电流密度；$\rho_{\text{O}_2}^{\text{ref}}$ 为参考氧气密度；$\alpha_{\text{f}}$ 为正向反应传递系数；$\alpha_{\text{r}}$ 为逆向反向的传递系数；$R_{\text{L}}$ 为理想气体常数；$T$ 为局部温度(等温 LB 模型中假设为常值)。注意在文献[96]的研究工作中，由于催化层被简化成平面，无法考虑微观结构的影响，该研究在式(4-33)的等式右边乘以了一个用来表征催化层迂曲率的参数 $a$，但是如果第一步中重构的催化层具有更复杂和接近真实的固体结构，微观结构的影响则可以直接反映在质量传输和活化区域的判定上，无须乘以参数 $a$ 或者将 $a$ 取值为 1 即可。假定氧气还原反应为一级反应，则反应速率改写成 $r = k_{\text{sr}}\rho_{\text{O}_2}$，因此催化层内活化表面的反应常数 $k_{\text{sr}}$ 可以表述为

$$k_{\text{sr}} = \frac{a}{4F}\frac{j^{\text{ref}}}{\rho_{\text{O}_2}^{\text{ref}}}\left[\exp\left(\frac{\alpha_{\text{f}}F\eta}{R_{\text{L}}T}\right) - \exp\left(-\frac{\alpha_{\text{r}}F\eta}{R_{\text{L}}T}\right)\right] \tag{4-34}$$

然后，将计算得到的 $k_{\text{sr}}$ 转化为格子单位 $k_{\text{sr}}^{\text{LB}}$ 用于后续的计算。

第四步：将文献[97]提出的表面反应理论应用到氧气还原反应，则可以表述为：当氧气分子运动到活化表面，由于电化学反应，质量分数为 $s_{\text{O}_2}$ 的氧气在该位置消耗生成水蒸气，而剩余质量分数为 $1 - s_{\text{O}_2}$ 的氧气则继续保留。根据表面反应理论，在 D3Q19 和 D2Q9 架构的 LB 模型中反应速率应满足

$$r = \frac{1}{6}\frac{\Delta x}{\Delta t}s_{\text{O}_2}\rho_{\text{O}_2}(x_{\text{f}}) \tag{4-35}$$

式中，$\Delta x$ 为格子距离；$\Delta t$ 为格子时间；$\Delta x$ 和 $\Delta t$ 通常设置为 1；$\rho_{\text{O}_2}(x_{\text{f}})$ 为离该活化表面最近的流体格点的氧气密度。根据半反弹模式的定义，固体格点和离它最近的流体格点间的距离是 $\Delta x / 2$，设 $\rho_{\text{O}_2}(x_{\text{s}})$ 为该固体格点的氧气密度，$D_{\text{O}_2}$ 为氧气的扩散系数，此时应满足 $r = k_{\text{sr}}^{\text{LB}}\rho_{\text{O}_2}(x_{\text{s}})$，$\rho_{\text{O}_2}(x_{\text{f}}) = \rho_{\text{O}_2}(x_{\text{s}}) - 0.5\nabla_x(\rho_{\text{O}_2}(x_{\text{s}}))$ 和 $-D_{\text{O}_2}\nabla_x(\rho_{\text{O}_2}(x_{\text{s}})) = k_{\text{sr}}^{\text{LB}}\rho_{\text{O}_2}(x_{\text{s}})$，将此两式及式(4-35)、式(4-34)联立可以得到

$$s_{\text{O}_2} = 6k_{\text{sr}}^{\text{LB}} / \left(1 + \frac{k_{\text{sr}}^{\text{LB}}}{2D_{\text{O}_2}}\right) \tag{4-36}$$

第五步：第四步计算得到 $s_{\text{O}_2}$ 后，可以很容易地修改对应壁面格点反弹后的密度分布函数来反映电化学反应对氧气和水密度分布的影响。以图 4.15 为例，假设反应物氧气运动到活化表面，其反弹后的密度分布函数应为

$$f_{\text{O}_2,3} = (1 - s_{\text{O}_2})f_{\text{O}_2,1} \tag{4-37}$$

$$f_{\text{O}_2,6} = (1 - s_{\text{O}_2})f_{\text{O}_2,8} \tag{4-38}$$

$$f_{O_2,7} = (1 - s_{O_2}) f_{O_2,5} \tag{4-39}$$

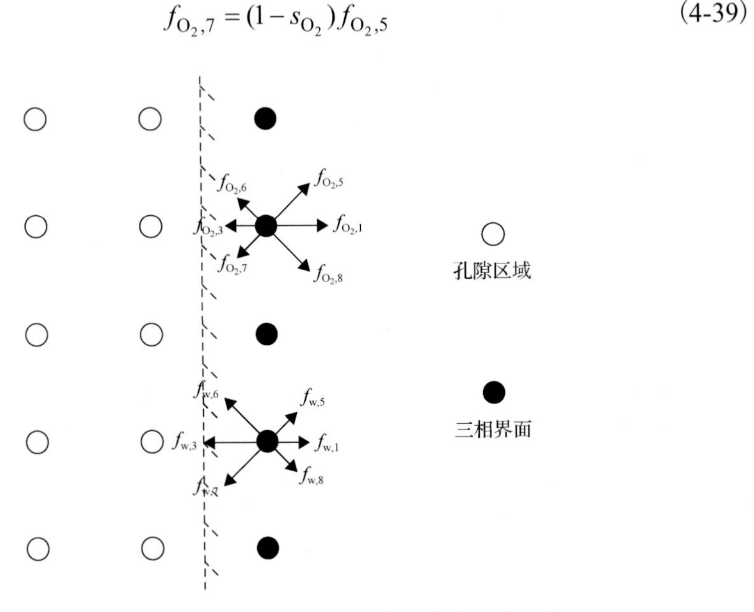


图 4.15　三相界面处的边界处理示意图（$f$ 为密度分布函数）

相应地，生成物水蒸气在活化表面反弹后的密度分布函数应为

$$f_{w,3} = 2\frac{MW_w}{MW_{O_2}} s_{O_2} f_{w,1} + f_{w,1} \tag{4-40}$$

$$f_{w,6} = 2\frac{MW_w}{MW_{O_2}} s_{O_2} f_{w,8} + f_{w,8} \tag{4-41}$$

$$f_{w,7} = 2\frac{MW_w}{MW_{O_2}} s_{O_2} f_{w,5} + f_{w,5} \tag{4-42}$$

式(4-40)～式(4-42)中，$MW_w$ 为水的摩尔质量；$MW_{O_2}$ 为氧气的摩尔质量。显然，当反应速率很快，即 $k_{sr}^{LB} \to \infty$ 时，活化表面附近的氧气会全部消耗，此时应满足 $\rho_{O_2}(x_f)=\sum_{\alpha} f_{O_2,\alpha} = 0$。根据式(4-40)～式(4-42)，$s_{O_2}$ 应该等于 2 或者是趋近 2 的值，此时由式(4-41)可以求得氧气的扩散系数 $D_{O_2} = \frac{1}{6}$。

这样上面的 LB 模型就可以成功地模拟多组分单相气体环境下的电化学反应，不过由于简化了许多物理过程，上述模型可以很大的提升空间，如以下几方面。

(1) 模型没有考虑生成物为液态水，液态水的存在会覆盖活化表面和堵塞氧气传输的孔通道，影响反应速率。解决这个问题首先必须基于多组分两相模型，也就是需要在模型中考虑使水组分分离成液态水和水蒸气的作用力；其次在活化表面附近流体格点需要建立判断函数，当此格点氧气参与反应消耗生成液态水时，下一步此格点应判断为由液态水占据。

(2) 模型应考虑流体的真实物性，更加真实地描述传输过程和电化学反应。

(3) 温度对电化学反应速率有很大影响，因此传热过程也应加以考虑，可以通过 4.3.4 节中介绍的双分布函数热格子模型实现。

在最新的工作[98]中，研究人员基于重建的催化层微观结构(考虑了碳载体、电解质和铂粉的微观形貌)，建立了考虑电化学反应的 LB 单相模型，研究了催化层不同电解质和电极质量比、铂载量和碳载体尺寸对氧气传输过程和电化学反应的影响。研究结果表明，微观结构变化导致的孔隙直径和有效铂粉数量的差异，直接影响氧气扩散过程和电化学反应快慢。电解质含量和铂载量增加可以增加有效铂粉数量，形成更多的三相界面，但与此同时，也会造成孔隙尺寸的减小，使氧气传输变得困难，氧气稀薄区域(越靠近质子膜一侧越明显)的铂粉利用率会变得很低。提升碳载体直径对增强催化剂利用率和氧气扩散均有收益，但由于模型未考虑液态水的存在，其他方面的影响仍需要进一步的研究。

图 4.16 给出了不同碳载体直径范围下孔直径的分布概率和沿厚度方向被电解质覆盖的铂粉颗粒数量。图 4.17 给出了不同碳载体直径范围下稳定状态的氧气浓度分布云图，更多结果分析读者可关注作者最新发表的成果[98]。总体来说，催化层参数的选取和结构的设计应足够仔细，在保证足够的质子电导率和铂粉利用率的基础上，应避免孔隙减小导致氧气传输过于困难的情况，有序电极开发是下一阶段催化层结构设计的发展方向。

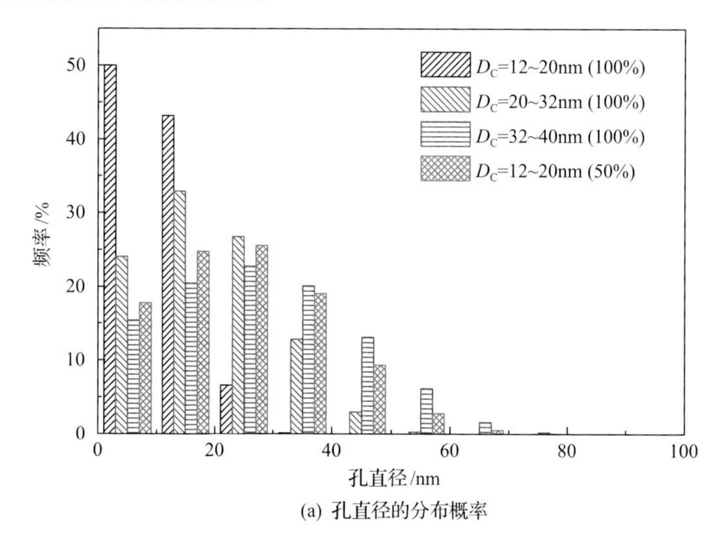


(a) 孔直径的分布概率

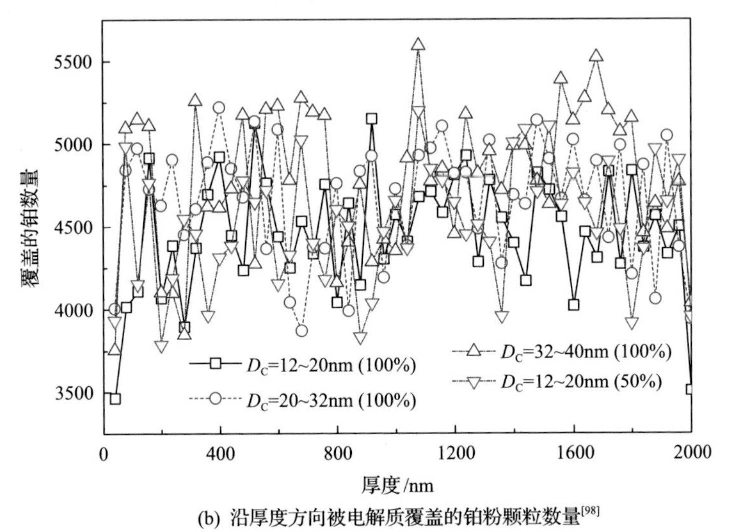


(b) 沿厚度方向被电解质覆盖的铂粉颗粒数量[98]

图 4.16 不同碳载体直径范围下孔隙直径和有效铂粉的分布特征[57]

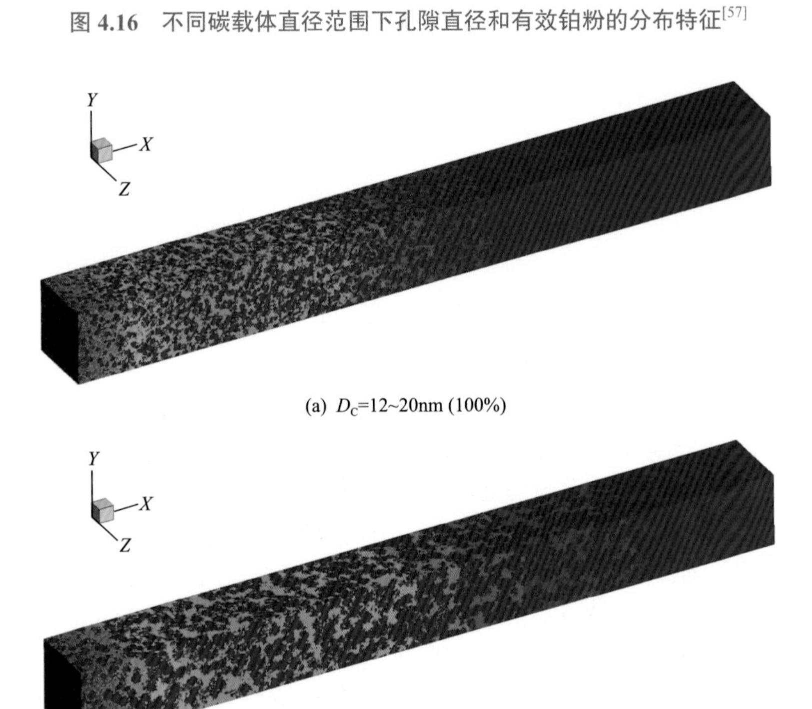


(a) $D_C$=12~20nm (100%)

(b) $D_C$=20~32nm (100%)

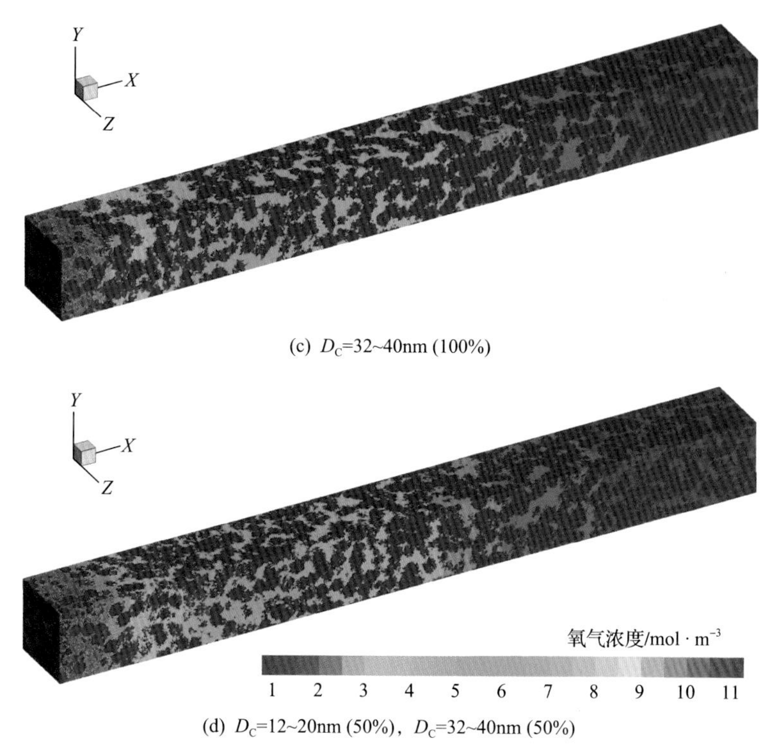


(c) $D_C$=32~40nm (100%)

(d) $D_C$=12~20nm (50%)，$D_C$=32~40nm (50%)

图 4.17　不同碳载体直径范围下，稳定状态时的氧气浓度分布云图

# 本 章 小 结

本章具体分析了质子交换膜燃料电池流道和多孔电极内的传热传质现象及电化学反应机理，强调了多相流动过程中运动界面处理及多孔介质微观结构影响的重要性，并指出了各部件数值仿真的难点和研究现状及今后的发展方向。

总体来说，VOF 方法和 LB 方法是目前研究流道内多相流动的两种有效手段，VOF 方法需要继续发展更高精度的动态接触角方程来捕捉运动界面的表面张力变化，而 LB 方法需要解决真实物性下的多相边界定义问题。多孔电极部分由于连续介质假设的限制，VOF 方法仅局限于孔隙较大的扩散层内的研究，而 LB 方法由于微观的粒子背景，可以应用于孔隙尺度更小的微孔层和催化层内的研究，不过当前传热模型和电化学反应模拟均基于许多的假设，仍有很大的提升空间。

## 参 考 文 献

[1] Ferreira R B, Falcão D S, Oliveira V B, et al. Numerical simulations of two-phase flow in proton exchange membrane fuel cells using the volume of fluid method: A review[J]. Journal of Power Sources, 2015, 277: 329-342.

[2] Qin C, Rensink D, Fell S, et al. Two-phase flow modeling for the cathode side of a polymer electrolyte fuel cell[J]. Journal of Power Sources, 2012, 197: 136-144.

[3] She D, Kaufman R, Lim H, et al. Front-tracking Methods[M]. Amsterdam: Elsevier, 2016.

[4] Zhu J, Qiu J, Liu T, et al. RKDG methods with WENO type limiters and conservative interfacial procedure for one-dimensional compressible multi-medium flow simulations[J]. Applied Numerical Mathematics, 2011, 61(4): 554-580.

[5] Klimeš L, Mauder T, Charvát P, et al. Front tracking in modelling of latent heat thermal energy storage: Assessment of accuracy and efficiency, benchmarking and GPU-based acceleration[J]. Energy, 2018, 155: 297-311.

[6] Osher S, Sethian J A. Fronts propagating with curvature-dependent speed: Algorithms based on Hamilton-Jacobi formulations[J]. Journal of Computational Physics, 1988, 79(1): 12-49.

[7] Noh W F, Woodward P. SLIC (simple line interface calculation)[C]. Proceedings of the Fifth International Conference on Numerical Methods in Fluid Dynamics June 28-July 2, 1976 Twente University, Enschede. Springer, Berlin, Heidelberg, 1976: 330-340.

[8] Hirt C W, Nichols B D. Volume of fluid (VOF) method for the dynamics of free boundaries[J]. Journal of Computational Physics, 1981, 39(1): 201-225.

[9] Youngs D L. Time-dependent multi-material flow with large fluid distortion[J]. Numerical Methods for Fluid Dynamics, 1982.

[10] Haghshenas M, Wilson J A, Kumar R. Algebraic coupled level set-volume of fluid method for surface tension dominant two-phase flows[J]. International Journal of Multiphase Flow, 2017, 90: 13-28.

[11] Singh N K, Premachandran B. A coupled level set and volume of fluid method on unstructured grids for the direct numerical simulations of two-phase flows including phase change[J]. International Journal of Heat and Mass Transfer, 2018, 122: 182-203.

[12] Kistler S F. Hydrodynamics of wetting[J]. Wettability, 1993, 6: 311-430.

[13] Theodorakakos A, Ous T, Gavaises M, et al. Dynamics of water droplets detached from porous surfaces of relevance to PEM fuel cells[J]. Journal of Colloid and Interface Science, 2006, 300(2): 673-687.

[14] Jiang M, Zhou B, Wang X. Comparisons and validations of contact angle models[J]. International Journal of Hydrogen Energy, 2018, 43(12): 6364-6378.

[15] Hoffman R L. A study of the advancing interface. I. Interface shape in liquid—gas systems[J]. Journal of Colloid and Interface Science, 1975, 50(2): 228-241.

[16] Shikhmurzaev Y D. Capillary Flows with Forming Interfaces[M]. Rotterdam Chapman and Hall: CRC, 2007.

[17] Molaeimanesh G R, Googarchin H S, Moqaddam A Q. Lattice Boltzmann simulation of proton exchange membrane fuel cells–A review on opportunities and challenges[J]. International Journal of Hydrogen Energy, 2016, 41(47): 22221-22245.

[18] Rothman D H, Keller J M. Immiscible cellular-automaton fluids[J]. Journal of Statistical Physics, 1988, 52(3-4): 1119-1127.

[19] Shan X, Chen H. Lattice Boltzmann model for simulating flows with multiple phases and components[J]. Physical Review E, 1993, 47(3): 1815.

[20] Shan X, Chen H. Simulation of nonideal gases and liquid-gas phase transitions by the lattice Boltzmann equation[J]. Physical Review E, 1994, 49(4): 2941.

[21] Swift M R, Osborn W R, Yeomans J M. Lattice Boltzmann simulation of nonideal fluids[J]. Physical Review Letters, 1995, 75(5): 830.

[22] Swift M R, Orlandini E, Osborn W R, et al. Lattice Boltzmann simulations of liquid-gas and binary fluid systems[J]. Physical Review E, 1996, 54(5): 5041.

[23] Lee H C, Bawazeer S, Mohamad A A. Boundary conditions for lattice Boltzmann method with multispeed lattices[J]. Computers & Fluids, 2018, 162: 152-159.

[24] Chen Z, Shu C, Tan D. A simplified thermal lattice Boltzmann method without evolution of distribution functions[J]. International Journal of Heat and Mass Transfer, 2017, 105: 741-757.

[25] Bouzidi M, d'Humières D, Lallemand P, et al. Lattice Boltzmann equation on a two-dimensional rectangular grid[J]. Journal of Computational Physics, 2001, 172(2): 704-717.

[26] Qian Y H, d'Humières D, Lallemand P. Lattice BGK models for Navier-Stokes equation[J]. EPL (Europhysics Letters), 1992, 17(6): 479.

[27] Chen L, Kang Q, Mu Y, et al. A critical review of the pseudopotential multiphase lattice Boltzmann model: Methods and applications[J]. International Journal of Heat and Mass Transfer, 2014, 76: 210-236.

[28] Li Q, Luo K H, Li X J. Lattice Boltzmann modeling of multiphase flows at large density ratio with an improved pseudopotential model[J]. Physical Review E, 2013, 87(5): 053301.

[29] Bao J, Schaefer L. Lattice Boltzmann equation model for multi-component multi-phase flow with high density ratios[J]. Applied Mathematical Modelling, 2013, 37(4): 1860-1871.

[30] Hu A, Li L, Chen S, et al. On equations of state in pseudo-potential multiphase lattice Boltzmann model with large density ratio[J]. International Journal of Heat and Mass Transfer, 2013, 67: 159-163.

[31] Li Q, Luo K H, Li X J. Forcing scheme in pseudopotential lattice Boltzmann model for multiphase flows[J]. Physical Review E, 2012, 86(1): 016709.

[32] Stiles C D, Xue Y. High density ratio lattice Boltzmann method simulations of multicomponent multiphase transport of $H_2O$ in air[J]. Computers & Fluids, 2016(131): 81-90.

[33] Lycett-Brown D, Luo K H. Improved forcing scheme in pseudopotential lattice Boltzmann methods for multiphase flow at arbitrarily high density ratios[J]. Physical Review E, 2015, 91(2): 023305.

[34] Xu A, Zhao T S, An L, et al. A three-dimensional pseudo-potential-based lattice Boltzmann model for multiphase flows with large density ratio and variable surface tension[J]. International Journal of Heat and Fluid Flow, 2015, 56: 261-271.

[35] Li Q, Luo K H. Achieving tunable surface tension in the pseudopotential lattice Boltzmann modeling of multiphase flows[J]. Physical Review E, 2013, 88(5): 053307.

[36] Deng H, Jiao K, Hou Y, et al. A lattice Boltzmann model for multi-component two-phase gas-liquid flow with realistic fluid properties[J]. International Journal of Heat and Mass Transfer, 2019, 128: 536-549.

[37] Hou Y, Deng H, Du Q, et al. Multi-component multi-phase lattice Boltzmann modeling of droplet coalescence in flow channel of fuel cell[J]. Journal of Power Sources, 2018, 393: 83-91.

[38] Lou Q, Guo Z, Shi B. Evaluation of outflow boundary conditions for two-phase lattice Boltzmann equation[J]. Physical review E, 2013, 87(6): 063301.

[39] Niu Z, Jiao K, Zhang F, et al. Direct numerical simulation of two-phase turbulent flow in fuel cell flow channel[J]. International Journal of Hydrogen Energy, 2016, 41(4): 3147-3152.

[40] Niu Z, Wang R, Jiao K, et al. Direct numerical simulation of low Reynolds number turbulent air-water transport in fuel cell flow channel[J]. Science bulletin, 2017, 62(1): 31-39.

[41] Mathias M F, Roth J, Fleming J, et al. Diffusion media materials and characterisation[J]. Handbook of Fuel Cells, 2010.

[42] Quick C, Ritzinger D, Lehnert W, et al. Characterization of water transport in gas diffusion media[J]. Journal of Power Sources, 2009, 190(1): 110-120.
[43] Ito H, Iwamura T, Someya S, et al. Effect of through-plane polytetrafluoroethylene distribution in gas diffusion layers on performance of proton exchange membrane fuel cells[J]. Journal of Power Sources, 2016, 306: 289-299.
[44] Niu Z, Jiao K, Wang Y, et al. Numerical simulation of two-phase cross flow in the gas diffusion layer microstructure of proton exchange membrane fuel cells[J]. International Journal of Energy Research, 2018, 42(2): 802-816.
[45] Kannan A M, Munukutla L. Carbon nano-chain and carbon nano-fibers based gas diffusion layers for proton exchange membrane fuel cells[J]. Journal of Power Sources, 2007, 167(2): 330-335.
[46] Jung G B, Tzeng W J, Jao T C, et al. Investigation of porous carbon and carbon nanotube layer for proton exchange membrane fuel cells[J]. Applied energy, 2013, 101: 457-464.
[47] Kim K N, Kang J H, Lee S G, et al. Lattice Boltzmann simulation of liquid water transport in microporous and gas diffusion layers of polymer electrolyte membrane fuel cells[J]. Journal of Power Sources, 2015, 278: 703-717.
[48] Zhang D, Cai Q, Gu S. Three-dimensional lattice-Boltzmann model for liquid water transport and oxygen diffusion in cathode of polymer electrolyte membrane fuel cell with electrochemical reaction[J]. Electrochimica Acta, 2018, 262: 282-296.
[49] Sasabe T, Deevanhxay P, Tsushima S, et al. Soft X-ray visualization of the liquid water transport within the cracks of micro porous layer in PEMFC[J]. Electrochemistry Communications, 2011, 13(6): 638-641.
[50] Wargo E A, Schulz V P, Cecen A, et al. Resolving macro-and micro-porous layer interaction in polymer electrolyte fuel cells using focused ion beam and X-ray computed tomography[J]. Electrochimica Acta, 2013, 87: 201-212.
[51] Siddique N A, Liu F. Process based reconstruction and simulation of a three-dimensional fuel cell catalyst layer[J]. Electrochimica Acta, 2010, 55(19): 5357-5366.
[52] Chen L, Wu G, Holby E F, et al. Lattice Boltzmann pore-scale investigation of coupled physical-electrochemical processes in C/Pt and non-precious metal cathode catalyst layers in proton exchange membrane fuel cells[J]. Electrochimica Acta, 2015, 158: 175-186.
[53] Sun W, Peppley B A, Karan K. An improved two-dimensional agglomerate cathode model to study the influence of catalyst layer structural parameters[J]. Electrochimica Acta, 2005, 50(16-17): 3359-3374.
[54] Kim S H, Pitsch H. Reconstruction and effective transport properties of the catalyst layer in PEM fuel cells[J]. Journal of the Electrochemical Society, 2009, 156(6): B673-B681.
[55] Lange K J, Sui P C, Djilali N. Pore scale modeling of a proton exchange membrane fuel cell catalyst layer: Effects of water vapor and temperature[J]. Journal of Power Sources, 2011, 196(6): 3195-3203.
[56] Park J W, Jiao K, Li X. Numerical investigations on liquid water removal from the porous gas diffusion layer by reactant flow[J]. Applied Energy, 2010, 87(7): 2180-2186.
[57] Yin Y, Wu T, He P, et al. Numerical simulation of two-phase cross flow in microstructure of gas diffusion layer with variable contact angle[J]. International Journal of Hydrogen Energy, 2014, 39(28): 15772-15785.
[58] Niu Z, Jiao K, Wang Y, et al. Numerical simulation of two-phase cross flow in the gas diffusion layer microstructure of proton exchange membrane fuel cells[J]. International Journal of Energy Research, 2018, 42(2): 802-816.
[59] Tomadakis M M, Robertson T J. Viscous permeability of random fiber structures: comparison of electrical and diffusional estimates with experimental and analytical results[J]. Journal of Composite Materials, 2005, 39(2): 163-188.
[60] Wang L P, Afsharpoya B. Modeling fluid flow in fuel cells using the lattice-Boltzmann approach[J]. Mathematics and Computers in Simulation, 2006, 72(2-6): 242-248.

[61] Hao L, Cheng P. Lattice Boltzmann simulations of anisotropic permeabilities in carbon paper gas diffusion layers[J]. Journal of Power Sources, 2009, 186(1): 104-114.

[62] Ostadi H, Rama P, Liu Y, et al. Nanotomography based study of gas diffusion layers[J]. Microelectronic Engineering, 2010, 87(5-8): 1640-1642.

[63] Rama P, Liu Y, Chen R, et al. An X-ray tomography based lattice Boltzmann simulation study on gas diffusion layers of polymer electrolyte fuel cells[J]. Journal of Fuel Cell Science and Technology, 2010, 7(3): 031015.

[64] Rama P, Liu Y, Chen R, et al. Determination of the anisotropic permeability of a carbon cloth gas diffusion layer through X-ray computer micro - tomography and single-phase lattice Boltzmann simulation[J]. International Journal for Numerical Methods in Fluids, 2011, 67(4): 518-530.

[65] Hao L, Cheng P. Capillary pressures in carbon paper gas diffusion layers having hydrophilic and hydrophobic pores[J]. International Journal of Heat and Mass Transfer, 2012, 55(1-3): 133-139.

[66] Rosén T, Eller J, Kang J, et al. Saturation dependent effective transport properties of PEFC gas diffusion layers[J]. Journal of the Electrochemical Society, 2012, 159(9): F536-F544.

[67] Yablecki J, Hinebaugh J, Bazylak A. Effect of liquid water presence on PEMFC GDL effective thermal conductivity[J]. Journal of the Electrochemical Society, 2012, 159(12): F805-F809.

[68] Gao Y, Zhang X, Rama P, et al. An improved MRT lattice Boltzmann model for calculating anisotropic permeability of compressed and uncompressed carbon cloth gas diffusion layers based on X-ray computed micro-tomography[J]. Journal of Fuel Cell Science and Technology, 2012, 9(4): 041010.

[69] Gao Y, Zhang X X, Rama P, et al. Modeling Fluid Flow in the Gas Diffusion Layers in PEMFC Using the Multiple Relaxation-time Lattice Boltzmann Method[J]. Fuel Cells, 2012, 12(3): 365-381.

[70] Tomadakis M M, Sotirchos S V. Ordinary and transition regime diffusion in random fiber structures[J]. AIChE Journal, 1993, 39(3): 397-412.

[71] Nam J H, Kaviany M. Effective diffusivity and water-saturation distribution in single-and two-layer PEMFC diffusion medium[J]. International Journal of Heat and Mass Transfer, 2003, 46(24): 4595-4611.

[72] Zhou X, Niu Z, Li Y, et al. Investigation of two-phase flow in the compressed gas diffusion layer microstructures[J]. International Journal of Hydrogen Energy, 2019, 44(48): 26498-26516.

[73] Ostadi H, Rama P, Liu Y, et al. 3D reconstruction of a gas diffusion layer and a microporous layer[J]. Journal of Membrane Science, 2010, 351(1-2): 69-74.

[74] Kim S H, Pitsch H. Reconstruction and effective transport properties of the catalyst layer in PEM fuel cells[J]. Journal of the Electrochemical Society, 2009, 156(6): B673-B681.

[75] Wu W, Jiang F. Microstructure reconstruction and characterization of PEMFC electrodes[J]. International Journal of Hydrogen Energy, 2014, 39(28): 15894-15906.

[76] Chen L, Wu G, Holby E F, et al. Lattice Boltzmann pore-scale investigation of coupled physical-electrochemical processes in C/Pt and non-precious metal cathode catalyst layers in proton exchange membrane fuel cells[J]. Electrochimica Acta, 2015, 158: 175-186.

[77] Jinuntuya F, Whiteley M, Chen R, et al. The effects of gas diffusion layers structure on water transportation using X-ray computed tomography based Lattice Boltzmann method[J]. Journal of Power Sources, 2018, 378: 53-65.

[78] Jeon D H, Kim H. Effect of compression on water transport in gas diffusion layer of polymer electrolyte membrane fuel cell using lattice Boltzmann method[J]. Journal of Power Sources, 2015, 294: 393-405.

[79] Kim K N, Kang J H, Lee S G, et al. Lattice Boltzmann simulation of liquid water transport in microporous and gas diffusion layers of polymer electrolyte membrane fuel cells[J]. Journal of Power Sources, 2015, 278: 703-717.

[80] Deng H, Hou Y, Jiao K. Lattice Boltzmann simulation of liquid water transport inside and at interface of gas diffusion and micro-porous layers of PEM fuel cells[J]. International Journal of Heat and Mass Transfer, 2019, 140: 1074-1090.

[81] Teixeira C, Chen H, Freed D M. Multi-speed thermal lattice Boltzmann method stabilization via equilibrium under-relaxation[J]. Computer Physics Communications, 2000, 129(1-3): 207-226.

[82] Frapolli N, Chikatamarla S S, Karlin I. Simulations of heated bluff-bodies with the multi-speed entropic lattice Boltzmann method[J]. Journal of Statistical Physics, 2015, 161(6): 1434-1452.

[83] Chen Z, Shu C, Tan D. A simplified thermal lattice Boltzmann method without evolution of distribution functions[J]. International Journal of Heat and Mass Transfer, 2017, 105: 741-757.

[84] Suzuki K, Kawasaki T, Furumachi N, et al. A thermal immersed boundary–lattice Boltzmann method for moving-boundary flows with Dirichlet and Neumann conditions[J]. International Journal of Heat and Mass Transfer, 2018, 121: 1099-1117.

[85] Wang Y, Shu C, Teo C J. Thermal lattice Boltzmann flux solver and its application for simulation of incompressible thermal flows[J]. Computers & Fluids, 2014, 94: 98-111.

[86] Jithin M, Siddharth S, Das M K, et al. Simulation of coupled heat and mass transport with reaction in PEM fuel cell cathode using lattice Boltzmann method[J]. Thermal Science and Engineering Progress, 2017, 4: 85-96.

[87] Harvey D, Pharoah J G, Karan K. A comparison of different approaches to modelling the PEMFC catalyst layer[J]. Journal of Power Sources, 2008, 179(1): 209-219.

[88] Ostadi H, Jiang K, Prewett P D. Micro/nano X-ray tomography reconstruction fine-tuning using scanning electron microscope images[J]. Micro & Nano Letters, 2008, 3(4): 106-109.

[89] Chen L, Luan H B, He Y L, et al. Pore-scale flow and mass transport in gas diffusion layer of proton exchange membrane fuel cell with interdigitated flow fields[J]. International Journal of Thermal Sciences, 2012, 51: 132-144.

[90] Chen L, Wu G, Holby E F, et al. Lattice Boltzmann Pore-Scale Investigation of Coupled Physical-electrochemical Processes in C/Pt and Non-Precious Metal Cathode Catalyst Layers in Proton Exchange Membrane Fuel Cells[J]. Electrochimica Acta, 2015, 158: 175-186.

[91] Lange K J, Sui P C, Djilali N. Pore scale modeling of a proton exchange membrane fuel cell catalyst layer: Effects of water vapor and temperature[J]. Journal of Power Sources, 2011, 196(6): 3195-3203.

[92] Liu Y, Murphy M W, Baker D R, et al. Proton conduction and oxygen reduction kinetics in PEM fuel cell cathodes: effects of ionomer-to-carbon ratio and relative humidity[J]. Journal of the Electrochemical Society, 2009, 156(8): B970-B980.

[93] Choi P, Jalani N H, Datta R. Thermodynamics and proton transport in Nafion II. Proton diffusion mechanisms and conductivity[J]. Journal of the Electrochemical Society, 2005, 152(3): E123-E130.

[94] Molaeimanesh G R, Bamdezh M A, Nazemian M. Impact of catalyst layer morphology on the performance of PEM fuel cell cathode via lattice Boltzmann simulation[J]. International Journal of Hydrogen Energy, 2018, 43(45): 20959-20975.

[95] Stiles C D, Xue Y. Lattice Boltzmann simulation of transport phenomena in nanostructured cathode catalyst layer for proton exchange membrane fuel cells[J]. MRS Online Proceedings Library Archive, 2012, 1384.

[96] Molaeimanesh G R, Akbari M H. A pore-scale model for the cathode electrode of a proton exchange membrane fuel cell by lattice Boltzmann method[J]. Korean Journal of Chemical Engineering, 2015, 32(3): 397-405.

[97] Kamali M R, Sundaresan S, Van den Akker H E A, et al. A multi-component two-phase lattice Boltzmann method applied to a 1-D Fischer–Tropsch reactor[J]. Chemical Engineering Journal, 2012, 207: 587-595.

[98] Deng H, Hou Y, Chen W, et al. Lattice Boltzmann simulation of oxygen diffusion and electrochemical reaction inside catalyst layer of PEM fuel cells[J]. International Journal of Heat and Mass Transfer, 2019, 143: 118538.

## 习题与实战

这里给出了一套生成扩散层纤维结构的代码，代码关键行标明了注释方便读者理解，代码基于 C 语言编写。作为练习，读者可以修改代码命令(代码见附录第 4 章)实现目标纤维结构生成，程序基于 7μm 的格子分辨率编写，读者可自行调整。

# 第 5 章　单电池水热管理与建模分析

本书前面几章已经详细介绍了质子交换膜燃料电池水热管理过程中所涉及的“水—电—热—气—力”等传输机制，具体来说，水热管理所涉及的物理过程主要包括气液两相流动、水相变、膜吸放水、气体组分传输、电化学反应、离子和电子传输以及热量传输等过程。上述物理过程之间的强烈耦合性使质子交换膜燃料电池水热管理变得异常复杂，除利用实验手段对其内部物理过程进行诊断与分析之外，借助数学手段建立合理的仿真模型以深入了解电池水热管理过程中的各种传输机制在目前也已得到了广泛应用。上一章已对质子交换膜燃料电池各个部件中的水热管理过程进行了深入细致的分析，并详细介绍了各物理过程研究所适用的仿真方法。在实际应用中，这些部件共同组成一片完整的质子交换膜燃料电池，并以此为单元组成燃料电池电堆进行工作。很明显，各个部件之间的传输过程会产生相互影响，因此，以单电池为研究单元对质子交换膜燃料电池进行仿真分析，对于优化其水热管理过程具有重要意义。本章将详细介绍以单电池为研究单元建立仿真模型的方法。

## 5.1　单电池水热管理仿真模型简介

上一章已经详细介绍了对质子交换膜燃料电池各部件中的水热管理过程进行仿真分析所适用的方法，将这些建模方法整合起来就可以构造出一个“完美的”单电池仿真模型是一种理所当然的想法。然而，读者仔细分析后就会发现，对于单电池不同部件中的水热管理过程，其适用的仿真尺度是大不相同的[1, 2]。举例来说，在时间尺度上，追踪电池流道内气液两相界面常用的 VOF 方法对应的时间尺度常常为 $1.0\times10^{-6}\sim1.0\times10^{-3}$s，而电池内液态水滴形成[2]、氮气跨膜渗透[3]等物理过程对应时间尺度则常常为 10～100s 甚至更长；在空间尺度上，电池流道特征尺寸一般在毫米或厘米量级，气体扩散层、微孔层、催化层和质子交换膜的孔隙则一般在微米甚至纳米量级。目前，将这些尺度下对应的仿真方法全部耦合在一起仍然是十分困难的，即使可能，其计算量也将是十分巨大的。实际上，对单电池水热管理建模分析而言，我们更多的是关心其在宏观尺度下的传输过程和电池性能。因此，在以单电池为研究单元对质子交换膜燃料电池水热管理进行建模分析时，我们可以忽略电池中多孔电极的真实孔隙结构和气液相界面，同时借助一些已知的理论或经验公式建立宏观尺度下单电池水热管理的仿真模型[4]。经过详细地实验验证之后，这类模型可以很好地反映电池在各种运行工况条件下的性能，并给出其内部各物理量分布情况，据此，我们就可以合理组织电池中水热管理过程。目前，该类模型已广泛应用于质子交换膜燃料电池的设计开发中。

根据模型建立维度的不同，可将质子交换膜燃料电池水热管理仿真模型分为零维、一维、二维、三维模型，其中，零维模型[5]常常被用于简单定性分析，并给出电池内部传输过程的一些简单规律。此外，为兼顾计算效率和仿真准确度，还可将一维模型在另一个维度进行叠加得到准二维模型[6, 7]，或者在另外两个维度同时叠加得到准三维模型[8]。根据模型是否基于真实电池结构建立，还可将模型分为 CFD（计算流体力学，computational fluid dynamics）数值模型[9, 10]和低维模型[11]。其中，CFD 数值模型大多为三维模型，也有少量二维模型，该类模型基于真实电池几何结构建立计算域，根据流体力学定律求解真实的流体（气体和液体）流动和组分传输过程，同时将其与电池中其他过程相耦合得到。三维 CFD 数值模型（如非特别说明，本章提到 CFD 数值模型均为三维模型）能够准确反映电池中各物理量的空间分布，特别地，当选取整个单电池作为计算域时，CFD 数值模型能够准确反映出电池流场结构设计对电池内部传输过程及其性能的影响[12]，当计算域扩大到电堆时，模型结果可以准确反映出电堆歧管设计对电池性能的影响。但是，CFD 数值模型计算效率往往较低，且很容易出现计算不收敛的情况，随着计算域的增大，其计算效率和稳定性一般也会进一步下降。低维模型则将质子交换膜燃料电池真实几何结构抽象为具体物理参数，如长度、厚度、高度等，因此不能反映电池内部真实流体流动过程和各物理量空间分布。同时，为简化模型建立过程，低维模型一般为垂直电池极板方向的一维模型，或对其进行叠加得到准二维、准三维模型。在低维模型中，通常选取包含一小段直流道在内的质子交换膜燃料电池作为研究对象。相比 CFD 数值模型，一维模型计算效率很高，可在很短的时间内快速得到各个工况下质子交换膜燃料电池性能，对于质子交换膜燃料电池水热管理优化过程中的参数敏感性分析等有重要意义。准二维模型则在计算效率和准确性之间达到了较好的平衡，可用于快速分析电池中某些物理量的分布特征，亦可用于电池长时间运行过程中各物理量变化过程，如阳极氢气循环带来的氮气跨膜渗透问题等。

## 5.2 CFD 数值模型

如前所述，CFD 数值模型基于真实质子交换膜燃料电池几何结构建立，因此，在建立 CFD 数值模型时，首先需要构建电池计算域，如图 5.1 所示，包括阴阳极极板（含流场）、气体扩散层、微孔层、催化层和质子交换膜等部件。实际计算过程中，CFD 数值模型往往只是截取一小段直流道作为计算域（图 5.1(b)），这样可以大大提升计算效率，并在一定程度上反映质子交换膜燃料电池单电池水热管理过程。更进一步地，我们可以将真实流场结构考虑在内，建立以实际单电池结构为计算域的 CFD 数值模型，分析流场结构设计对电池性能的影响，但是这大大增加了模型计算量，计算稳定性也会相应降低。我们甚至可以以包含若干单电池在内的电堆结构建立计算域，这样就可以分析电堆中单电池之间的相互影响。不过，由于其计算量十分巨大，目前这方面的研究还很少。

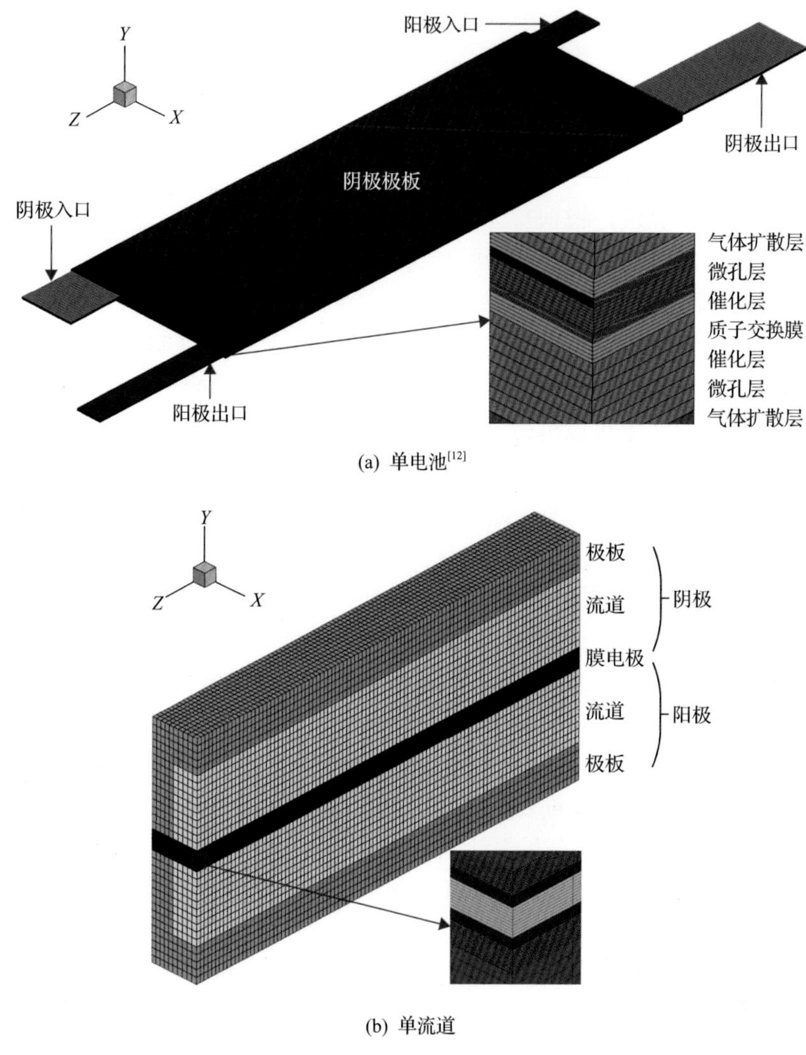


图 5.1　CFD 数值模型计算域

### 5.2.1　流场内气液两相流动过程仿真分析

上一章已经详细介绍过基于 VOF 两相流模型求解流道内气液两相流动的方

法，但是，在进行质子交换膜燃料电池单电池水热管理仿真分析时，由于 VOF 模型适用时间步长很小，很难在利用 VOF 两相流模型追踪流场内气液相界面的同时耦合其他传输过程。因此，在目前常见的单电池水热管理仿真分析中，人们往往忽略气液相界面的影响，并且假定流道内液态水以水雾状态存在[13]。实际上，该假设只有在电池进气化学计量比很高时才适用，尽管如此，人们仍然可以通过这种仿真方法分析、预测流场中液态水分布从而判断出流场中可能出现“水淹”现象的区域，从而改进流场设计。更进一步假设，可以认为流场内液态水很快被气体吹到出口外，这样流场内气液两相流动就可以简化为单相流动[14]，这将大大简化计算，在早期 CFD 数值模型中得到广泛应用。同时，结合质子交换膜燃料电池实际运行工况，还可以做出如下基本假设。

(1) 由于流速较低，假设电池流场内部流动为层流。

(2) 气体均为理想气体。

(3) 电池流场内气体扩散遵循菲克扩散定律。

基于以上假设，本章重点介绍采用饱和度模型模拟电池内部气液两相流动的方法，该模型本质上是在气相流动方程的基础上增加一个液态水守恒方程，其中液相速度认为与气相速度相同，其守恒方程组如下所示：

$$\frac{\partial}{\partial t}[\varepsilon(1-s)\rho_{\mathrm{g}}]+\nabla\cdot(\rho_{\mathrm{g}}\boldsymbol{u}_{\mathrm{g}})=S_{\mathrm{g}} \tag{5-1}$$

$$\begin{aligned}\frac{\partial}{\partial t}\left[\frac{\rho_{\mathrm{g}}\boldsymbol{u}_{\mathrm{g}}}{\varepsilon(1-s)}\right]+\nabla\cdot\left[\frac{\rho_{\mathrm{g}}\boldsymbol{u}_{\mathrm{g}}\cdot\boldsymbol{u}_{\mathrm{g}}}{\varepsilon^2(1-s)^2}\right]=-\nabla P_{\mathrm{g}}+\mu_{\mathrm{g}}\nabla\cdot\left\{\nabla\left[\frac{\boldsymbol{u}_{\mathrm{g}}}{\varepsilon(1-s)}\right]+\nabla\left[\frac{\boldsymbol{u}_{\mathrm{g}}^{\mathrm{T}}}{\varepsilon(1-s)}\right]\right\}\\ -\frac{2}{3}\mu_{\mathrm{g}}\nabla\left\{\nabla\cdot\left[\frac{\boldsymbol{u}_{\mathrm{g}}}{\varepsilon(1-s)}\right]\right\}+S_{\mathrm{u}}\end{aligned} \tag{5-2}$$

$$\frac{\partial}{\partial t}(\rho_{\mathrm{lq}}s)+\nabla\cdot(\rho_{\mathrm{lq}}\boldsymbol{u}_{\mathrm{lq}}s)=S_{\mathrm{lq}} \tag{5-3}$$

式(5-1)～式(5-3)分别表示气体质量守恒方程、动量守恒方程和液态水饱和度方程。式中，下标 g 表示气体混合物；下标 lq 表示液态水；$\varepsilon$ 为孔隙率(流场区域为 1)；$\rho$ 为气体混合物密度，$\mathrm{kg\cdot m^{-3}}$；$\boldsymbol{u}$ 为速度，$\mathrm{m\cdot s^{-1}}$；$s$ 为液态水饱和度；$P$ 为压强，Pa；$\mu$ 为动力黏度，$\mathrm{kg\cdot m^{-1}\cdot s^{-1}}$；$S$ 为方程源项，$\mathrm{kg\cdot m^{-3}\cdot s^{-1}}$。

同时，在电池流场内，还存在气体组分的传输过程，在饱和度模型下，其守恒方程可以表示为

$$\frac{\partial}{\partial t}(\varepsilon(1-s)\rho_{\mathrm{g}}Y_{\mathrm{i}})+\nabla\cdot(\rho_{\mathrm{g}}\boldsymbol{u}_{\mathrm{g}}Y_{\mathrm{i}})=\nabla\cdot(\rho_{\mathrm{g}}D_{\mathrm{i}}^{\mathrm{eff}}\nabla Y_{\mathrm{i}})+S_{\mathrm{i}} \tag{5-4}$$

式中，下标 $i$ 表示氢气、氧气、水蒸气和氮气；$Y$ 为气体组分质量分数；$D_i^{eff}$ 为气体组分有效扩散系数，$m^2 \cdot s^{-1}$。考虑液态水影响，可用 Bruggeman 修正式修正，即 $D_i^{eff} = D_i(1-s)^{1.5}$，其中气体扩散系数如表 5.1 中所示(简化为菲克扩散)，源项表达式如表 5.2 所示。

表 5.1 气体扩散系数

| 参数 | 公式 |
| --- | --- |
| 氢气扩散系数/$m^2 \cdot s^{-1}$ | $D_{H_2} = 1.005 \times 10^{-4}(T/333.15)^{1.5}(101325/P)$ |
| 氧气扩散系数/$m^2 \cdot s^{-1}$ | $D_{O_2} = 2.652 \times 10^{-5}(T/333.15)^{1.5}(101325/P)$ |
| 阳极水蒸气扩散系数/$m^2 \cdot s^{-1}$ | $D_v^a = 1.005 \times 10^{-4}(T/333.15)^{1.5}(101325/P)$ |
| 阴极水蒸气扩散系数/$m^2 \cdot s^{-1}$ | $D_v^c = 2.982 \times 10^{-5}(T/333.15)^{1.5}(101325/P)$ |

表 5.2 源项表达式

| 源项 | 表达式 |
| --- | --- |
| 气体质量源项 | $S_g = \begin{cases} -S_{v\text{-}l}, & \text{流场、扩散层、微孔层} \\ -S_{v\text{-}l} + S_{d\text{-}v}M_{H_2O} - \dfrac{J_a}{2F}M_{H_2}, & \text{阳极催化层} \\ -S_{v\text{-}l} + S_{d\text{-}v}M_{H_2O} - \dfrac{J_c}{4F}M_{O_2}, & \text{阴极催化层} \end{cases}$ |
| 氢气源项 | $S_{H_2} = -M_{H_2}J_a / 2F$, 阳极催化层 |
| 氧气源项 | $S_{O_2} = -M_{O_2}J_c / 4F$, 阴极催化层 |
| 水蒸气源项 | $S_{H_2O} = \begin{cases} -S_{v\text{-}l}, & \text{扩散层、微孔层} \\ -S_{v\text{-}l} + S_{d\text{-}v}M_{H_2O}, & \text{催化层} \end{cases}$ |
| 气体动量源项 | $S_u = \begin{cases} 0, & \text{流场} \\ -\dfrac{\mu_g}{Kk_g}\boldsymbol{u}_g, & \text{扩散层、微孔层、催化层} \end{cases}$ |
| 液态水源项 | $S_l = \begin{cases} S_{l,GDL} + S_{v\text{-}l}, & \text{流场} \\ S_{v\text{-}l}, & \text{扩散层、微孔层、阳极催化层} \\ S_{v\text{-}l} + M_{H_2O}J_c / 2F, & \text{阴极催化层} \end{cases}$ |

在单电池 CFD 数值模型中，阴阳极流道出入口边界条件通常采用质量流量入口和压力出口边界条件组合，即出口压力保持恒定，入口流量值则根据电池实际工况计算得到，同时根据入口各气体组分密度定义其质量分数[15]，具体计算公式如表 5.3 所示，表中，$m$ 为入口质量流量；$\xi$ 为化学计量比；$I^{ref}$ 为参考电流密度；$A_{act}$ 为活化反应面积；$A_{in}$ 为流道入口面积；RH 为相对湿度；$\Delta P_g$ 为流道内压降。

在实际应用中，电池往往是由压缩机提供进气，其入口流量和压力是基本固定的，而出口压力往往并非恒定值。为进一步考虑二者之间的区别，可以在计算过程中通过实时调整出口压力值使入口压力值与实际情况相对应。

表 5.3　入口边界条件计算公式

| 参数 | 公式 |
| --- | --- |
| 阴阳极进气流量/$(\mathrm{kg\cdot m^{-2}\cdot s^{-1}})$ | $m_{\mathrm{a}}=\dfrac{\rho_{\mathrm{g}}^{\mathrm{a}}\xi^{\mathrm{a}}I^{\mathrm{ref}}A_{\mathrm{act}}^{\mathrm{a}}}{2FC_{\mathrm{H_2}}^{\mathrm{a}}A_{\mathrm{in}}^{\mathrm{a}}}$，$m_{\mathrm{c}}=\dfrac{\rho_{\mathrm{g}}^{\mathrm{c}}\xi^{\mathrm{c}}I^{\mathrm{ref}}A_{\mathrm{act}}^{\mathrm{c}}}{4FC_{\mathrm{O_2}}^{\mathrm{c}}A_{\mathrm{in}}^{\mathrm{c}}}$ |
| 阳极氢气入口浓度/$(\mathrm{mol\cdot m^{-3}})$ | $C_{\mathrm{H_2}}^{\mathrm{a}}=\dfrac{P_{\mathrm{g,out}}^{\mathrm{a}}+\Delta P_{\mathrm{g}}^{\mathrm{a}}-RH_{\mathrm{a}}P^{\mathrm{sat}}}{RT}$ |
| 阳极水蒸气入口浓度/$(\mathrm{mol\cdot m^{-3}})$ | $C_{\mathrm{H_2O}}^{\mathrm{a}}=\dfrac{RH_{\mathrm{a}}P_{\mathrm{sat}}}{RT_{\mathrm{in,\,a}}}M_{\mathrm{H_2O}}$ |
| 阳极入口混合气体密度/$(\mathrm{kg\cdot m^{-3}})$ | $\rho_{\mathrm{g}}^{\mathrm{a}}=C_{\mathrm{H_2}}^{\mathrm{a}}M_{\mathrm{H_2}}+C_{\mathrm{H_2O}}^{\mathrm{a}}M_{\mathrm{H_2O}}$ |
| 阴极氧气入口浓度/$(\mathrm{mol\cdot m^{-3}})$ | $C_{\mathrm{O_2}}^{\mathrm{c}}=\dfrac{0.21\left(P_{\mathrm{g,out}}^{\mathrm{c}}+\Delta P_{\mathrm{g}}^{\mathrm{c}}-RH_{\mathrm{c}}P^{\mathrm{sat}}\right)}{RT}$ |
| 阴极水蒸气入口浓度/$(\mathrm{mol\cdot m^{-3}})$ | $C_{\mathrm{H_2O}}^{\mathrm{c}}=\dfrac{RH_{\mathrm{c}}P_{\mathrm{sat}}}{RT_{\mathrm{in,\,c}}}M_{\mathrm{H_2O}}$ |
| 阴极氮气入口浓度/$(\mathrm{mol\cdot m^{-3}})$ | $C_{\mathrm{N_2}}^{\mathrm{c}}=\dfrac{0.79\left(P_{\mathrm{g,out}}^{\mathrm{c}}+\Delta P_{\mathrm{g}}^{\mathrm{c}}-RH_{\mathrm{c}}P^{\mathrm{sat}}\right)}{RT}$ |
| 阴极入口混合气体密度/$(\mathrm{kg\cdot m^{-3}})$ | $\rho_{\mathrm{g}}^{\mathrm{c}}=M_{\mathrm{O_2}}C_{\mathrm{O_2}}^{\mathrm{c}}+M_{\mathrm{H_2O}}C_{\mathrm{H_2O}}^{\mathrm{c}}+M_{\mathrm{N_2}}C_{\mathrm{N_2}}^{\mathrm{c}}$ |
| 阳极氢气入口质量分数 | $Y_{\mathrm{H_2}}^{\mathrm{a}}=\dfrac{M_{\mathrm{H_2}}C_{\mathrm{H_2}}}{M_{\mathrm{H_2}}C_{\mathrm{H_2}}+M_{\mathrm{H_2O}}C_{\mathrm{H_2O}}}$ |
| 阳极水蒸气入口质量分数 | $Y_{\mathrm{H_2O}}^{\mathrm{a}}=\dfrac{M_{\mathrm{H_2O}}C_{\mathrm{H_2O}}}{M_{\mathrm{H_2}}C_{\mathrm{H_2}}+M_{\mathrm{H_2O}}C_{\mathrm{H_2O}}}$ |
| 阴极氧气入口质量分数 | $Y_{\mathrm{O_2}}^{\mathrm{c}}=\dfrac{M_{\mathrm{O_2}}C_{\mathrm{O_2}}^{\mathrm{c}}}{M_{\mathrm{O_2}}C_{\mathrm{O_2}}^{\mathrm{c}}+M_{\mathrm{H_2O}}C_{\mathrm{H_2O}}^{\mathrm{c}}+M_{\mathrm{N_2}}C_{\mathrm{N_2}}^{\mathrm{c}}}$ |
| 阴极水蒸气入口质量分数 | $Y_{\mathrm{H_2O}}^{\mathrm{c}}=\dfrac{M_{\mathrm{H_2O}}C_{\mathrm{H_2O}}^{\mathrm{c}}}{M_{\mathrm{O_2}}C_{\mathrm{O_2}}^{\mathrm{c}}+M_{\mathrm{H_2O}}C_{\mathrm{H_2O}}^{\mathrm{c}}+M_{\mathrm{N_2}}C_{\mathrm{N_2}}^{\mathrm{c}}}$ |
| 阴极氮气入口质量分数 | $Y_{\mathrm{N_2}}^{\mathrm{c}}=\dfrac{M_{\mathrm{N_2}}C_{\mathrm{N_2}}^{\mathrm{c}}}{M_{\mathrm{O_2}}C_{\mathrm{O_2}}^{\mathrm{c}}+M_{\mathrm{H_2O}}C_{\mathrm{H_2O}}^{\mathrm{c}}+M_{\mathrm{N_2}}C_{\mathrm{N_2}}^{\mathrm{c}}}$ |

除饱和度模型外，目前已有文献将 VOF 模型（忽略相界面）[9]和欧拉-欧拉两相流模型[16]引入到质子交换膜燃料电池流场内气液两相流动的仿真分析中，从而考虑了表面张力和壁面接触角影响。但是，根据上一章气体扩散层与流道内气液两相流动分析结果可以知道：流道中液态水是由气体扩散层中随机分布的孔隙

进入流场内部，并在这些随机分布的孔隙表面形成液滴，这种随机分布导致流场中液态水的不均匀分布。而在上述模型中，液态水是由整个气体扩散层与流场接触面进入流场，相当于将进入流场内部的局部液滴平均分布成水雾状态，与实际情况仍有很大出入。因此，如何将流道内气液两相流动过程更合理地与电池其他传输过程及电化学反应相结合，仍是未来电池仿真分析面临的重要挑战之一。

### 5.2.2 单电池多孔电极内传输过程建模分析

上一章提到质子交换膜燃料电池多孔电极孔隙一般都在介观甚至微观尺度，而目前在该尺度下进行建模分析时常用的粒子动力学或分子动力学模型很难与其他部件中的传输过程相耦合。因此，对单电池水热管理建模分析时，人们往往将其简化为均质多孔介质，并用孔隙率、渗透率和迂曲率等参数来表征其特征，在此基础上借助一些经验公式修正多孔电极内部的传输参数，如 Bruggleman 方程，从而在宏观尺度上将多孔电极内部传输过程与其他部件中传输过程相耦合。

对于质子交换膜燃料电池多孔电极中的两相流动模拟，目前主要有混合(M2)模型和双流体(two-fluid)模型两种。混合模型[17]核心思想是将气体混合物与液态水作为一个新的混合物来共同求解质量和动量守恒方程，表达式如下所示：

$$\frac{\partial}{\partial t}(\varepsilon\rho)+\nabla\cdot(\rho\boldsymbol{u})=0 \tag{5-5}$$

$$\frac{\partial}{\partial t}\left(\frac{\rho\boldsymbol{u}}{\varepsilon}\right)+\nabla\cdot\left(\frac{\rho\boldsymbol{u}\cdot\boldsymbol{u}}{\varepsilon^2}\right)=-\nabla P+\mu\nabla\cdot\left[\nabla\left(\frac{\boldsymbol{u}}{\varepsilon}\right)+\nabla\left(\frac{\boldsymbol{u}^{\mathrm{T}}}{\varepsilon}\right)\right]-\frac{2}{3}\mu\nabla\left[\nabla\cdot\left(\frac{\boldsymbol{u}}{\varepsilon}\right)\right]+S_{\mathrm{u}} \tag{5-6}$$

多孔电极中液态水饱和度则通过气液混合物性质得到

$$s=\frac{C_{\mathrm{H_2O}}-C_{\mathrm{sat}}}{(\rho_{\mathrm{l}}/M_{\mathrm{H_2O}})-C_{\mathrm{sat}}} \tag{5-7}$$

在混合模型中，对于电池内部气液相变过程，常常采用相平衡假设，即假定水蒸气液化过程和液态水汽化过程都是在瞬间完成的。而在双流体模型中，则分别求解气体流动方程和液态水流动方程，其中气体流动方程即为式(5-1)和式(5-5)，液态水质量守恒方程则为

$$\frac{\partial}{\partial t}(\rho_{\mathrm{l}}\varepsilon s)=\nabla\cdot(\rho_{\mathrm{l}}\boldsymbol{u}_{\mathrm{l}})+S_{\mathrm{l}} \tag{5-8}$$

对于动量方程，为简化计算，往往选择多孔介质中流体流动的达西定律代替纳维-

斯托克斯(Navier-Stokes)方程，特别地，考虑到质子交换膜燃料电池多孔电极中气液两相同时存在，通过引入相对渗透率，可将气液两相之间的相互影响考虑在内。一般情况下，表面张力在多孔电极内部气液两相流动过程中的作用最为显著，具体我们可以通过表 5.4 中无量纲数进行分析[18]。

表 5.4 无量纲数表达式

| 无量纲数 | 表达式 |
|---|---|
| 雷诺数(惯性力与黏性力比值) | $Re=\frac{\rho_1 u_1 L}{\mu_1}$ |
| 毛管数(黏性力与表面张力比值) | $Ca=\frac{\mu_1 u_1}{\sigma_{\text{l-air}}}$ |
| 韦伯数(惯性力与表面张力比值) | $We=\frac{\rho_1 u_1^2 L}{\sigma_{\text{l-air}}}$ |
| 邦德数(重力与表面张力比值) | $Bo=\frac{(\rho_1-\rho_{\text{air}})gL^2}{\sigma_{\text{l-air}}}$ |

表 5.4 的各无量纲数表达式中，$\rho_1$ 为液态水密度；$\boldsymbol{u}_1$ 为速度；$L$ 为特征长度；$\mu_1$ 为液态水动态黏度；$\sigma_{\text{l-air}}$ 为表面张力系数(空气中)；$\rho_g$ 为空气密度；$g$ 为重力加速度常量。在 80℃，1atm 下，取一组代表数值，$970\text{kg}\cdot\text{m}^{-3}$、$1.0\times10^{-5}\text{m}\cdot\text{s}^{-1}$、$8.0\times10^{-5}\text{m}$(GDL 孔径)、$3.57\times10^{-4}\text{kg}\cdot\text{m}^{-1}\cdot\text{s}^{-1}$、$0.0625\text{N}\cdot\text{m}^{-1}$、$1\text{kg}\cdot\text{m}^{-3}$、$9.8\text{m}\cdot\text{s}^{-2}$，此时，各无量纲数值分别为：$2.17\times10^{-3}$、$5.71\times10^{-8}$、$1.24\times10^{-10}$、$9.72\times10^{-4}$。由雷诺数可知，惯性力的影响远远小于黏性力，而毛管数、韦伯数和邦德数则表明黏性力、惯性力和重力的影响远远小于表面张力。因此，在建模分析单电池多孔电极内气液两相流动时，我们可以忽略其他作用力的影响。

同时，在多孔电极中，毛细压力($P_c$)与液体表面张力系数($\sigma$)、壁面接触角($\theta$)和多孔介质特性(以孔隙率 $\varepsilon$、渗透率 $K$ 表征)有关，其关系式可用 Leverett-J 方程[19]表示：

$$P_c=P_g-P_1 \tag{5-9}$$

$$P_c=\sigma\cos\theta\left(\frac{\varepsilon}{K}\right)^{0.5}J(s) \tag{5-10}$$

$$J(s)=\begin{cases}1.42(1-s)-2.12(1-s)^2+1.26(1-s)^3, & \theta<90^\circ\\ 1.42s-2.12s^2+1.26s^3, & \theta>90^\circ\end{cases} \tag{5-11}$$

Leverett-J 方程最早从均质岩石或沙土(可湿性均匀分布)得到的实验数据中

推导得出，其孔隙结构与电池多孔电极结构大不相同。虽然目前也已经有其他相关实验数据提供了类似经验式，但是由于测量方法、实验条件和多孔介质材料的不同，这些实验结果相互之间也具有很大差异。目前，Leverett-J 方程仍然广泛应用于电池水热管理仿真模型中。

在计算式(5-8)时，如果选择液态水饱和度 $s$ 作为求解变量，该式变为

$$\frac{\partial}{\partial t}(\rho_l \varepsilon s) + \nabla \cdot (f \rho_l u_g) = \nabla \cdot (\rho_l D_l \nabla s) + S_l \tag{5-12}$$

式中，$f$ 为气液接触面拖拽系数，$m^2 \cdot s^{-1}$；$D_l$ 为液态水扩散系数，$m^2 \cdot s^{-1}$，表达式为

$$f = -\frac{K_l \mu_g}{K_g \mu_l} \tag{5-13}$$

$$D_l = -\frac{K_l}{\mu_l}\frac{dP_c}{ds} \tag{5-14}$$

式(5-12)在求解时，将液态水饱和度 $s$ 作为求解变量，在不同多孔电极接触面两侧计算得到的液态水饱和度是连续的。但是，在该接触面两侧，液态水饱和度会因两侧多孔介质参数的不同而出现突变现象，而毛细压力在不同多孔电极接触面两侧保持连续[20]，即 $P_{c,1} = P_{c,2}$，$s_1 \neq s_2$，如图 5.2 所示。

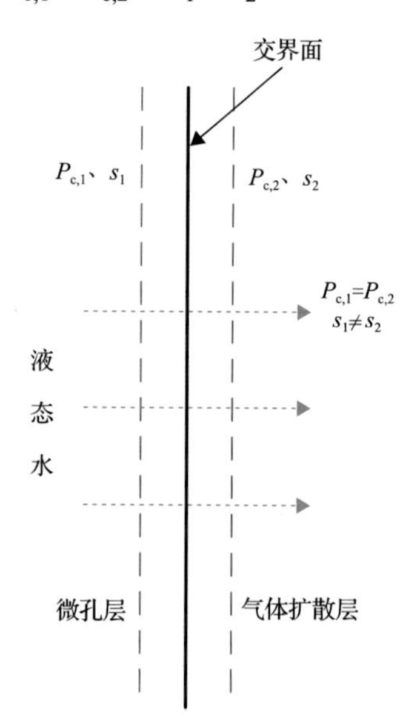


图 5.2　不同多孔电极接触面示意图

实际上，液态水在多孔电极内的传输过程还可以理解为液压升高与降低的过程，液态水饱和度上升等价于液压升高过程，而液态水饱和度降低则等价于液压降低过程。具体做法则是将多孔电极内液相达西定律表达式（$u_l = -Kk_l \nabla P_l / \mu_l$）代入式(5-8)，得到电池多孔电极内液压控制方程：

$$\frac{\partial}{\partial t}(\rho_l \varepsilon s) = \nabla \cdot \left( \rho_l \frac{Kk_l}{\mu_l} \nabla P_l \right) + S_l \tag{5-15}$$

$$u_l = -\frac{Kk_l}{\mu_l} \nabla P_l \tag{5-16}$$

式(5-15)实际上是将多孔电极内液态水流动的质量守恒方程(式(5-8))和动量方程(达西定律)耦合的结果。根据 Leverett-J 方程(式(5-9)～式(5-11))，可反解得到多孔电极中液态水饱和度。这种情况下，不同多孔电极接触面两侧液压保持连续，同时结合气压连续性，可保证不同多孔电极接触面两侧毛细压力连续，而液态水饱和度则因两侧接触角、孔隙率和渗透率不同而出现突变现象，如图 5.3 所示。这种求解方法最开始应用于甲醇燃料电池电池多孔电极内的两相流动模拟过程中，而后引入碱性膜和质子交换膜燃料电池中[9, 10]。

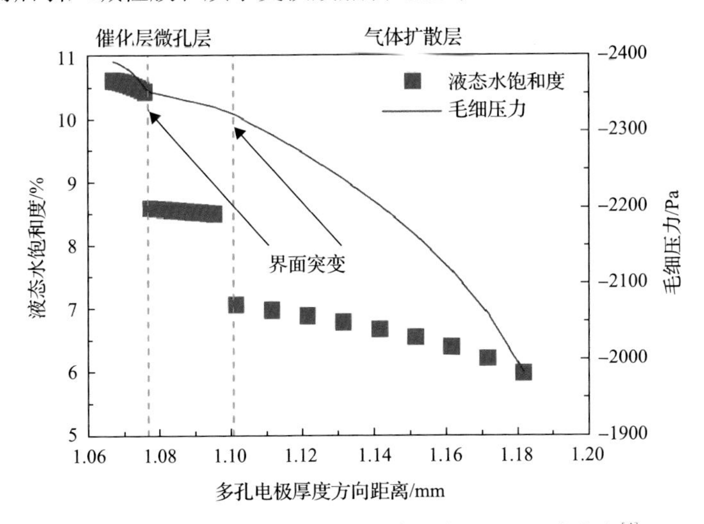


图 5.3　阴极多孔电极内液态水饱和度及毛细压力分布[4]

此种情况下，在多孔电极与流道交界处，由于两侧求解方程的不同(流道内求解液态水饱和度方程式(5-3)，多孔电极求解液压方程式(5-15)，需要定义两侧数据交换保证两侧气液两相质量守恒。具体做法是：将流道一侧利用气压和流道内液态水饱和度得到的液压值作为多孔电极中所求解液压方程边界条件，而后将气体扩散层一侧计算得到的通量转化为源项（$S_{l\text{-GDL}}$）耦合到流道内液态水守恒方程

之中，其表达式为

$$S_{\text{l-GDL}} = Flux_{\text{l}} \frac{A_{\text{mesh}}}{V_{\text{mesh}}} = -\rho_{\text{l}} \frac{K_{\text{through}} k_{\text{l}}}{\mu_{\text{l}}} \nabla P_{\text{l}}^{\text{GDL}} \frac{A_{\text{mesh}}}{V_{\text{mesh}}} \tag{5-17}$$

式中，$K_{\text{through}}$ 为气体扩散层垂直纤维平面方向的固有渗透率，$m^2 \cdot s^{-1}$；$A_{\text{mesh}}$ 为流场与扩散层接触面流场一侧网格面积，$m^2$；$V_{\text{mesh}}$ 为该网格体积，$m^3$。

此外，通过本书前面几章介绍，我们知道在质子交换膜燃料电池多孔电极中，一般选用碳纸或碳布作为气体扩散层材料，具有明显的纤维结构，在纤维平面内方向(in-plane)和其垂直方向(through-plane)的传输系数会表现出强烈的各向异性。具体表现为：有效气体扩散系数、有效电导率、导热系数和渗透率在两个方向会表现出明显差异。目前，已有文献表明，传统计算多孔介质中有效传输系数的 Bruggeman 方程会高估实际传输系数，尤其是在垂直气体扩散层纤维平面方向。

本书给出一组文献[9]中用到的气体扩散层中考虑其各向异性的传输系数计算经验公式，如表 5.5 所示，关于这些公式的具体推导过程，有兴趣的读者可以参考文献[21]，这里不再赘述。

表 5.5　气体扩散层各向异性

| 传输系数 | 表达式 |
| --- | --- |
| 固有渗透率/$m^2$ | $K_{\text{GDL}} = \begin{cases} R^2 \dfrac{\varepsilon(\varepsilon-0.11)^{2.521}}{8(\ln\varepsilon)^2(1-\varepsilon)^{0.521}(1.521\varepsilon-0.11)^2}, & \text{纤维平面} \\ R^2 \dfrac{\varepsilon(\varepsilon-0.11)^{2.785}}{8(\ln\varepsilon)^2(1-\varepsilon)^{0.785}(1.785\varepsilon-0.11)^2}, & \text{垂直方向} \end{cases}$ |
| 有效导电系数/$(S \cdot m^{-1})$ | $\dfrac{\kappa_{\text{e, GDL}}^{\text{eff}}}{\kappa_{\text{e, GDL}}} = \begin{cases} 1-0.962(1-\varepsilon)^{-0.016} \exp[0.367(1-\varepsilon)]\left[\dfrac{3\varepsilon}{3-(1-\varepsilon)}\right], & \text{纤维平面} \\ 1-0.962(1-\varepsilon)^{-0.007} \exp[0.889(1-\varepsilon)]\left[\dfrac{3\varepsilon}{3-(1-\varepsilon)}\right], & \text{垂直方向} \end{cases}$ |
| 有效扩散系数/$(m^2 \cdot s^{-1})$ | $\dfrac{D_{\text{i, GDL}}^{\text{eff}}}{D_{\text{i, GDL}}} = \begin{cases} \varepsilon(1-s)\left[\dfrac{\varepsilon(1-s)-\varepsilon_{\text{p}}}{1-\varepsilon_{\text{p}}}\right]^{0.521}, & \text{纤维平面} \\ \varepsilon(1-s)\left[\dfrac{\varepsilon(1-s)-\varepsilon_{\text{p}}}{1-\varepsilon_{\text{p}}}\right]^{0.785}, & \text{垂直方向} \end{cases}$ |
| 导热系数/$(W \cdot m^{-1} \cdot K^{-1})$ | $k_{\text{GDL}} = \begin{cases} 21, & \text{纤维平面} \\ 1.7, & \text{垂直方向} \end{cases}$ |

表 5.5 中，$R$ 为气体扩散层中纤维半径；$\varepsilon_{\text{p}}$ 为气体扩散层渗流阈值(文献中取为 0.11)，即当气体扩散层孔隙率低于该值时，碳纸中孔不能相互连通，成为无效孔。

### 5.2.3 膜态水传输过程

由前文可知，在电池中，质子交换膜和催化层中的电解质会吸收一定量的水，从而保持较高的离子电导率。由于电解质中水的传输机制不同于气态水和液态水，因此，在实际应用中往往称其为“膜态水”。同时，我们定义电解质中每个$SO_3^-$所吸收的水分子的数量为膜态水含量$\lambda$，通过这个变量表征电解质中含水量的多少，其守恒方程可表示为

$$\frac{\rho_{\mathrm{mem}}}{\mathrm{EW}}\frac{\partial}{\partial t}(\omega\lambda)+\nabla\cdot\left(n_{\mathrm{d}}\frac{\boldsymbol{J}_{\mathrm{ion}}}{F}\right)=\frac{\rho_{\mathrm{mem}}}{\mathrm{EW}}\nabla\cdot\left(D_{\mathrm{d}}^{\mathrm{eff}}\nabla\lambda\right)+S_{\mathrm{mw}} \tag{5-18}$$

式(5-18)等号左边第二项表示电渗拖拽的影响，建模计算过程中，大部分情况下作为源项处理，但考虑到电渗拖拽系数往往和膜态水含量线性相关（$n_{\mathrm{d}}=2.5\lambda/22$），将其作为对流项更符合实际情况[15]。式中，$\boldsymbol{J}_{\mathrm{ion}}$为离子电流密度矢量，$\mathrm{A\cdot m^{-2}}$。方程中源项$S_{\mathrm{mw}}$包括膜吸放水和压力渗透两部分影响，$\mathrm{mol\cdot m^{-3}\cdot s^{-1}}$，具体表达式如下所示：

$$S_{\mathrm{mw}}=\begin{cases}-S_{\mathrm{d\text{-}v}}/M_{\mathrm{H_2O}}-S_{\mathrm{p}}, & \text{阳极催化层}\\ -S_{\mathrm{d\text{-}v}}/M_{\mathrm{H_2O}}+S_{\mathrm{p}}, & \text{阴极催化层}\end{cases} \tag{5-19}$$

式中，$S_{\mathrm{d\text{-}v}}$为膜态水与气态水或液态水相变引起的源项，$\mathrm{kg\cdot m^{-3}\cdot s^{-1}}$；$S_{\mathrm{p}}$为质子交换膜两侧压力渗透引起的源项，$\mathrm{mol\cdot m^{-3}\cdot s^{-1}}$，其表达式为

$$S_{\mathrm{d\text{-}v}}=\gamma_{\mathrm{d\text{-}v}}\rho_{\mathrm{mem}}/\mathrm{EW}(\lambda-\lambda_{\mathrm{eq}})M_{\mathrm{H_2O}} \tag{5-20}$$

$$S_{\mathrm{p}}=\frac{\rho_{\mathrm{l}}K_{\mathrm{mem}}\left(\overline{P_{\mathrm{la}}}-\overline{P_{\mathrm{lc}}}\right)}{\mu_{\mathrm{l}}M_{\mathrm{H_2O}}\delta_{\mathrm{mem}}\delta_{\mathrm{CL}}} \tag{5-21}$$

式(5-20)和式(5-21)中，$\gamma_{\mathrm{d\text{-}v}}$为膜态水与其他形式水之间的相变速率，$1.3\mathrm{s^{-1}}$；$\lambda_{\mathrm{eq}}$为平衡膜态水含量；$K_{\mathrm{mem}}$为质子交换膜渗透率，$\mathrm{m^2}$；$\overline{P_{\mathrm{l}}}$为平均液压值，Pa；$\delta_{\mathrm{mem}}$为质子交换膜厚度，m；$\delta_{\mathrm{CL}}$为催化层厚度，m。

需要注意的是，人们对于质子交换膜燃料电池催化层内部膜态水与气态水或液态水具体相变机理以及电池阴极催化层生成水以何种形式存在仍然不甚清楚。因此，在建模分析过程中，人们往往需要进行一定的假设，例如：可以假设电池阴极催化层中生成水以液态水形式存在，同时膜态水与气态水相互之间进行相变，气态水与液态水相互之间进行相变，而膜态水与液态水相互之间不能直接进行相变。采用不同假设时，模型计算得出的电池性能及物理量分布会有一定的差异。

### 5.2.4 离子和电子传输过程

在质子交换膜燃料电池工作过程中，存储在气体中的化学能会转化为电能。具体表现为，在阳极催化层，氢气经由氧化反应(hydrogen oxidation reaction，HOR)分解为质子和电子，其中，电子经由阳极电极—外电路—阴极电极到达阴极催化层，质子则直接经由质子交换膜到达阴极催化层；在阴极催化层，氧气与从阳极催化层传输过来的电子和质子发生还原反应(oxygen reduction reaction，ORR)生成水。在这个过程中，伴随着离子和电子传输过程，其中离子传输发生在质子交换膜和阴阳极催化层，而电子传输则发生在阴阳极催化层、微孔层、气体扩散层和极板中。一般来说，电子和离子传输过程的时间常数相对其他物理量的传输过程而言很小，如表 5.6 所示，因此往往可忽略不计。

表 5.6　时间常数表达式[18]

| 传输过程 | 参考值 | 时间常数表达式 |
| --- | --- | --- |
| 气体 | $\delta_{GDL} \approx 190\mu m$<br>$D_g^{eff} \approx 10^{-5} m^2 \cdot s^{-1}$ | $\frac{\delta_{GDL}^2}{D_g^{eff}} \approx 0.00361\ s$ |
| 液压 | $\delta_{GDL} \approx 190\mu m$<br>$\rho_l \approx 980 kg \cdot m^{-3}$<br>$K_{GDL} \approx 1.0 \times 10^{-12} m^2$<br>$k_l \approx 1.0 \times 10^{-3}$<br>$\mu_l \approx 3.49 \times 10^{-5} kg \cdot m^{-1} \cdot s^{-1}$ | $\frac{\delta_{GDL}^2}{\rho_l \frac{K_{GDL} k_l}{\mu_l}} \approx 1.29\ s$ |
| 膜态水 | $\delta_{mem} \approx 50.8\mu m$<br>$F \approx 96487 C \cdot mol^{-1}$<br>$\rho_{mem} \approx 1980 kg \cdot m^{-3}$<br>$\Delta\lambda \approx 10$<br>$I \approx 1.6 A \cdot cm^{-2}$<br>$EW \approx 1.1 kg \cdot mol^{-1}$ | $\frac{2F\delta_{mem}\Delta\lambda\rho_{mem}}{I \times EW} \approx 11.03\ s$ |
| 传热 | $\delta_{mem} \approx 50.8\mu m$<br>$(\rho C_p)_{mem}^{eff} \approx 1650 kJ \cdot m^{-3} \cdot K^{-1}$<br>$k_{mem}^{eff} \approx 1.0 W \cdot m^{-1} \cdot K^{-1}$ | $\frac{\delta_{mem}^2 (\rho C_p)_{mem}^{eff}}{k_{mem}^{eff}} \approx 0.004\ s$ |
| 充放电过程 | $\delta_{CL} \approx 10\mu m$<br>$a \approx 10^5 m^{-1}$<br>$C \approx 0.2 F \cdot m^{-2}$<br>$\kappa_e^{eff} \approx 5000 S \cdot m^{-1}$<br>$\kappa_{ion}^{eff} \approx 10 S \cdot m^{-1}$ | $\delta_{CL}^2 aC\left(\frac{1}{\kappa_e^{eff}} + \frac{1}{\kappa_{ion}^{eff}}\right) \approx 0.2\ \mu s$ |

因此，电池中电子、离子传输过程可用电子和离子电势控制方程表示：

$$0 = \nabla \cdot \left(\kappa_{\mathrm{e}}^{\mathrm{eff}} \nabla \varphi_{\mathrm{e}}\right) + S_{\mathrm{e}} \tag{5-22}$$

$$0 = \nabla \cdot \left(\kappa_{\mathrm{ion}}^{\mathrm{eff}} \nabla \varphi_{\mathrm{ion}}\right) + S_{\mathrm{ion}} \tag{5-23}$$

式中，$\kappa_{\mathrm{e}}^{\mathrm{eff}}$ 为有效电子电导率，$\mathrm{S \cdot m^{-1}}$；$\kappa_{\mathrm{ion}}^{\mathrm{eff}}$ 为离子电导率，$\mathrm{S \cdot m^{-1}}$；$S_{\mathrm{e}}$ 和 $S_{\mathrm{ion}}$ 分别为电子和离子源项，$\mathrm{A \cdot m^{-3}}$，表达式为

$$S_{\mathrm{e}} = \begin{cases} -J_{\mathrm{a}}, & \text{阳极催化层} \\ J_{\mathrm{c}}, & \text{阴极催化层} \end{cases}, \quad S_{\mathrm{ion}} = \begin{cases} J_{\mathrm{a}}, & \text{阳极催化层} \\ -J_{\mathrm{c}}, & \text{阴极催化层} \end{cases} \tag{5-24}$$

式中，$J_{\mathrm{a}}$、$J_{\mathrm{c}}$ 分别为阳极和阴极电化学反应速率，$\mathrm{A \cdot m^{-3}}$。可由 Butler-Volmer 方程计算得到。目前在进行单电池尺度下建模分析时，Butler-Volmer 方程大多基于催化层均质模型建立，即认为催化层是由催化剂颗粒(碳载铂)、电解质和孔三者均匀分布的有限厚度体，三者体积分数之和为 1，而忽略内部结构对三者分布的影响。均质模型下，Butler-Volmer 方程可表示为

$$J_{\mathrm{a}} = (1-s) J_{0,\mathrm{a}}^{\mathrm{ref}} \left(\frac{C_{\mathrm{H_2}}}{C_{\mathrm{H_2}}^{\mathrm{ref}}}\right)^{0.5} \left[\exp\left(\frac{2F\alpha_{\mathrm{a}}}{RT}\eta_{\mathrm{act}}^{\mathrm{a}}\right) - \exp\left(-\frac{2F\alpha_{\mathrm{c}}}{RT}\eta_{\mathrm{act}}^{\mathrm{a}}\right)\right] \tag{5-25}$$

$$J_{\mathrm{c}} = (1-s) J_{0,\mathrm{c}}^{\mathrm{ref}} \left(\frac{C_{\mathrm{O_2}}}{C_{\mathrm{O_2}}^{\mathrm{ref}}}\right) \left[-\exp\left(\frac{4F\alpha_{\mathrm{a}}}{RT}\eta_{\mathrm{act}}^{\mathrm{c}}\right) + \exp\left(-\frac{4F\alpha_{\mathrm{c}}}{RT}\eta_{\mathrm{act}}^{\mathrm{c}}\right)\right] \tag{5-26}$$

式中，$J_{0,\mathrm{a}}^{\mathrm{ref}}$、$J_{0,\mathrm{c}}^{\mathrm{ref}}$ 分别为阳极和阴极参考体积电流密度，$\mathrm{A \cdot m^{-3}}$；$C_{\mathrm{H_2}}^{\mathrm{ref}}$ 和 $C_{\mathrm{O_2}}^{\mathrm{ref}}$ 分别为氢气和氧气参考浓度，$\mathrm{mol \cdot m^{-3}}$；$F$ 为法拉第常数；$\alpha$ 为传输系数；$R$ 为通用气体常数；$T$ 为温度，K；$\eta_{\mathrm{act}}^{\mathrm{a}}$ 和 $\eta_{\mathrm{act}}^{\mathrm{c}}$ 分别为阳极和阴极活化过电势，V。

但是，实际情况下，催化层内部结构十分复杂，微米甚至是纳米尺度的碳载铂颗粒团被电解质包裹着遍布其中，电解质传递离子，除此之外还分布着不同尺度的孔用来输运气体，从而形成三相反应界面。传统均质模型忽略了三者的真实结构，仅仅体现其体积分数的影响，从而将氧气在催化层中的扩散过程也大大简化了。因此，在均质模型中，浓度损失的影响往往并不显著，导致电池性能被高估，尤其是在高电流密度区域[4]。为进一步考虑催化层内部结构影响，在进行单电池水热管理建模分析时，可以考虑引入上一章节中提到的结块模型[22]。

结块模型是目前为止宏观尺度下最为复杂的催化层模型。目前共有三种结块模型：平板结块、圆柱结块和球形结块，其中球形结块模型与扫描电镜下观测到的催化层真实结构最为接近，如图 5.4 所示[4, 23]。球形结块模型(如非特别说明，本章提到的结块模型均为球形结块模型)认为，催化层内部分布着微米级的球形结

块，结块与结块彼此交错形成连通的网络结构，结块外包裹着一层薄薄的电解质膜，结块内部则布满了催化剂颗粒和电解质。结块模型与传统均质模型不同之处主要体现在以下几个方面。

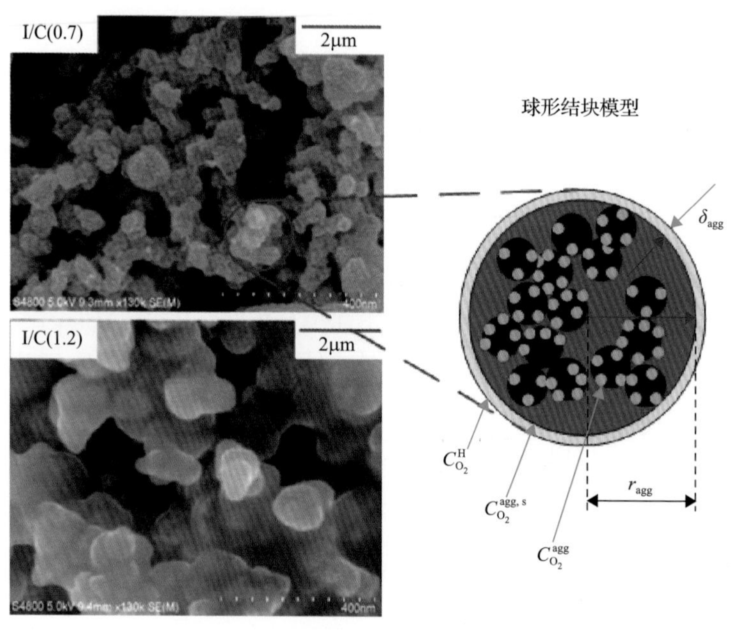


图 5.4　球形结块模型示意图[4, 23]

1. 催化层中催化剂颗粒、电解质和孔体积分数计算

催化层由孔、电解质、催化剂颗粒(碳载铂颗粒)三部分构成，传统均质模型大多直接给定催化层的孔隙率和电解质体积分数，但三者的联系十分密切，改变其中任何一个都会使催化层产生复杂而不是单一的变化。在结块模型中，催化剂颗粒体积分数 $\varepsilon_{Pt/C}$ 为

$$\varepsilon_{Pt/C} = \frac{m_{Pt}}{\delta_{CL}}\left(\frac{1}{\rho_{Pt}} + \frac{1-\text{Ratio}_{Pt/C}}{\text{Ratio}_{Pt/C}}\frac{1}{\rho_{C}}\right) \tag{5-27}$$

式中，$m_{Pt}$ 为催化剂用量，$kg \cdot m^{-2}$；$\delta_{CL}$ 为催化层厚度，m；$\rho_{Pt}$ 和 $\rho_{C}$ 分别为铂和碳的密度，$kg \cdot m^{-3}$；$\text{Ratio}_{Pt/C}$ 为配制催化层时铂和碳的用量比，$\text{Ratio}_{Pt/C} = m_{Pt}/(m_{Pt}+m_{C})$。

电解质体积分数 $\omega$ 为

$$\omega = \frac{4}{3}\pi N\left[r_{agg}^{3}\varepsilon_{agg} + (r_{agg}+\delta_{m})^{3} - r_{agg}^{3}\right] \tag{5-28}$$

$$N = \frac{\varepsilon_{\mathrm{Pt/C}}}{4/3\pi r_{\mathrm{agg}}^3(1-\varepsilon_{\mathrm{agg}})} \tag{5-29}$$

式中，$N$ 为单位催化层体积内部结块数目，$\mathrm{m}^{-3}$；$r_{\mathrm{agg}}$ 为结块半径，m；$\delta_{\mathrm{m}}$ 为结块外电解质膜厚度，m；$\varepsilon_{\mathrm{agg}}$ 为结块内电解质占总体积的比例。催化层孔隙率为

$$\varepsilon_{\mathrm{CL}} = 1-\varepsilon_{\mathrm{Pt/C}}-\omega \tag{5-30}$$

2. 电导率修正

在结块模型中，结块之间彼此相互交错连接传导离子，所以包裹着聚合块的电解质膜厚度变化时，催化层中质子电导率应相应有所改变，当电解质膜的厚度很薄时，由于球形结块之间的连通性急剧降低，质子电导率也应趋于 0，故引入下式进行修正：

$$\kappa_{\mathrm{ion}}^{\mathrm{eff}} = (1-\varepsilon_{\mathrm{CL}})\left[1+\frac{(\varepsilon_{\mathrm{agg}}-1)}{(1+\delta_{\mathrm{m}}/r_{\mathrm{agg}}+\chi)^3}\right]\kappa_{\mathrm{ion}} \tag{5-31}$$

式中，$\chi$ 为辅助量，保证电解质膜厚度趋于 0 时，质子电导率趋于 0。

$$\chi = \min\left\{0,\left[\frac{\delta_{\mathrm{m}}}{r_{\mathrm{agg}}}+(1-\varepsilon_{\mathrm{agg}})^{1/3}-1\right]\right\} \tag{5-32}$$

电子电导率（$\kappa_{\mathrm{e}}^{\mathrm{eff}}$）则通过碳载铂颗粒体积分数（$\varepsilon_{\mathrm{Pt/C}}$）进行修正：

$$\kappa_{\mathrm{e}}^{\mathrm{eff}} = \varepsilon_{\mathrm{Pt/C}}^{1.5}\kappa_{\mathrm{e}} \tag{5-33}$$

3. 催化剂用量影响

不同于传统均质模型直接给定参考体积交换电流密度，结块模型利用铂载量计算出单位催化层体积内催化剂表面积，并引入有效因子考虑结块中实际反应面积，然后与参考交换电流密度相乘作为 Butler-Volmer 方程中的参考体积交换电流密度，具体计算过程如下所示：

$$a_{\mathrm{Pt}} = \frac{m_{\mathrm{Pt}}}{\delta_{\mathrm{CL}}}A \tag{5-34}$$

式中，$a_{\mathrm{Pt}}$ 为催化剂比表面积，$\mathrm{m}^2\cdot\mathrm{m}^{-3}$；$A$ 为单位质量催化剂的表面积，$\mathrm{m}^2\cdot\mathrm{kg}^{-1}$。

$$S=\left(227.79\mathrm{Ratio}_{\mathrm{PtC}}^3-158.57\mathrm{Ratio}_{\mathrm{PtC}}^2-201.53\mathrm{Ratio}_{\mathrm{PtC}}+159.5\right)\times 10^3 \tag{5-35}$$

引入有效表面因子 $\varepsilon_{Pt}$，有

$$a_{Pt}^{eff}=\varepsilon_{Pt}a_{Pt} \tag{5-36}$$

$$J_0^{ref}=i_0^{ref}a_{Pt}^{eff} \tag{5-37}$$

式中，$a_{Pt}^{eff}$ 为有效表面积，$m^2\cdot m^{-3}$；$i_0^{ref}$ 为参考交换电流密度，$A\cdot m^{-2}$。

4. 阴极氧气扩散过程

结块模型认为，氧气扩散至催化层各个结块之间的空腔后，还要再通过包裹着聚合物块的电解质膜，才能最终到达三相反应界面参与电化学反应。这个过程可以用菲克定律进行描述。如图 5.4 所示，结块外部是催化层的孔隙，$C_{O_2}^{H}$ 和 $C_{O_2}^{agg,s}$ 分别是结块之间孔隙与电解质膜界面处、结块与电解质膜结合处的氧气浓度，其中 $C_{O_2}^{H}$ 可由亨利定律计算得到

$$C_{O_2}^{H}=\frac{P_{O_2}}{H_{O_2}} \tag{5-38}$$

式中，$H_{O_2}$ 为氧气扩散的亨利常数，$Pa\cdot m^3\cdot mol^{-1}$；$P_{O_2}$ 为氧气在催化层孔隙的分压，Pa。利用菲克定律建立 $C_{O_2}^{H}$ 和 $C_{O_2}^{agg,s}$ 的关系，有

$$N_{O_2}=D_{O_2,N}\frac{r_{agg}}{r_{agg}+\delta_m}\frac{C_{O_2}^{H}-C_{O_2}^{agg,s}}{\delta_m} \tag{5-39}$$

$$D_{O_2,N}=1.3926\times10^{-10}\lambda^{0.708}\exp\left(\frac{T-273.15}{106.65}\right)-1.6461\times10^{-10}\lambda^{0.708}+5.2\times10^{-10} \tag{5-40}$$

式(5-39)与式(5-40)中，$N_{O_2}$ 为氧气扩散通量，$mol\cdot m^{-2}\cdot s^{-1}$；$D_{O_2,N}$ 为电解质中氧气扩散系数，$m^2\cdot s^{-1}$；$r_{agg}$ 为结块半径，m。稳定状态下扩散进入结块内的气体量和内部反应消耗量相等，即

$$a_{agg}N_{O_2}=R_{O_2} \tag{5-41}$$

$$a_{agg}=\frac{a_{Pt}(1-\varepsilon_{CL})}{\varepsilon_{Pt/C}} \tag{5-42}$$

式中，$a_{agg}$ 为催化层单位体积结块可供气体扩散进入的表面积，$m^2\cdot m^{-3}$。

由氧还原反应动力学机理，结块内的反应速率 $R_{O_2}$ 应与其中的反应气体浓度线性相关，即

$$R_{O_2} = k_c C_{O_2}^{agg} \tag{5-43}$$

式中，$k_c$ 为电化学反应速率待定的系数，$s^{-1}$；$C_{O_2}^{agg}$ 为结块内部参与反应的平均氧气浓度，$mol \cdot m^{-3}$。

$C_{O_2}^{agg}$ 与 $C_{O_2}^{agg,s}$ 的关系通过引入反应有效因子 $E_{agg}$ 来建立，即

$$R_{O_2} = E_{agg} k_c C_{O_2}^{agg,s} \tag{5-44}$$

$$E_{agg} = \frac{1}{\varphi}\left(\frac{1}{\tanh(3\varphi)} - \frac{1}{3\varphi}\right) \tag{5-45}$$

式中，$\varphi$ 为西勒模数，物理意义为单位体积或者单位质量催化剂在一定温度下单位时间外表面的反应量，表征内扩散过程对化学反应的影响，计算公式如下：

$$\varphi = \frac{r_{agg}}{3}\sqrt{\frac{k_c}{D_{O_2,N}^{eff}}} \tag{5-46}$$

式中，$D_{O_2,N}^{eff}$ 为氧气在电解质中的有效扩散系数。

$$D_{O_2,N}^{eff} = D_{O_2,N} \varepsilon_{agg}^{1.5} \tag{5-47}$$

阴极反应速率与 $R_{O_2}$ $(mol \cdot m^{-3} \cdot s^{-1})$ 的关系为

$$J_c = 4FR_{O_2}(1 - \varepsilon_{CL}) \tag{5-48}$$

得到巴特勒-沃尔默方程的修正式：

$$J_c = 4F\frac{P_{O_2}}{H_{O_2}}\left[\frac{1}{E_{agg}k_c(1-\varepsilon_{CL})} + \frac{(r_{agg}+\delta_m)\delta_m}{a_{agg}r_{agg}D_{O_2,N}}\right]^{-1} \tag{5-49}$$

$$k_c = \frac{i_{0,c}^{ref} a_{Pt,c}^{eff} i_{T,c}}{4F(1-\varepsilon_{CL})C_{O_2}^{ref}}\left[\exp\left(-\frac{4\alpha_c F}{RT}\eta_{act}^c\right) - \exp\left(-\frac{(1-\alpha_c)4F}{RT}\eta_{act}^c\right)\right] \tag{5-50}$$

$$i_{T,c} = \exp\left[-7900\left(\frac{1}{T} - \frac{1}{353.15}\right)\right] \tag{5-51}$$

对于阳极催化层而言，由于氢气扩散速率较快，从而阳极浓度损失远远小于阴极。因此，阳极有效因子取为 1.0。

$$C_{H_2}^{agg} = C_{H_2}^{agg,s} = \frac{P_{H_2}}{H_{H_2}} \tag{5-52}$$

$$J_a = i_{0,a}^{ref} i_{T,a} a_{Pt,a}^{eff} \left( \frac{P_{H_2}}{H_{H_2} C_{H_2}^{ref}} \right)^{0.5} \left[ \exp\left( -\frac{2F\alpha_a}{RT} \eta_{act}^a \right) - \exp\left( -\frac{2F(1-\alpha_a)}{RT} \eta_{act}^a \right) \right] \tag{5-53}$$

$$i_{T,a} = \exp\left[ -1400 \left( \frac{1}{T} - \frac{1}{353.15} \right) \right] \tag{5-54}$$

在 CFD 数值模型中加入催化层结块模型后，一方面可以更为精准地反映电池中传质损失的影响，如图 5.5[4]所示，另一方面，可以建立质子交换膜燃料电池单电池尺度下宏观传热传质过程与催化层中催化剂含量等参数分布特性之间的关系，从而可以通过分析催化层中催化剂含量等分布特性对电池性能的影响，优化催化层中催化剂的分布，降低电池中催化剂含量并进一步降低质子交换膜燃料电池成本。

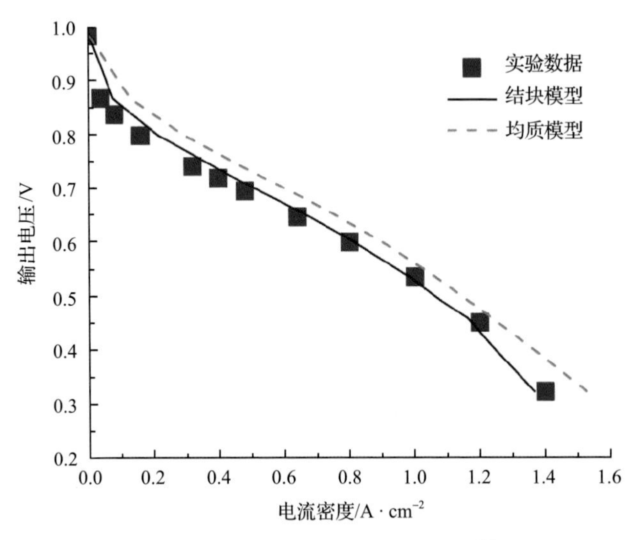


图 5.5　结块模型与均质模型对比[4]

在求解电子、离子控制方程（式(5-22)、式(5-23)）时，我们需要给定其边界条件。对于离子电势，考虑到离子只能在质子交换膜和催化层电解质中传输，可定义其在催化层与微孔层交界面处通量为零。对电子电势而言，目前为止，常用的边界条件定义方法有两种[18]，如图 5.6 所示，第一种是定义阳极极板端面处电势为 0V，阴极极板端面处电势为输出电压（$V_{\text{out}}$），这种边界定义下，阳极催化层活化过电势为电子电势与离子电势差值，即 $\varphi_{\text{e}}-\varphi_{\text{ion}}$，而阴极催化层活化过电势则还需额外减去可逆电势，即 $\varphi_{\text{e}}-\varphi_{\text{ion}}-E_{\text{r}}$，其中可逆电势可由修正后的能斯特方程计算得到：

$$E_{\text{r}}=\frac{\Delta g_{\text{ref}}}{2F}+\frac{\Delta s_{\text{ref}}}{2F}(T-T_{\text{ref}})+\frac{RT}{2F}\left(\ln P_{\text{H}_2}^{\text{in}}+\frac{1}{2}\ln P_{\text{O}_2}^{\text{in}}\right) \tag{5-55}$$

另外一种边界条件定义方法实际求解的是电子过电势，即损失的电子电势，这样在阴极极板端面处过电势即为 0V，而阳极极板端面处为总过电势则为 $E_{\text{r}}-V_{\text{out}}$（恒电压）或其工作电流密度（恒电流），在这种边界条件下，阴阳极催化层活化过电势均为 $\varphi_{\text{e}}-\varphi_{\text{ion}}$。这两种边界条件方法计算得到的结果基本是一致的。

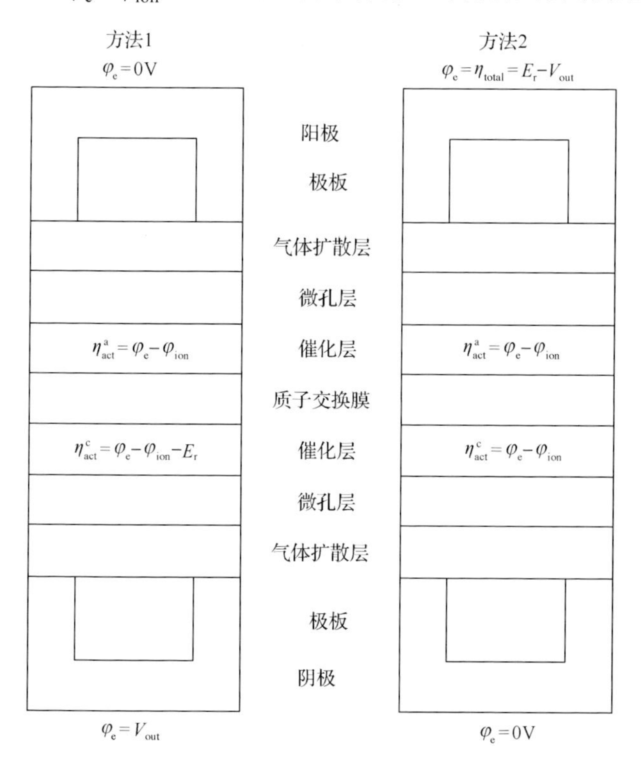


图 5.6 电子电势边界条件示意图[18]

一般来说，第一种方法得到的电势分布更符合实际情况，而第二种方法得到的结果可以更直观地得出各组件中损失的电势值。有文献指出[24]，第二种方法计算效率更高一些，这是由于第二种方法对应电势数值范围相比第一种方法要窄，在数值计算过程中，其初始值与最终结果更为接近。此外，第一种方法与初始电势值的选取有很大关系，当初始电势值与最终结果相差较大时，很容易导致计算发散，而第二种方法则与初始电势值的选取关系不是很大，计算时并不需要像第一种方法那样刻意选取初始电势值。

### 5.2.5 热传输过程

在质子交换膜燃料电池工作过程中，不可避免地会伴随热量产生。其中，产热源项主要包括：电化学反应热、不可逆热、活化热、相变潜热、欧姆热等等。在电池工作时，温度过高会导致质子交换膜中含水量下降，同时其耐久性也会大大下降。而低温则会大大降低催化剂活性，也更容易造成“水淹”现象。不仅如此，质子交换膜燃料电池中的传输参数也大都和温度相关，保持质子交换膜燃料电池在一定温度范围内工作是优化其水热管理过程的重要目标之一。一般而言，质子交换膜燃料电池尺度越大，温度分布不均匀性也越大，其对电池性能的影响也会相应变大，因此，进行单电池尺度下甚至电堆尺度下的质子交换膜燃料电池 CFD 数值模型仿真分析是十分重要的。质子交换膜燃料电池中能量守恒方程为

$$\frac{\partial}{\partial t}[\varepsilon s\rho_{\mathrm{l}}C_{\mathrm{p,l}}T+\varepsilon(1-s)\rho_{\mathrm{g}}C_{\mathrm{p,g}}T]+\nabla\cdot[\varepsilon s\rho_{\mathrm{l}}C_{\mathrm{p,l}}u_{\mathrm{l}}T+\varepsilon(1-s)\rho_{\mathrm{g}}C_{\mathrm{p,g}}u_{\mathrm{g}}T]=\nabla\cdot(k^{\mathrm{eff}}\nabla T)+S_{\mathrm{T}} \tag{5-56}$$

$$S_{\mathrm{T}}=\begin{cases}\left\|\nabla\varphi_{\mathrm{e}}\right\|^2\kappa_{\mathrm{e}}^{\mathrm{eff}}, & \text{极板}\\ \left\|\nabla\varphi_{\mathrm{e}}\right\|^2\kappa_{\mathrm{e}}^{\mathrm{eff}}+S_{\mathrm{v-l}}h, & \text{扩散层，微孔层}\\ J_{\mathrm{a}}\left|\eta_{\mathrm{act}}^{\mathrm{a}}\right|+\left\|\nabla\varphi_{\mathrm{e}}\right\|^2\kappa_{\mathrm{e}}^{\mathrm{eff}}+\left\|\nabla\varphi_{\mathrm{ion}}\right\|^2\kappa_{\mathrm{ion}}^{\mathrm{eff}} & \\ \quad +J_{\mathrm{a}}\dfrac{\Delta S_{\mathrm{a}}T}{2F}+(S_{\mathrm{v-l}}-S_{\mathrm{d-v}})h, & \text{阳极催化层}\\ J_{\mathrm{c}}\left|\eta_{\mathrm{act}}^{\mathrm{c}}\right|+\left\|\nabla\varphi_{\mathrm{e}}\right\|^2\kappa_{\mathrm{e}}^{\mathrm{eff}}+\left\|\nabla\varphi_{\mathrm{ion}}\right\|^2\kappa_{\mathrm{ion}}^{\mathrm{eff}} & \\ \quad +J_{\mathrm{c}}\dfrac{\Delta S_{\mathrm{c}}T}{4F}+(S_{\mathrm{v-l}}-S_{\mathrm{d-v}})h, & \text{阴极催化层}\\ \left\|\nabla\varphi_{\mathrm{ion}}\right\|^2\kappa_{\mathrm{ion}}^{\mathrm{eff}}, & \text{质子交换膜}\\ S_{\mathrm{v-l}}h, & \text{流场}\end{cases} \tag{5-57}$$

前文提到，随着计算域的增大，质子交换膜燃料电池单电池热管理对水管理的影响也会随着增大。考虑到实际应用中，单电池是作为一个小单元共同组成电堆进行工作的，在电堆中，会加入一些冷却流道对电池进行冷却，从而保证电池

工作在一定温度区间内。对于不同位置的单电池，在单电池建模分析时，需施加不同的对流热边界条件。现在大部分文献中热边界仍然以恒温边界为主，在这种情况下，热管理对电池水管理和性能的影响有可能被低估了。

### 5.2.6 模型验证

由前文可知，对质子交换膜燃料电池单电池水热管理的建模仿真分析所涉及的物理过程十分复杂，并且这些物理过程之间还具有强耦合性，同时，通过实验手段观测电池内部各个物理量的分布也十分困难，这就导致全面验证 CFD 数值模型的准确性也十分困难。到目前为止，还没有完善的验证模型合理性的方法。目前常见方法是验证模型在不同工况下的极化曲线，更进一步地，可以验证电池各项损失(活化损失、欧姆损失和传质损失)数值，但是，电池极化曲线和各项损失均为零维，不能给出各物理量的具体分布情况。而且，由于质子交换膜燃料电池水热管理模型所涉及参数众多，某一参数的影响很可能会被另一参数影响抵消。目前已有文献证明两套完全不一样的参数能够得到几乎相同的极化曲线[25]。

对三维模型而言，为保证模型准确性，除验证极化曲线与各项损失之外，对关键变量的空间分布进行验证也是必不可少的，其中，电流密度分布是电池内部各处反应气体浓度、温度、水含量等变量的综合反映。目前已有一些学者对模型计算得到的电流密度分布与实验结果进行了详细验证[26-28]。需要注意的是，在实验测量电池表面的电流密度分布时，我们几乎不可能得到像仿真计算那样精细的分布结果。例如，对一块 $50cm^2$ 的正方形单电池而言，我们采用 10×10 块分隔极板测量其电流密度分布时，最小分辨单元面积为 $50mm^2$，而在仿真计算中，最小网格面积往往仅在 $0.1mm^2$ 左右。因此，在对比时，往往需要对仿真结果进行局部平均处理以降低其分辨率。不仅如此，在实验过程中，由于分辨率较低，流场中流道和脊对电流密度分布的影响往往就被忽略了，而仿真结果则可以清楚地反映出流场中流道和脊的影响，如图 5.7[28]所示。图 5.7 中所示实验结果来自加拿大滑铁卢大学[27]，实验和仿真结果均显示电池电流密度从阴极入口到出口逐渐降低，这主要是由于氧气消耗导致浓度逐渐降低造成的。

在文献[28]中，模型仿真结果与美国洛斯-阿拉莫斯实验室的实验结果[26]进行了验证。如图 5.8 和 5.9 所示，在进气加湿较高时(如 50% RH)，同 5.7 中结果类似，电池内部电流密度从阴极入口到出口逐渐降低。但是，当进气加湿程度很低时(如 25% RH)，电池内部最高电流密度区域会从阴极入口处转移至电池中央。这主要是由于电池进气加湿很低时，电池阴极入口区域膜态水含量很低，如图 5.10 所示，这导致阴极入口区域欧姆极化较高，从而降低了该区域的电流密度。从图 5.9 中可以

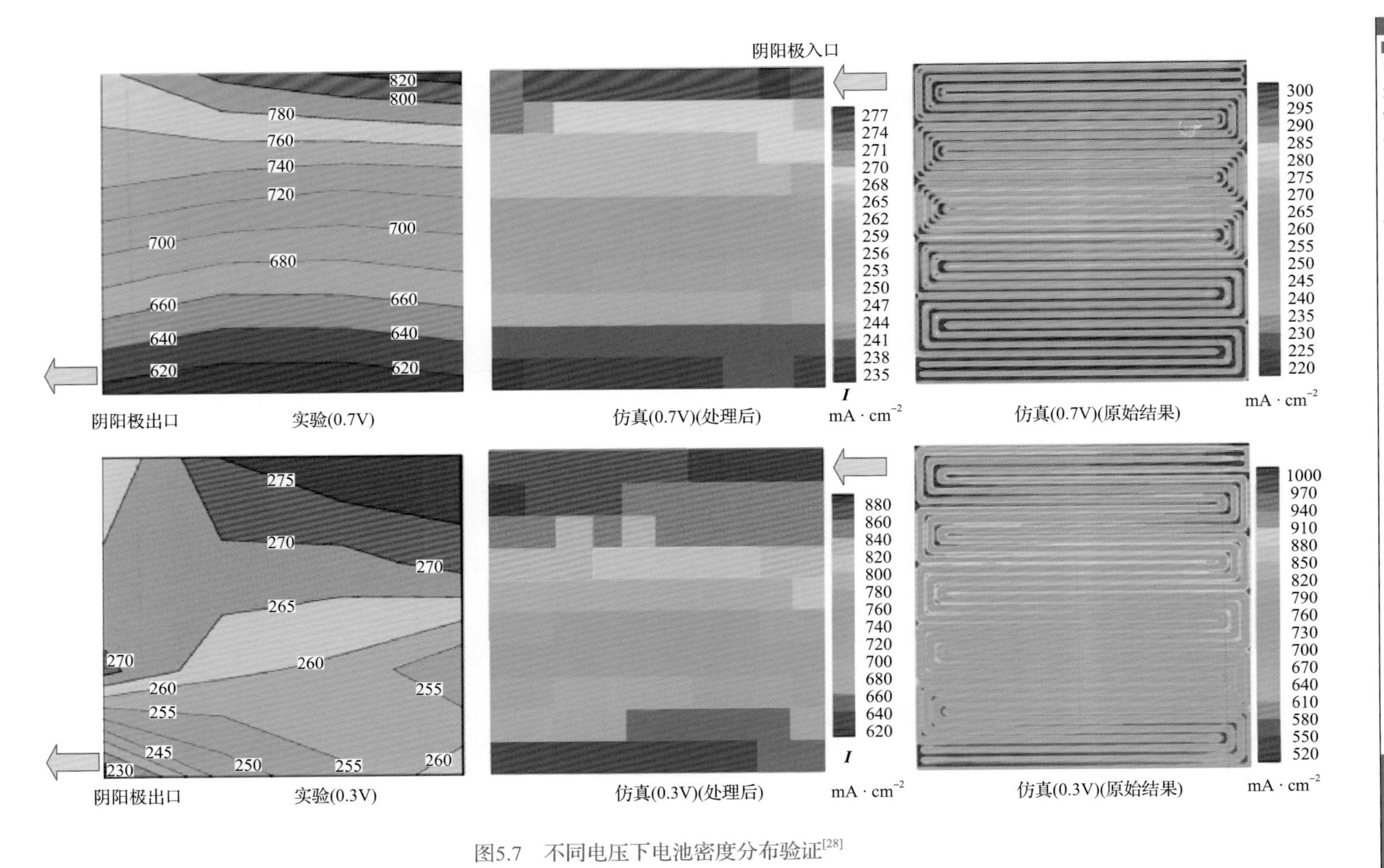


图5.7 不同电压下电池密度分布验证[28]

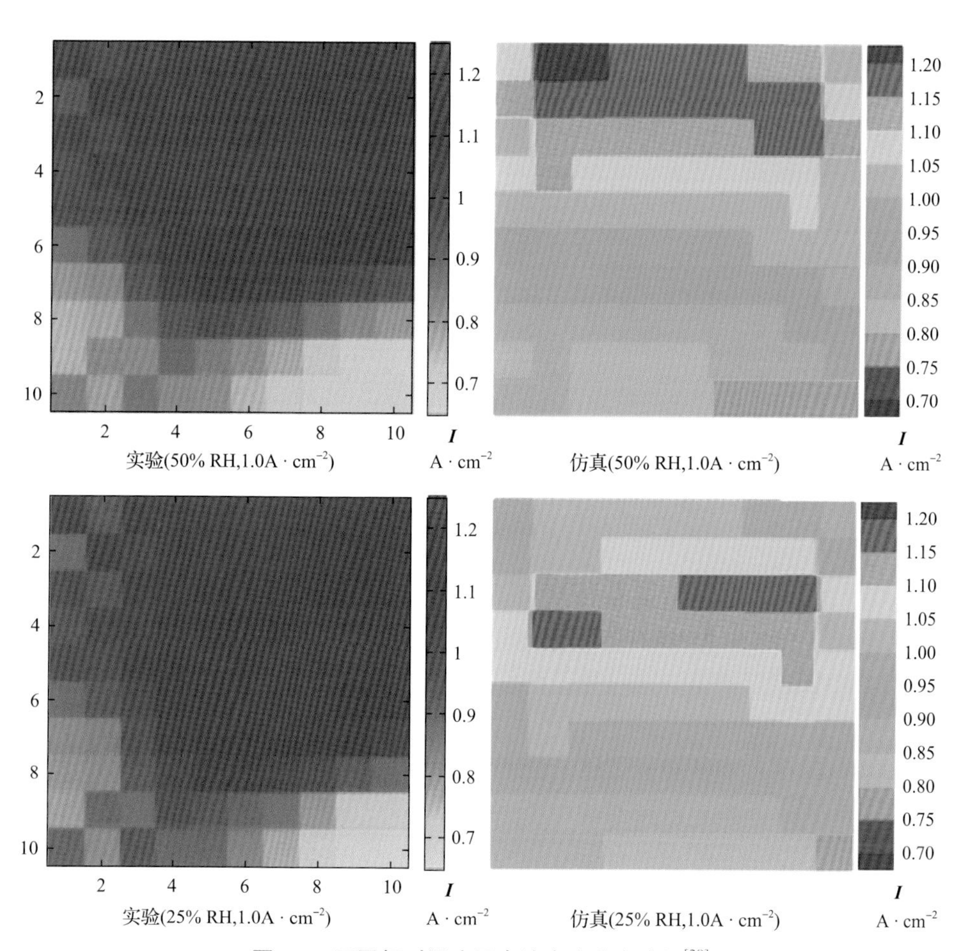


图 5.8　不同相对湿度下电池密度分布验证[28]

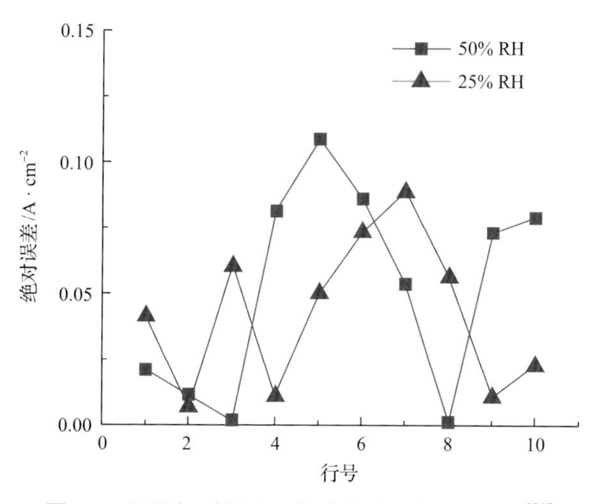


图 5.9　不同相对湿度下电池密度分布绝对误差[28]

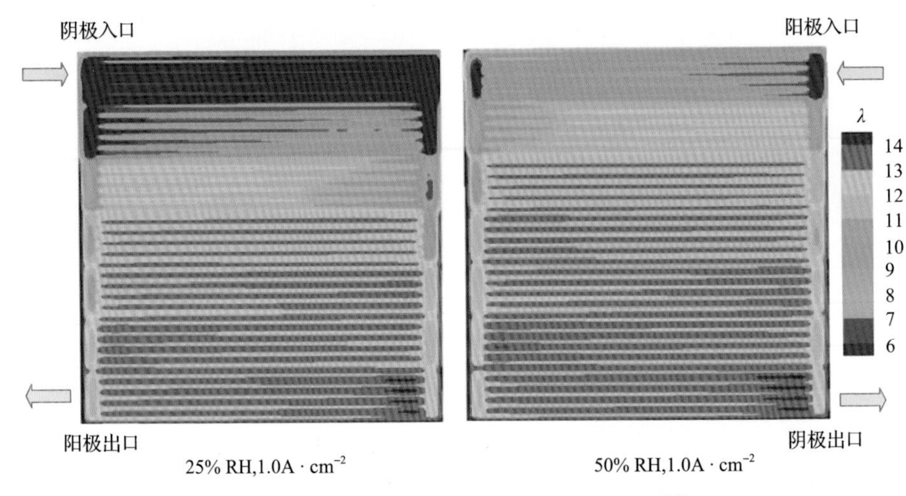


图 5.10　不同相对湿度下膜内水含量分布[28]

看出，电池内部局部电流密度值的仿真结果与实验结果最大绝对误差小于 $0.15A\cdot cm^{-2}$，50%和 25%RH 下的平均绝对(相对)误差分别为 $0.052A\cdot cm^{-2}$(5.4%)和 $0.042A\cdot cm^{-2}$(4.1%)，这说明三维多相模型可以很好地预测电池内部电流密度分布。

除电流密度分布的验证之外，有些学者还对电池内部水[29]和温度[30]的分布进行了详细的对比验证，并取得了理想的对比结果。这些验证结果证明了三维模型在预测电池内部变量分布和性能方面的可靠性。除此之外，为进一步完善模型验证，有学者建议逐步建立实验和仿真结果的基准数据库。

### 5.2.7　网格独立性

我们知道，CFD 数值模型是基于真实质子交换膜燃料电池结构划分网格，进行数值计算，给出电池内部传输过程和物理量空间分布，因此，在实际计算过程中，网格数量和质量会对 CFD 数值计算结果产生不可忽视的影响，这也是必须对 CFD 数值模型进行网格独立性验证的原因。一般来说，网格较稀疏时，CFD 数值模型计算效率较高，但精度较差，随着网格数量增加，精度随之增高，但同时伴随着计算效率下降，计算过程中需要平衡好二者之间的关系，在保证 CFD 数值模型计算精度的同时尽可能提高计算效率。目前验证网格独立性时，往往只是验证模型在某一特定工况下的电流密度值或者极化曲线。但有文献表明[31]，在验证 CFD 数值模型网格独立性时，只对比极化曲线也是远远不够的，还应对比其他物理量的分布情况。

以三维 CFD 模型常用的单流道计算域为例(图 5.1(b))，目前人们在进行数值计算时，在垂直极板平面方向，对每一层均划分 8～10 层网格是较为适宜也最为常用的，需要注意的是，虽然催化层很薄，但却是电化学反应最重要的场所，因此也应保证其在该方向足够的网格数。在流道和极板宽度方向，一般均划分4～5层网格(使用对称边界时)，当流道宽度和极板宽度相差较大时，可相应调整网格层数，在流动方向，其网格数应根据流道长度进行相应调整，从而保证计算域中单个网格长宽比不至于过大，一般应保证单个网格在该方向长度不低于1.0mm。当然，上述网格数目只是经验值，在实际仿真计算过程中，仍需要进行细致的网格独立性验证来确定最终网格数目。

### 5.2.8 CFD数值模型计算

在搭建完成质子交换膜燃料电池单电池水热管理的CFD数值模型后，考虑到其复杂程度，常常需要借助专业CFD软件对其进行求解。这些软件可大致分为两类，一类是商业软件，如ANSYS FLUENT、CFX、STAR-CD和COMSOL等，这些商业软件一般界面比较简洁、友好，且前后处理都比较方便，并且这些商业软件都会提供二次开发功能(如FLUENT的UDF，user-defined-function功能)，借助这些功能，可以比较方便地基于电池实际情况进行建模仿真，这也是基于这类软件建立的CFD数值模型得到广泛应用的重要原因。但是商业软件的内部源代码是封闭的，这就导致在实际应用过程中，模型中的某些特例难以耦合到模型中，并且也使不同软件之间的模型验证工作很难进行。除此之外，还有一类开源软件，如OpenFoam[32]等，软件源代码完全开源，用户可以任意更改其代码从而建立自己所需要的模型，这也是该类模型的“魅力”所在，但是使用这种模型需要用户具有很深的专业背景，对其编程能力也有很高要求，这就导致一部分初学者对其“望而生畏”，目前基于开源软件建立的燃料电池CFD数值模型也尚未普及。然而，随着CFD数值模型发展进一步深入，对于求解软件的要求也会进一步提升，这时开源软件的强适应性就会成为其无可比拟的优势。

### 5.2.9 CFD数值模型结果

如前所述，CFD数值模型不仅可以计算得到表征电池性能的极化曲线，还可以研究电池内部各个物理量的分布情况，这些分布情况有助于读者深入了解电池水热管理过程中的物质传输过程，从而进一步对其进行优化。图5.11[9]表示的是在传统直流道内加入梯形导流板对电池内液态水含量的影响(主要工况参数如下：输出电压0.52V；工作压力1.0atm；进气湿度分别为阳极0.84，阴极0.59；进气化学计量比分别为阳极1.5，阴极1.5)。我们知道，加入导流板之后会促进反应气体从流道到多孔电极传输过程中的对流作用，造成导流板附近区域气体流速加快，从而加速流道内液态水的排出，如图5.11(a)所示。相应地，从图5.11(b)中可以看到，导流板下方对应的多孔电极内部液态水也更容易排出到流道中。

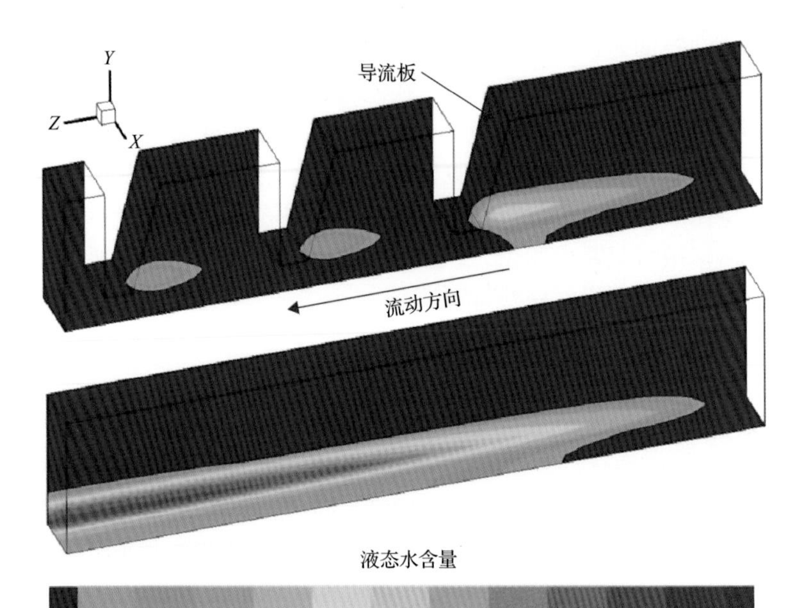


(a) 流道[9]

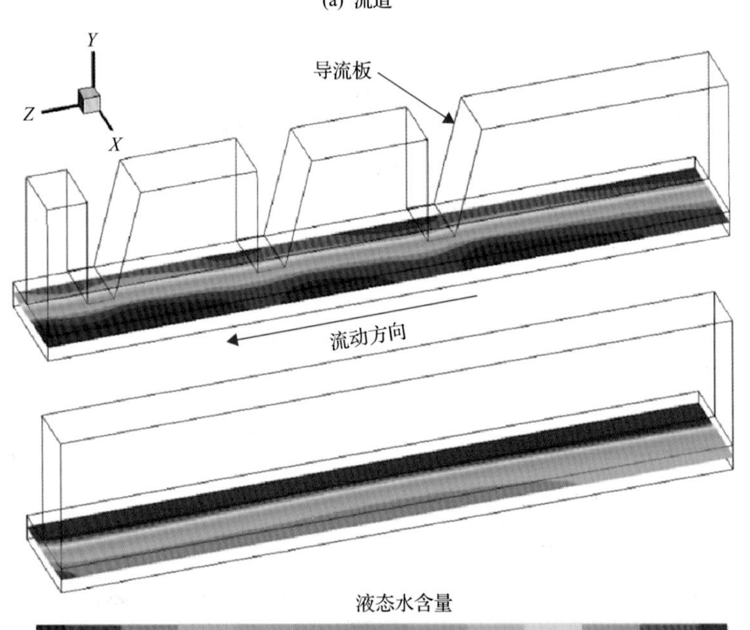


(b) 气体扩散层[9]

图 5.11 导流板对电池内液态水含量的影响

以文献[12]中的一组仿真结果为例，简单探究流场结构对电池内部传输过程的影响(主要工况参数如下：输出电压 0.65V；工作压力 2.5atm；进气湿度分别为阳极 1.0，阴极 1.0；进气化学计量比分别为阳极 1.5，阴极 1.5)，图 5.12 给出了阴阳极流场的结构示意图，计算域如图 5.1(a)所示。流场面积为 180mm×60mm，阴阳极入口宽度分别为 19.2mm 和 9.2mm，为保证反应气体分布均匀性，在进出口设计有分配区域。考虑到阴极氧气传输的困难性，在阴极流场分配区域更进一步增加“点阵”式设计提升氧气分布均匀性。流场共 38 条流道，流道与脊宽度均为 0.8mm。图 5.13 表示的是阴阳极流场中每条流道中反应气体的浓度分布，流道 1 到 38，X 轴坐标递增(图 5.1(a))。明显可以看出，流场中阳极氢气分布均匀性远远好于阴极氧气分布，这也是在实际设计过程中，阴极流场重要性远远大于阳极的重要原因之一。图 5.14 表示的则是阴阳极采取顺流和逆流两种设计时，电池催化层内部电化学反应速率的分布情况。仿真计算时，空气流动方向保持不变。整体来看，电化学反应速率均沿空气流动方向逐渐降低，而采用逆流设计时，电池催化层内部的电化学反应速率分布更为均匀，综合性能也更高一些。

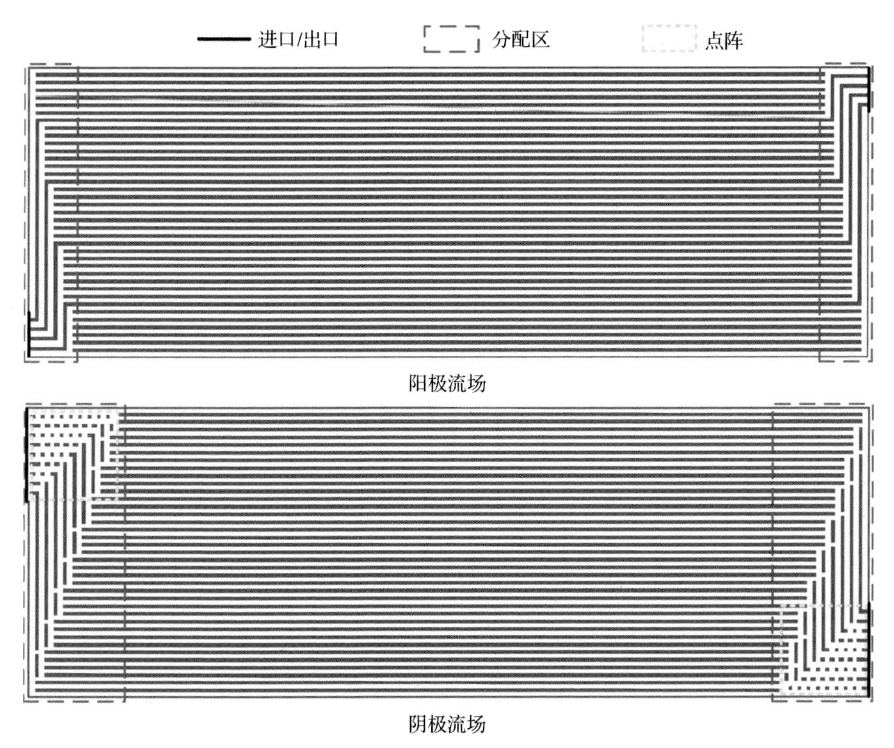


图 5.12　阴阳极流场结构示意图[12]

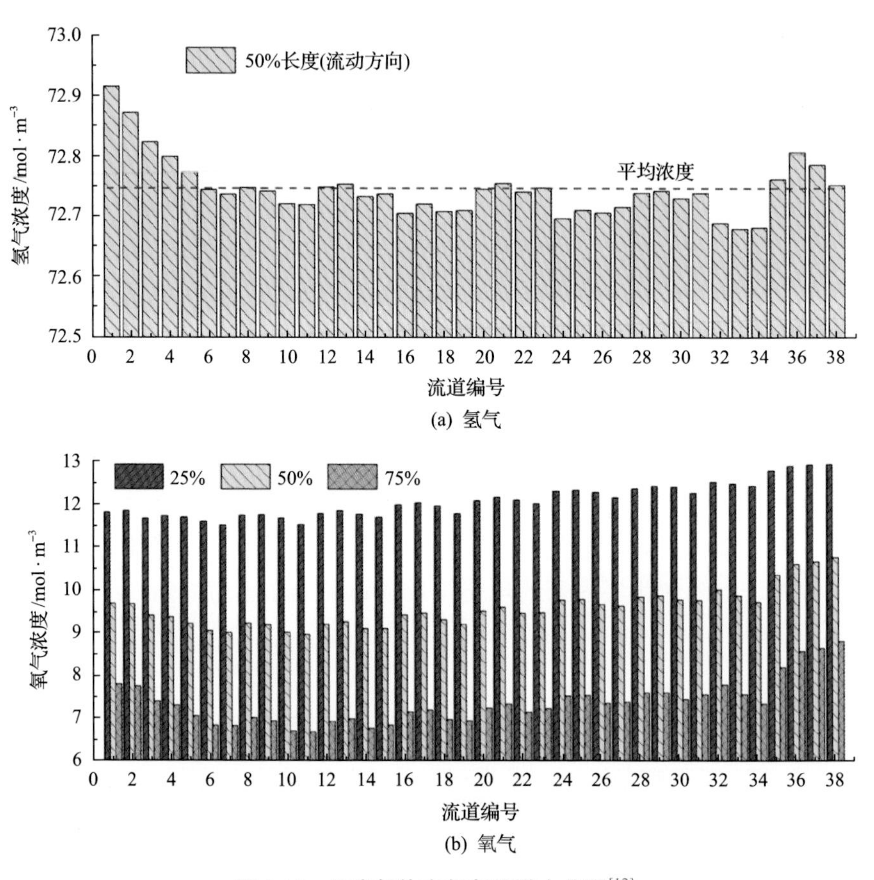


图 5.13 反应气体在每条流道内分配[12]

此外，本书第 2 章提到 3D 流场相比传统流场具有明显优势。对此，文献[33]中利用 CFD 数值模型详细探究了 3D 流场对电池性能及内部传输过程的影响，下面将对其中一部分结果进行简单介绍(主要工况参数如下：输出电压 0.6V；工作压力 1.0atm；进气湿度分别为阳极 1.0，阴极 1.0；进气化学计量比分别为阳极 1.5，阴极 1.5)。

图 5.15(a)表示 3D 流场与传统平行流场在不同工作压力下的极化曲线对比，可以看出，3D 流场能够显著降低电池传质损失，但当电池欧姆损失起主导作用时，3D 流场却会降低电池性能。与此同时，从图 5.15(b)可以看到，相同电流密度下，3D 流场会在一定程度上降低泵气损失，这主要是因为 3D 流场极大地增加了流场与气体扩散层接触面积，同时其交叉流的结构设计也使阴极空气流动路径大大缩短。

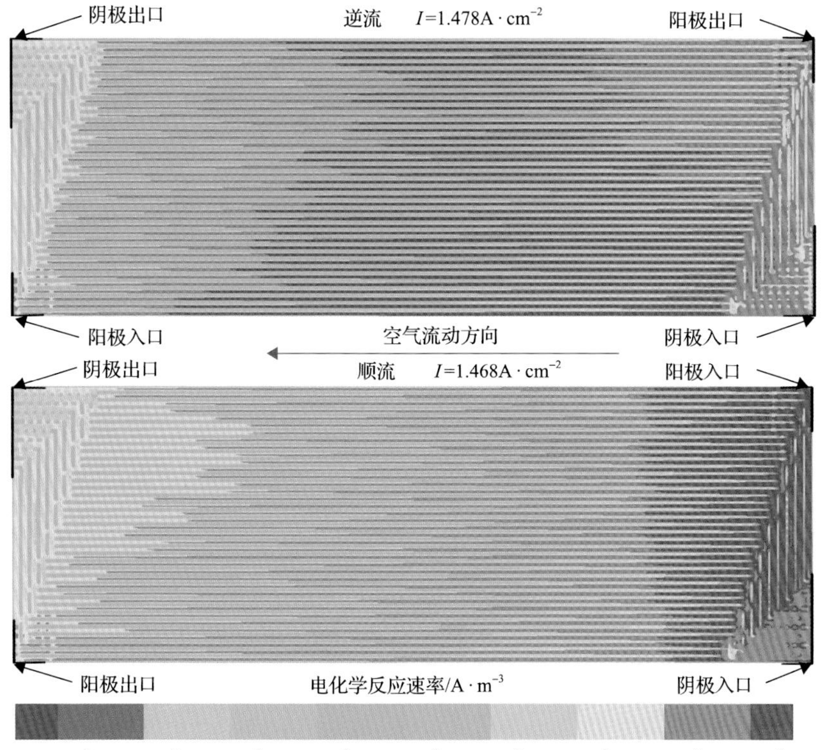


图 5.14 阴阳极顺逆流设计对电化学反应影响[12]

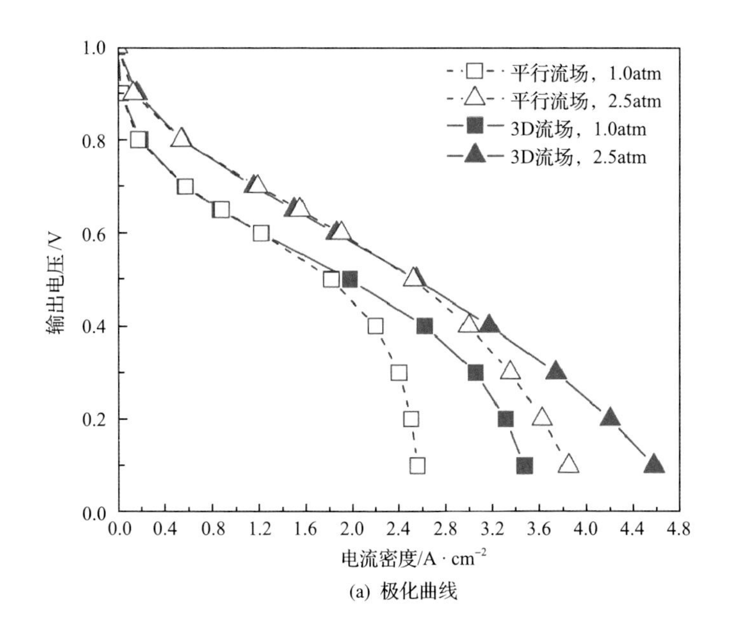


(a) 极化曲线

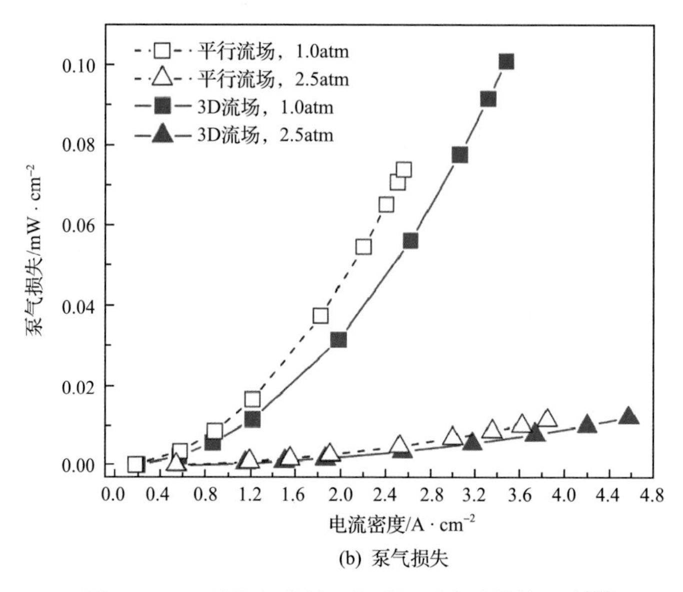

(b) 泵气损失

图 5.15　3D 流场与传统平行流场对电池性能影响[33]

图 5.16 表示 3D 流场中气体流动速度分布云图，在流动过程中，气流主要被分为两部分，其中，极板下方气体被强制导流进入气体扩散层，其作用类似于传统导流板；另一部分气体则在极板上方交错前进，将从电池内部排出的液态水吹到出口。文献[34]中提供了 3D 流场中液态水分布的 CT 图像。图 5.17 提供了 3D 流场对电池多孔电极中各物理量的影响。相比平行流场，3D 流场能够明显提升电池气体扩散层中氧气浓度，降低液态水含量，并且催化层中电化学反应速率分布也更为均匀。

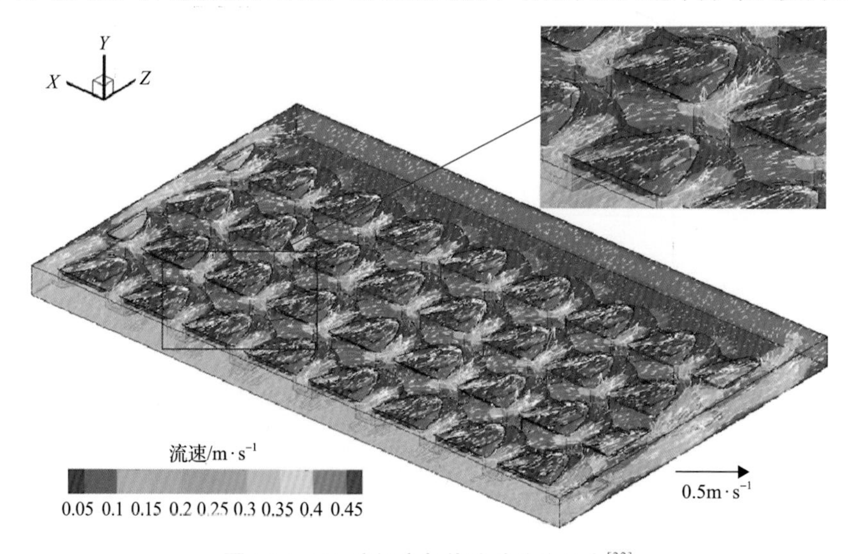


图 5.16　3D 流场中气体流动速度分布[33]

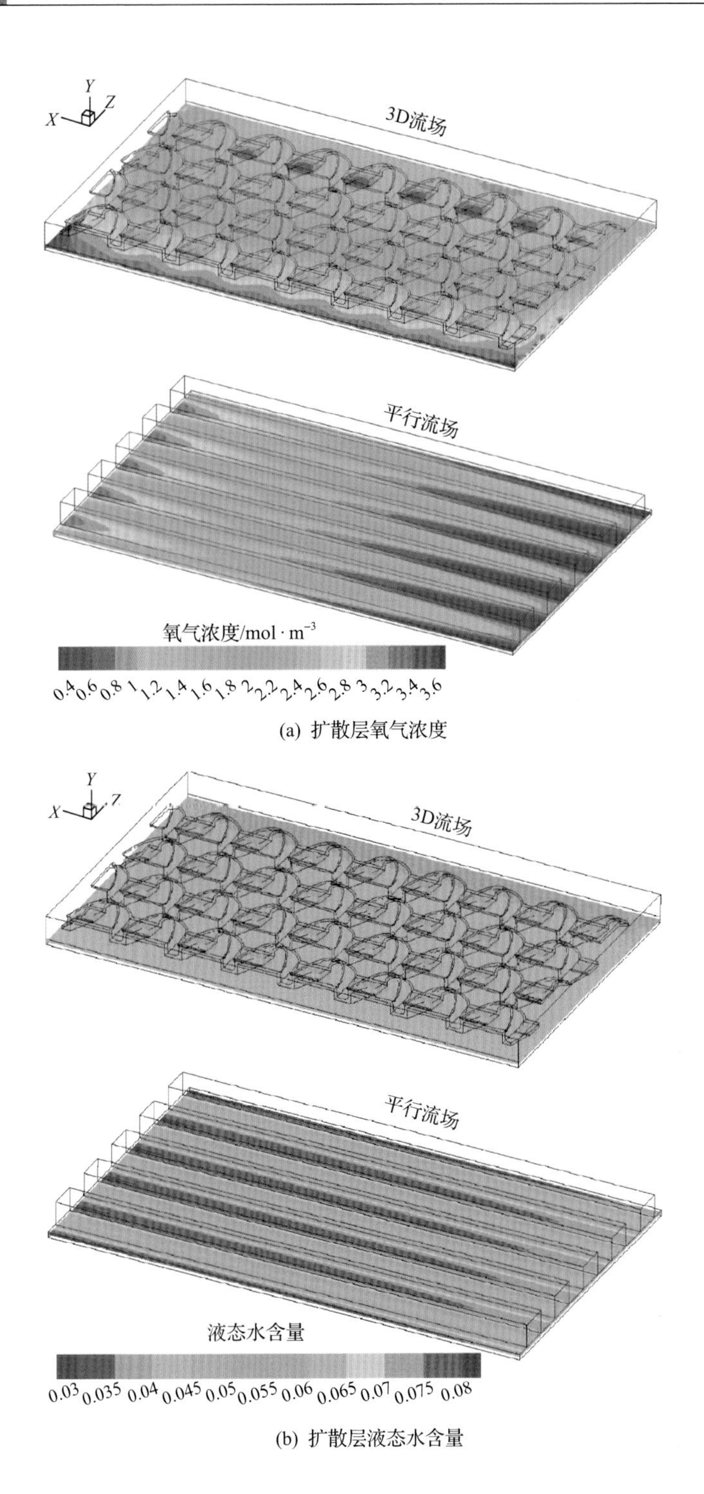


(a) 扩散层氧气浓度

(b) 扩散层液态水含量

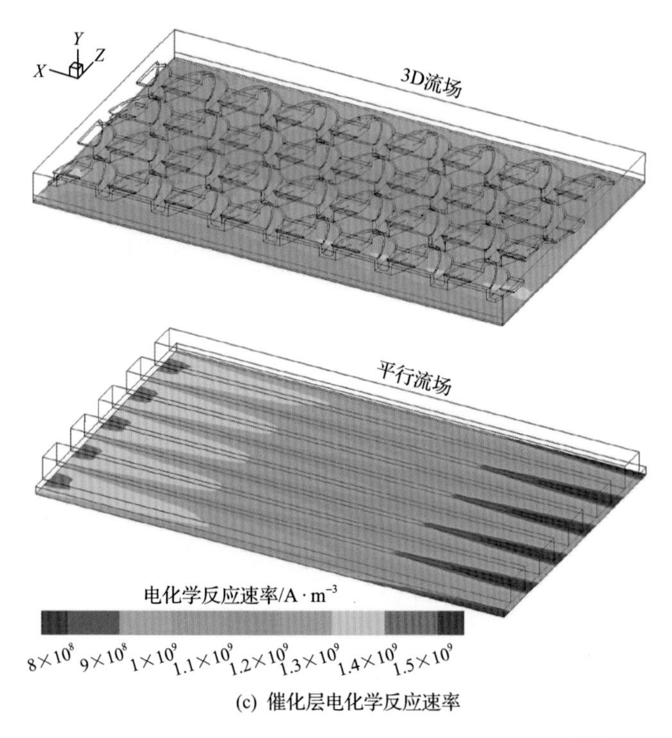

(c) 催化层电化学反应速率

图 5.17 3D 流场对电池多孔电极中各物理量影响[33]

事实上，正是由于 3D 流场可以使电池内部各变量分布更为均匀，电池可采用长边进气方式，从而大幅缩短空气传输路径，有效降低压降和泵气损失，这也是 3D 流场与其他多孔介质流场(如泡沫流场)的重要不同。另外，3D 流场的重复单元结构尺寸很小，使整个流场更为精细化。受限于目前的加工水平，传统的“沟—脊”式流场结构，其流道宽度目前很难降低到 0.5mm 以下。然而，可以预见的是，传统“沟—脊”式流场的流道宽度降到足够低时，电池性能和内部变量分布也将明显改善。

### 5.2.10 冷启动工况

对于冷启动(零摄氏度以下启动)工况下的质子交换膜燃料电池水热管理而言，启动过程中，由于外界温度很低，流道和多孔电极内部会生成冰，同时，在质子交换膜内部，一部分自由膜态水会转化为冷冻膜态水。因此，基于已经建立的 CFD 数值模型，通过充分考虑上述影响，即可建立冷启动工况下的 CFD 数值模型[35]，具体过程如下。

首先，将冰的影响耦合到正常工况下守恒方程中，在这个过程中，由于实际结冰过程十分复杂，在 CFD 数值模型中详细研究其结冰机理并探究其生长过程目前仍是不切实际的。一般的做法是忽略其生长过程，仅考虑其所占体积对电池中气液两相流动的影响，具体来说，就是定义冰体积分数 $s_{\text{ice}}$ 并将其耦合到上一节中介绍的正常工况下的传输方程中，即将气相流动的质量守恒方程、动量守恒方程和气体组分守恒方程分别做如下修正。

$$\frac{\partial}{\partial t}[\varepsilon(1-s-s_{\text{ice}})\rho_{\text{g}}]+\nabla\cdot(\rho_{\text{g}}\boldsymbol{u}_{\text{g}})=S_{\text{m}} \tag{5-58}$$

$$\begin{aligned}&\frac{\partial}{\partial t}\left[\frac{\rho_{\text{g}}\boldsymbol{u}_{\text{g}}}{\varepsilon(1-s-s_{\text{ice}})}\right]+\nabla\cdot\left[\frac{\rho_{\text{g}}\boldsymbol{u}_{\text{g}}\cdot\boldsymbol{u}_{\text{g}}}{\varepsilon^2(1-s-s_{\text{ice}})^2}\right]\\&=-\nabla P_{\text{g}}+\mu_{\text{g}}\nabla\cdot\left\{\nabla\left[\frac{\boldsymbol{u}_{\text{g}}}{\varepsilon(1-s-s_{\text{ice}})}\right]+\nabla\left[\frac{\boldsymbol{u}_{\text{g}}^{\text{T}}}{\varepsilon(1-s-s_{\text{ice}})}\right]\right\}\\&\quad-\frac{2}{3}\mu_{\text{g}}\nabla\left[\nabla\cdot\left(\frac{\boldsymbol{u}_{\text{g}}}{\varepsilon(1-s)-s_{\text{ice}}}\right)\right]+S_{\text{u}}\end{aligned} \tag{5-59}$$

$$\frac{\partial}{\partial t}\left[\varepsilon(1-s-s_{\text{ice}})\rho_{\text{g}}Y_{\text{i}}\right]+\nabla\cdot(\rho_{\text{g}}\boldsymbol{u}_{\text{g}}Y_{\text{i}})=\nabla\cdot\left(\rho_{\text{g}}D_{\text{i}}^{\text{eff}}\nabla Y_{\text{i}}\right)+S_{\text{i}} \tag{5-60}$$

此外，还应进一步添加冰和质子交换膜中冷冻膜态水守恒方程：

$$\frac{\partial}{\partial t}(\varepsilon s_{\text{ice}}\rho_{\text{ice}})=S_{\text{ice}} \tag{5-61}$$

$$\frac{\rho_{\text{mem}}}{\text{EW}}\frac{\partial}{\partial t}(\omega\lambda_{\text{f}})=S_{\text{fmw}} \tag{5-62}$$

对于多孔电极中传输系数修正，也应进一步考虑冰体积分数的影响，例如，对于有效气体扩散系数，其修正式应改为

$$D_{\text{i}}^{\text{eff}}=D_{\text{i}}\varepsilon^{1.5}(1-s-s_{\text{ice}})^{1.5} \tag{5-63}$$

特别地，对于多孔电极中气液两相相对渗透率，也应进一步进行修正：

$$k_{\text{g}}=(1-s-s_{\text{ice}})^n \tag{5-64}$$

$$k_{\text{l}}=s^n(1-s_{\text{ice}})^n \tag{5-65}$$

在上述方程中，由于冰的存在，其相关相变过程也需进一步考虑在内，相关源项表达式如表 5.7 所示。

表 5.7 冷启动过程中守恒方程源项表达式

| 源项 | 表达式 |
| --- | --- |
| 水蒸气/$kg \cdot m^{-3} \cdot s^{-1}$ | $\begin{cases} S_{H_2O} = -S_{v-l} - S_{v-i} + S_{d-v}M_{H_2O}, & \text{催化层} \\ S_{H_2O} = -S_{v-l} - S_{v-i}, & \text{流场，扩散层，微孔层} \end{cases}$ |
| 膜态水/$mol \cdot m^{-3} \cdot s^{-1}$ | $\begin{cases} S_{mw} = -S_{n-f}, & \text{质子交换膜} \\ S_{mw} = -S_{d-v} / M_{H_2O} - S_p - S_{n-i}, & \text{阳极催化层} \\ S_{mw} = -S_{d-v} / M_{H_2O} + S_p - S_{n-i}, & \text{阴极催化层} \end{cases}$ |
| 冷冻膜态水/$mol \cdot m^{-3} \cdot s^{-1}$ | $S_{fmw} = S_{n-f}$, 质子交换膜 |
| 液态水/$kg \cdot m^{-3} \cdot s^{-1}$ | $\begin{cases} S_l = S_{v-l} + M_{H_2O}J_c / 2F - S_{l-i}, & \text{阴极催化层} \\ S_l = S_{v-l} - S_{l-i}, & \text{阳极催化层, 扩散层, 微孔层} \end{cases}$ |
| 冰/$kg \cdot m^{-3} \cdot s^{-1}$ | $\begin{cases} S_{ice} = S_{v-i} + S_{l-i} + S_{n-i}M_{H_2O}, & \text{催化层} \\ S_{ice} = S_{v-i} + S_{l-i}, & \text{流场，扩散层，微孔层} \end{cases}$ |
| 气液相变/$kg \cdot m^{-3} \cdot s^{-1}$ | $\left\{\begin{array}{lll} S_{v-l} = \gamma_{v-l}\varepsilon(1-s-s_{ice})(C_{H_2O}-C_{sat})M_{H_2O}, & C_{H_2O} > C_{sat}, & T \geqslant T_N + T_{FPD} \\ S_{v-l} = \gamma_{l-v}\varepsilon s(C_{H_2O}-C_{sat})M_{H_2O}, & C_{H_2O} < C_{sat}, & \\ S_{v-l} = 0, & & T < T_N + T_{FPD} \end{array}\right.$ |
| 水蒸气与冰相变/$kg \cdot m^{-3} \cdot s^{-1}$ | $\left\{\begin{array}{lll} S_{v-i} = \gamma_{v-i}\varepsilon(1-s-s_{ice})(C_{H_2O}-C_{sat})M_{H_2O}, & C_{H_2O} > C_{sat}, & T \geqslant T_N + T_{FPD} \\ S_{v-i} = 0, & C_{H_2O} < C_{sat}, & \\ S_{v-i} = 0, & & T < T_N + T_{FPD} \end{array}\right.$ |
| 液态水与冰相变/$kg \cdot m^{-3} \cdot s^{-1}$ | $\begin{cases} S_{l-i} = \gamma_{l-i}\varepsilon s\rho_l, & T < T_N + T_{FPD} \\ S_{l-i} = -\gamma_{i-l}\varepsilon s_{ice}\rho_{ice}, & T \geqslant T_N + T_{FPD} \end{cases}$ |
| 膜态水与冰相变/$kg \cdot m^{-3} \cdot s^{-1}$ | $\begin{cases} S_{d-i} = \gamma_{d-i}\dfrac{\rho_{MEM}}{EW}(\lambda - \lambda_{sat}), & \lambda \geqslant \lambda_{sat} \\ S_{d-i} = 0, & \lambda < \lambda_{sat} \end{cases}$ |
| 膜态水与冷冻膜态水相变/$kg \cdot m^{-3} \cdot s^{-1}$ | $\begin{cases} S_{d-f} = \gamma_{d-f}\dfrac{\rho_{MEM}}{EW}(\lambda - \lambda_{sat}), & \lambda \geqslant \lambda_{sat} \\ S_{d-f} = \gamma_{d-f}\dfrac{\rho_{MEM}}{EW}\lambda, & \lambda < \lambda_{sat} \end{cases}$ |

表 5.7 中，$T_N$ 表示正常情况下水的冰点温度，K；$T_{FPD}$ 表示冰点温度降低值，K。

## 5.3 低维模型

通过上一节知道，CFD 数值模型可以获知电池内部详细传输过程和各物理量空间分布，同时得到电池性能特性。但是，CFD 数值模型计算效率很低，且很容易出现计算不收敛的情况，导致其在实际应用中受到了很大限制。因此，当需要快速预测某些参数对电池性能的影响时，低维模型的高计算效率便体现出巨大的优势。实际上，在应用建模仿真手段优化质子交换膜燃料电池单电池水热管理时，往往是先通过低维模型确定某些参数的大概范围，然后选取该范围内参数利用 CFD 数值模型分析其内部传输过程和各物理量空间分布以进一步优化。本节将介绍两类常见的质子交换膜燃料电池低维模型，一维稳态模型和准二维瞬态模型。

### 5.3.1　一维稳态模型

垂直极板方向的一维稳态模型是质子交换膜燃料电池建模中最传统且最基本的一类模型，如图 5.1 所示，该方向包含了质子交换膜燃料电池内部各主要部件，同时该方向也是“水—电—热—气—力”等传输机制的主要方向。该模型的主要意义在于通过解析或数值方法求解垂直极板方向上电池内各项传输过程的控制方程，以获得一定工作电流密度及其他操作参数下电池输出电压，进而快速预测各参数对电池性能的影响。下文将以文献中的两相非等温一维稳态模型[11]为例，说明该模型的建模过程。

1. 电压求解

一定输出电流边界条件下，质子交换膜燃料电池的输出电压 $V_{\mathrm{out}}$ 可以表示为

$$V_{\mathrm{out}} = V_{\mathrm{open}} - \eta_{\mathrm{ohm}} - \eta_{\mathrm{act}}^{\mathrm{a}} - \eta_{\mathrm{act}}^{\mathrm{c}} \tag{5-66}$$

式中，$V_{\mathrm{open}}$ 为开路电压，V；$\eta_{\mathrm{ohm}}$ 为总的欧姆损失，V；$\eta_{\mathrm{act}}^{\mathrm{a}}$ 为阳极活化损失，V；$\eta_{\mathrm{act}}^{\mathrm{c}}$ 为阴极活化损失，V。

在该模型中，选择催化层中反应气体浓度，而不是流道入口浓度求解阴阳极活化损失，这样就将大部分传质损失包含在活化损失内，因此式(5-66)中不再包含传质损失项。但是该模型忽略了反应气体从催化层孔隙经电解质扩散进入三相反应界面参与电化学反应的过程，因此会对电池性能有所高估，尤其是在高电流密度区域。第 1 章提到气体跨膜造成的寄生电流，会使燃料电池的开路电压低于可逆电压，但由于气体跨膜速率很小，且随着工作电流密度增加气体跨膜影响会大大减小[18]，所以在电池建模过程中常常忽略这一效应，即认为开路电压等于可逆电压，即 $V_{\mathrm{open}} = E_{\mathrm{r}}$。

(1) 欧姆损失。包括电子在多孔电极内传导和离子在电解质中传导造成的电压损失，可以表示为

$$\eta_{\mathrm{ohm}} = \eta_{\mathrm{ohm,e}} + \eta_{\mathrm{ohm,ion}} \tag{5-67}$$

$$\eta_{\mathrm{ohm,\,e}} = I\left(\sum \frac{\delta_{\mathrm{BP,\,GDL,\,MPL}}}{\sigma_{\mathrm{e}\ \mathrm{BP,\,GDL,\,MPL}}^{\mathrm{eff}}} + \frac{\delta_{\mathrm{CL}}}{2\sigma_{\mathrm{e}\ \mathrm{CL}}^{\mathrm{eff}}}\right) \tag{5-68}$$

$$\eta_{\text{ohm, ion}} = I\left(\frac{\delta_{\text{PEM}}}{\kappa_{\text{ion,PEM}}^{\text{eff}}} + \frac{\delta_{\text{CL}}}{2\kappa_{\text{ion,CL}}^{\text{eff}}}\right) \tag{5-69}$$

式中，$\eta_{\text{ohm,e}}$ 为电子传导造成的电压损失，V；$\eta_{\text{ohm,ion}}$ 为离子传导造成的电压损失，V；$I$ 为电流密度，$\text{A}\cdot\text{m}^{-2}$；$\delta$ 为电池各部件厚度，m；$\kappa_{\text{e}}^{\text{eff}}$ 和 $\kappa_{\text{ion}}^{\text{eff}}$ 为各部件内的有效电子和离子电导率，$\text{S}\cdot\text{m}^{-1}$。其中，电子的传导路径包括极板、扩散层和微孔层，离子也要穿过质子交换膜，唯独催化层中电子和离子的传导路径取决于催化层内电化学反应发生的位置。当然这种复杂的问题在一维模型中无法考虑，式(5-68)和式(5-69)假设阳极和阴极电化学反应的位置都位于催化层中间位置，即电子和离子在催化层内传导的路径均为催化层的一半厚度。

(2)活化损失。Butler-Volmer 方程中给出了活化损失与反应速率的关系，但其形式为反应速率的函数。对于一维模型，我们往往是给定工作电流密度，希望预测输出电压，Butler-Volmer 方程的形式并不利于一维模型的应用。虽然一维模型中常常采用简化形式的塔菲尔公式，事实上，根据 Butler-Volmer 方程和电子、离子电势守恒方程，并结合电势的边界条件，也可以推导出活化过电势与电流密度的关系式：

$$\eta_{\text{act}}^{\text{a}} = \frac{RT}{2\alpha F}\cosh^{-1}\left[\frac{I^2}{4\sigma_{\text{ion}}^{\text{eff}\,2}\left(\dfrac{\kappa_{\text{ion}}^{\text{eff}}+\kappa_{\text{e}}^{\text{eff}}}{\kappa_{\text{ion}}^{\text{eff}}\cdot\kappa_{\text{e}}^{\text{eff}}}\right)\dfrac{RT}{2\alpha F}(1-s_{\text{CL,a}})i_{0,\text{ref}}^{\text{a}}\left(\dfrac{C_{\text{H}_2}}{C_{\text{H}_2,\text{ref}}}\right)^{0.5}}+1\right] \tag{5-70}$$

$$\eta_{\text{act}}^{\text{c}} = \frac{RT}{4\alpha F}\cosh^{-1}\left[\frac{I^2}{4\kappa_{\text{ion}}^{\text{eff}\,2}\left(\dfrac{\kappa_{\text{ion}}^{\text{eff}}+\kappa_{\text{e}}^{\text{eff}}}{\kappa_{\text{ion}}^{\text{eff}}\cdot\kappa_{\text{e}}^{\text{eff}}}\right)\dfrac{RT}{4\alpha F}(1-s_{\text{CL, c}})i_{0,\text{ref}}^{\text{c}}\left(\dfrac{C_{\text{O}_2}}{C_{\text{O}_2,\text{ref}}}\right)}+1\right] \tag{5-71}$$

式中，$\alpha$ 为交换系数；$i_{0,\text{ref}}^{\text{a}}$ 和 $i_{0,\text{ref}}^{\text{c}}$ 分别为阳极和阴极参考状态下的交换电流密度，$\text{A}\cdot\text{m}^{-2}$；$C_{\text{H}_2}$ 和 $C_{\text{O}_2}$ 分别为阳极催化层内氢气浓度和阴极催化层内氧气浓度，$\text{mol}\cdot\text{m}^{-3}$；$C_{\text{H}_2,\text{ref}}$ 和 $C_{\text{O}_2,\text{ref}}$ 分别为参考状态下的氢气和氧气浓度，$\text{mol}\cdot\text{m}^{-3}$。式(5-70)和式(5-71)的形式均为活化损失关于工作电流密度的函数，在一维模型中使用更为便捷。

2. 传输过程

由式(5-66)来预测质子交换膜燃料电池在给定工况下的性能，式中各项的相应解析式上文也已给出。然而模型计算并没有结束，因为这些解析式中还包含大量未知的参数，而这些参数的计算涉及电池内更多的传热传质参数，例如质子电

导率 $\sigma_{\text{ion}}^{\text{eff}}$ 与膜的水合度相关，活化损失 $\eta_{\text{act}}^{\text{a}}$ 、$\eta_{\text{act}}^{\text{c}}$ 的计算中包含催化层内真实气体浓度，以及很多方程中都包含的局部温度 $T$。以下过程就是求解电池内传热传质过程，来获取在给定操作工况下这些参数的数值。

首先，计算催化层内气体浓度，假设在流道和多孔电极中气体的扩散传输遵循菲克定律，当质子交换膜燃料电池处于稳态下工作，催化层内消耗氢气和氧气的速率为定值，此时各层内气体浓度不再发生变化，因此电池内各部件面上的气体通量均相等，且等于催化层内消耗氢气或氧气的速率。以阳极氢气为例，其传输的控制方程包括：

$$\frac{\left(C_{\text{H}_2}^{\text{MPL-CL}}-C_{\text{H}_2}^{\text{CL-PEM}}\right)D_{\text{H}_2,\text{CL}}^{\text{eff}}}{\delta_{\text{CL}}}=\frac{I}{2F} \tag{5-72}$$

$$\frac{\left(C_{\text{H}_2}^{\text{GDL-MPL}}-C_{\text{H}_2}^{\text{MPL-CL}}\right)D_{\text{H}_2,\text{MPL}}^{\text{eff}}}{\delta_{\text{MPL}}}=\frac{I}{2F} \tag{5-73}$$

$$\frac{\left(C_{\text{H}_2}^{\text{CH}}-C_{\text{H}_2}^{\text{GDL-MPL}}\right)D_{\text{H}_2,\text{GDL}}^{\text{eff}}}{\delta_{\text{GDL}}}=\frac{I}{2F} \tag{5-74}$$

式中，$C_{\text{H}_2}^{\text{CL-PEM}}$ 为催化层和膜交界面处氢气浓度，$\text{mol}\cdot\text{m}^{-3}$；$C_{\text{H}_2}^{\text{MPL-CL}}$ 为微孔层和催化层交界面处氢气浓度，$\text{mol}\cdot\text{m}^{-3}$；$C_{\text{H}_2}^{\text{GDL-MPL}}$ 为扩散层和微孔层交界面处氢气浓度，$\text{mol}\cdot\text{m}^{-3}$；$C_{\text{H}_2}^{\text{CH}}$ 为流道中氢气浓度，$\text{mol}\cdot\text{m}^{-3}$；$D_{\text{H}_2,\text{CL}}^{\text{eff}}$、$D_{\text{H}_2,\text{MPL}}^{\text{eff}}$、$D_{\text{H}_2,\text{GDL}}^{\text{eff}}$ 依次为催化层、微孔层、扩散层内氢气的有效扩散系数，$\text{m}^2\cdot\text{s}^{-1}$；$\delta_{\text{CL}}$、$\delta_{\text{MPL}}$、$\delta_{\text{GDL}}$ 依次为催化层、微孔层、扩散层的厚度，m。

式(5-72)中需要的是阳极催化层的氢气浓度，可以近似认为催化层内氢气平均浓度为催化层两端氢气浓度的平均值：

$$C_{\text{H}_2}^{\text{CL}}=\frac{C_{\text{H}_2}^{\text{MPL-CL}}+C_{\text{H}_2}^{\text{CL-PEM}}}{2} \tag{5-75}$$

式中，$C_{\text{H}_2}^{\text{CL}}$ 为阳极催化层内氢气平均浓度，$\text{mol}\cdot\text{m}^{-3}$；$C_{\text{H}_2}^{\text{CL-PEM}}$ 为催化层和膜交界面处氢气浓度，$\text{mol}\cdot\text{m}^{-3}$；$C_{\text{H}_2}^{\text{MPL-CL}}$ 为微孔层和催化层交界面处氢气浓度，$\text{mol}\cdot\text{m}^{-3}$。

联立式(5-72)～式(5-74)，只要我们知道流道内氢气浓度，就可以求得催化层内氢气浓度了，具体求解方法可参考第 2 章。阴极内氧气的传输过程也可以类似求解得出。

无论是膜的水合度，还是气体有效扩散系数的修正，都涉及膜态水或液态水

含量，下一步求解电池中水传输过程。对于阳极催化层水守恒方程

$$\frac{D_{\mathrm{H_2O,CL}}^{\mathrm{eff}}(C_{\mathrm{H_2O}}^{\mathrm{MPL\text{-}CL}}-C_{\mathrm{H_2O}}^{\mathrm{CL\text{-}PEM}})}{\delta_{\mathrm{CL}}}=J_{\mathrm{H_2O}} \tag{5-76}$$

$$\frac{\rho_{\mathrm{l}}}{M_{\mathrm{H_2O}}}\frac{K_{\mathrm{m}}}{\mu_{\mathrm{l}}}\frac{P_{\mathrm{CL}}^{\mathrm{c,l}}-P_{\mathrm{CL}}^{\mathrm{a,l}}}{\delta_{\mathrm{CL}}}+D_{\mathrm{m}}\frac{\rho_{\mathrm{dry}}}{\mathrm{EW}}\frac{(\lambda_{\mathrm{ccl}}-\lambda_{\mathrm{acl}})}{\delta_{\mathrm{PEM}}}-\frac{n_{\mathrm{d}}I}{F}=J_{\mathrm{H_2O}} \tag{5-77}$$

式中，$J_{\mathrm{H_2O}}$ 为水蒸气运输通量，$\mathrm{mol\cdot m^{-2}\cdot s^{-1}}$；$C_{\mathrm{H_2O}}^{\mathrm{MPL\text{-}CL}}$ 为阳极微孔层和催化层交界面水蒸气浓度，$\mathrm{mol\cdot m^{-3}}$；$C_{\mathrm{H_2O}}^{\mathrm{CL\text{-}PEM}}$ 是催化层、质子交换膜交界面水蒸气浓度，$\mathrm{mol\cdot m^{-3}}$；$D_{\mathrm{H_2O,CL}}^{\mathrm{eff}}$ 为催化层内水蒸气有效扩散系数，$\mathrm{m^2\cdot s^{-1}}$；$\rho_{\mathrm{dry}}$ 为干态膜密度，$\mathrm{kg\cdot m^{-3}}$；EW 为质子交换膜的当量质量，$\mathrm{kg\cdot mol^{-1}}$；$\lambda_{\mathrm{acl}}$、$\lambda_{\mathrm{ccl}}$ 分别为阳极和阴极催化层膜态水含量；$K_{\mathrm{m}}$ 为膜的渗透率，$\mathrm{m^2}$；$P_{\mathrm{CL}}^{\mathrm{a,l}}$、$P_{\mathrm{CL}}^{\mathrm{c,l}}$ 分别为阳极和阴极催化层液态水压力，Pa。

对于阴极催化层水守恒方程

$$\frac{\rho_{\mathrm{l}}}{M_{\mathrm{H_2O}}}\frac{K_{\mathrm{l,cl}}}{\mu_{\mathrm{l}}}\frac{P_{\mathrm{CL\text{-}PEM}}^{\mathrm{l}}-P_{\mathrm{MPL\text{-}CL}}^{\mathrm{l}}}{\delta_{\mathrm{CL}}}=J_{\mathrm{l}} \tag{5-78}$$

$$\frac{n_{\mathrm{d}}I}{F}+\frac{I}{2F}-\frac{\rho_{\mathrm{l}}}{M_{\mathrm{H_2O}}}\frac{K_{\mathrm{m}}}{\mu_{\mathrm{l}}}\frac{P_{\mathrm{CL}}^{\mathrm{c,l}}-P_{\mathrm{CL}}^{\mathrm{a,l}}}{\delta_{\mathrm{CL}}}-D_{\mathrm{m}}\frac{\rho_{\mathrm{dry}}}{\mathrm{EW}}\frac{(\lambda_{\mathrm{ccl}}-\lambda_{\mathrm{acl}})}{\delta_{\mathrm{PEM}}}=J_{\mathrm{l}} \tag{5-79}$$

扩散层、微孔层区域的水控制方程可类似列出，由假设中流道内无液态水，结合阳极流道内水蒸气浓度和阴极流道与扩散层交界面处液压等于一个大气压的边界条件，求得阳极各层水蒸气浓度和阴极各层交界面液压，然后由 Leverett-J 方程求出电池内各部分液态水体积分数 $s$。

除了传质过程，方程中还涉及温度，下一步求解电池内传热过程。一维稳态传热微分方程(忽略对流换热项)为

$$\frac{\mathrm{d}}{\mathrm{d}x}\left(k_i^{\mathrm{eff}}\frac{\mathrm{d}T}{\mathrm{d}x}\right)=Q_i \tag{5-80}$$

式中，$k_i^{\mathrm{eff}}$ 为有效热导率；$Q_i$ 为热源项，$\mathrm{W\cdot m^{-3}}$，对应着电池不同部分的产热。热源项在本章第 2 节的 CFD 模型中也有所讲述。

稳态时，电池内部层与层交界面处，传入交界面的热流密度和传出的热流密度相等 $q_1\|_{\mathrm{interface}}=q_2|_{\mathrm{interface}}$。

引入有效热阻的概念：

$$R_i^{\text{eff}} = \frac{\delta_i}{k_i^{\text{eff}}} \tag{5-81}$$

从而得到温度关系式：

$$\begin{gathered} q_1 |_{\text{interface}} = \frac{(T_{\text{w1}} - T_{\text{w2}})}{R_1} + \frac{Q_1 \delta_1}{2} = \frac{(T_{\text{w2}} - T_{\text{w3}})}{R_2} - \frac{Q_2 \delta_2}{2} = q_2 |_{\text{interface}} \\ \xrightarrow{\text{公式变形}} T_{\text{w2}} \left( \frac{1}{R_1} + \frac{1}{R_2} \right) = \frac{T_{\text{w1}}}{R_1} + \frac{T_{\text{w3}}}{R_2} + \frac{Q_1 \delta_1}{2} + \frac{Q_2 \delta_2}{2} R_i^{\text{eff}} = \frac{\delta_i}{k_i^{\text{eff}}} \end{gathered} \tag{5-82}$$

通过上述方法可建立整个电池的温度控制方程：

$$T_{\text{w}}^i \left( \frac{1}{R_{i-1}} + \frac{1}{R_i} \right) = \frac{T_{\text{w}}^{i-1}}{R_{i-1}} + \frac{T_{\text{w}}^{i+1}}{R_i} + \frac{Q_{i-1} \delta_{i-1}}{2} + \frac{Q_i \delta_i}{2} \tag{5-83}$$

计算出各层交界面的温度，已知交界面的温度后，问题退化为第一类边界条件下单层温度分布问题。

如前所述，一维模型可快速预测质子交换膜燃料电池在特定条件下的性能，基于这一特性，可以对电池中的几何结构、物性、工况条件等参数进行全面的敏感性分析，从中筛选出对电池性能稳定性具有重要影响的参数，从而降低数据分析和实验测试过程中的工作量，大幅降低电池优化设计成本。

下面仍以文献[11]中提供的算例为例，如图 5.18 所示，简单介绍利用一维模型进行参数敏感性分析的方法。

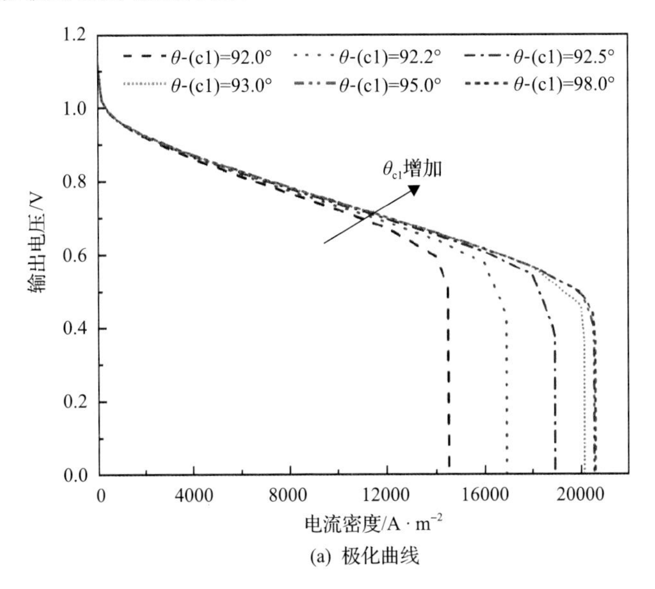


(a) 极化曲线

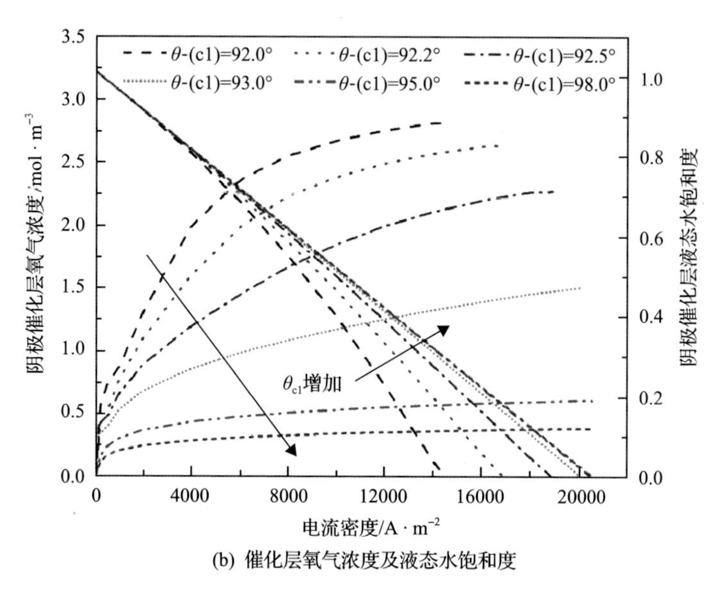


(b) 催化层氧气浓度及液态水饱和度

图 5.18 催化层接触角敏感性分析[11]

图 5.18 表示的是在阴阳极高加湿条件(100%加湿)下催化层接触角对性能的影响。在低电流区，催化层接触角对性能影响很小，随着电流密度增大，影响逐渐变大，总体趋势为接触角越大，性能越好。这主要是因为，接触角越大，催化层越疏水，越有利于排出催化层液态水，从而降低电池浓度损失，提升其性能，而电池浓度损失在高电流区域表现明显。图 5.18(b)中给出了阴极催化层内液态水的体积分数及氧气的浓度。当接触角大于某个阈值，接触角对性能影响减小，此时性能提高受限于供应的氧气浓度。

以上分析可以看出，在高加湿条件下，阴极催化层接触角的选取不同，性能对阴极催化接触角的敏感度差异显著。阴极催化层接触角从 92°增长到 92.5°与接触角从 93°增长到 98°相比，接触角仅仅改变 0.5°，但在高电流区，性能增长的幅度却远大于后者，极限电流密度的增幅也远远大于后者，可见接触角在 92°附近时，性能对接触角是高度敏感的，而在 93°以上性能对接触角是不敏感的。因此，在不同工况条件下，接触角的敏感性不同。在高加湿条件下，低电流密度区，性能对催化层接触角不敏感；而在高电流区，电池性能在催化层接触角较小时对接触角是高度敏感的，而在接触角较大时，对接触角是不敏感的。因此，在高加湿条件下，电池工作要稳定，需要保证催化层接触角大于某个阈值，从而降低催化层接触角波动对性能的影响。

### 5.3.2 准二维瞬态模型

准二维模型，也称为“1+1”维模型，垂直极板方向为电池内传热传质的主方向，一般来说求解量的梯度变化是最大的；气体在流道中流动，流动的上下游势必有较大差异，因此质子交换膜燃料电池的准二维模型主要包括垂直极板方向和流道流动方向，两个维度分别以一维模型的简化思路来处理。该模型在能够满足一维模型所有能够解决问题的基础上，增加流道方向分布，使计算结果更为精准，有效。本节将以文献[36]中的准二维瞬态模型为例，一方面介绍准二维模型的构建思路，另一方面也介绍瞬态低维模型的建立方法，可以看作在上一小节的一维稳态模型基础上的补充。

1. 模型介绍

图 5.19 为准二维模型示意图，包含燃料电池单电池各部件，该模型以垂直极板方向为主要方向，同时在流道方向上划分若干节点，因此准二维模型可以视为垂直极板一维模型在流道方向上的叠加。

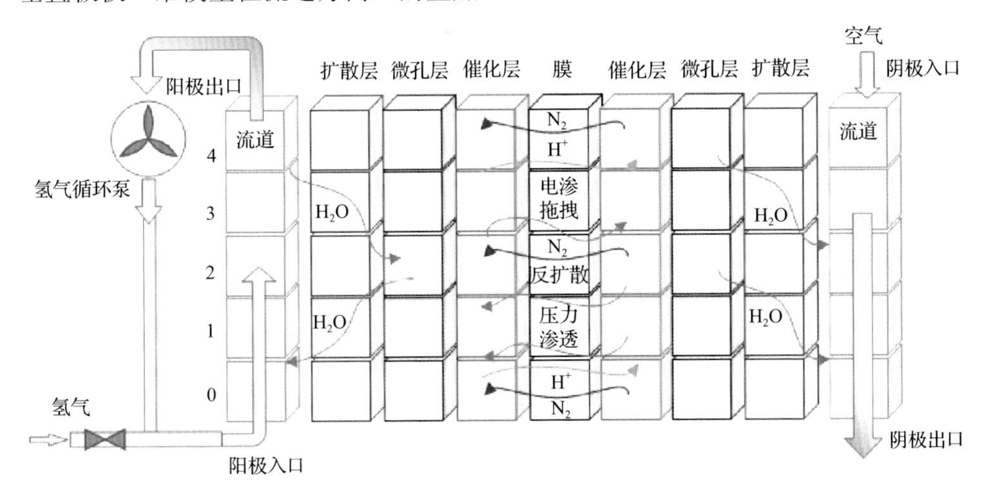


图 5.19　准二维模型示意图[36]

在垂直极板方向，准二维模型控制方程与一维模型相类似，包括气体、液态水和温度，但作为瞬态模型，控制方程需包含瞬态项。另外，前面所介绍的一维稳态模型没有包含膜态水的控制方程，并假设膜态水处于平衡态，但在瞬态模型中，膜态水扩散的时间常数远大于气体扩散，膜态水的动态变化是影响电池动态性能的重要因素，因此该准二维瞬态模型中还需包括膜态水的控制方程。其中多孔电极内涉及的控制方程如下。

氢气：

$$\frac{\varepsilon(1-s)\left(C_{\mathrm{H}_2}^{t}-C_{\mathrm{H}_2}^{t-\mathrm{d}t}\right)}{\mathrm{d}t}=\phi_{\mathrm{H}_2}+S_{\mathrm{H}_2} \tag{5-84}$$

氧气：

$$\frac{\varepsilon(1-s)\left(C_{O_2}^{t}-C_{O_2}^{t-dt}\right)}{dt}=\phi_{O_2}+S_{O_2} \tag{5-85}$$

水蒸气：

$$\frac{\varepsilon(1-s)\left(C_{H_2O}^{t}-C_{H_2O}^{t-dt}\right)}{dt}=\phi_{H_2O}+S_{H_2O} \tag{5-86}$$

液态水：

$$\frac{\rho_l}{M_{H_2O}}\frac{\varepsilon s(s^t-s^{t-dt})}{dt}=\phi_l+S_l \tag{5-87}$$

膜态水：

$$\frac{\rho_{mem}}{EW}\frac{\omega(\lambda^t-\lambda^{t-dt})}{dt}=\phi_{mw}+S_{mw} \tag{5-88}$$

能量：

$$\frac{\rho C_p(T^t-T^{t-dt})}{dt}=\phi_T+S_T \tag{5-89}$$

以氢气为例，式(5-84)中，$\varepsilon$ 为计算涉及区域的孔隙率，无量纲。$s$ 为液态水体积分数，无量纲。$c_{H_2}^{t}$ 和 $c_{H_2}^{t-dt}$ 分别为当前时刻 $t$ 和前一时刻 $t-dt$ 所计算位置的氢气浓度，$mol \cdot m^{-3}$。$dt$ 为时间步长；$\phi_{H_2}$ 为周围网格到该控制体的氢气扩散量，$mol \cdot m^{-3} \cdot s^{-1}$。$S_{H_2}$ 为该控制体内氢气的源项，$mol \cdot m^{-3} \cdot s^{-1}$。其他控制方程的符号与此类似。

式(5-84)～式(5-89)中的源项可参见表5.2中电池内各组分控制方程的源项。气体和膜态水扩散量可由菲克定律求得，液态水渗透量 $\phi_{lq}$ 可由达西定律求得，导热量 $\phi_T$ 可由傅里叶定律求得。以求解催化层内氢气浓度为例，由微孔层到催化层的氢气扩散量：

$$\phi_{H_2,MPL\text{-}CL}=\frac{D_{H_2}^{MPL\text{-}CL}(c_{H_2,MPL}-c_{H_2,CL})}{(\delta_{CL}/2+\delta_{MPL}/2)\delta_{CL}} \tag{5-90}$$

式中，$\phi_{H_2,MPL\text{-}CL}$ 为微孔层到催化层的氢气扩散引起的源项，$mol \cdot m^{-3} \cdot s^{-1}$；$D_{H_2}^{MPL\text{-}CL}$ 为微孔层和催化层间的有效氢气扩散系数，$m^2 \cdot s^{-1}$；$c_{H_2,MPL}$ 和 $c_{H_2,CL}$ 分别为微孔

层和催化层内的氢气浓度，$mol \cdot m^{-3}$；$\delta_{MPL}$ 和 $\delta_{CL}$ 分别为微孔层和催化层厚度，m。其中两层间的平均有效扩散率可表示为

$$D_{H_2,MPL\text{-}CL} = \frac{(\delta_{MPL}/2)+(\delta_{CL}/2)}{(\delta_{MPL}/2)/D_{H_2,MPL}^{eff}+(\delta_{CL}/2)/D_{H_2,CL}^{eff}} \tag{5-91}$$

式中，$D_{H_2,MPL}^{eff}$ 和 $D_{H_2,CL}^{eff}$ 分别为微孔层和催化层的有效氢气扩散系数，$m^2 \cdot s^{-1}$。其他控制方程中的气体扩散量、膜态水扩散量、液态水渗透量和导热量的求解，也需要相应的求得两层间的有效气体扩散系数、膜态水扩散系数、液相渗透率和导热系数。

准二维模型增加了流道内流动方向的维度，对于短一直流道来说，流道内压降很小。为简化模型，往往忽略流道内气体压降，即假设流道内各处气压等于入口气压。但是，如果进一步增大计算域，例如使用准二维模型对电堆进行仿真时，压降的影响往往并不能忽略。由此可以列出流道内气体的控制方程为

$$\frac{d(Nx_i)}{dt} = \dot{N}_{in}x_{i,in} - \dot{N}_{out}x_{i,out} - \phi_{i,CH\text{-}GDL} \tag{5-92}$$

式中，$N$ 为摩尔容量，mol；$x_i$ 为组分 $i$ 的摩尔分数；$\dot{N}_{in}$ 和 $\dot{N}_{out}$ 为每个控制体入口和出口的摩尔流量，$mol \cdot s^{-1}$；$x_{i,in}$ 和 $x_{i,out}$ 入口和出口截面积上的组分 $i$ 的摩尔分数；$\phi_{i,CH\text{-}GDL}$ 为流道流入扩散层的摩尔流量，$mol \cdot s^{-1}$。其中，组分 $i$ 在阳极流道内代表氢气和水蒸气，在阴极流道内代表氧气、氮气和水蒸气。为提升计算效率，该模型往往采用一阶迎风格式。一般来说，采用一阶迎风格式即可满足模型求解精度。若想进一步提升计算精度，可考虑二阶迎风格式。

电压求解的方式与上一小节的一维模型相同，不过如何处理沿流道方向各段在电路上的关系是准二维模型需要考虑的。在流动方向上，随着气体流动，该方向上各段之间的气体反应物浓度和膜的水合度均有所差异，因而流道方向上局部各点的电流密度有所不同，但各点的电流密度平均值应等于整个电池的操作电流密度，同时每段的输出电压是相同。我们由此可以列出方程组：

$$\begin{cases} I^{[0]}R^{[0]} = E_{rev} - V - \eta_{act}^{[0]} \\ I^{[n]}R^{[n]} = E_{rev} - V - \eta_{act}^{[n]} \\ I^{[N-1]}R^{[N-1]} = E_{rev} - V - \eta_{act}^{[N-1]} \\ \dfrac{\sum\limits_{n=0}^{n=N-1} I^{[n]}}{N} = I \end{cases} \tag{5-93}$$

式中，$V$ 为输出电压，V；$I^{[n]}$ 为沿流道方向第 $n$ 个节点处的局部电流密度，$A \cdot cm^{-2}$；

$R^{[n]}$ 为沿流道方向第 $n$ 个节点处的局部面电阻，$\Omega\cdot m^2$；$\eta_{act}^{[n]}$ 为沿流道方向第 $n$ 个节点处的活化损失，V；$I$ 为操作电流密度，$A\cdot cm^{-2}$。

以上为准二维模型的建模过程，作为一个瞬态模型，在求解过程中还面临采用显式格式、隐式格式或是显隐混合格式的问题。一般来讲，显式格式可使控制方程直接简化为解析式的形式，方程求解不需迭代，求解难度大大简化。如果通过自编写代码来实现程序计算，模型计算的稳定性高，只要时间步长合适，较少出现计算不收敛的问题。而显式格式的问题在于必须使用很小的时间步长才能保证计算的收敛性，因而大大增加了模型的计算量，使纯显式格式的计算时间往往较长。隐式格式则对时间步长的要求宽容许多，不过方程求解的难度也会大幅增加，如果方程求解方式合适，计算量会较纯显式格式减少很多，节约计算时间，但在方程求解过程中可能会出现不收敛的情况，造成模型计算的稳定性不如纯显式格式。而通过优化计算过程，采用适合的显隐混合格式，能够结合两者的优点并弥补不足，实现计算量与计算稳定性上的平衡。

2. 结果分析

利用上述过程建立质子交换膜燃料电池准二维瞬态模型，可用于分析电池在一些瞬态过程中的特性。如第 2 章中所述，在质子交换膜燃料电池实际应用中，为提高氢气利用率，往往电池阳极出口剩余的氢气通过循环泵或引射器返回至入口，与补充的新鲜氢气混合，为阳极供气，该过程称为阳极循环。在阳极循环过程中，水蒸气也随阳极尾气共同循环，进入阳极入口，这有助于实现一定程度的电池自增湿。但是，阴极空气中的氮气也会缓慢跨膜渗透至阳极，并在阳极内累积，从而降低阳极氢气含量，造成电池性能下降、耐久性衰减等问题。为解决这一难题，往往需要间歇性打开阳极流道出口进行吹扫，将累积的氮气排出，从而保证电池性能不出现明显下降。在上述阳极循环和间歇性吹扫过程中，电池输出电压会持续变化，为典型的瞬态过程，因此可利用上述所建立的准二维模型，对阳极循环状态下的电池输出性能和内部多物理量状态进行预测。

图 5.20 表示的是 3 种不同电流密度下，电池处于阳极循环及间接性吹扫过程中输出电压的变化[7]。在电池进入阳极循环状态后的一段时间内，输出电压会逐步增加，这是由于阳极循环下阳极进气不进行外增湿，开始的一段时间内阳极内水蒸气逐渐增多，对膜的润湿性增加，即实现一定程度的自增湿效果，提升质子电导率。随后由于氮气跨膜作用影响，输出电压开始逐渐下降，当输出电压持续衰减，较峰值衰减 10%(设定值)时，打开阳极流道，吹扫排出氮气。一般定义吹扫持续时长为扫气时长，而两次吹扫间阳极循环工作的时间间隔称为扫气间隔。开始吹扫后，输出电压快速回升，说明氮气被氢气流扫出电池。一般 1～3s 就可将阳极内氮气含量降至很低的水平。

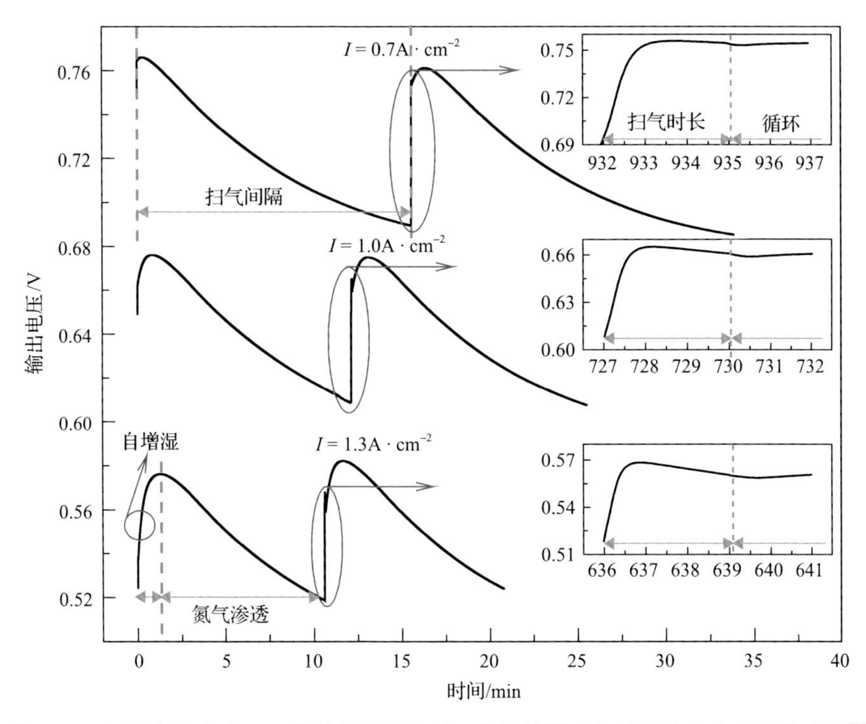


图 5.20　不同电流密度下，电池处于阳极循环和间接性吹扫过程中输出电压的变化[7]

除预测电池输出电压外，准二维模型还可预测电池内多物理量场，如温度、反应气体浓度、局部电流密度等。图 5.21 所示为由准二维模型计算结果绘制而成的电池二维温度分布，其中 $X$ 和 $Y$ 方向分别为流动方向和垂直极板方向。电池采用阴阳极逆流设计，阴阳极进气均无加湿。由图中结果可以看出，电池阴极上游

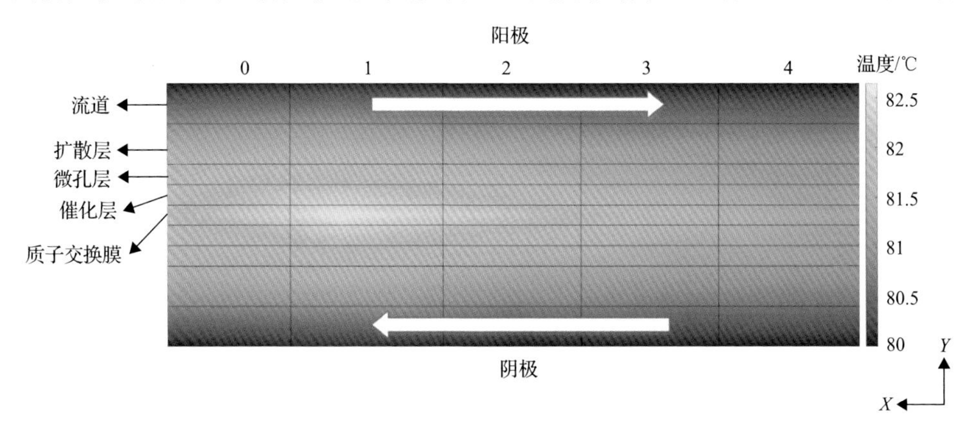


图 5.21　准二维模型计算结果绘制电池二维温度分布[36]

$X$ 方向为流道方向，$Y$ 方向为垂直极板方向

温度较低，这是由于阴极上游受到干气吹扫，膜润湿很差，导致质子电导率下降，欧姆电阻升高，局部电流密度和产热量也较低。同时，阴极下游湿度较高，可以有效地润湿下游膜，局部电流密度更高，产热量和温度也更高。

## 本章小结

目前，质子交换膜燃料电池三维 CFD 数值模型是宏观尺度下能够将单电池中所有物理过程均考虑在内的模型，能够获知电池内部传输过程和物理量空间分布，对于深入理解及合理组织电池内部传热传质过程进而优化水热管理有十分重要的指导意义。引入催化层结块模型不仅可以更加准确地反映电池中浓度损失的影响，还可用于研究电池催化层中催化剂分布等对电池性能的影响，但是，三维 CFD 数值模型计算效率较低且容易出现计算不收敛的情况。不仅如此，该模型目前还存在一定缺陷，例如如何在准确模拟流道内气液两相流动过程的同时耦合其他传输过程，以及如何全面验证三维 CFD 数值模型的准确性等。

低维模型相比三维 CFD 数值模型而言，虽然计算精度较低，但其计算效率和计算稳定性都大大提高。其中一维稳态模型可用于质子交换膜燃料电池设计开发过程中材料、工况等参数的快速筛选，准二维模型在计算效率和计算精度二者之间取得了很好的平衡，可大规模应用于电池的设计开发过程。在实际电池设计开发过程中，应根据不同模型特点合理选择不同种类模型以达到优化电池设计从而节约开发成本的目的。

### 参考文献


[1] Jiao K, Ni M. Challenges and opportunities in modelling of proton exchange membrane fuel cells (PEMFC)[J]. International Journal of Energy Research, 2017, 41(13).

[2] Andersson M, Beale S B, Espinoza M, et al. A review of cell-scale multiphase flow modeling, including water management, in polymer electrolyte fuel cells[J]. Applied Energy, 2016, 180: 757-778.

[3] Rabbani A, Rokni M. Effect of nitrogen crossover on purging strategy in PEM fuel cell systems[J]. Applied Energy, 2013, 111(11): 1061-1070.

[4] Zhang G, Jiao K. Multi-phase models for water and thermal management of proton exchange membrane fuel cell: A review[J]. Journal of Power Sources, 2018, 391: 120-133.

[5] Wang R, Zhang G, Hou Z, et al. Comfort index evaluating the water and thermal characteristics of proton exchange membrane fuel cell[J]. Energy Conversion and Management, 2019, 185: 496-507.

[6] Kulikovsky A A. Analytical Modelling of Fuel Cells[M]. Amsterdam: Elsevier, 2010.

[7] Wang B, Deng H, Jiao K. Purge strategy optimization of proton exchange membrane fuel cell with anode recirculation[J]. Applied Energy, 2018, 225: 1-13.

[8] Kang S. Quasi-three dimensional dynamic modeling of a proton exchange membrane fuel cell with consideration of two-phase water transport through a gas diffusion layer[J]. Energy, 2015, 90: 1388-1400.

[9] Zhang G, Fan L, Sun J, et al. A 3D model of PEMFC considering detailed multiphase flow and anisotropic transport properties[J]. International Journal of Heat and Mass Transfer, 2017, 115: 714-724.

[10] Fan L, Zhang G, Jiao K, et al. Characteristics of PEMFC operating at high current density with low external humidification[J]. Energy Conversion and Management, 2017, 150: 763-774.

[11] Jiang Y, Yang Z, Jiao K, et al. Sensitivity analysis of uncertain parameters based on an improved proton exchange membrane fuel cell analytical model [J]. Energy Conversion & Management, 2018, 164: 639-654.

[12] Zhang G, Xie X, Xie B, et al. Large-scale multi-phase simulation of proton exchange membrane fuel cell [J]. International Journal of Heat and Mass Transfer, 2019, 130: 555-563.

[13] Anderson R, Zhang L, Ding Y, et al. A critical review of two-phase flow in gas flow channels of proton exchange membrane fuel cells[J]. Journal of Power Sources, 2010, 195(15): 4531-4553.

[14] Sahraoui M, Bichioui Y, Halouani K. Three-dimensional modeling of water transport in PEMFC[J]. International Journal of Hydrogen Energy, 2013, 38(20): 8524-8531.

[15] Zhang G, Jiao K, Wang R. Three-Dimensional Simulation of Water Management for High-Performance Proton Exchange Membrane Fuel Cell[J]. SAE International Journal of Alternative Powertrains, 2018, 7: 1309.

[16] Zhang G, Jiao K. Three-dimensional multi-phase simulation of PEMFC at high current density utilizing Eulerian-Eulerian model and two-fluid model[J]. Energy Conversion & Management, 2018, 176: 409-421.

[17] Wang Z H, Wang C Y, Chen K S. Two-phase flow and transport in the air cathode of proton exchange membrane fuel cells [J]. Journal of Power Sources, 2001, 94(1): 40-50.

[18] Jiao K, Li X. Water transport in polymer electrolyte membrane fuel cells[J]. Progress in Energy and Combustion Science, 2011, 37(3): 221-291.

[19] Leverett M C. Capillary behavior in porous solids[J]. Trans. Am. INst. Min. Metal. Eng, 1940, 142(1): 152-169.

[20] Meng H. Multi-dimensional liquid water transport in the cathode of a PEM fuel cell with consideration of the micro-porous layer (MPL) [J]. International Journal of Hydrogen Energy, 2009, 34(13): 5488-5497.

[21] Cindrella L, Kannan A M, Lin J F, et al. Gas diffusion layer for proton exchange membrane fuel cells—A review[J]. Journal of Power Sources, 2009, 194(1): 146-160.

[22] Wei S, Peppley B A, Karan K. An improved two-dimensional agglomerate cathode model to study the influence of catalyst layer structural parameters[J]. Electrochimica Acta, 2005, 50(16-17): 3359-3374.

[23] Xie X, Zhang G, Zhou J, et al. Experimental and theoretical analysis of ionomer/carbon ratio effect on PEM fuel cell cold start operation [J]. International Journal of Hydrogen Energy, 2017, 42(17).

[24] H Wu X L P B. On the modeling of water transport in polymer electrolyte membrane fuel cells[J]. Electrochimica Acta, 2009, 54(27): 6913-6927.

[25] Tao W Q, Min C H, Liu X L, et al. Parameter sensitivity examination and discussion of PEM fuel cell simulation model validation : Part I. Current status of modeling research and model development[J]. Journal of Power Sources, 2006, 160(1): 359-373.

[26] Carnes B, Spernjak D, Luo G, et al. Validation of a two-phase multidimensional polymer electrolyte membrane fuel cell computational model using current distribution measurements[J]. Journal of Power Sources, 2013, 236: 126-137.

[27] Alaefour I, Karimi G, Jiao K, et al. Experimental study on the effect of reactant flow arrangements on the current distribution in proton exchange membrane fuel cells[J]. Electrochimica Acta, 2011, 56(5): 2591-2598.

[28] Zhang G, Wu J, Wang Y, et al. Investigation of current density spatial distribution in PEM fuel cells using a comprehensively validated multi-phase non-isothermal model[J]. International Journal of Heat and Mass Transfer, 2020, 150: 119294.

[29] Iranzo A, Boillat P, Rosa F. Validation of a three dimensional PEM fuel cell CFD model using local liquid water distributions measured with neutron imaging[J]. International Journal of Hydrogen Energy, 2014, 39(13): 7089-7099.

[30] Hao L, Moriyama K, Gu W, et al. Three dimensional computations and experimental comparisons for a large-scale proton exchange membrane fuel cell[J]. Journal of The Electrochemical Society, 2016, 163(7): F744-F751.

[31] Esfeh H K, Azarafza A, Hamid M K A. On the computational fluid dynamics of PEM fuel cells (PEMFCs): An investigation on mesh independence analysis[J]. Rsc Advances, 2017, 7(52):32893-32902.

[32] Wang J, Yuan J, Sundén B. Modeling of inhomogeneous compression effects of porous GDL on transport phenomena and performance in PEM fuel cells[J]. International Journal of Energy Research, 2017, 41(7): 985-1003.

[33] Zhang G, Xie B, Bao Z, et al. Multi-phase simulation of proton exchange membrane fuel cell with 3D fine mesh flow field[J]. International Journal of Energy Research, 2018, 42(15): 4697-4709.

[34] Konno N, Mizuno S, Nakaji H, et al. Development of compact and high-performance fuel cell stack[J]. SAE International Journal of Alternative Powertrains, 2015, 4(1): 123-129.

[35] Jiao K, Li X. Three-dimensional multiphase modeling of cold start processes in polymer electrolyte membrane fuel cells[J]. Electrochimica Acta, 2009, 54(27): 6876-6891.

[36] Wang B, Wu K, Yang Z, et al. A quasi-2D transient model of proton exchange membrane fuel cell with anode recirculation[J]. Energy Conversion and Management, 2018, 171: 1463-1475.

# 习题与实战

请根据本章 5.3.1 小节，建立质子交换膜燃料电池一维稳态模型。这里给出了基于 C++语言编写的代码，代码关键行标明了注释方便阅读。其中质子交换膜燃料电池参数如下表所述，并利用所建立的模型预测下表所示工况条件下的输出性能(代码见附录第 5 章)。

| 工况参数 | 取值 |
| --- | --- |
| 电流密度/A · cm$^{-2}$ | 1.0 |
| 温度/K | 353.15 |
| 阴阳极进气压力/atm | 2.0 |
| 阴阳极化学计量比 | 3.0 |
| 阴阳极进气相对湿度 | 阳极：0.8，阴极：0.3 |
| 阴阳极电化学传输系数 | 0.5 |
| 气体扩散层、微孔层、催化层孔隙率 | 0.6、0.5、0.3 |
| 气体扩散层、微孔层、催化层、膜厚度/ μm | 190、20、10、50.8 |
| 气体扩散层、微孔层、催化层渗透率/m$^2$ | 1.0e-12、2.5e-13、1.0e-13 |
| 阴阳极入口面积/mm$^2$ | 1.0 |
| 活化面积/mm$^2$ | 200 |
| 催化层电解质体积分数 | 0.3 |

# 第 6 章　电堆水热管理与建模分析

目前成功商业应用的质子交换膜燃料电池在输出电压为 0.65V 时，电流密度可达 $1.6A \cdot cm^{-2}$，对应峰值输出功率约为 $1.04W \cdot cm^{-2}$[1]。在实际应用中，为提升功率输出，可以考虑尽可能增加单电池面积，亦可若干片电池进行串联组成质子交换膜燃料电池堆(PEMFC stack)，简称为电堆。受限于电池布置、内部反应气体浓度及反应速率分布均匀性等因素，单电池面积不可能无限制增加，因此在大功率应用如燃料电池汽车中，往往会将单电池串联组成电堆。丰田发布的燃料电池汽车 Mirai 的电堆由 370 片单电池组成，其峰值功率为 114kW[2]。本章将重点介绍电堆层面的质子交换膜燃料电池水热管理，包括模型建立和优化设计等方面的内容。

## 6.1　质子交换膜燃料电池堆及其水热管理

### 6.1.1　电堆结构

图 6.1 为典型电堆基础结构示意图[3]，从图中可以看出，典型电堆主要包括膜电极(membrane electrolyte assembly，MEA)、双极板(bipolar plate)、冷却流道(cooling channel)、集流板(current collector)、绝缘板(insulatingplate)、端板(end plate)及必要的密封件和紧固件等。图 6.2 为装配完成的电堆实物图。

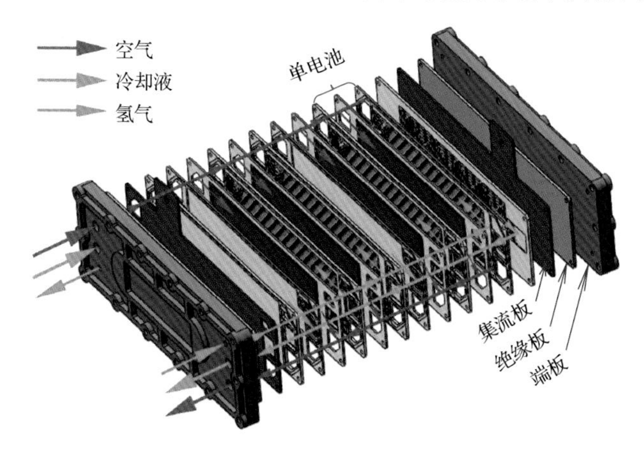


图 6.1　电堆基础结构示意图[3]

图 6.2　电堆实物图

1. 膜电极

膜电极是电堆的核心部件，由气体扩散层、微孔层、催化层及质子交换膜等组成。膜电极的装配工艺在第 2 章中已有介绍，在此不再赘述。

2. 双极板和冷却流道

本书第 2 章已对单电池层面的极板基本功能和流场设计做过详细介绍，本节将着重介绍电堆层面上双极板和冷却流道的结构设计。在单电池中，极板一侧表面为流场结构，另一侧一般为光板与集流板相接触，但在电堆中，一片片单电池紧密串联，如果每片极板的另一侧均为光板，不仅会大幅增加电堆的厚度，还会产生接触电阻。为简化电堆结构，一片极板可以由相邻的两块电池(或冷却层)共用，因此电堆中的极板常被称为双极板。如第 2 章中图 2.4、图 2.5 所示，为常见的车用质子交换膜燃料电池双极板示意图，中间为流场区域，外圈一般需留有放置密封垫圈的凹槽。组装成电堆后，流场区域下方与膜电极中的电化学反应区域相对应。周边孔分别为该片电池阴阳极反应气体和冷却水的进出口。该示例中，阴阳极反应气体和冷却水进出口均位于双极板短边。实际应用中，可以采用不同布置方式优化电堆水热管理。例如，本田 Clarity 的阴阳极进排气口均位于双极板的短边，而冷却水进出口则位于双极板长边[4]。丰田 Mirai 的阳极进排气口和冷却水进出口共同位于双极板短边，而阴极进排气口则位于双极板长边，阴阳极气体流向构成交叉流动[2]。

由于电堆功率远远大于单电池，电堆内部散热不及时容易造成电堆内局部过热，加速质子交换膜和催化剂的性能衰退，降低整个电堆的性能和寿命，所以电堆必须采取相应的冷却措施，将废热及时散出电堆。冷却流道即为电堆中冷却介质(一般为去离子水)流通的路径。

目前，常用的双极板材料主要有石墨和金属两种，二者在加工方式和双极板设计上存在很大的区别。对于石墨双极板而言，如第 2 章所述，以试验测试为目的的小批量加工，可采用机加工的方式；在大规模生产时，为节约加工成本往往采用石墨热模压成型等方式。石墨材料很脆，因此石墨双极板的厚度往往较厚，为 1～2mm 甚至更高，其具体值与流道高度也有很大关系。在电堆中，石墨双极板两侧表面可设有反应气体流场、冷却流道或光板，可大致包括以下几种情况。

(1) 双极板两侧分别为阴阳极反应气体流场，此时两片电池间无冷却流道。

(2) 双极板一侧为阴(阳)极反应气体流场，另一侧为冷却流道。此时与该双极板冷却流道一侧相接触的双极板一侧为光板，二者接触封闭冷却流道，另一侧为阳(阴)极反应气体流场；该双极板的另一侧表面为紧邻一片电池的流场，即两块紧邻的双极板分别作为两片紧邻的电池的流场板，同时这两块双极板之间所夹区域为冷却流道，也称为冷却层。

(3) 电堆内紧邻集流板或端板的双极板。双极板的一侧表面为电池一极的流场结构，或为冷却流道(此时该板仅为冷却流道板)；另一侧表面为光板，与集流板或绝缘板接触。

石墨双极板一般较厚，因此无论是流场结构、冷却流道或是密封凹槽，均为石墨板一侧的表面结构，即一侧的表面结构，一般不会对另一侧的结构产生影响。

不同于石墨双极板，金属双极板所用金属板材一般仅有 0.1mm 厚，加工成电池双极板时一般采用冲压方式加工，加工过程需要特定的加工模具，在大规模生产时有助于降低成本，但是不适合以实验测试为目的的小批量加工。这就使得金属双极板的反应气体流场、冷却流道和密封凹槽不是像石墨板一样的表面结构。以平行流场为例，冲压形成的金属双极板一侧的凹槽和突起呈波浪形，一侧的凹槽为另一侧的突起，也就是说，金属双极板两侧的流场结构是相互影响的。实际应用中，金属双极板可以采用“三合一”的结构，即将两张分别冲压有阴阳极反应气体流场的极板拼接，两张极板中间形成的空腔作为冷却流场。

### 3. 集流板、绝缘板、端板及紧固和密封件

集流板一般位于电堆最外两侧双极板和绝缘板之间，收集电流，引出电流并连接外负载，从而使电堆对外输出电能。集流板需要具有高电导率以降低电能消耗和欧姆热，此外，集流板的耐腐蚀性也同样重要。集流板常用材料为镀金铜板，其中，表面镀金可以同时起到增强耐腐蚀性和提高电导率的作用。需要注意的是，对于进一步降低欧姆热而言，合理设计集流板上的引出端位置也十分重要[5]。

绝缘板位于集流板和端板之间，起到绝缘的作用。

端板位于电堆两端最外侧，其主要作用是对电堆中的膜电极和双极板施加足够的夹紧压力，以实现良好的密封性并减小接触电阻。端板材料除需具有足够的

强度和刚度，密度还应该尽可能低，以降低电堆质量和提高电堆功率密度。不仅如此，端板表面还应具有较高的耐腐蚀性和电绝缘性。常用的端板材料包括两大类：非金属类如工程塑料等，金属类如钢、铝等。其中，铝合金刚度高、密度低，是端板的主要材料。对于金属基体类的端板，一般还需加工表面涂层以保证耐腐蚀性和电绝缘性[6]。实际应用中，在保证端板具有足够强度的情况下，对其局部进行掏空以降低电堆整体质量。

紧固件和密封件也是电堆装配中必不可少的。螺栓是电堆装配中最常用的紧固件，螺栓的数目、分布及紧固力的大小等都可能对电堆封装效果和电堆的输出性能产生一定的影响[7]。密封件主要包括密封垫圈，其主要作用是密封双极板与膜电极在封装过程中气体区域，高质量的密封是保证电堆能够正常且稳定工作的必要条件。

4. 进排气歧管

进排气歧管是指电堆中气流的总管，反应气体经由歧管分配进入每片单电池，多余的反应气体和生成水则经由流场排至排气歧管，然后流出电堆。需要注意的是，歧管并非实际的装配部件，而是电堆装配完成后形成的一个物理结构，具体由每片单电池双极板和膜电极非反应区上的进排气口和冷却水口在组装成电堆后堆叠而成的管状结构。

常见的电堆歧管布置方式可分为“U”型和“Z”型两种。“U”型歧管是指进、排气口位于电堆的同侧，反应气体在电堆中的流动路径近似U形；“Z”型歧管是指进、排气口位于电堆的两侧，反应气体在电堆中的流动路径近似Z形。

### 6.1.2 电堆封装

将电堆的各个部件封装成一个整体，并保证内部良好的密封性、导热性和导电性，在实际操作中并不容易。电堆封装技术也称为电堆封装力学，涉及材料学和固体力学等相关学科，封装工艺的优劣直接关系到电堆水热管理的优劣，进一步影响电堆输出性能和耐久性。

电堆内部装配压力的传递机理为：给螺栓施加扭矩后，端板对双极板产生装配力，双极板在装配力的作用下，压缩密封垫圈使其厚度变薄，双极板与膜电极产生接触。在电堆装配完成后，螺栓装配扭矩产生的装配力由密封垫圈和膜电极共同承担。常用的电堆装配有两种方法，即定压装配和定长装配。定压装配是指使用螺栓螺母组装电堆部件中，每一个螺母都用扭矩扳手按着设定的扭矩，来紧固电堆。定长装配是指预先设定电堆装配完成后的长度，尽管装配难度较高，但可预先控制电堆的长度，装配效果较好。定压装配的方式显然更加便捷，但其不足之处在于需要预先设计好螺栓的紧固力，而且此方法较难保证压力的均匀性。

目前两种方法在电堆装配中均有所应用，对紧固力控制良好的定压装配，也可以达到与定长装配类似的良好装配效果。

端板是电堆封装的关键部件，电堆内部封装压力主要依靠端板和紧固件来控制，电堆封装过程也对端板、螺栓和封装工艺提出了以下要求[8]。

(1) 端板所提供压力的大小必须合适。一方面，端板对电堆内结构需要提供足够的内部接触压力，以防止相邻单电池间界面的错动，保证双极板边缘的密封性，减小双极板与多孔电极接触界面的接触电阻。另一方面，端板提供的封装压力不能太大，否则有可能破坏多孔电极内部结构，降低电池性能和耐久性，如气体扩散层受压缩后，孔隙率会降低。

(2) 端板所提供的压力在电池表面必须均匀。不均匀的压力会造成电极内局部结构破坏，局部密封性能不足造成反应物气体的泄露、热应力差异及接触电阻分布不均等，造成额外的电压损失。

(3) 螺栓的布置必须合理。除装配力大小外，螺栓的布置位置也会对双极板和其他部件的形变产生一定的影响，电堆完成装配后部件的不均匀形变越小，越有利于电堆性能。如果仅使用 4 个螺栓紧锁在电池的四角，容易造成各部件间的相互翘曲变形，合理增加螺栓数目有利于降低双极板变形，但并非数目越多越好[6]。

为了将阴阳极两侧的反应气体和冷却液均控制在各自流通区域内，避免泄露和串气，密封垫圈在电堆装配中必不可少。弹性垫圈的厚度一般需要大于膜电极的厚度，使双极板与膜电极间存在初始装配间隙。如果密封垫圈厚度过大，会造成双极板与膜电极间初始装配间隙过大，如果螺栓装配扭矩不足就会造成双极板与膜电极间接触不充分，导致接触电阻增大，电池性能降低。如果密封垫圈厚度过小，会导致电堆密封效果差和气体泄漏等更加严重的后果[9]。弹性垫圈的主要材料包括共聚树脂、液体硅橡胶及氟硅橡胶等。弹性垫圈在质子交换膜燃料电池工作中暴露于酸性和潮湿氢气或空气环境下，且受到机械压力，这些因素易造成垫圈的气密性失效，因此，弹性垫圈不仅要保证电堆在装配后具有良好的气密性，还应具有一定的耐久性能[10]。

除端板、紧固件和密封件外，双极板在电堆封装力学中也是需要考虑的一个部件，这是由于双极板与气体扩散层直接接触，而扩散层是高孔隙度的多孔材料，在电堆内的封装压力下会有较大形变。第 2 章中就提过，传统双极板流道的沟脊结构在电堆装配过程中，肋板对扩散层表面产生明显压缩，而流道区域下方的扩散层几乎未受压缩，使扩散层表面产生凹凸不平。降低接触电阻并减小扩散层压缩变形，是从电堆封装角度对双极板及流场设计提出的要求。

### 6.1.3 电堆的冷却

在实际应用中，随着质子交换膜燃料电池电流密度的不断升高及电堆规模的增大，电堆的冷却系统设计也面临更大的挑战。我们知道，电堆内产生的废热必须及时散出，从而保证电堆在适宜温度范围内运行，因此，电堆冷却系统直接影响了其输出性能和耐久性。对于车用电堆，其散热与内燃机散热的主要差别在于：目前常见的质子交换膜燃料电池堆的正常工作温度范围在60～95℃，其与外界环境的温差远远小于内燃机，且电堆的废热几乎不能随着尾气排出，这导致了质子交换膜燃料电池堆散热的困难性。目前常见的几种电堆冷却方式包括：边缘冷却、空气冷却流道冷却、液体冷却和相变冷却[11]。

1. 边缘冷却

边缘冷却也被称为散热片冷却或被动冷却，依靠电堆内冷却板平面内传热，热量由板中心传至电堆边缘散热区域，再由边缘散热区域将热量散出电堆。冷却板既可以是与双极板分离的单独结构，如插入的散热片；也可以就是双极板本身。由此可见，边缘散热与其他冷却方式最大的区别在于，冷却介质不需要流经电堆内部，电堆内不需要额外布置冷却回路，也省去了冷却介质在电堆内循环所需要的冷却泵。因此，边缘冷却可以降低冷却系统带来的能耗损失，有利于降低电堆冷却系统的复杂度，提高电堆的可靠性。

边缘冷却技术的主要挑战在于：冷却板必须要有很大的平面内热导率才能将电堆内部废热快速传导至边缘散热区，使用高导热材料和热管是两种常见的方法。高热导材料方面，由于石墨类材料具有高热导率和低密度的特点，常被考虑为散热片材料，包括柔性石墨和热解石墨[12]。热管具有很大的热传导速率，即便只有很小的横截面积也能快速散出大量热量，近些年，热管作为电堆散热片受到了极大关注，其挑战在于如何将热管更好地整合进电堆的结构中。目前边缘散热的散热效率远低于主动散热，其应用也一般仅限于几十瓦至数百瓦的小型电堆。

2. 空气冷却流道冷却

通过空气带走电堆中的热量也是电堆冷却的一种途径。比如增大阴极进气流量来实现电堆冷却，理论上不会增加电堆内部设计的复杂性，可是如果阴极进气无外增湿，大流量的干燥空气会将质子交换膜吹干；如果阴极进气有外部增湿，那无疑增加增湿器的负荷并降低增湿效果，因此，仅通过阴极进气的空气来冷却电堆一般不可行。一般是通过在电堆中布置单独的空气冷却流道，让空气流经电堆并带走热量，实现电堆冷却，因为冷却介质为空气，这种冷却方式也简称为空冷。

如前所述，空气冷却流道既可以是夹在双极板内的冷却层，也可以作为单独的冷却板置于两片相邻的极板之间，这主要取决于双极板的材料和加工形成工艺，以及电堆的冷却需求。由于空气的比热容很低，空冷一般仅适用于功率在100W～2kW的电堆。对于车用电堆或电堆的设计功率超过5kW时，空冷就很难满足电堆的冷却需求了。

3. 液体冷却

液体冷却与空气冷却在设计思路和结构上类似，采用液体作为冷却介质为电堆冷却。对于车用电堆，有的每两片电池间都夹有冷却流道，有的每隔几片电池布置一层冷却流道。为获得更好的冷却效果，使各片电池的温度趋于一致，每两片单电池间均设有冷却流道为最佳。然而，冷却流道布置的增多往往也会增加电堆结构复杂性，并降低可靠性，因此，冷却流道的流场结构和布置间隔往往需要在具体设计中优化和权衡。

液体冷却最常用的冷却介质为去离子水，这种冷却方式也常简称为水冷。由于冷却液一般具有很高的比热容，在冷却泵功率相同的情况下，液体的换热系数要远高于空气，水冷的散热能力也远高于边缘冷却和空气冷却，因此水冷常应用于大功率电堆(一般大于 5kW)，如车用电堆中。不过，水冷式电堆中的冷却泵等附属部件造成的能量损耗也远远高于边缘冷却和空气冷却。对于车用电堆，考虑到低温启动工况，冷却介质可采用乙二醇和去离子水的混合物以降低结冰点。冷却液在双极板间流动，冷却液保持极低的电导率非常必要，但在电堆工作过程中，由于双极板的离子污染和乙二醇氧化产生的离子，会使冷却液逐渐导电，造成漏电并电解冷却液，降低电堆的能量效率，甚至造成双极板的腐蚀和退化，所以往往需要对冷却液的电导率进行监测，并使用离子交换树脂将冷却液中的离子去除。此外，纳米流体是一种将金属或非金属纳米粒子添加入水或乙二醇等液体，增加其导热性能的纳米材料。纳米流体具有自身去离子化、导电性低、凝固点低的特点，可避免冷却液导电干扰电堆的电子传导，因而不需外加离子过滤器，换热率高，并可减小外部换热器面积。目前，纳米流体在质子交换膜燃料电池堆散热的应用并不常见，但其具有可观的应用前景。

4. 相变换热

相变换热是指利用冷却剂的相变潜热带走电堆废热。由于冷却剂具有极高的潜热，所以往往仅需很小的冷却剂流量即可实现良好的散热。冷却剂的循环可以通过毛细作用、压力差或密度差等效应实现，因而不再需要冷却泵，降低燃料电池系统的体积和质量。相变换热的主要优势包括冷却剂流量小、结构简单及不需要冷却泵等。

相变冷却主要包括两种方法：蒸发冷却和沸腾冷却。在蒸发冷却中，冷却剂的沸腾温度应高于电堆的正常工作温度，水是适合且常用的冷却剂。英国 Intelligence Energy 公司提供一款蒸发冷却(evaporatively cooled)的质子交换膜燃料电池堆产品[13]，采用金属双极板，无冷却板，可满足低于 0℃启动的需求，且可依据功率需求，设计为 5k～100kW 的功率范围。沸腾冷却具有很高的冷却能力，但由于质子交换膜燃料电池工作温度较低，若利用冷却剂沸腾为电堆散热，则所需的冷却剂的沸腾温度必须低于电堆的正常工作温度。目前有实验通过HFE-7100（常压下沸点为61℃）为小型质子交换膜燃料电池冷却[14]。

此外，相变材料应用于电堆散热也受到广泛的关注。相变材料指利用相变的吸/放热特性进行热管理的专用材料。一种良好的相变材料应具有特定熔点温度、高相变潜热、高热容、高热导率、相变前后体积变化小、无过冷现象、化学性质稳定、量产成本低等特点。对于质子交换膜燃料电池，相变材料可封装于双极板（石墨板）或端板中，为电堆提供冷却。金属泡沫相变材料换热器是一种新型换热器，多见于锂电池堆热管理中，该设计结合了金属泡沫的高热传导率及相变材料潜热的特性，能够在高效散热的同时，避免相变材料完全融化，使电堆内温度分布更加均一。

### 6.1.4 电堆水热管理

在质子交换膜燃料电池堆中，反应气体经由电堆进气口流入电堆，通过进气歧管依次进入各片单电池的流场中，多余的气体和生成水从流场中流出后在排气歧管中汇合，然后流出电堆。在上述过程中，很难保证进入电堆中每片单电池气体流量的均匀性，供气不足时，会导致某片电池浓度损失增加，性能下降，甚至有可能造成催化剂性能衰退，寿命衰减等问题。另外，电堆工作过程中，产生的液态水如果堵塞进排气歧管，会导致反应气体传输受阻，降低电堆性能。因此，电堆中进排气歧管的设计不仅应该保证进气分配均匀，还应考虑增强其排水能力。

此外，电堆冷却效果不好时，可能导致电堆中某些单电池局部温度过高，性能下降。如前所述，冷却流道的结构与双极板设计相关，单纯增加冷却流道数目往往也会增加电堆冷却系统的复杂性和能耗。因此合理设计电堆中冷却流道，实现电堆内温度的均匀分布十分重要。

综上所述，不同于单电池，电堆尺度的水热管理更加关心各片单电池间性能的一致性问题。理论上来说，如果进入每片电池的进气流量相同，每片电池获得冷却的效果也完全相同，每片电池的输出性能也大致相同，那么电堆的性能则可以完全简化为数片独立的单电池的性能之和，仿真分析就可以只在单电池尺度进行。但是，根据上面分析我们知道，电堆中各单电池在性能上往往有所不同，并且电堆中单电池数量越多，电堆内各单电池性能的均匀性和一致性也就越难以保证。日本丰田公司于2008年推出的燃料电池发动机为双电堆设计，两个电堆线性排列，每个电堆包含200片单电池，每个电堆也都拥有独立的进排气歧管和冷却等系统。双电堆系统的优势在于，减小单个电堆的规模，以保证电堆内各片电池的良好一致性。但与包含相同单电池数的单电堆系统相比，双电堆系统一般需要两套辅助部件，增加系统复杂程度，其体积和质量也往往更大。鉴于此，2014年丰田Mirai搭载的燃料电池系统升级为单电堆系统，电堆包含370片单电池，较前一代的双电堆系统，体积和重量均减少了一半[2]。目前，由双电堆或多电堆系统到单电堆系统，是电堆和系统发展趋势。但随着电堆规模的增大，保证电堆内气体的高效传输、良好的冷却效果、高效排水及单电池间一致性都变得更具挑战性。

在研究手段上，仿真建模依然是电堆水热管理研究的重要方法。以下各节将说明如何建立电堆模型，通过优化设计以实现质子交换膜燃料电池堆的水热管理优化。

## 6.2　电堆三维数值模型

质子交换膜燃料电池的机理模型多数涉及计算流体力学(computational fluid dynamics，CFD)，不同类型的模型所应用的 CFD 手段也是多样的。本节所述电堆三维数值模型，是探究电堆内多相流动和传热传质过程的有效手段。电堆内部流动一般涉及多相、瞬态、湍流、全电池、全电堆、大物理尺度等问题。

(1) 多相：电堆内包括反应气体和液态水的流动过程，即气液两相流。

(2) 瞬态：车用质子交换膜燃料电池堆运行中会经历多种瞬态过程，包括变负载、冷启动及阳极循环等，这些过程中电堆内部多物理量的变化，往往对电堆的输出性能和耐久性存在显著影响。此外，液态水的排出也是一个典型瞬态过程。

(3) 湍流：如第 4 章中所述，对单电池流场或单条直流道内的流动一般认为是层流，但电堆歧管内的气体流速远远高于单电池流场的气体流速，可能形成湍流。

(4) 全电池：在考虑包含膜电极和流场的完整质子交换膜燃料电池结构建模时，需要将电化学反应与多孔电极、流场和歧管内的流动和传热传质过程相耦合。

(5) 全电堆：对于全电堆模型，模型计算域需要全面的考虑电堆内的流体域，如多孔电极、双极板流场、进排气歧管及冷却流道等。更进一步，如果考虑到电堆在装配完成后，装配紧固力对多孔电极的压缩作用，这些过程的耦合将使建模变得非常复杂。

(6) 大物理尺度：车用电堆往往包含几十至数百片单电池，每片电池的活化面积在 100～200cm$^2$，甚至更大。数值模型所需要的计算量会随电堆规模的增大急剧增加，此外，模型计算收敛难度也会相应增加。

庞大的计算量和数值求解难度使目前的电堆三维数值模型很难将以上六点全部耦合。尽管三维数值模型在电堆的仿真中难以做到“面面俱到”，但三维数值模型依然是电堆水热管理研究中最为重要且广泛应用的研究手段。这是由于电堆内所关注的一致性问题，包括进气流量分配和电堆内的冷却，均与流场、歧管和冷却流道的真实物理结构密切相关，只有三维数值模型才能准确有效地表征出模型物理结构的影响。在三维数值模型建立中，合理的简化不可避免。依据研究对象的不同，一般需要从电堆的真实物理结构中抽取出一部分，作为三维数值模型的计算域，并对其他区域进行合理简化(如处理为边界条件等)，建立模型，这是目前三维数值模型在电堆层面仿真应用的主要思路。

在之前的研究中，受计算能力的限制，电堆层面的三维数值模型仅对电堆内纯流动过程进行仿真和分析，包括歧管内流体分配的单相流模型[15, 16]和歧管内液态水排出过程的两相流模型[17, 18]，这类模型均未考虑电堆内部电化学反应的影响。近些年，随着计算能力的提高，越来越多的三维数值模型开始将全电池结构和电化学反应考虑在内，从而更加细致地研究不同因素对电堆性能及电堆内一致性的影响。

### 6.2.1 电堆歧管模型

前文提到，电堆歧管设计时需要重点考虑反应气体在各单电池之间的分配、压降及液态水的排出等，这些均是由电堆歧管和流场结构决定的。同时，由于模型计算量和收敛性的限制，建模分析时可以忽略膜电极的电化学反应和其他传输过程，仅仅选取电堆歧管和流场作为计算域，研究其内部单相或者两相流动过程。对于质子交换膜燃料电池而言，相比阳极氢气传输，阴极一侧的氧气传输对电堆性能的影响往往更加显著，且电池内液态水大多集中于阴极一侧，因此，目前对电堆歧管内部流动的研究大多集中于阴极一侧[15-18]。总体而言，该类模型比较简单，可利用成熟的 CFD 软件，如 Ansys Fluent、OpenFOAM 等实现。图 6.3 为电堆歧管模型计算域示意图，包含阴极进排气歧管及 5 片单电池中的阴极流场和气体扩散层。空气由进气歧管流入电堆，并依次进入各片电池的流场和扩散层，剩余的气体和反应生成的液态水经由排气歧管汇合后流出电堆。对于不耦合电化学反应的单纯流动模型，在第 4 章中已有详细的介绍，本章重点展示电堆歧管的物理模型和计算域，对于控制方程、边界条件等问题不再赘述。

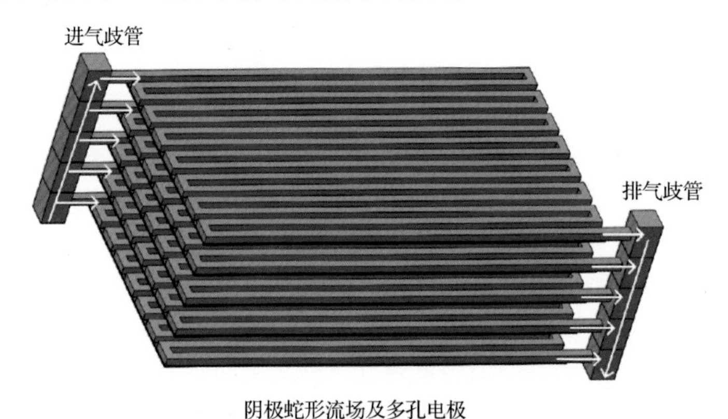


图 6.3 包含 5 片电池的电堆阴极歧管内流动模型计算域

### 6.2.2 包含全电池的电堆模型

上一节所述的两类模型是对电堆内纯流动分析，由于未耦合电化学反应过程，仿真结果与电堆实际工作时的内部状态仍有很大差距。电堆处于工作状态时，反应气体的消耗、液态水的产生及电堆内传热过程影响了电堆内多物理量场的分布，进而决定了电堆的输出性能。尽管考虑全电池结构的三维数值模型会消耗大量的计算资源，但这类模型的开发和研究仍然是必要的。

目前，已有一些学者建立了包含电堆内电化学反应的全电池模型[19-22]。这些建模工作针对的物理背景有所差异，因此建模过程和简化方式上都有区别。Shimpalee 等[19]构建了三维、多相、稳态电堆 CFD 模型，包含了电堆内的主要流体域如膜电极、双极板流场、电堆歧管及冷却流道等。Luo 等[20]建立了三维、多相的电堆冷启动模型，该模型计算域未包含电堆歧管，假设电堆内每片电池的进气流量相同，即忽略了歧管进气分配不均的影响；由于冷启动过程中更为关注电堆内部温度升高的过程，所以合理地处理电堆内各片电池的热边界条件是此电堆模型与单电池冷启动模型的主要差异。Le 和 Zhou[21]建立了歧管和双极板流场内的两相流与电池内各项传输过程相耦合的三维电堆瞬态模型，两相流利用 VOF 方法捕捉相界面，但受计算量的限制，其计算的物理过程仅有几秒。

本小节以文献[22]中算例为例，对电堆层面的三维全电池建模分析方法进行介绍。图 6.4 为模型计算域，该电堆包含 5 块单电池，该算例忽略了冷却流场的具体结构，而是将其简化为对应的强制对流换热边界条件。需要注意的是，现有

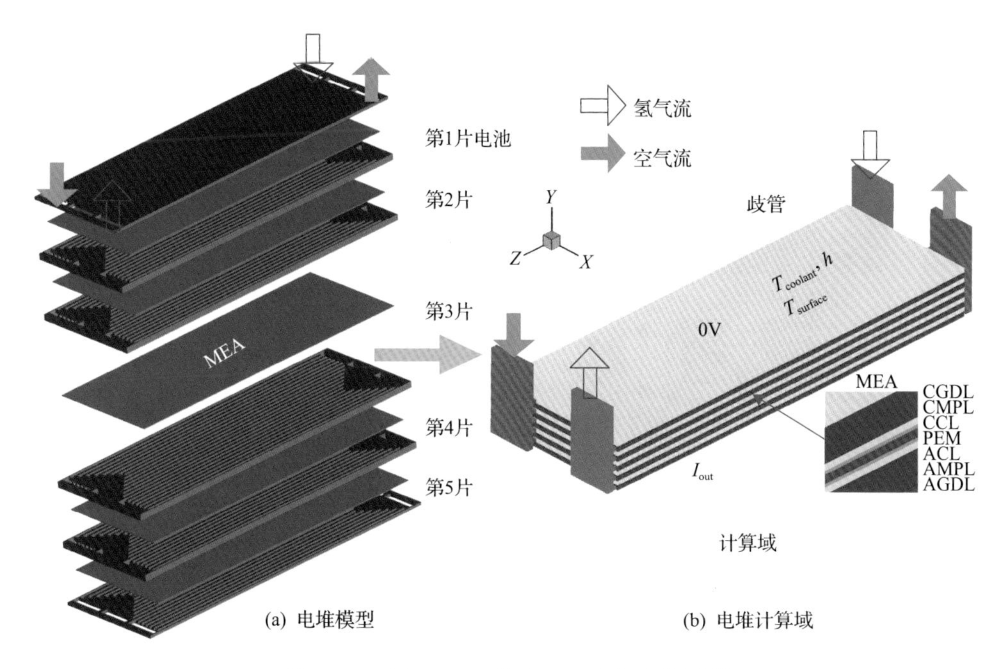


图 6.4　三维 CFD 电堆冷启动模型计算域[22]

车用电堆往往采用每一片单电池相邻一片冷却极板的做法以提升电堆冷却能力，如丰田、现代等。但是这无疑会增大电堆体积，降低电堆功率密度，本田创造性地使用了双电池结构，即每两片单电池相邻一片冷却极板。在这篇文献中，通过对 5 电池结构进行仿真分析，即 5 片单电池相邻 1 片冷却流场，探讨了通过进一步降低电堆中冷却极板数目提升电堆功率密度的途径。

电堆层面的三维全电池仿真与单电池尺度基本类似，具体守恒方程、边界条件等可参考本书第 5 章内容。如前所述，在电堆两侧端板处，热边界条件设置为冷却水强制对流换热边界，环境温度为 333.15K，对流换热系数为 $3000\mathrm{W\cdot m^{-2}\cdot K^{-1}}$，其他壁面则设为自然对流换热边界，即环境温度为 298.15K，换热系数为 $20\mathrm{W\cdot m^{-2}\cdot K^{-1}}$。电势边界条件采用第 5 章中介绍的第二种边界条件，如图 6.4 所示，电堆中最外层阴极一侧端板电势为参考电势 0V，另一侧单电池阳极侧设为工作电流密度，这样即可通过监测每一块单电池的输出电压比较其性能。

图 6.5 为不同热边界条件下对应电堆内部温度分布情况，明显可以看出，电堆中心单电池温度远远高于外侧电池。当两侧对流换热系数无穷大时，壁面温度保持恒定，称为“恒壁温”热边界条件。两种换热边界对应电堆同一区域温差大约为 6.9K，而该温差在单电池算例(即一片单电池对应一片冷却流场)中仅为 1.7K。

电堆内部温度差异也导致了各单电池性能的差异，如图 6.6 所示，在等温条件下，电堆中各单电池性能基本相同。非等温条件下，电堆外侧单电池性能均明显高于内部电池，这主要是由于电堆内部单电池温度过高，使水饱和蒸汽压大幅提升，水蒸气浓度也大幅提升(图 6.7)，从而稀释氧气浓度，如图 6.8 所示。

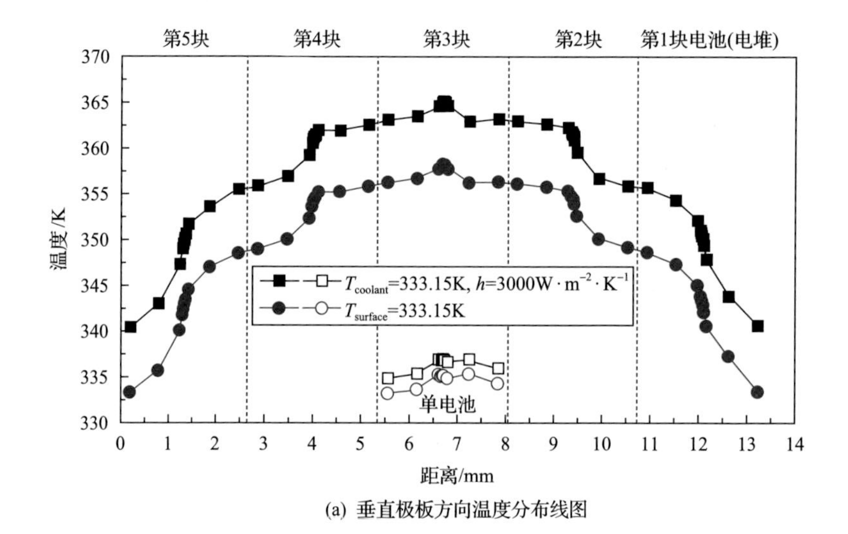

(a) 垂直极板方向温度分布线图

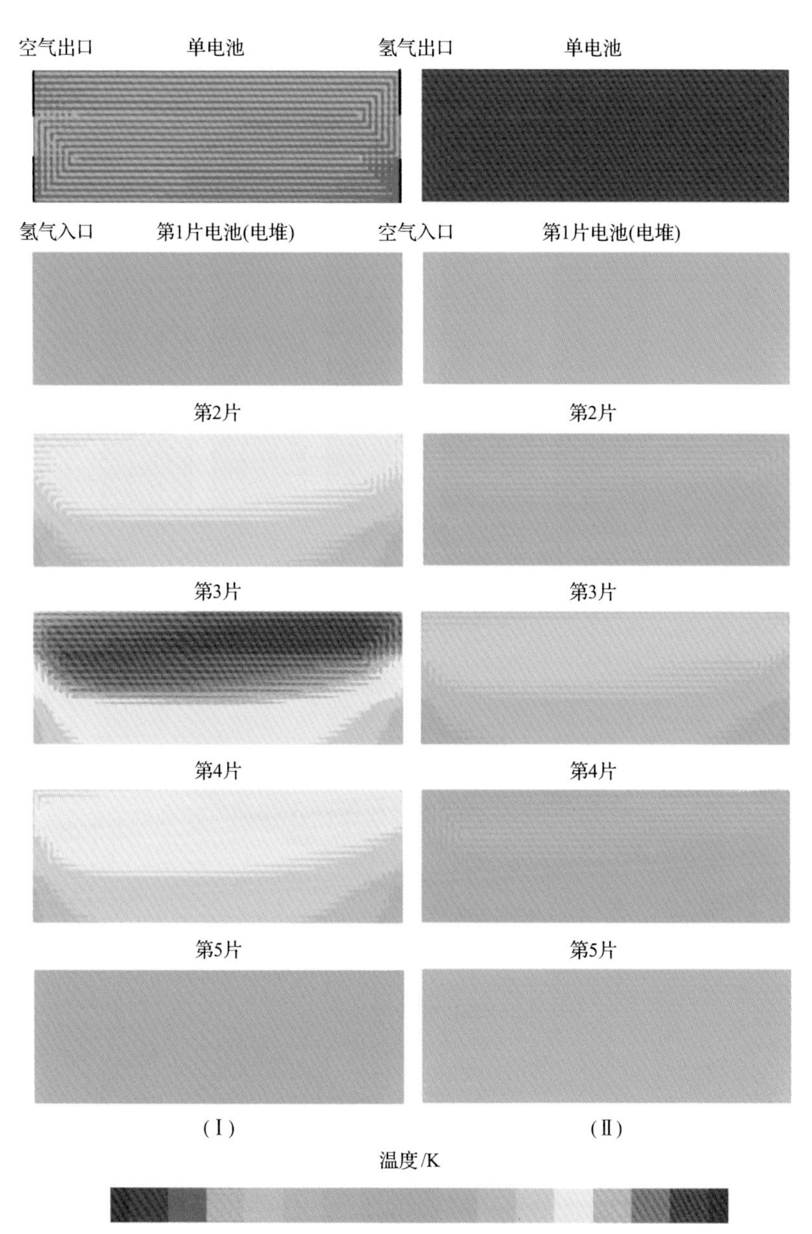


(b) 阴极催化层温度分布云图

图 6.5　不同热边界条件下电堆内部温度分布[22]

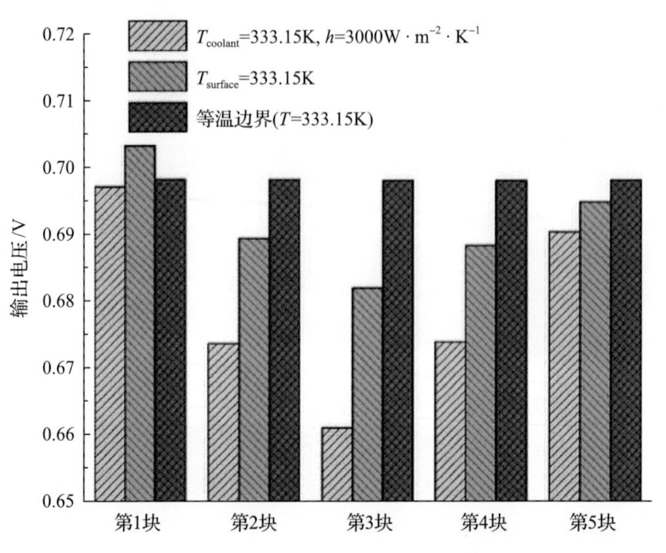


图 6.6　热边界条件对电堆中各单电池性能的影响[22]

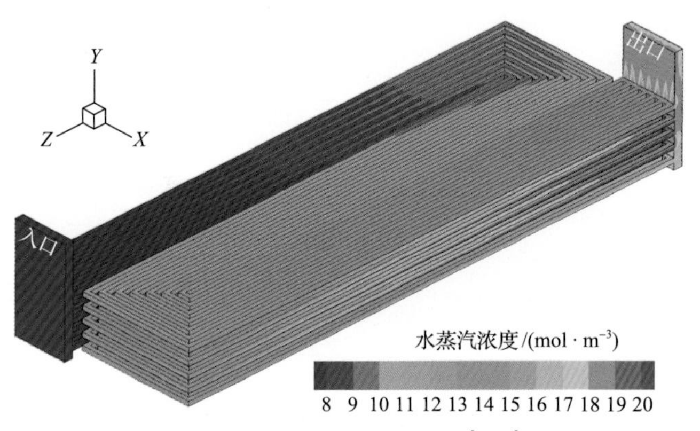


(a) $T_{coolant}$=333.15K, $h$=3000W · m$^{-2}$ · K$^{-2}$

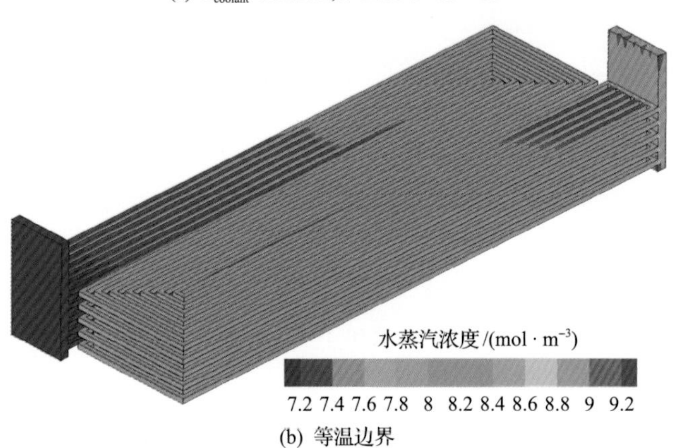


(b) 等温边界

图 6.7　电堆中阴极流场水蒸气浓度分布[22]

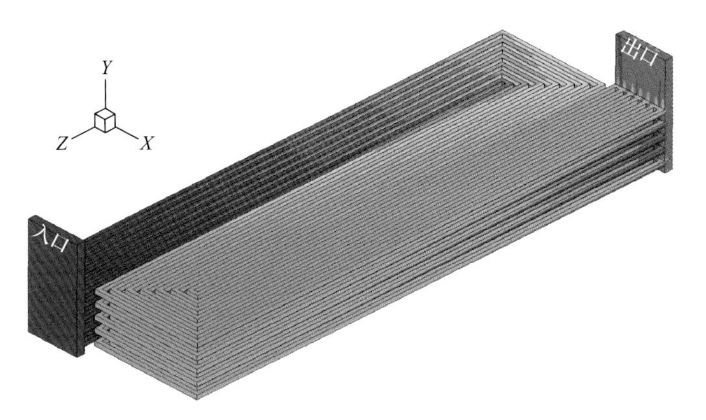


(a) $T_{coolant}$=333.15K, $h$=3000W·m$^{-2}$·K$^{-2}$

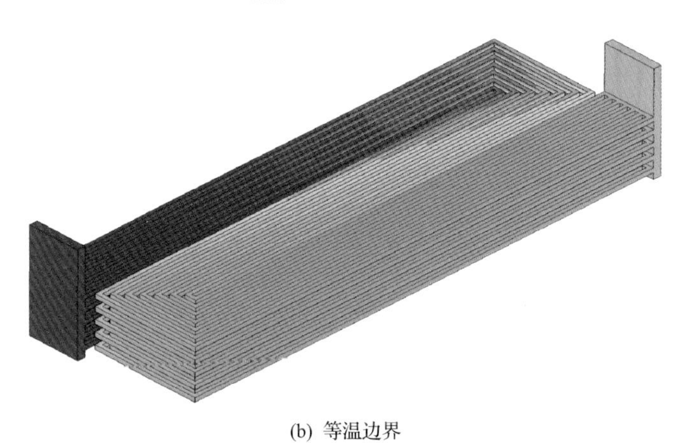

(b) 等温边界

氧气浓度/(mol·m$^{-3}$)

7 7.5 8 8.5 9 9.5 10 10.5 11 11.5 12 12.5 13 13.5 14 14.5 15 15.5 16 16.5 17

图 6.8　电堆中阴极流场氧气浓度分布[22]

另一方面，如图 6.9 所示，电堆中过高的温度也导致了质子交换膜中水含量的降低，从而增加电池欧姆损失，降低了电池性能。总之，由该文献算例结果可知，电堆中冷却能力下降会导致电堆内部温度分布不均匀，从而也会导致电池性能分布不均匀。

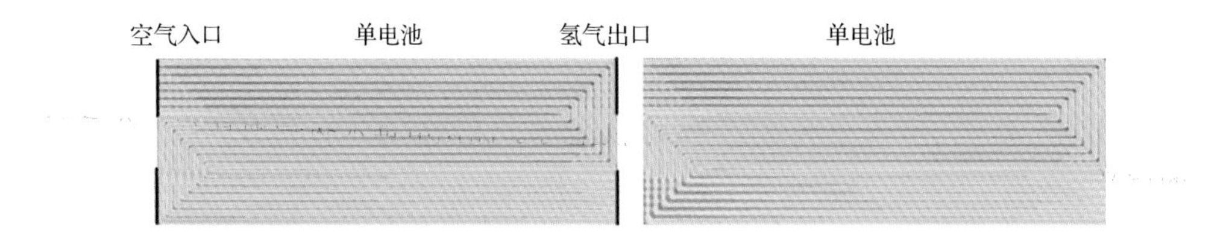

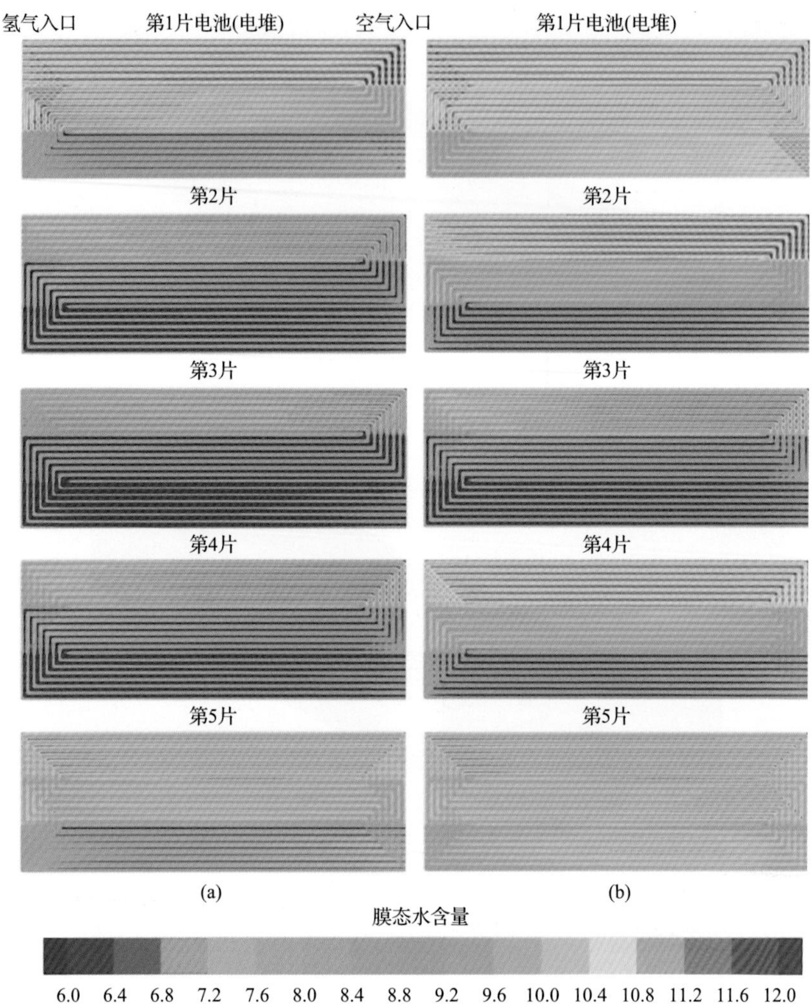


图 6.9 电堆中各单电池膜中膜态水含量分布[22]

## 6.3 电堆低维模型

通过上一小节介绍可以看出，目前电堆层面的三维 CFD 全电池模型仍然受到计算效率的限制，已有的基于电堆层面的模型也往往基于 3～5 片单电池，与实际电堆动辄几十上百片单电池仍有很大的差距。因此，为提高计算效率，对模型进行“降维”处理，开发电堆层面的低维模型对于优化电堆水热管理具有十分重要的意义。

在此先简单回顾一下第 5 章中介绍的单电池低维模型。一般而言，单电池低维模型主要侧重对不同操作工况下电池输出性能的预测，即一般已知电池的工作温度、进气压力、进气化学计量比及进气相对湿度等操作工况参数，计算和预测电池在一定电流密度下的输出电压。

电堆由许多片单电池串联而成，可以认为流经每片的电流相同，单电池面积相同时，每片单电池的平均电流密度也相同，而电堆的总输出电压等于各片单电池输出电压之和。与单电池模型不同的是，电堆低维模型所面临的主要物理问题为如何在低模型维度下，更好地描述电堆内各片电池气流分配、歧管压降、电堆内冷却流道换热及各片电池间导热造成温度分布差异等问题。因此，一般电堆低维模型是基于单电池低维模型，进一步引入其他子模型，以描述各片电池的气体流量、压力和温度分布等，也正是这些因素导致了电堆内各片电池输出性能的差异。本节将先介绍电堆层面的流体网络模型，随后对电堆一维模型中热边界的设定进行介绍。

### 6.3.1 流体网络模型

流体网络(hydraulic flow network)是流体力学常用的分析手段，以分析流场中各节点处流量和各段的压降。流体网络模型既可以应用于进排气歧管到各片电池的流体分配分析，也可以应用于电堆冷却系统中冷却歧管到各条冷却流道的冷却液分配分析[23, 24]。本小节以文献[23]为例，介绍流体网络分析在电堆低维模型中的应用。图 6.10 为电堆内进排歧管和各片电池形成的流体网络示意图，图中所标注的符号示意如下：$\boldsymbol{m}_{\text{stack,in}}$、$\boldsymbol{m}_{\text{stack,out}}$ 分别为流入和流出电堆的总质量流量，$\text{kg}\cdot\text{h}^{-1}$；$\boldsymbol{m}_{\text{cell,in}}^{i}$、$\boldsymbol{m}_{\text{cell,out}}^{i}$ 分别为流入和流出电池 $i$ 的质量流量，$\text{kg}\cdot\text{s}^{-1}$；$\boldsymbol{m}_{\text{top}}^{i}$、$\boldsymbol{m}_{\text{bot}}^{i}$ 分别为进气和排气歧管中第 $i$ 个节点处质量流量，$\text{kg}\cdot\text{s}^{-1}$；$\boldsymbol{m}_{\text{r}}$ 为电池 $i$ 由电化学反应消耗的气体质量速率，$\text{kg}\cdot\text{h}^{-1}$；$\Delta p_{\text{cell}}^{i}$ 为电池 $i$ 内的压降，Pa；$\Delta p_{\text{top}}^{i}$、$\Delta p_{\text{bot}}^{i}$ 分别为进气和排气歧管中 $i$ 到 $i$+1 节点的压降，Pa；$N$ 为电堆中单片电池数目。

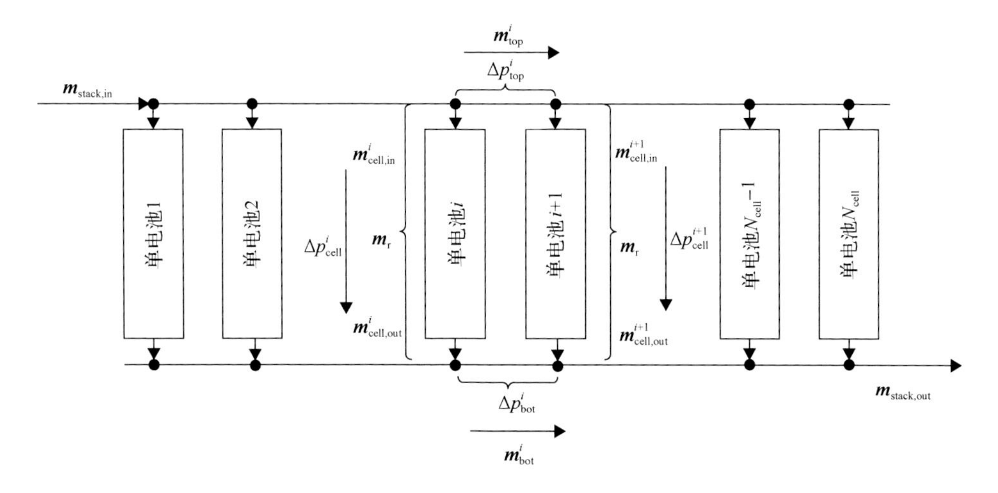


图 6.10 流体网络示意图

其中，$\boldsymbol{m}_{\mathrm{r}}$ 可由法拉第定律求得，电堆内各片电池为串联关系，即电流相同，因此各片电池由电化学反应造成的质量变化也相同。图 6.10 中相当于仅表示处于阳极或阴极的一侧，以上符号也同样对应一侧电极。其中，所有的质量流量均为节点上的数值，而所有压降均可理解为节点间线上的数值。由电堆内质量守恒，可获得以下关系：

$$\boldsymbol{m}_{\mathrm{stack,in}} = \sum_{j=1}^{N} \boldsymbol{m}_{\mathrm{cell,in}}^{j} \tag{6-1}$$

$$\boldsymbol{m}_{\mathrm{top}}^{n} = \boldsymbol{m}_{\mathrm{stack,in}} - \sum_{j=1}^{i} \boldsymbol{m}_{\mathrm{cell,in}}^{j} \tag{6-2}$$

$$\boldsymbol{m}_{\mathrm{bot}}^{i} = \sum_{j=1}^{i} \boldsymbol{m}_{\mathrm{cell,out}}^{j} \tag{6-3}$$

$$\boldsymbol{m}_{\mathrm{cell,in}}^{n} = \boldsymbol{m}_{\mathrm{cell,out}}^{n} + \boldsymbol{m}_{\mathrm{r}} \tag{6-4}$$

$$\begin{cases} \boldsymbol{m}_{\mathrm{r}} = \dfrac{IA_{\mathrm{cell}}}{2F} M_{\mathrm{H_2}} & \text{阳极} \\ \boldsymbol{m}_{\mathrm{r}} = \dfrac{IA_{\mathrm{cell}}}{4F} M_{\mathrm{O_2}} - \dfrac{IA_{\mathrm{cell}}}{2F} M_{\mathrm{H_2O}} & \text{阴极} \end{cases} \tag{6-5}$$

式(6-1)～式(6-5)中，$I$ 为电堆输出电流密度，$\mathrm{A \cdot cm^{-2}}$；$A_{\mathrm{cell}}$ 为电池的活化面积，$\mathrm{m^2}$；$F$ 为法拉第常数；$M_{\mathrm{H_2}}$、$M_{\mathrm{O_2}}$、$M_{\mathrm{H_2O}}$ 分别为氢气、氧气和水的摩尔质量，$\mathrm{kg \cdot mol^{-1}}$。

每两片相邻的电池其与进排气歧管相交的 4 个节点，可以构成一个封闭的回路，由此可以建立压力的关系：

$$\Delta p_{\mathrm{cell}}^{j} - \Delta p_{\mathrm{top}}^{j} - \Delta p_{\mathrm{cell}}^{j+1} + \Delta p_{\mathrm{bot}}^{j} = 0 \tag{6-6}$$

同质量流量的公式一样，式(6-6)也仅是对阳极或阴极一侧的描述。

流动中造成的压降包含局部损失和沿程损失两部分：

$$\Delta p = \Delta p_{\mathrm{m}} + \Delta p_{\mathrm{f}} \tag{6-7}$$

式中，$\Delta p_{\mathrm{m}}$ 为局部损失造成的压降，Pa；$\Delta p_{\mathrm{f}}$ 为沿程损失造成的压降，Pa。

局部损失主要由流体动量的变化或流体截面突发变化而造成的，与流体流动状态和流体界面变化都有关联，歧管内局部损失造成的压降可表达为

$$\Delta p_{\mathrm{m}} = \frac{1}{A_{\mathrm{mani}}} (\boldsymbol{m}_{\mathrm{out}} u_{\mathrm{out}} - \boldsymbol{m}_{\mathrm{in}} u_{\mathrm{in}}) \tag{6-8}$$

式中，$A_{mani}$ 为歧管截面积，$m^2$；$\boldsymbol{m}_{out}$、$\boldsymbol{m}_{in}$ 分别为流入和流出歧管该段的质量流量，$kg\cdot s^{-1}$；$u_{out}$、$u_{in}$ 分别为流入和流出的流速，$m\cdot s^{-1}$。

沿程损失造成的压降可表示为

$$\Delta p_f = \frac{2C_f L \rho_{ave} (u_{ave})^2}{\delta_h} \tag{6-9}$$

式中，$C_f$ 为摩擦系数；$L$ 为歧管区域流动长度，m；$\rho_{ave}$ 为流体的平均密度，$kg\cdot m^{-3}$；$u_{ave}$ 为平均流速，$m\cdot s^{-1}$；$\delta_h$ 为歧管的水力直径，m。其中，摩擦系数与雷诺数相关：

$$\begin{cases} C_f = 16Re^{-1} & Re \leqslant 2000 \\ C_f = 0.079Re^{-0.25} & Re \geqslant 4000 \end{cases} \tag{6-10}$$

以上为流体网络模型的主要建模过程，上述公式看似均为代数式形式的解析式，但多数公式中的变量都是未知的，包括流速 $u$(或质量流量 $\dot{m}$)和压力 $p$。再将上述的流体网络模型与第 5 章中所述的一维稳态单电池模型结合组成电堆模型，整个电堆模型涉及的参数还增加了温度 $T$、电极内液态水饱和度 $s$(考虑电极内两相水的情况下)及各种气体组分等。流体网络中每个节点的参数都与周围的参数相关，即整个电堆内所有的节点参数必须要耦合并同时求解，因而模型计算需要利用数值方法，迭代求解。流体网络模型涉及的数值计算过程在本书中不详细叙述，感兴趣的读者可以阅读相关参考文献[24]。

### 6.3.2　一维电堆模型中的热边界

电堆内单电池的温度分布不均匀性和电堆冷却流道布置是电堆层面研究的重要内容，特别是在电堆冷启动过程中，更为关注电堆内各片电池间的热传导过程。上一节所述的流体网络模型不仅可用于进排气歧管的气体分配分析，也可用于冷却通路分析。流体网络模型需要电堆内所有参数共同耦合求解，计算量大，而电堆低维模型的开发初衷就是能够较快速的预测电堆性能，且流体网络模型难以应用于瞬态模型中。因此，不少电堆低维模型都忽略了电堆气体反应物分配和压降的问题，并假设每片电池的反应物进气量相同，这样每片电池内的流量、压力及组分等控制方程可以单独求解，而不必将整个电堆内所有电池耦合在一起求解，从而大幅提升计算效率。对于温度来说，显然电堆中温度的处理方式与电堆的冷却设计相关，本小节以一维模型中双极板温度处理方式为例，从两片相邻电池间无冷却流道和有冷却流道两个角度分析电堆温度求解的方式。

#### 1. 两片电池间无冷却流道

当电堆内相邻的两片单电池间无冷却流道时，电池只能由侧面向外散热，能

量守恒方程可表达为

$$\frac{\partial}{\partial t}\left[(\rho C_{\mathrm{p}})^{\mathrm{eff}}T\right]=\frac{\partial^2(k^{\mathrm{eff}}T)}{\partial x^2}-\frac{2h_{\mathrm{wall}}(T-T_{\mathrm{amb}})}{L} \tag{6-11}$$

式中，$(\rho C_{\mathrm{p}})^{\mathrm{eff}}$ 为双极板的有效体比热容，$\mathrm{J\cdot m^{-3}\cdot K^{-1}}$；$k^{\mathrm{eff}}$ 为双极板的有效热导率，$\mathrm{W\cdot m^{-2}\cdot K^{-1}}$；$h_{\mathrm{wall}}$ 为双极板上下壁面与环境的对流换热系数，$\mathrm{W\cdot m^{-2}\cdot K^{-1}}$；$T_{\mathrm{amb}}$ 为环境温度，K；$L$ 为双极板高度，m。

双极板可视为由双极板固体材料和流道中气体共同组成，类似多孔介质中的体积平均法，以求得双极板的有效比热容 $(\rho C_{\mathrm{p}})^{\mathrm{eff}}$ 和有效热导率 $k^{\mathrm{eff}}$：

$$(\rho C_{\mathrm{p}})^{\mathrm{eff}}=\frac{V_{\mathrm{s}}}{V}(\rho C_{\mathrm{p}})_{\mathrm{s}}+\frac{V_{\mathrm{c}}}{V}(\rho C_{\mathrm{p}})_{\mathrm{g}} \tag{6-12}$$

$$k^{\mathrm{eff}}=\frac{V_{\mathrm{s}}}{V}k_{\mathrm{s}}+\frac{V_{\mathrm{c}}}{V}k_{\mathrm{g}} \tag{6-13}$$

式中，$V_{\mathrm{s}}$ 为双极板中固体材料体积，$\mathrm{m^3}$；$V_{\mathrm{c}}$ 为双极板中气体流道体积，$\mathrm{m^3}$；$V$ 为双极板体积，$\mathrm{m^3}$；$(\rho C_{\mathrm{p}})_{\mathrm{s}}$ 和 $(\rho C_{\mathrm{p}})_{\mathrm{g}}$ 分别为固体和气体的体积比热容，$\mathrm{J\cdot m^{-3}\cdot K^{-1}}$；$k_{\mathrm{s}}$ 和 $k_{\mathrm{g}}$ 分别为固体和气体的热导率，$\mathrm{W\cdot m^{-2}\cdot K^{-1}}$。

对于电堆最外侧的单电池，最边缘的双极板还存在外侧面与环境对流换热（未考虑端板结构），能量方程可表达为

$$\frac{\partial}{\partial t}\left[(\rho C_{\mathrm{p}})^{\mathrm{eff}}T\right]=\frac{\partial^2(k^{\mathrm{eff}}T)}{\partial x^2}-\frac{2h_{\mathrm{wall}}(T-T_{\mathrm{amb}})}{L}-\frac{h_{\mathrm{side}}(T-T_{\mathrm{amb}})}{d} \tag{6-14}$$

式中，$h_{\mathrm{side}}$ 为双极板侧面与环境的对流换热系数，$\mathrm{W\cdot m^{-2}\cdot K^{-1}}$；$d$ 为双极板宽度，m。

在相邻两片电池间无冷却流道时，两片电池的极板间存在热传导，因此这两片电池的温度必须耦合求解，这也增加了模型的计算难度。

### 2. 两片电池间夹有冷却流道

当电堆内相邻的两片单电池的双极板内设有冷却流道时，存在冷却液与电池间的对流换热，能量守恒方程可表达为

$$\frac{\partial}{\partial t}\left[(\rho C_{\mathrm{p}})^{\mathrm{eff}}T\right]=\frac{\partial^2(k^{\mathrm{eff}}T)}{\partial x^2}-\frac{2h_{\mathrm{wall}}(T-T_{\mathrm{amb}})}{L}-\frac{h_{\mathrm{cool}}(T-T_{\mathrm{cool}})A_{\mathrm{cool}}}{V} \tag{6-15}$$

式中，$h_{\mathrm{cool}}$ 为冷却液与双极板间的对流换热系数，$\mathrm{W\cdot m^{-2}\cdot K^{-1}}$；$T_{\mathrm{cool}}$ 为冷却液温度，K；$A_{\mathrm{cool}}$ 为冷却流道与双极板间接触面积，即有效换热面积，$\mathrm{m^2}$。

值得注意的时候，双极板内夹有冷却流道，此时两块电池间的热传导的面积大幅减小，且冷却液对流换热带走的热量将远高于热传导的效果。如果能够忽略两片电池极板间热传导，那么这两片电池的热边界条件则完全相同。对应到整个电堆上，如果每两片电池间都夹有冷却流道，每个冷却流道的入口处冷却液温度相同，且对流换热系数相同，那么电堆内每片电池的热边界条件都相同，此时整个电堆的温度也不必再同时求解了。

## 本 章 小 结

本章介绍了质子交换膜燃料电池堆的基础结构和电堆层面的水热管理问题，主要包括歧管的气流分配、液态水的排出及电堆内的冷却和热传导等，这些物理问题造成了电堆内各片电池的输出电压不均，即电堆内一致性的问题。建立电堆模型是电堆研究的重要手段，从模型维度上电堆模型可分为三维数值模型和低维模型。

由于电堆内涉及的物理过程复杂且众多，物理尺度大，三维数值模型的建立往往受计算量大和收敛难度高的限制，更常见的是抽取电堆内部分物理过程进行建模，如电堆内的纯流动分析，可以为双极板流场、歧管及冷却流道等结构设计提供指导。即使考虑全电池的电堆模型，受目前计算能力的限制，一般也仅适用于小型电堆的建模。电堆低维模型一般由单电池低维模型发展而来，针对电堆的歧管流量分配、压降及电堆内换热和导热等物理问题，在单电池模型基础上加入流体网络模型或电堆内热边界条件，对电堆的特性进行描述。电堆低维模型更适合于电堆输出性能的预测，在未来有望应用于电堆的控制系统，但其难以考虑电堆的真实物理结构等影响。

无论是电堆三维数值模型还是电堆低维模型，在未来都具有很强的工程应用价值，可应用于电堆设计和开发的不同环节，但两者如何进一步发展和完善也面临挑战，包括如何做好模型简化，以平衡计算量和物理问题的精度等问题。

## 参 考 文 献

[1] Fan L, Zhang G, Jiao K. Characteristics of PEMFC operating at high current density with low external humidification[J]. Energy Conversion and Management, 2017, 150: 763-774.

[2] Outline of the Mirai. [EB/OL]. [2020-01-01]https://www.toyota-europe.com/download/cms/euen/Toyota%20Mirai%20FCV_Posters_LR_tcm-11-564265.pdf.

[3] Zhang G, Xie X, Xie B, et al. Large-scale multi-phase simulation of proton exchange membrane fuel cell[J]. International Journal of Heat and Mass Transfer, 2019, 130: 555-563.

[4] Clarity fuel cell[EB/OL]. [2020-01-01]https://automobiles.honda.com/clarity-fuel-cell.

[5] 裴后昌，詹志刚，涂正凯，等. 质子交换膜燃料电池集流板的欧姆热效应研究[J]. 电源技术，2011，35(11)：1361-1363.

[6] Asghari S, Shahsamandi M H, Khorasani M R A. Design and manufacturing of end plates of a 5 kW PEM fuel cell[J]. International Journal of Hydrogen Energy, 2010, 35(17): 9291-9297.

[7] 刘志伟，杨海玉，胡杨月. 燃料电池堆力学结构研究与端板设计优化[J]. 东方电气评论, 2015, 29(2): 8-14.

[8] 艾有俊，陈涛，杜斌. 锁紧螺栓数目及位置对 PEMFC 双极板变形影响[J]. 机械设计与制造, 2015(2): 115-118.

[9] 汪洋锋，陈涛，艾有俊，等. PEMFC 燃料电池三级电堆的装配分析[J]. 机械制造, 2015, 53(2): 41-44.

[10] Lin C W,Chien C H, Tan J, et al. Dynamic mechanical characteristics of five elastomeric gasket materials aged in a simulated and an accelerated PEM fuel cell environment[J]. International Journal of Hydrogen Energy, 2011, 36(11): 6756-6767.

[11] Zhang G, Kandlikar S G. A critical review of cooling techniques in proton exchange membrane fuel cell stacks[J]. International Journal of Hydrogen Energy, 2012, 37(3): 2412-2429.

[12] Flückiger R, Tiefenauer A, Ruge M, et al. Thermal analysis and optimization of a portable, edge-air-cooled PEFC stack[J]. Journal of Power Sources, 2007, 172(1): 324-333.

[13] Evaporatively-cooled-technology. [EB/OL].[2020-01-01]https://www.intelligent-energy.com/evaporatively-cooled-technology/.

[14] Garrity P T, Klausner J F, Mei R. A Flow Boiling Microchannel Evaporator Plate for Fuel Cell Thermal Management[J]. Heat Transfer Engineering, 2007, 28(10): 877-884.

[15] Liu H H, Cheng C H, Hsueh K L, et al. Modeling and design of air-side manifolds and measurement on an industrial 5-kW hydrogen fuel cell stack[J]. International Journal of Hydrogen Energy, 2017, 42(30): 19216-19226.

[16] Mustata R, Valino L, Barreras F, et al. Study of the distribution of air flow in a proton exchange membrane fuel cell stack[J]. Journal of Power Sources, 2009, 192(1): 185-189.

[17] Jiao K, Zhou B, Quan P. Liquid water transport in parallel serpentine channels with manifolds on cathode side of a PEM fuel cell stack[J]. Journal of Power Sources, 2006, 154(1): 124-137.

[18] Niu Z, Jiao K, Zhang F, et al. Direct numerical simulation of two-phase turbulent flow in fuel cell flow channel[J]. International Journal of Hydrogen Energy, 2016, 41(4): 3147-3152.

[19] Shimpalee S, Ohashi M, Van Zee J W, et al. Experimental and numerical studies of portable PEMFC stack[J]. Electrochimica Acta, 2009, 54(10): 2899-2911.

[20] Luo Y, Guo Q, Du Q, et al. Analysis of cold start processes in proton exchange membrane fuel cell stacks[J]. Journal of Power Sources, 2013, 224: 99-114.

[21] Le A D, Zhou B. A numerical investigation on multi-phase transport phenomena in a proton exchange membrane fuel cell stack[J]. Journal of Power Sources, 2010, 195(16): 5278-5291.

[22] Zhang G, Yuan H, Wang Y, et al. Three-dimensional simulation of a new cooling strategy for proton exchange membrane fuel cell stack using a non-isothermal multiphase model[J]. Applied Energy, 2019, 255: 113865.

[23] Salva J A, Iranzo A, Rosa F, et al. Experimental validation of the polarization curve and the temperature distribution in a PEMFC stack using a one dimensional analytical model[J]. International Journal of Hydrogen Energy, 2016, 41(45): 20615-20632.

[24] Park J, Li X. Effect of flow and temperature distribution on the performance of a PEM fuel cell stack[J]. Journal of Power Sources, 2006, 162(1): 444-459.

# 习题与实战

请根据第 5 章 5.3.2 小节，建立质子交换膜燃料电池准二维瞬态模型。这里给出了基于 C++语言编写的代码，代码关键行标明了注释方便阅读。其中质子交换膜燃料电池参数如下表所述，并利用所建立的模型计算质子交换膜燃料电池在电流密度由 $1.0A \cdot cm^{-2}$ 变化为 $1.3A \cdot cm^{-2}$ 的变负载过程中，输出电压随着时间的变化(代码见附录第 6 章)。

| 工况参数 | 取值 |
| --- | --- |
| 电流密度/$A \cdot cm^{-2}$ | 1.0 |
| 温度/K | 353.15 |
| 阴阳极进气压力/atm | 1.0 |
| 阴阳极化学计量比 | 阳极：1.2，阴极：2.0 |
| 阴阳极进气相对湿度 | 阳极：1.0，阴极：1.0 |
| 阴阳极电化学传输系数 | 0.5 |
| 气体扩散层、微孔层、催化层孔隙率 | 0.78、0.5、0.4 |
| 气体扩散层、微孔层、催化层、膜厚度/ μm | 230、40、10、25.4 |
| 气体扩散层、微孔层、催化层渗透率/$m^2$ | 1.0e–12、2.5e–13、1.0e–13 |
| 阴阳极入口面积/$mm^2$ | 1.0 |
| 活化面积/$mm^2$ | 200 |
| 阴阳极催化层电解质体积分数 | 阳极：0.23，阴极：0.27 |

# 第7章　系统设计与水热管理分析

质子交换膜燃料电池系统结构复杂，包括燃料电池堆及不同功能模块的子系统(如气体供给系统和热管理系统等)，因而系统层面的水热管理分析不仅涉及电堆，而且涵盖各子系统内部传热传质过程及相互之间的耦合作用机理。本章将说明燃料电池系统的构成，针对部分系统部件介绍仿真模型，同时简要介绍系统的热力学分析、控制策略及故障诊断分析内容。

## 7.1　燃料电池系统概述

质子交换膜燃料电池系统主要包括燃料电池堆、气体供给系统、加湿系统及热管理系统，各辅助子系统之间的协调配合，保证电堆的稳定高效工作，系统示意图如图 7.1 所示。

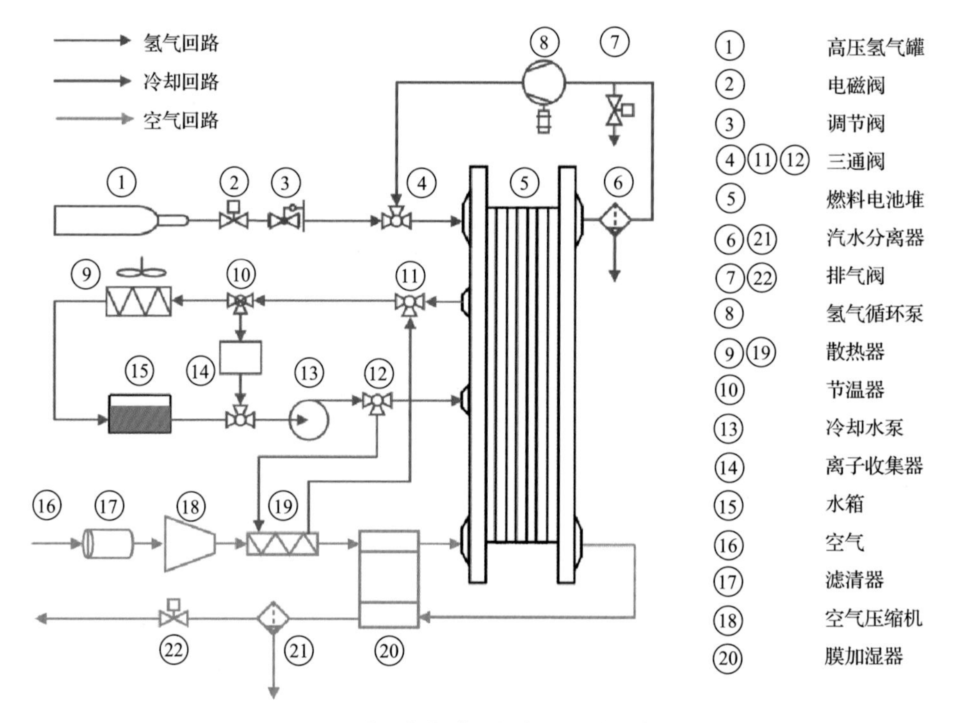


图 7.1　质子交换膜燃料电池系统示意图

燃料电池堆作为系统核心部件将反应气体的化学能转化为电能，由于单电池输出的电压和功率较为有限，燃料电池堆通常由几十甚至几百片单电池串联(或混联)而成，以满足输出电压及功率需求[1]，如丰田 Mirai 汽车的电堆由 370 片单电池组成，最大输出功率为 114kW。

气体供给系统提供足量的反应气体。氢气供给系统中，氢气从高压氢气罐流出，通过阀门调节后进入电堆发生电化学反应。为提高氢气利用率，阳极死端或循环模式受到广泛关注。空气供给系统中，空气经过滤清器、空气压缩机、中冷器以及加湿器之后，以一定的流量与压力进入电堆。气体供给系统既要满足复杂工况下的供气需求(尤其是高负载工况及变载荷工况)，又要尽可能提高燃料利用率，降低辅助设备的能耗，保证系统较高的整体运行效率[2]。

加湿系统对反应气体进行加湿，从而维持质子交换膜具有高润湿度。膜中含水量过低会降低质子传导率，增大欧姆电压损失，但是电池内部液态水过多则可能造成水淹，严重降低输出性能。随着质子交换膜材料的发展，其厚度逐渐变薄，渗水能力增强，因而阴极侧产物水更容易向阳极侧扩散，这有利于降低电堆对反应气体外增湿的依赖。废除外增湿系统以缩小系统体积和重量[3,4]，同时采用新型流场设计(如丰田“Mirai”三维流场，本田“Clarity”波浪流场等)及合理的气体流动方式(如阴阳极进气逆流或垂直流向)，从而最大限度利用产物水进行自加湿已成为当下燃料电池水热管理研究的热点问题[3,4]。

热管理系统对电堆的运行温度进行控制，包括散热作用和辅助加热作用(冷启动工况下)，目前针对热管理系统的研究大部分集中在散热方面。燃料电池内部电化学反应伴随着热的产生，如果散热太慢，则会导致电堆内部温度过高，可能造成质子交换膜的破坏(如微孔或裂痕的产生)；如果电堆运行温度过低，则不利于电化学反应的进行，会降低输出性能。此外，电堆内部单电池温度的不均匀分布会导致热应力的产生，对电堆寿命造成一定影响。

综上所述，系统水热管理需要综合考虑所有子系统，优化系统内部的传热传质过程，保证整个系统的水热平衡，确保电堆正常稳定运行及系统安全可靠。

### 7.1.1 氢气制备、提纯与储存工艺

#### 1. 制备工艺

质子交换膜燃料电池的阳极反应气体为氢气，虽然氢元素在地球上储量丰富(如水、化石燃料、生物质等)，但是氢气在自然界中并不存在。根据氢气制备过程中消耗能源形式的不同，其制备方法主要可分为如下几类：热解法、生物化学法、电解法及光解法，如图 7.2 所示。

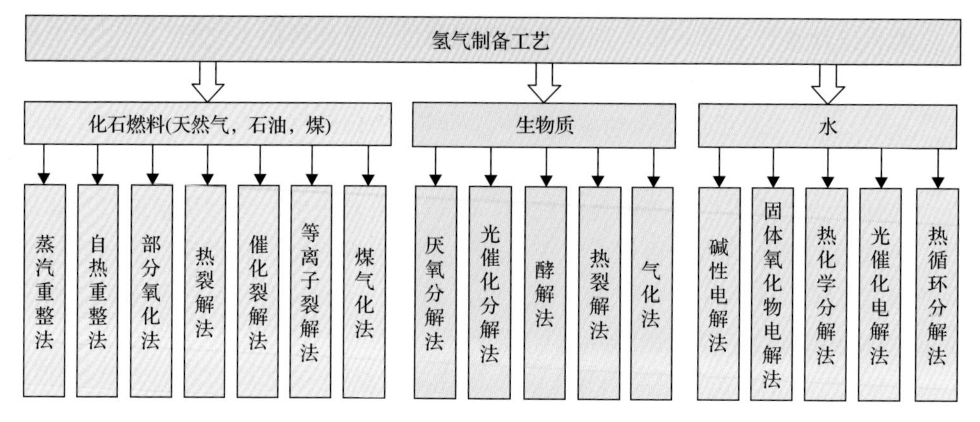


图 7.2　氢气制备工艺

目前，工业界制氢的主要途径是天然气制氢与煤制氢(约占氢气总产量的70%[5])，其技术手段包括蒸汽重整法、部分氧化法与自热重整法等[6,7]。蒸汽重整法利用甲烷与水蒸气在高温下的反应生成氢气与一氧化碳，然后利用一氧化碳与水蒸气发生水煤气转化反应进一步生成氢气；部分氧化法中，碳氢化合物被部分氧化，从而生成氢气，该方法无催化剂需求而且对于脱硫处理的依赖性低；自热重整法可视为蒸汽重整法与部分氧化法的结合，其依赖于反应速率的调控来实现自热运行。相对而言，自热重整法与部分氧化法均无须外部热量的输入，但是需要纯净氧气参与反应，而氧气处理模块增加了系统复杂性与投资成本，蒸汽重整法虽然需要外部热量的输入，但是其操作温度较低，产物中氢气所占比例更高，不需要额外的纯氧处理模块，因而成为工业界最广泛采用的制备手段。

$$\text{甲烷重整：} CH_4+H_2O \longrightarrow CO+3H_2 \tag{7-1}$$

$$\text{水煤气转化：} CO+H_2O \longrightarrow CO_2+H_2 \tag{7-2}$$

煤制氢利用高温状态下煤中的碳与水蒸气发生反应，将水蒸气中的氢还原为氢气。由于煤中碳元素所占比例高，该方法会造成更多的二氧化碳排放，所以工艺中必须具备二氧化碳捕捉与封存技术。

$$\text{煤气化：} C+H_2O \longrightarrow CO+H_2 \tag{7-3}$$

生物质作为重要的可再生资源且储量丰富，其通过热裂解法、气化法能够制备氢气，此外，其通过生物化学手段或者光催化生物化学手段，即借助厌氧微生物和光合微生物等，同样能够制备氢气。基于环境友好并且原材料充分的特点，生物化学制氢被视为具有良好应用前景的制氢技术之一，但是该技术目前仍主要处于实验室试验阶段，反应机理尚不透彻，缺乏完善的理论体系，离工业化生产还有很大差距[7,8]。

电解水制氢技术能够得到近乎纯氢气，目前已经发展成熟的手段是电解碱性溶液，产品氢气纯度能够达到 99.8%，此外，利用固体氧化物电解池也能实现电解过程。电解水制氢产品纯度高，然而其能耗相对碳氢化合物制氢更高，高昂的成本使得目前电解水制氢占氢气总产量不到 1%[5]。推广电解水制氢技术的关键在于降低电解过程的能耗，若利用废弃风电、水电等电能进行电解制氢，其经济效应将是巨大的。除了电解水制氢技术，还有热化学分解水、光催化电解水、热循环分解法等技术，但是目前尚未无工业化应用的相关报道[7,8]。

$$\text{电解水：}\ 2H_2O \longrightarrow 2H_2 + O_2 \tag{7-4}$$

在环境问题日益突出的形势下，对比分析不同氢气制备方法时不仅要考虑制氢效率、经济性、产品纯度等，而且也要考虑原材料的可再生性以及制备工艺对于环境的影响(如碳排放问题等)。未来的氢能源社会中，利用可再生原材料，借助太阳能、风能等清洁能源，通过光催化电解水或者生物化学制氢才是根本解决途径。

2. 提纯工艺

上述氢气制备工艺中，除了电解水制氢能够得到纯度高的氢气外，其他方法制得的氢气中往往含有较多杂质(如一氧化碳、二氧化碳、二氧化硫等)，然而即使少量的一氧化碳也会引起质子交换膜燃料电池的催化剂中毒，其作用机理为一氧化碳优先吸附于催化剂颗粒表面(一氧化碳比氢气的吸附系数高几个数量级)，占据催化剂的活性位，从而阻碍氢气在催化剂表面发生反应。需要注意的是，二氧化硫的毒化作用比一氧化碳更严重，因而任何碳氢化合物的制氢工艺中，原料的脱硫处理是必不可少的。为了提高纯度，含有杂质的氢气需要进行提纯处理，目前的提纯工艺主要有 3 种：变压吸附法、低温蒸馏法和膜分离法[9]。

变压吸附法(pressure swing adsorption)利用固体吸附剂对气体的选择性吸附作用，在一定压力下吸附杂质，在减压或抽真空时解除吸附以释放杂质，同时实现吸附剂的再生。常用的吸附剂有活性炭、分子筛、硅胶等，根据原料气中的杂质不同，通常采用两种或多种吸附剂配合使用以增强提纯效果。

低温蒸馏法(cryogenic distillation)利用原料气中不同组分的沸点差异，使某些气体组分冷凝，从而实现分离提纯的目的。标准大气压下，氢气的沸点(–252.77℃)低于氮气(–195.8℃)、一氧化碳(–191.4℃)和甲烷(–161.4℃)的沸点。该方法在提纯氢气的同时，还可以回收乙烷、丙烷等烃类副产品[9]。

膜分离法(membrane separation)利用膜对特定气体组分具有选择渗透性的特性来实现气体分离。聚合物膜、无机膜和金属膜都适用于膜分离法。利用聚合物膜时，原料气中的硫化氢、一氧化碳、氨和烃类物质需要进行预处理，并且聚合物膜需要在适宜的温度下工作；无机膜的化学稳定性和热稳定性好，可以在高温、强酸的环境下工作，但质地脆且高温密封困难；金属膜以钯及其合金为代表，致密的钯金属膜在 400～500℃时只允许氢气通过，而其他杂质气体无法通过。从国内外相关研究现状看，当前膜分离法的研究热点聚焦于增强气体的选择渗透性、减少膜材料的衰减及研发新型膜材料，旨在增强氢气提纯效率及产品纯度[10,11]。

除了上述方法外，金属氢化物也可用于氢气的分离提纯，其利用储氢合金对氢气的化学吸收作用实现分离提纯。在较低温度下，储氢合金吸收氢气生成金属氢化物，而其他杂质气体则不会被吸收，在较高温度下，金属氢化物发生反应分解释放氢气。由于储氢合金与某些杂质气体存在化学反应的可能，所以原料气需要进行预处理以去除氧、氮、硫和一氧化碳等杂质，否则储氢合金的性能会大幅降低。

总体而言，氢气的提纯工艺种类繁多，并且，每种方法都有其独特的优势，在选择合适的氢气提纯工艺时，不仅要综合考虑建设成本、操作复杂性、提纯效率和产品纯度等，而且还需要考虑相应的环境问题与资源问题(如碳排放与稀缺贵金属的消耗等)，与此同时，需要兼顾提纯工艺与制备工艺之间的匹配性。

3. 储存方法

氢气作为一种燃烧热值高的能量载体，其在空气中的爆炸极限约为 4%～75%，因此氢气的安全储存是实现“氢能社会”之前必须解决的难题[12]，氢气的储存方法根据储存形式的不同可分为气态储存、液态储存及固态储存。

气态储存是指利用高压气瓶储存氢气，是目前应用最广泛的氢气储存方式，其经济性好，对环境污染小且效率高，世界上已有的绝大多数燃料电池汽车示范项目均采取了该种储存方式。常用的氢气储藏罐可分为 4 种类型：Ⅰ型全金属气瓶、Ⅱ型金属内胆纤维环向缠绕气瓶、Ⅲ型金属内胆纤维全缠绕气瓶、Ⅳ型非金属内胆纤维全缠绕气瓶。其中，Ⅰ型与Ⅱ型氢气储藏罐笨重且存在氢脆问题，车载储氢无法采用。丰田的燃料电池汽车“Mirai”即采用的Ⅳ型氢气储藏罐，其储氢压力高达 70MPa，储氢质量占储罐质量的比值达到 5.7%[4]，该气罐的结构由内到外依次为内衬、过渡层、增强层、外层保护层及缓冲层[4]。内衬主要起密封作用；过渡层的作用包括减小内衬层与增强层之间的剪切作用、将压力负荷由内衬层传递到增强层及避免增强层在缠绕过程中的脱落等，多采用环氧树脂材料；增强层承受大部分压力负荷，以碳纤维材料为主；外层保护层主要用于保护增强层，多采用刚度与强度良好的玻璃纤维；缓冲层主要是为了避免运输、安装过程中的冲击破坏，常采用聚氨酯泡沫、聚丙烯等[13]。高压氢气罐的制造成本中，碳素纤维占有的比例较大，因此纤维的低成本化和使用量的降低对于减少气罐成本非常重要[3]。国内已经积极开展了高压氢气罐相关标准制定工作，如氢气瓶耐火性能、氢泄爆、氢阻火等研究，但是相应法规标准仍有待健全[5]。

液态储存是指将氢气以液态的形式储存在储罐中，其在20世纪80、90年代受到了广泛关注。由于氢气的沸点极低(标准大气压下，–252.77℃)，为了使氢气维持在液态，需使用适合超低温储存的特殊容器，而且需要将外部热量的传入减小到最低限度。尽管液化储氢能量密度高(无论是质量密度或者体积密度)，但是并没有得到大量运用，主要原因有如下几点：一是液化过程能耗极高，远远高于气态储氢过程的能耗；二是运输及加注过程中液化氢气的持续蒸发；三是液化氢气用于交通运输行业时，其与环境的热隔绝条件难以实现。

固态储存可分为物理吸附与化学吸附。物理吸附借助气体分子与储氢材料之间的范德华力来储氢，有机金属框架材料、共价有机框架材料及纳米结构材料(碳纳米管、富勒稀、碳纤维、多孔碳等)均可应用，由于物理吸附力弱且氢气相对金属氢化物体积密度小等因素，目前还没有物理吸附剂可以达到在相应温度下美国能源部对储氢性能的要求[15]。化学吸附利用氢气与吸氢材料反应生成(非)金属氢化物来储存氢气，非金属氢化物包括氨硼烷、有机物等，金属氢化物包括稀土镧镍、镁系合金、钒、铌等多元素系，大部分材料理论储氢量超过美国能源部制定的质量分数目标7.5%，该储氢方式目前的研究重点在于提高储氢材料的实际储氢量、加快金属氢化物对氢气的充放过程、降低材料成本并节约贵重金属等。

综合考虑上述氢气储存方法，液态储氢能实现超高的储氢密度但是氢气液化能耗过高，高压氢气罐是目前燃料电池汽车运用最广泛的储氢方式，但是以下问题仍然需要进一步深入研究[16]：降低气罐的质量与成本、增强气罐的耐久性、完善安全性测试标准及优化氢气泄漏等意外事件的处理措施等。

### 7.1.2 气体供给系统

充足的反应气体供给是电堆正常稳定工作的前提之一，供气系统在结构上可分为氢气供给系统和空气供给系统两大部分。

#### 1. 氢气供给系统

氢气作为阳极反应气体，其流量大小直接影响了输出功率及系统能量利用率，氢气供给不足会造成局部缺氢现象的发生，降低电堆性能并有可能对质子交换膜造成不可逆的破坏，过量的氢气供给则会造成严重的燃料浪费。高压氢气罐中流出的氢气需要通过气体调节阀实现流量与压力的控制，这种调节装置须满足体积小、质量轻、反应快、可靠性高等要求，目前常见的是电磁调节阀，此外，为了保证氢气使用过程中的安全，氢气传感器的安置是必不可少的。根据阳极氢气出口流向，氢气供给系统通常可分为三种模式：流通(flow-through)模式、死端(dead-end)模式及循环(recirculation)模式，如图 7.3 所示。

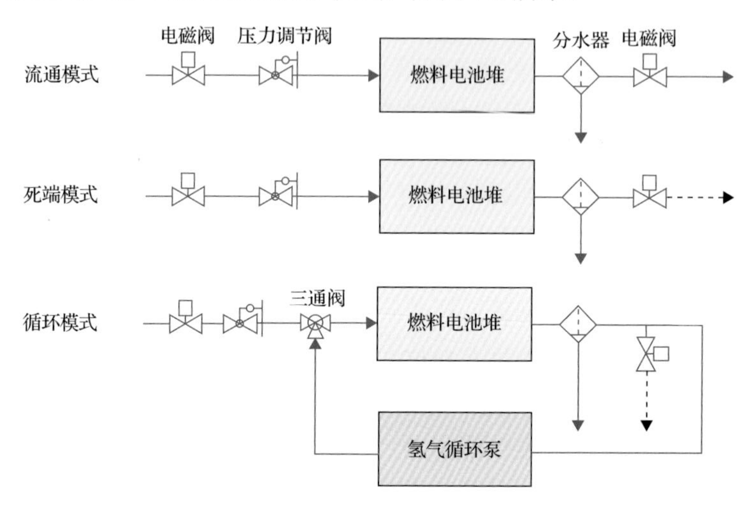


图 7.3　氢气供给系统示意图

流通模式下，电堆中未反应的氢气通过排气阀直接排出，该模式能够避免阳极流道中液态水堆积及氮气积累问题，但是造成了燃料浪费并且存在安全隐患，因而并不适合实际产品。

死端模式下，阳极排气阀处于常闭状态，由于出口端被堵死，从阴极跨膜渗透到阳极的氮气会随着时间逐渐堆积，而且阳极流道下游可能出现液态水堆积，导致性能的下降，为了避免上述现象的发生，死端模式下阳极排气阀需要按照一定的控制策略间歇性开启。

循环模式设置有额外的氢气循环回路，阳极出口的尾气经分水器将液态水分出，剩余气体通过氢气循环泵输运到阳极入口。由于阳极尾气中包含水蒸气和未反应的氢气，该循环过程不仅提高了氢气利用率，而且有一定程度的加湿作用。相比前两种氢气供给模式，循环模式虽增加了供气管道的复杂性，而且可能会产生额外的能耗，但系统总效率仍然有所提升。无论是死端模式还是循环模式，电池阳极中同样存在氮气与液态水积累的问题，因此排气阀的开启标准、开启持续时间、开启间隔时间、开启幅度等是阳极排气策略的重点研究问题[17-21]。

目前，常见的氢气循环回收方式可分为主动式与被动式两种。主动式是指消耗额外的电能，利用电动循环泵回收阳极尾气，同时使废气压力增加，其可控性及瞬态响应能力较好，丰田“Mirai”汽车即采用的电动循环泵[3]。关于电动循环泵的分类及原理在涉及空气压缩机的内容时会详细讲述。被动式是指利用氢气罐流出的高压氢气进入引射器后所形成的真空区域与阳极尾气之间的压力势能推动尾气流动，从而达到尾气循环的目的，此过程不需要消耗额外的电能[22,23]。引射器主要由收缩管、混合管、扩散管三部分组成，一次流穿过引射器喷嘴后，由高压低速流体转变为低压高速流体，在吸入腔内产生低压区域，从而吸入二次回流，随后混合流体在扩散管内速度逐渐减小，但是压力逐渐增加。对于运行工况不断变化的质子交换膜燃料电池系统而言，二次回流(阳极尾气)的质量流量随着负载需求在不断地变化，若要使阳极入口的氢气流量维持稳定，需要采用可调式引射器，如图 7.4 所示，其在一次流入口处增加了调节喷针，通过改变喷针的位置来调节流量大小。针对引射器在燃料电池系统中的实际运用，研究学者提出了多级引射器并联，引射器与氢气循环泵并联的形式，以弥补单级引射器无法在全范围内工作的缺陷[24]。

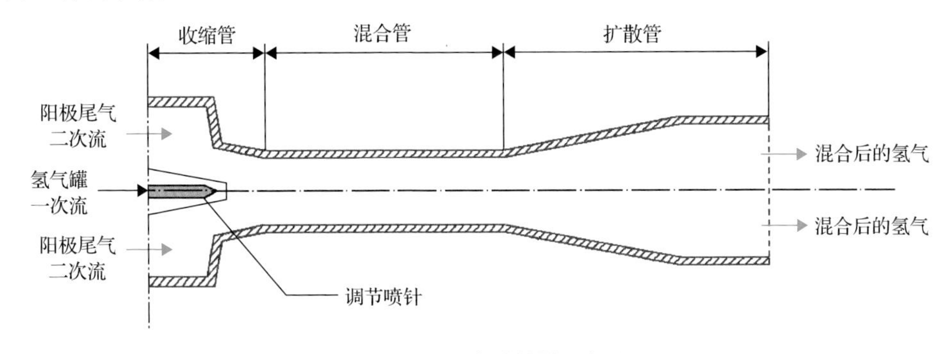


图 7.4　可调式引射器示意图

除了上述两种常见装置之外，电化学氢气泵(electrochemical hydrogen pump、polymer electrolyte hydrogen pump)提供了一种集氢气分离提纯与压缩功能为一体的新技术。电化学氢气泵结构与质子交换膜燃料电池相似，如图 7.5 所示，其工

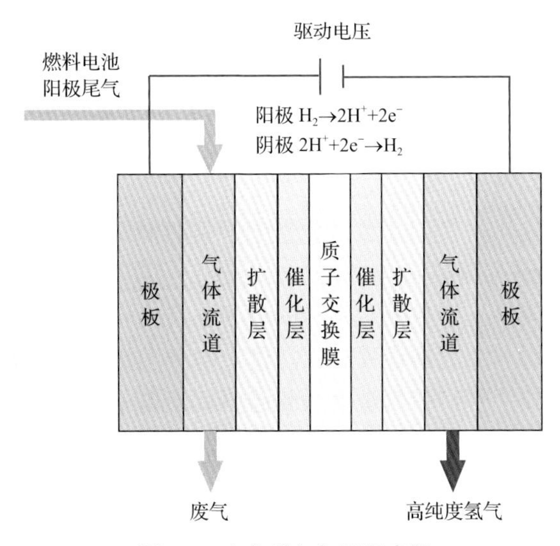


图 7.5　电化学氢气泵示意图

作原理如下：含有杂质的低浓度氢气从阳极流道流入，经过气体扩散层后到达催化层，转变为氢离子与电子。由于质子交换膜对于气体的透过性极低，气体无法直接通过交换膜，氢离子在外加电流的作用下透过质子交换膜移动到阴极，电子则经由外电路移动，在阴极催化层中，氢离子结合电子重新转化为氢气，最后从阴极流道中流出。

由于氢气的氧化还原反应很容易发生，电化学氢气泵实际所需要的驱动电压非常低，其理论驱动电压与阴阳极氢气升压比密切相关，对于 $p_c/p_a=10$，理论驱动电压为 29.3mV，对于 $p_c/p_a=20$，其数值也仅为 38.5mV。多级电化学氢气泵的配合使用，同时可以实现氢气的压缩，目前文献中提及的氢气输出压力可以达到几十个大气压[25-27]。

2. 空气供给系统

空气供给系统为电堆提供干净湿润的空气。首先，空气经由滤清器去除颗粒杂质，随后，借助空气压缩机达到一定的质量流量与压强，再经过中冷器降温、加湿器加湿后进入电堆，如图 7.6 所示。

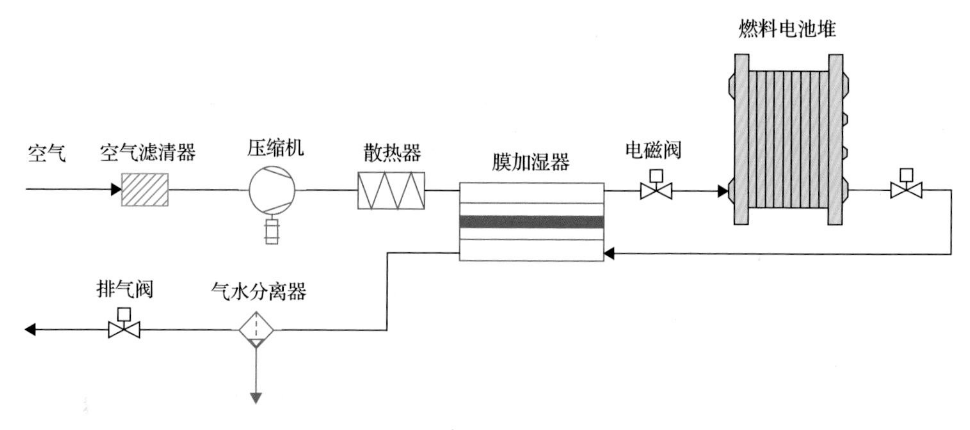


图 7.6　空气供给系统示意图

经过压缩的空气其温度会升高，而温度过高的空气一方面加重了加湿器的负担(水蒸气的饱和蒸汽压随着温度的升高而增加)，另一方面，温度过高的空气会给电堆引入过多的热量，容易把入口处的质子交换膜吹干，造成电堆性能下降，因此，空气压缩机的下游大都设置有中冷器。电堆阴极入口前段及出口后端通常还设置有控制阀，其主要目的是避免系统停机后管道中空气进入电堆造成的碳腐蚀等问题。控制阀若放在空气压缩机前，一方面会增加空气的压力损失，增大空压机的能耗，另一方面，空压机与电堆之间的进气管道会残余更多的空气，仍有可能造成碳腐蚀现象(carbon corrosion)。电堆阴极尾气通常由排气阀直接排入大气中，也有研究学者提出，在系统中增加阴极循环回路以回收利用尾气中的水蒸气，从而减小电堆对于外部加湿器的依赖性。

空气供给系统中，由于压缩机的瞬态响应迟滞，当负载情况突变时，空气供应量必定会滞后于电堆实际需求量，所以电堆中可能出现氧饥饿情况(reactant starvation)，加剧催化层中的碳腐蚀现象，这对于电堆的耐久性而言是不利的，因而空气通常会按照一定的过量系数(进气量与实际消耗量的比值)供给。增加空气过量系数有助于提高输出性能，但是也会增加空气压缩机的能耗。

1) 空气滤清器

环境空气中存在着诸多杂质(如大小颗粒物等)，为了减小其对电堆的负面影响，可能的方法主要有两种，一种是开发新型催化剂材料，提高催化剂对于空气中杂质的耐受性；另一种方法是在空气供给系统中加装空气滤清器。从技术手段来看，由于不同城市的空气污染物存在差异，开发通用性强耐受性强的催化剂难度很大，因此第二种方法更加简单有效，得到了广泛运用。空气过滤器在设计与选型时应满足以下要求：杂质及有害气体的有效过滤；较小的空气流动阻力与压降；结构紧凑简单，经济性好。虽然适用于传统内燃机的空气滤清器已经发展得比较成熟，但是针对质子交换膜燃料电池系统开发的空气过滤器目前还尚未完善，以下方面仍然需要更深入的研究：空气过滤器的体积与形状与动力舱的兼容问题、空气过滤器与系统的匹配问题、降低滤清器引起的压降过大问题等。

2) 空气压缩机

为了提高电堆性能，空气通常经过增压后流入电堆，因而空气压缩机是必不可少的重要部件。根据其工作原理，空气压缩机大致可分为如下几种：滑片式、涡旋式、涡轮式、螺杆式等。滑片式属于容积型的回转式压缩机，通过金属叶片的滑动改变基元容积的大小，从而实现气体的压缩，其体积小，质量轻且操作可靠性强，但是由于滑片和转子、气缸之间存在较大的机械摩擦，压缩机效率较低；涡旋式通过运动涡旋盘和固定涡旋盘的配合，产生工作容积的往复变化，从而对空气进行压缩，由于涡旋盘之间处于啮合关系，所以磨损小、寿命长且运行噪声低；涡轮式属于离心式压缩机，主要由进气室、叶轮、扩压器、弯道、回流器和蜗室组成，气体在流经叶轮时，由于离心力的作用被略微压缩，同时速度增加，流过扩压器时气体动能转换为压力势能，压缩机比功率高、效率高[59,61]；螺杆式通常分为单螺杆与双螺杆两种，主要由螺杆和齿轮组成，随着转子的旋转，相互啮合的齿轮完成吸气、压缩和排气的工作循环，由于星轮是易损部件，其材料要求高且需要定期检查与更换。

阴极尾气在排入大气之前，一般要通过水气分离器分离出可能含有的液态水，以避免液态水对排气阀造成堵塞，系统中广泛采用的是旋风分离式水气分离器。基于分离器的结构设计，气、水混合物在分离段形成漩涡，液态水在离心力的作用下被壁面捕集，再依靠外旋气体的拖曳力及重力沿壁面运动到收集段，出水口则根据液位信号周期性的打开以排出液态水，常见的水气分离器还有挡板式、吸附式、离心挡板式等。

综上所述，气体供给系统不仅决定了电堆的性能表现，而且在较大程度上影响了系统的净输出功率，因而气体供给系统的设计与研发过程中，既要保证各零部件与电堆之间的良好匹配性，如空气压缩机流量上下限与电堆需求量之间的匹配，电动循环泵或引射器工作范围与阳极尾气流量之间的匹配等，也要提高供气系统的可靠性，因为零部件的损坏或者气体供给量不足会对电堆的耐久性造成严重影响，此外，优化运行工况参数也是有待深入研究的方面。

### 7.1.3 加湿系统

为了维持质子交换膜良好的质子传导率，需要对进入电堆的反应气体进行加湿，燃料电池系统的加湿技术主要有自增湿、内增湿和外增湿 3 种。

自增湿技术是指充分利用电堆内部生成的水进行加湿，其技术手段包括自增湿流场设计、复合自增湿膜、新型膜电极结构设计及优化气体流动方式等，其目标在于尽可能地保留住电化学反应生成的水，从而在电池内部对反应气体进行加湿[28]。对于系统设计而言，自增湿技术不仅能够降低系统复杂程度，而且能够节省系统布局空间，提高其功率密度，近年来，自增湿技术取得了很大进展[3]，同时也是加湿系统发展的重要方向。

内增湿技术将增湿系统内置到电堆中，即增加了一段不参与电化学反应的部分，实现增湿系统与电堆的一体化。内增湿技术利用渗水材料如多孔碳板或膜材料对反应气体进行加湿，其主要依靠水的浓差扩散作用，因而加湿程度由渗水材料的渗透性决定。内增湿技术增加了电堆的复杂程度，而且加大了电池组装与密封的难度，实际系统中目前采用的较少。

外增湿技术是指在反应气体进入电堆之前完成加湿过程，需要借助于额外的加湿器，其方法简单、易于控制、便于安装和维护，广泛应用于实际系统中，常见的外增湿技术有鼓泡加湿、喷雾加湿、多孔碳板加湿、焓轮加湿、膜加湿等。

鼓泡加湿技术中，反应气体从底部通入一个盛有蒸馏水的装置，其底部填有一些玻璃珠以提供较大的蒸发表面积，气体在玻璃珠表面起泡，从而完成加湿过程，加湿效果由蒸馏水温度、液面高度及反应气体流量共同决定。当气体流量很大时，该方式有可能把较多的液态水带入电堆中，造成内部的堵水现象，因此该方法不太适合车载燃料电池系统中，此外，由于水的比热容大，其加湿效果的精确控制也较难实现。

喷雾加湿类似于内燃机的高压共轨系统，高压喷嘴将水滴直接喷入进气管道中，雾化后的水滴迅速蒸发并伴随反应气体一起进入电堆，其加湿效果通过调节喷射压力及加湿气体的流量进行控制，该方法技术成熟，目前在大型系统中取得了一定的应用。

多孔碳板加湿基于渗透加湿原理，利用碳板两侧压力差使水蒸气通过孔隙对干燥的气体进行加湿。多孔碳板的渗水特性决定了以此为材料制作的加湿器的效率，以石墨为原材料制成的多孔碳板，密度小且导热性好，其内部存在很多不规则的微孔隙，当外界施加的压力大于毛细压力后，水能在碳板两侧压力差的作用下快速通过碳板中的微孔，从压力高的一侧渗透到压力低的一侧，从而实现良好的增湿效果[29,30]。

焓轮加湿器的示意图如图 7.7 所示，其核心部件是内部的多孔陶瓷焓轮，表面覆有吸水材料，当电堆阴极出口的高温高湿尾气进入焓轮一侧后，热量和水分被焓轮吸收并储存在焓轮表面，当干燥空气进入焓轮时，由于其温度与湿度较低，焓轮中的水分和热量会传递给干空气，进而实现对反应气体的预热与加湿。该技术的加湿效果与焓轮本身的直径和厚度有关，加湿程度可通过改变焓轮的转速、空气流量等进行调节。焓轮加湿技术已发展的较成熟，其结构简单、成本低、加湿程度易于调节，但是存在密封困难、需要依靠外界动力、部分尾气可能混入反应气体进入电堆等问题。

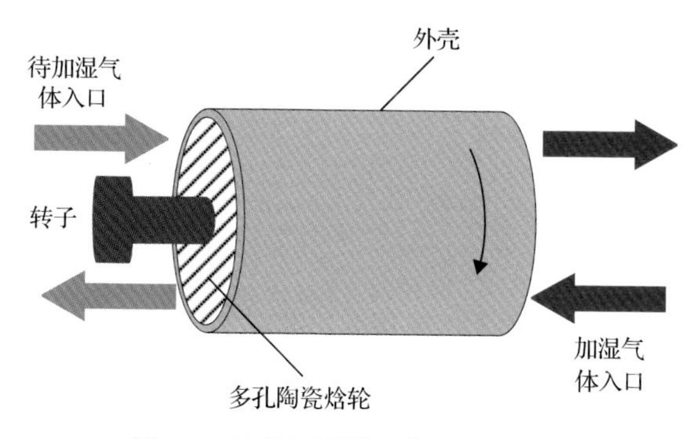


图 7.7　焓轮加湿器工作原理示意图

常见的膜加湿器根据结构形式可分为平板式和管壳式（管束式）两种，如图 7.8 所示，平板式膜加湿器结构类似于质子交换膜燃料电池，主要由干湿侧流道及膜构成，也有加入扩散层以增加气体与膜的传质面积的结构设计，其加湿过程大致可以描述为以下阶段，首先是湿润侧流道中的水蒸气被膜吸收，其次是水分子在干湿侧浓度差的作用下扩散到达干燥侧，最后是干燥侧膜中含水量与干空气建立平衡状态，进而浸润空气，上述水传输的过程伴随着热量的传递。管壳式膜加湿器呈管状结构，其内部包含许多的微小管束，主要由亲水材料制备的无孔中空纤维束构成，其增湿效率主要取决于膜的渗水特性。

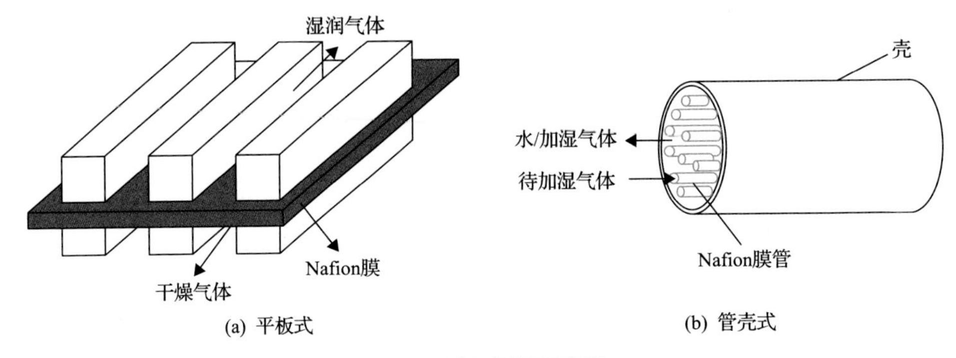


(a) 平板式　　(b) 管壳式

图 7.8　膜加湿器示意图

膜加湿器根据增湿介质不同又可分为水气增湿和气气增湿，水气加湿即利用液态水对干燥气体进行加湿，气气加湿则是利用高湿气体对干燥气体进行加湿。燃料电池系统可直接利用电堆阴极的湿热空气进行气气加湿，也有研究学者提出利用冷却水对干燥空气进行水气加湿。

综上所述，自增湿技术主要通过采用自增湿膜、优化电池结构设计等途径来实现，不需要额外装置并且无寄生功率；内增湿技术增加了电堆的结构复杂性并且降低了其功率密度；外增湿技术需要额外的加湿装置并有可能产生一定的能耗，其中鼓泡加湿主要用于实验室研究，喷雾加湿、焓轮加湿与膜加湿器技术在实际系统中均有运用。选择合适的加湿技术需要视实际产品的需求而定，对于车载燃料电池加湿系统，为了提高其功率密度与体积密度，自增湿技术略胜一筹，然而相关的研究仍有待进一步完善。

### 7.1.4　热管理系统

热管理系统旨在控制和优化热量传递过程，减少废热排放，提高能源利用效率并改善整个动力系统的性能[31]。质子交换膜燃料电池运行温度较低，其与环境之间的自然对流换热与辐射换热能力有限，约 60%～70%的热量需要借助冷却系统排出[32]。热管理系统除了通过散热(或冷却)维持电堆稳定的工作温度，还必须减小单电池之间的温度差异，保证其均一性，此外，改善系统的低温启动能力也是热管理研究的重要内容。

系统的热管理问题，一方面可以从电堆本身入手，如研发耐高温耐低湿的质子交换膜材料、强化电池内部的传热过程等，另一方面可以从结构设计入手，增大换热面积，增强冷却介质的导热性，从而改善电堆与冷却液的换热情况。关于电堆冷却方式(如空气冷却与冷却液冷却)已经在上一章进行了详细介绍，此处不再赘述。

1. 核心组件

热管理系统主要包括冷却液、散热器、循环水泵、冷却水箱、节温器、温度监测设备等，如图 7.9 所示，其工作原理如下：冷却液在循环水泵的作用下从水箱中抽出，流经空气供给系统中的增压中冷器，对压缩后的空气进行冷却，避免温度过高的空气直接进入膜加湿器中，随后流经电堆，带走电堆中多余的热量，冷却液的热量则通过散热器散失到空气中。冷却液流量、散热器结构设计、冷却风扇转速等因素影响了冷却效果，冷却液的流量越大，则流经电堆前后的温度变化将越小，有利于减小冷却液流动方向上单电池之间的温度差异，但是流速的增大意味着冷却水泵能耗的上升，对于系统的整体效率也会有所影响。

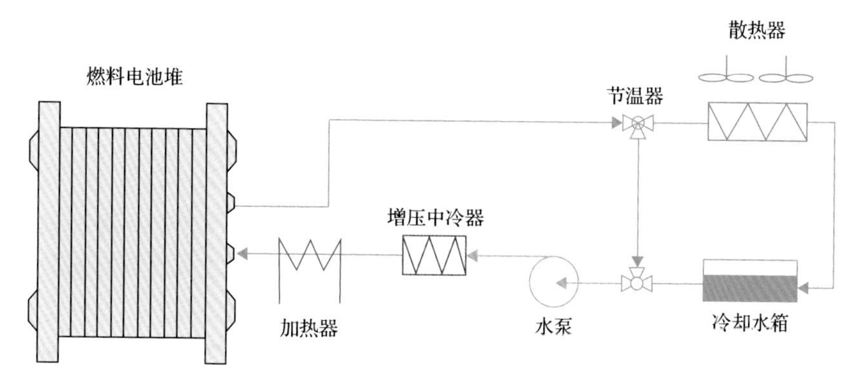


图 7.9　热管理系统示意图

冷却液向环境的散热需要通过换热器加以实现，因此选择换热能力强的散热器对于热管理系统尤为重要。典型散热器结构主要包括进水室、出水室和散热器芯体，流经电堆后的冷却液随后流入散热器的进水室，经过分流后进入散热器芯体的各散热管道中，高温冷却液所携带的热量依次经过与散热管内壁的对流换热；散热管内壁与外壁、翅片的导热；散热管外壁、翅片与空气的对流换热过程，最终将携带的热量散发到周围环境中。常用的汽车散热器包括两种，一种是管带式，另一种是管壳式，相对而言，管壳式散热器刚性较好，但是制造工艺复杂、换热能力也较差，因此在有限的汽车动力舱空间内，管带式换热器有一定的优势[33]。

热管理系统中，冷却水泵、节温器、冷却风扇等部件是必不可少的。冷却水泵的功用是提高冷却液的压力，推动冷却液在管道中的流动，从而维持热管理系统的稳定运行，常用冷却水泵有离心式、旋转式和旋转容积式等，其中，离心式水泵具有结构简单、重量轻、供水量大等优点，目前取得了广泛运用。冷却风扇的作用就是提供足够的通风量以带走冷却液所携带的热量。节温器(或节温阀)的作用是根据冷却液温度来控制流经散热器的冷却液流量，进而调控散热量多少，节温器的类型包括传统的石蜡节温器、电子式节温器和电机节温器等。不同形式的节温器开闭方式不尽相同，但基本原理类似，以石蜡型节温器的工作原理为例：当电堆负荷增加时，冷却液温度升高，石蜡吸收冷却液的热量而融化，体积发生膨胀，节温器中部推杆因石蜡的挤压向外移动，阀门打开；当冷却液温度下降时，石蜡因温度降低体积减小，推杆在回位弹簧的压力作用下回落，阀门关闭。

2. 低温启动问题

低温启动问题是系统必须面对的实际问题，冷启动过程中，电化学反应生成的水会结冰，覆盖有效催化面积，阻碍反应气体在多孔介质中的传输，此外，水结冰时体积会膨胀，这可能对电池内部的微观孔隙结构造成不可逆转的破坏，导致其性能的衰减[34]。2005 年，美国能源部颁布了首个冷启动性能指标：在 2010 年之前实现零下 20℃的成功启动。在美国能源部 2017～2020 年燃料电池规划中，辅助措施下冷启动的温度指标为零下 30℃，此外，针对零下 20℃的冷启动，启动 30s 之内需要达到 50%额定输出功率。在美国能源部最新颁布的冷启动指标中，无辅助措施下成功启动的温度下限为零下 30℃，辅助启动的温度下限为零下 40℃[34]。

为了提高冷启动能力，单电池层面的手段包括停机后的吹扫、内部氢氧催化反应、新型电池结构设计，新型冷启动模式等，系统层面通常设置有辅助启动手段以加快冷启动速度，包括反应气体加热、电堆加热、冷却液加热及外部氢气燃烧器等。反应气体加热方式即利用温度较高的进气对低温的电堆进行加热；电堆加热方式即直接利用焦耳热对电堆进行加热，其操作灵活性好；冷却液加热方式首先将冷却液预热到一定温度，然后利用高温的冷却液流经电堆以实现快速冷启动，电堆中单电池的加热均一性好；外部氢气燃烧器方式需要额外的燃烧器，加大了系统的复杂性，实际系统运用较少。随着电堆由冷启动状态过渡到正常工作状态，电堆出口的高温尾气能够对系统中的辅助设备进行预热，从而提高其温度，若辅助设备无法依靠尾气的预热效应达到预期的运行温度，则需要借助其余加热手段(如电加热方式)来实现其预期的工作温度。

综上所述，热管理系统除了影响系统的输出性能外，对于系统的耐久性与寿命尤其重要。过高的运行温度有可能对质子交换膜造成不可逆转的破坏，造成膜穿孔、破裂等严重后果；电堆中单电池之间的温度差异则会造成热应力的产生，而热应力是导致电堆寿命衰减的重要因素之一。因此，保证电堆及系统各零部件维持在适宜的运行温度，尽可能降低电堆内部的温度不均匀性、增强燃料电池系统的冷启动能力等都是热管理系统必须解决的重要问题。

### 7.1.5 燃料电池汽车动力系统

由于质子交换膜燃料电池的动态响应慢、制造成本高等缺点，燃料电池汽车大多采用混合动力形式，即以燃料电池系统作为主要动力装置，增加动力电池或者超级电容作为辅助动力装置[2,36,37]，充分利用其动态响应快、能够回收制动能量等特点，改善混合动力系统的工作性能及运行效率。由于辅助动力源的比功率价格相比电堆更低，混合动力系统还有利于降低整车制造成本。混合动力系统主要由燃料电池系统、辅助动力源、电压转换器、驱动电机、车辆行驶机构及各种控制器等组成，如图 7.10 所示。其中，电压转换器是实现电能转换与传输的重要装置，其主要作用包括：匹配不同电源之间的电压特性；给低电压蓄电池/超级电容充电等，此外，电压转换器能够对电堆的输出电压与功率进行调节，在系统负载大幅度变化时起到一定的保护作用。

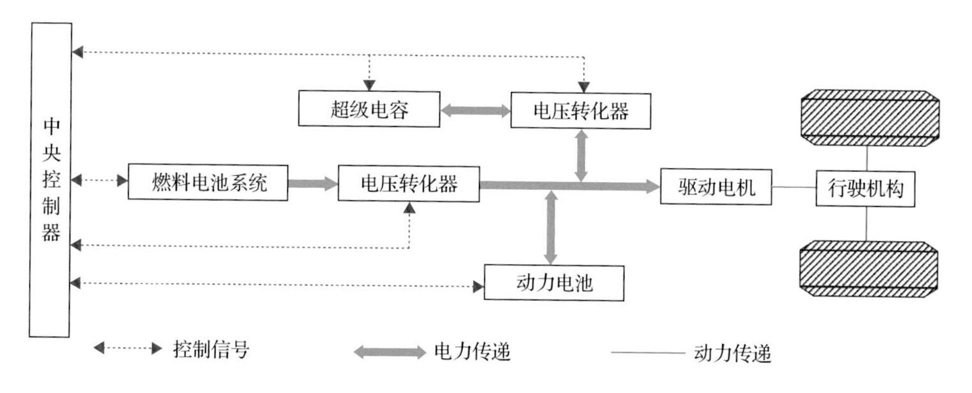


图 7.10　燃料电池混合动力系统示意图

当汽车处于加速、爬坡等瞬态工况下，燃料电池系统的输出功率可能低于汽车需要的驱动功率，并且电堆的响应速度难以满足负载变化需求，因而需要额外的辅助动力源来弥补；当汽车怠速、低速行驶时，燃料电池系统的输出功率可能大于驱动功率，多余的电堆输出功率则可以储存于辅助动力源中。混合动力系统主要包括：燃料电池和蓄电池混合动力系统、燃料电池和超级电容混合动力系统、燃料电池和蓄电池和超级电容混合动力系统，下面分别进行简要介绍。

1. 燃料电池与蓄电池混合动力系统

蓄电池(battery)的比功率高且技术日益成熟，目前被越来越多的用作混合动力系统的辅助动力源。根据电堆的输出电压是否直接用于驱动电机，该混合动力系统又可分为直接型混合动力系统和间接型混合动力系统。直接型混合动力系统中，电堆的输出电压没有经过电压转换器调节，直接用于驱动电机，由于缺少转换器的稳压作用，当负载需求大范围变化时，电堆的功率输出状态也会有明显的改变，这对于电堆的可靠性与耐久性都是不利的。间接型混合动力系统中的电压转换器能够始终保持电堆的能量输出较为平缓，随负载变化波动小，这恰好与电堆的响应速度慢相匹配[38]。

蓄电池的形式包括铅酸蓄电池、镍氢蓄电池、锂离子电池等，相对而言，锂离子电池具有单电池电压高、循环寿命长、自放电率低、质量轻等优点，虽然锂离子电池目前的造价较高且安全性能偏低，但是随着技术的不断成熟，其成本有希望逐步降低，从长远来看，燃料电池与锂离子电池构成的混合动力系统具有广阔的市场前景。

2. 燃料电池和超级电容混合动力系统

超级电容(super-capacitor)是20世纪70年代逐渐发展起来的一种新型储能装置，其容量可达几百甚至上千法拉，具有功率密度高、循环使用次数多、经济环保等优点，超级电容一般使用具有高比表面积的活性炭作为电极材料，因而其比表面积远大于普通电容器，其结构主要由正极、负极、电解液和隔膜构成。相对蓄电池而言，超级电容具有较高的比功率且无环境污染问题[39]。

按照储能机理的不同，超级电容可分为双电层电容器和赝电容器。双电层超级电容的工作原理为：当用外加电源给电容器充电时，正极逐步积累正电荷，负极逐步积累负电荷，同时，在电极上累积电荷的静电吸引作用下，电解液中的负离子被吸附在正极材料表面，而正离子被吸附在负极材料表面，从而造成固体电极之间的电势差，实现能量的存储[39]。赝电容器的储能过程是电活性物质在电极材料表面进行欠电位沉积，从而发生可逆的化学吸附、脱附或氧化还原反应。

超级电容具有高充放电效率、高放电电流、循环寿命长等优点，但是其低电流密度、低电压及高自放电等缺点限制了超级电容的广泛应用[40]，此外，超级电容输出电流的变化会导致电压波动，所以混合动力系统中通常会在超级电容回路上接入一个额外的辅助电压转换器以实现稳压调节功能。

3. 燃料电池、蓄电池和超级电容混合动力系统

燃料电池、蓄电池和超级电容共同组成的混合动力系统不仅吸收了超级电容响应迅速的优点，还利用了蓄电池的稳压作用，能够使电堆维持在高效率区稳定工作，但是整个系统的控制难度也是可想而知的[41]。该混合动力系统工作时，燃料电池作为核心动力源为驱动电机提供能量，当燃料电池供能不足时，蓄电池与超级电容提供额外的能量以满足车辆行驶要求，而制动回收的能量则由动力电池和超级电容共同存储。

总结而言，燃料电池与辅助动力源混合驱动是目前比较流行的动力形式，不仅能够改善系统的工作性能及耐久性，而且有利于降低整车成本。实际车辆行驶过程中，为了提高电堆的耐久性，电堆的输出功率始终维持在相对稳定的范围，变载工况下额外的能量需求则由辅助动力源供给，当辅助动力源不足以弥补额外

的功率需求，则电堆的输出功率会进行调节以满足车载动力需求。相对于传统的内燃机汽车而言，燃料电池汽车目前仍然面临着诸多挑战[42]，如氢气使用成本的降低及加氢站设施的完善、整车制造成本的降低、续航里程的提高、燃料电池及动力电池寿命的提高、动力源之间的能量管理策略优化等，成功的实现商业化推广仍然任重而道远。

## 7.2　辅助子系统模型

本章第一节已经对质子交换膜燃料电池各子系统工作原理及其构造进行了详细的描述，本节主要介绍子系统模型的搭建，包括膜加湿器模型、电化学氢气泵模型、空气压缩机模型及冷却系统模型。

### 7.2.1　膜加湿器模型

研究者们对膜加湿器已经进行了一定的研究工作，实验研究侧重于水传输系数的测试[43]、操作工况的影响[44,45]等，仿真研究包括基于平板式换热器原理的稳态数值模型[46]、瞬态膜加湿器模型[47]、稳态解析模型[48]等。尽管已有的模型对膜加湿器中的传热传质过程进行了一定的探究，但是将膜加湿器与燃料电池系统耦合起来，即利用电堆高湿尾气对入口端低温干燥气体进行加湿，在系统层面研究其瞬态响应、加湿效率及其对电堆的影响，目前的相关研究依然比较缺乏。

本节针对平板式膜加湿器建立一维瞬态模型(垂直于膜方向)，示意图如图 7.11 所示，充分考虑热量传输与水传输的相互耦合作用及流道中的水蒸气与膜中水含量的相变过程，模型的控制方程包括膜中含水量守恒方程、流道中水蒸气守恒方程及能量守恒方程等，部分结构参数如表 7.1 所示。

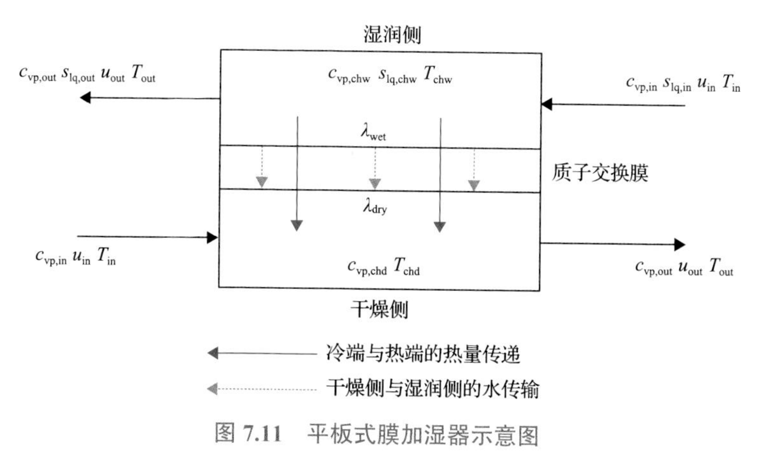


图 7.11　平板式膜加湿器示意图

表 7.1　平板式膜加湿器结构参数

| 参数 | 数值 |
|---|---|
| 面积/cm$^{-2}$ | 100 |
| 流道长度、宽度、厚度/mm | 100、1、1 |
| 质子交换膜厚度/μm | 25.4 |
| 质子交换膜密度/kg · m$^{-3}$ | 1980 |
| 质子交换膜当量质量/kg · kmol$^{-1}$ | 1100 |
| 相变速率/s$^{-1}$ | $\xi_{m-v}$，$\xi_{v-l}$ =1.0, 1000 |
| 膜加湿器与环境的对流换热系数/W · m$^{-2}$ · k$^{-1}$ | 20 |

1. 膜中含水量守恒方程

$$\lambda_{\text{wet}}^{t}=\lambda_{\text{wet}}^{t-\Delta t}+\left[-\frac{\left(\lambda_{\text{wet}}^{t-\Delta t}-\lambda_{\text{dry}}^{t-\Delta t}\right)D_{\text{m}}^{\text{eff}}}{\left(\frac{\delta_{\text{MEM}}}{2}\right)\frac{\delta_{\text{MEM}}}{2}}+S_{\text{MH,mw}}\frac{EW}{\rho_{\text{MEM}}}\right]\Delta t \tag{7-5}$$

$$\lambda_{\text{dry}}^{t}=\lambda_{\text{dry}}^{t-\Delta t}+\left[\frac{\left(\lambda_{\text{wet}}^{t-\Delta t}-\lambda_{\text{dry}}^{t-\Delta t}\right)D_{\text{m}}^{\text{eff}}}{\left(\frac{\delta_{\text{MEM}}}{2}\right)\frac{\delta_{\text{MEM}}}{2}}+S_{\text{MH,mw}}\frac{EW}{\rho_{\text{MEM}}}\right]\Delta t \tag{7-6}$$

式中，$\lambda_{\text{wet}}^{t}$ 与 $\lambda_{\text{dry}}^{t}$ 分别为 $t$ 时刻湿润侧膜与干燥侧膜的含水量；$\lambda_{\text{wet}}^{t-\Delta t}$ 与 $\lambda_{\text{dry}}^{t-\Delta t}$ 分别为 $t-\Delta t$ 时刻的含水量；$\delta_{\text{MEM}}$ 为交换膜厚度，m；$EW$ 为膜的当量质量，kg · kmol$^{-1}$；$\rho_{\text{MEM}}$ 为密度，kg · m$^{-3}$；$\Delta t$ 为时间步长大小，s；$D_{\text{m}}^{\text{eff}}$ 为干湿侧膜中水的有效扩散系数，m$^{2}$ · s$^{-1}$；表 7.2 中给了部分传质参数的计算表达式，$S_{\text{MH,mw}}$ 为膜态水的源项，kmol · m$^{-3}$ · s$^{-1}$，其计算表达式如下：

$$\begin{cases} S_{\text{MH,mw}}=-S_{\text{m-v}}, & \text{干燥侧} \\ S_{\text{MH,mw}}=-S_{\text{m-v}}+S_{\text{MH,per}}, & \text{湿润侧} \end{cases} \tag{7-7}$$

其中，$S_{\text{m-v}}$ 为膜态水与水蒸气之间的相变源项，kmol · m$^{-3}$ · s$^{-1}$，其数值根据膜中水含量 $\lambda$ 及当量水含量 $\lambda_{\text{eq}}$ 来计算：

$$S_{\text{m-v}}=\xi_{\text{m-v}}\frac{\rho_{\text{MEM}}}{EW}(\lambda-\lambda_{\text{eq}}) \tag{7-8}$$

式中，$\xi_{\text{m-v}}$ 为膜态水与水蒸气的相变速率，s$^{-1}$。

表 7.2　传质参数计算表达式

| 参数 | 表达式 |
| --- | --- |
| 膜态水的扩散系数 $D_m$/$m^2\cdot s^{-1}$ | $D_m=\begin{cases}2.69266\times10^{-10}, & \lambda\leqslant 2\\ 10^{-10}\cdot\exp\left[2416\left(\frac{1}{303}-\frac{1}{T}\right)\right]\cdot[0.87(3-\lambda)+2.95(\lambda-2)], & 2<\lambda\leqslant 3\\ 10^{-10}\cdot\exp\left[2416\left(\frac{1}{303}-\frac{1}{T}\right)\right]\cdot[2.9514(4-\lambda)+1.642454(\lambda-3)], & 3<\lambda\leqslant 4\\ 10^{-10}\cdot\exp\left[2416\left(\frac{1}{303}-\frac{1}{T}\right)\right]\cdot[2.563-0.33\lambda+0.0264\lambda^2-0.000671\lambda^3], & \lambda>4\end{cases}$ |
| 有效膜态水扩散系数 $D_m^{eff}$ /$m^2\cdot s^{-1}$ | $D_m^{eff}=0.5\left(D_m^{dry}+D_m^{wet}\right)$ |
| 当量水含量 $\lambda_{eq}$ | $\begin{cases}\lambda_{eq}=0.043+17.81a-39.85a^2+36.0a^3, & 0\leqslant a<1\\ \lambda_{eq}=14.0+1.4(a-1), & 1<a\leqslant 3\end{cases}$ |
| 水活度 $a$ | $a=\frac{X_{vp}p_g}{p_{sat}}+2s_{lq}$ |
| 饱和蒸气压 $p_{sat}$ /Pa | $\lg\left(\frac{p_{sat}}{101325}\right)=-2.1794+0.02953(T-273.15)-9.1837\times10^{-5}(T-273.15)^2+1.4454\times10^{-7}(T-273.15)^3$ |
| 液态水动力黏度 $\mu_{lq}$ /$kg\cdot m^{-1}\cdot s^{-1}$ | $\mu_{lq}=2.414\times10^{-5}\times10^{\frac{247.8}{T-140}}$ |

已有的膜加湿器模型通常只考虑水气加湿或者气气加湿中的一种，然而，电堆阴极出口的尾气中可能含有液态水，在气体的吹动下液态水会流入膜加湿器中，因此需要综合考虑两种加湿情况。$S_{MH,per}$ 表示由于水力渗透作用从湿润侧传输到干燥侧的水含量，其计算表达式如下：

$$S_{MH,per}=\rho_{lq}\frac{K_{per}(p_{l,wet}-p_{l,dry})}{\mu_{lq}\delta_{MEM}(0.5\delta_{MEM})M_{H_2O}} \tag{7-9}$$

式中，$\rho_{lq}$ 为液态水密度，$kg\cdot m^{-3}$；$K_{per}$ 为水力渗透系数，$m^2$；$p_{l,wet}$，$p_{l,dry}$ 分别表示湿润侧、干燥侧的液压数值大小，Pa；$\mu_{lq}$ 为液态水动力黏度，$kg\cdot m^{-1}\cdot s^{-1}$。

2. 流道中水蒸气守恒方程

由于流道中的气液两相流动问题过于复杂，本模型提供了一种简化的方法来求解水蒸气的浓度。流道中涉及的水蒸气浓度分为入口浓度、流道中浓度及出口浓度 3 种，流道中浓度的计算如下：

$$c_{\mathrm{vp,wet}}^{t}=c_{\mathrm{vp,wet}}^{t-\Delta t}+(S_{\mathrm{MH,vp}})\Delta t \tag{7-10}$$

$$c_{\mathrm{vp,dry}}^{t}=c_{\mathrm{vp,dry}}^{t-\Delta t}+(S_{\mathrm{MH,vp}})\Delta t \tag{7-11}$$

式中，$c_{\mathrm{vp,wet}}^{t}$ 和 $c_{\mathrm{vp,dry}}^{t}$ 分别表示 $t$ 时刻湿润侧与干燥侧流道中的水蒸气浓度，$\mathrm{mol\cdot m^{-3}}$；$S_{\mathrm{MH,vp}}$ 为流道中水蒸气的源项，$\mathrm{mol\cdot m^{-3}\cdot s^{-1}}$。

$$\begin{cases} S_{\mathrm{MH,vp}}=1000S_{\mathrm{m-v}}-S_{\mathrm{v-l}}+S_{\mathrm{vp,flow}}, & \text{湿润侧} \\ S_{\mathrm{MH,vp}}=1000S_{\mathrm{m-v}}+S_{\mathrm{vp,flow}}, & \text{干燥侧} \end{cases} \tag{7-12}$$

式中，$S_{\mathrm{v-l}}$ 为液态水与水蒸气之间的相变源项，$\mathrm{mol\cdot m^{-3}\cdot s^{-1}}$；$S_{\mathrm{vp,flow}}$ 为流道进出口水蒸气含量的增量，$\mathrm{mol\cdot m^{-3}\cdot s^{-1}}$。

$$\begin{cases} S_{\mathrm{v-l}}=\xi_{\mathrm{v-l}}(1-s_{\mathrm{lq}})(c_{\mathrm{vp}}-c_{\mathrm{sat}}), & c_{\mathrm{vp}}>c_{\mathrm{sat}} \\ S_{\mathrm{v-l}}=\xi_{\mathrm{l-v}}s_{\mathrm{lq}}(c_{\mathrm{vp}}-c_{\mathrm{sat}}), & c_{\mathrm{vp}}<c_{\mathrm{sat}} \end{cases} \tag{7-13}$$

式中，$c_{\mathrm{sat}}$ 表示饱和水蒸气浓度，$\mathrm{mol\cdot m^{-3}}$。

流道中水蒸气的增量计算如下：

$$S_{\mathrm{vp,flow}}=\frac{(c_{\mathrm{vp,in}}u_{\mathrm{in}}-c_{\mathrm{vp,out}}u_{\mathrm{out}})A_{\mathrm{MH,in}}}{r_{\mathrm{CH}}A_{\mathrm{MH}}\delta_{\mathrm{CH}}} \tag{7-14}$$

式中，$A_{\mathrm{MH,in}}$ 为流道入口截面积大小，$\mathrm{m^2}$，其数值根据膜加湿器的物理尺寸及肋宽比进行计算；$A_{\mathrm{MH}}$ 为膜加湿器面积，$\mathrm{m^2}$；$r_{\mathrm{CH}}$ 为流道中的有效面积系数，若流道厚度与肋厚度比值为 1∶1，则 $r_{\mathrm{CH}}$ 数值取为 0.5，注意式(7-14)中出口气体流速 $u_{\mathrm{out}}$ 实际是未知数，只有求得了出口气体的流速，才能计算流道中水蒸气的增量。

气体出口流速的计算是基于流道中气体的质量守恒关系：

$$c_{\mathrm{total,out}}u_{\mathrm{out}}A_{\mathrm{MH,in}}=c_{\mathrm{total,in}}u_{\mathrm{in}}A_{\mathrm{MH,in}}+S_{\mathrm{MH,vp}}A_{\mathrm{MH}}(0.5\times\delta_{\mathrm{MEM}}) \tag{7-15}$$

式中，$c_{\mathrm{total,in}}$ 为流道中入口气体的总浓度，$\mathrm{mol\cdot m^{-3}}$，包括氧气、水蒸气及氮气，膜厚度乘以系数 0.5 是因为膜态水与两侧流道中水蒸气发生相变的部分假设各占质子交换膜厚度的一半，流道出口处气体的总浓度则可以根据理想气体状态方程来计算。关于流道中进出口气体的压强变化，三维模型求解了流道中气体的动量守恒方程来准确描述压降大小[49,50]，低维度的模型中进出口的压降采用经验公式近似处理[47,51]：

$$\frac{\mathrm{d}p}{\mathrm{d}x}=\frac{2}{D_{\mathrm{h}}^{2}}fRe_{\mathrm{h}}\mu\bar{u} \tag{7-16}$$

式中，$\mathrm{d}x$ 为流道长度，m，$D_{\mathrm{h}}$ 为水压直径，m；$\bar{u}$ 为气体平均流速，$\mathrm{m\cdot s^{-1}}$；对于矩形流道，$Re_{\mathrm{h}}$ 与 $f$ 的关系可表示为[51]

$$f\cdot Re_{\mathrm{h}}=24(1-1.3553\alpha+1.9467\alpha^{2}-1.7012\alpha^{3}+0.9564\alpha^{4}-0.2537\alpha^{5}) \tag{7-17}$$

式中，$\alpha$ 为流道截面的长宽比。

3. 湿润侧流道中液态水守恒方程

湿润侧流道中液态水的计算采取类似水蒸气浓度的简化方法，干燥侧流道中仅仅考虑水蒸气的存在。

$$s_{\mathrm{lq,CHw}}^{t}=s_{\mathrm{lq,CHw}}^{t-\Delta t}+(S_{\mathrm{MH,lq}})\frac{\Delta t}{\rho_{\mathrm{lq}}} \tag{7-18}$$

式中，$s_{\mathrm{lq,CHw}}^{t}$ 为 $t$ 时刻湿润侧流道中液态水体积分数；$S_{\mathrm{MH,lq}}$ 为液态水的源项，$\mathrm{kg\cdot m^{-3}\cdot s^{-1}}$，其计算表达式如下：

$$S_{\mathrm{MH,lq}}=S_{\mathrm{v-l}}+\frac{(s_{\mathrm{lq,in}}u_{\mathrm{in}}-s_{\mathrm{lq,out}}u_{\mathrm{out}})u_{\mathrm{ratio}}\rho_{\mathrm{lq}}A_{\mathrm{MH,in}}}{r_{\mathrm{MH}}A_{\mathrm{MH}}\delta_{\mathrm{CH}}} \tag{7-19}$$

4. 能量守恒方程

膜加湿器中，水传输的过程伴随着热量的传输，且热量的传输会促进水的传输过程，因而求解温度场对于膜加湿器来说是必需的。温度的计算同样采用显示格式更新的算法，具体表达式如下：

$$T_{\mathrm{CHw}}^{t}=T_{\mathrm{CHw}}^{t-\Delta t}+\left[-\frac{\left(T_{\mathrm{CHw}}^{t-\Delta t}-T_{\mathrm{MEM}}^{t-\Delta t}\right)k_{\mathrm{CHw\_MEM}}^{\mathrm{eff}}}{\left(\frac{\delta_{\mathrm{CHw}}}{2}+\frac{\delta_{\mathrm{MEM}}}{2}\right)\delta_{\mathrm{CHw}}}-\frac{h_{\mathrm{surr}}\left(T_{\mathrm{CHw}}^{t-\Delta t}-T_{\mathrm{surr}}\right)}{\delta_{\mathrm{CHw}}}+S_{\mathrm{T}}\right]\frac{\Delta t}{\rho C_{\mathrm{p}}} \tag{7-20}$$

$$T_{\mathrm{MEM}}^{t}=T_{\mathrm{MEM}}^{t-\Delta t}+\left[\frac{\left(T_{\mathrm{CHw}}^{t-\Delta t}-T_{\mathrm{MEM}}^{t-\Delta t}\right)k_{\mathrm{CHw\_MEM}}^{\mathrm{eff}}}{\left(\frac{\delta_{\mathrm{CHw}}}{2}+\frac{\delta_{\mathrm{MEM}}}{2}\right)\delta_{\mathrm{MEM}}}-\frac{\left(T_{\mathrm{MEM}}^{t-\Delta t}-T_{\mathrm{CHd}}^{t-\Delta t}\right)k_{\mathrm{MEM\_CHd}}^{\mathrm{eff}}}{\left(\frac{\delta_{\mathrm{MEM}}}{2}+\frac{\delta_{\mathrm{CHd}}}{2}\right)\delta_{\mathrm{MEM}}}+S_{\mathrm{T}}\right]\frac{\Delta t}{\rho C_{\mathrm{p}}} \tag{7-21}$$

$$T_{\mathrm{CHd}}^{t}=T_{\mathrm{CHd}}^{t-\Delta t}+\left[\frac{\left(T_{\mathrm{MEM}}^{t-\Delta t}-T_{\mathrm{CHd}}^{t-\Delta t}\right)k_{\mathrm{MEM\_CHd}}^{\mathrm{eff}}}{\left(\frac{\delta_{\mathrm{MEM}}}{2}+\frac{\delta_{\mathrm{CHd}}}{2}\right)\delta_{\mathrm{CHd}}}-\frac{h_{\mathrm{surr}}\left(T_{\mathrm{CHd}}^{t-\Delta t}-T_{\mathrm{surr}}\right)}{\delta_{\mathrm{CHd}}}+S_{\mathrm{T}}\right]\frac{\Delta t}{\rho C_{\mathrm{p}}} \tag{7-22}$$

式中，$k_{\mathrm{CHw\_MEM}}^{\mathrm{eff}}$ 与 $k_{\mathrm{MEM\_CHd}}^{\mathrm{eff}}$ 分别为两侧流道与膜的有效导热系数，$\mathrm{W\cdot m^{-1}\cdot K^{-1}}$；$h_{\mathrm{surr}}$ 为膜加湿器与环境的换热系数，$\mathrm{W\cdot m^{-2}\cdot K^{-1}}$；$T_{\mathrm{surr}}$ 为环境温度，K；$\rho C_{\mathrm{p}}$ 为密度比热容，$\mathrm{J\cdot m^{-3}\cdot K^{-1}}$，流道的密度比热容由流道肋部分与流道中气体两部分组成，即视为气体与固体的“混合物”来计算，$S_{\mathrm{T}}$ 为热源项，$\mathrm{J\cdot m^{-3}\cdot s^{-1}}$。

$$\begin{cases} S_{\mathrm{T}}=Q_{\mathrm{gas}}, & \text{干燥侧} \\ S_{\mathrm{T}}=h_{\mathrm{cond}}(-S_{\mathrm{m-v}}M_{\mathrm{H_2O}}), & \text{膜} \\ S_{\mathrm{T}}=Q_{\mathrm{gas}}+h_{\mathrm{cond}}S_{\mathrm{v-l}}, & \text{湿润侧} \end{cases} \tag{7-23}$$

膜态水向水蒸气相变过程类似于水蒸发的过程，因而涉及相变潜热，式中 $h_{\mathrm{cond}}$ 为蒸发潜热，$\mathrm{J\cdot kg^{-1}}$；$Q_{\mathrm{gas}}$ 为气体通过膜加湿器时引入或带走的热量，$\mathrm{J\cdot m^{-3}\cdot s^{-1}}$，即气体对于膜加湿器的加热或冷却效应，且每种气体组分都需要涉及，以下仅列举流道中水蒸气的计算：

$$Q_{\mathrm{vp}}=\frac{c_{\mathrm{p,vp}}(c_{\mathrm{vp,in}}u_{\mathrm{in}}(T_{\mathrm{CHw}}-T_{\mathrm{vp,in}})-c_{\mathrm{vp,out}}u_{\mathrm{out}}(T_{\mathrm{CHw}}-T_{\mathrm{vp,out}}))A_{\mathrm{MH,in}}M_{\mathrm{H_2O}}}{A_{\mathrm{MH}}\delta_{\mathrm{CH}}} \tag{7-24}$$

模型中计算流道的温度时采用的是气体与固体的混合比热容，且模型没有单独计算气体的温度，因而式(7-24)中流道中气体的温度即认为与流道的温度相同。

通过上述控制方程，我们建立了简化的一维瞬态膜加湿器模型，充分考虑了水传输与热量传输的耦合、水的相变过程，并且考虑了湿润侧水蒸气及液态水同时对干燥侧气体的加湿作用。仿真结果与实验数据[52]的对照如图 7.12 所示，仿真结果与实验数据吻合良好，模型有效性得到验证。

### 7.2.2 电化学氢气泵模型

本节介绍电化学氢气泵一维瞬态仿真模型，充分考虑水气耦合传输过程，构建负载电压与氢气产量的关系，模型的控制方程包括膜中水含量守恒方程，流道与多孔介质中气体守恒方程、能量守恒方程。电化学氢气泵的结构参数如表 7.3 所示。

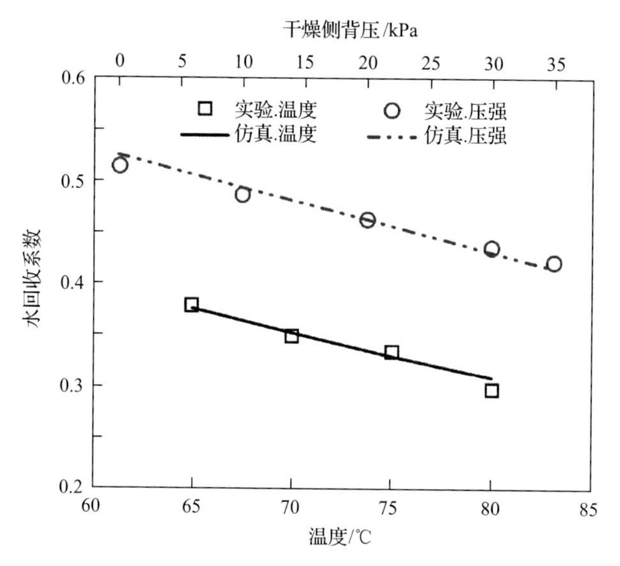


图 7.12　仿真结果与实验数据[52]对照图

表 7.3　电化学氢气泵结构参数

| 参数 | 数值 |
| --- | --- |
| 面积/$cm^{-2}$ | 100 |
| 流道长度、宽度、厚度/mm | 100、1、1 |
| 质子交换膜、催化层、气体扩散层厚度/μm | 25.4、10、150 |
| 质子交换膜、催化层、气体扩散层、极板密度/$kg\cdot m^{-3}$ | 1980、1000、1000、1000 |
| 质子交换膜、催化层、气体扩散层、极板导热系数/$W\cdot m^{-1}\cdot K^{-1}$ | 0.95、1.0、1.0、20 |
| 催化层中聚合物体积分数 | 0.4 |
| 催化层，扩散层孔隙率 | 0.3、0.7 |
| 环境换热系数/$W\cdot m^{-2}\cdot K^{-1}$ | 20 |

1. 膜中含水量守恒方程

为了提高模型的计算效率，膜态水的含量分别在质子交换膜与阴阳极催化层的中心处求解：

$$\lambda_{\mathrm{CLa}}^{t}=\lambda_{\mathrm{CLa}}^{t-\Delta t}+\left[\frac{\left(\lambda_{\mathrm{MEM}}^{t-\Delta t}-\lambda_{\mathrm{CLa}}^{t-\Delta t}\right)D_{\mathrm{MEM\_CLa}}^{\lambda,\,\mathrm{eff}}}{\left(\dfrac{\delta_{\mathrm{CLa}}}{2}+\dfrac{\delta_{\mathrm{MEM}}}{2}\right)\delta_{\mathrm{CLa}}}+S_{\mathrm{mw}}\frac{EW}{\rho_{\mathrm{MEM}}}\right]\frac{\Delta t}{\omega_{\mathrm{CLa}}} \tag{7-25}$$

$$\lambda_{\text{MEM}}^{t}=\lambda_{\text{MEM}}^{t-\Delta t}+\left[\frac{\left(\lambda_{\text{CLc}}^{t-\Delta t}-\lambda_{\text{MEM}}^{t-\Delta t}\right)D_{\text{MEM\_CLc}}^{\lambda,\text{eff}}}{\left(\frac{\delta_{\text{CLc}}}{2}+\frac{\delta_{\text{MEM}}}{2}\right)\delta_{\text{MEM}}}-\frac{\left(\lambda_{\text{MEM}}^{t-\Delta t}-\lambda_{\text{CLa}}^{t-\Delta t}\right)D_{\text{MEM\_CLa}}^{\lambda,\text{eff}}}{\left(\frac{\delta_{\text{CLa}}}{2}+\frac{\delta_{\text{MEM}}}{2}\right)\delta_{\text{MEM}}}\right]\Delta t \tag{7-26}$$

$$\lambda_{\text{CLc}}^{t}=\lambda_{\text{CLc}}^{t-\Delta t}+\left[-\frac{\left(\lambda_{\text{CLc}}^{t-\Delta t}-\lambda_{\text{MEM}}^{t-\Delta t}\right)D_{\text{MEM\_CLc}}^{\lambda,\text{eff}}}{\left(\frac{\delta_{\text{CLc}}}{2}+\frac{\delta_{\text{MEM}}}{2}\right)\delta_{\text{CLc}}}+S_{\text{mw}}\frac{EW}{\rho_{\text{MEM}}}\right]\frac{\Delta t}{\omega_{\text{CLc}}} \tag{7-27}$$

式中，$\lambda_{\text{CLa}}^{t}$、$\lambda_{\text{MEM}}^{t}$、$\lambda_{\text{CLc}}^{t}$ 分别为 $t$ 时刻阳极催化层、质子交换膜、阴极催化层的含水量；$\lambda_{\text{CLa}}^{t-\Delta t}$、$\lambda_{\text{MEM}}^{t-\Delta t}$、$\lambda_{\text{CLc}}^{t-\Delta t}$ 分别为 $t-\Delta t$ 的数值；$D_{\text{MEM\_CLa}}^{\lambda,\text{eff}}$ 为催化层与膜的有效水传输系数，$\text{m}^2\cdot\text{s}^{-1}$，其计算表达式如下：

$$D_{\text{MEM\_CLa}}^{\lambda,\text{eff}}=\frac{\frac{\delta_{\text{CLa}}}{2}+\frac{\delta_{\text{MEM}}}{2}}{\frac{\delta_{\text{CLa}}}{2}\Big/\left(\omega^{1.5}D_{\text{CLa}}^{\lambda}\right)+\frac{\delta_{\text{MEM}}}{2}\Big/\left(D_{\text{MEM}}^{\lambda}\right)} \tag{7-28}$$

包括电拖拽作用及水的相变过程、源项及传质参数计算表达式见表 7.4。

表 7.4　源项及传质参数计算表达式

| 参数 | 表达式 |
| --- | --- |
| 电拖拽系数 | $n_{\text{d}}=\frac{2.5\lambda}{22}$ |
| 水蒸气扩散系数/$\text{m}^2\cdot\text{s}^{-1}$ | $D_{\text{vp}}^{\text{eff}}=2.982\times10^{-5}\left(\frac{T}{333.15}\right)^{1.5}\left(\frac{101325}{p_{\text{c}}}\right)\varepsilon^{1.5}$ |
| 氢气扩散系数/$\text{m}^2\cdot\text{s}^{-1}$ | $D_{\text{H}_2}^{\text{eff}}=1.055\times10^{-4}\left(\frac{T}{333.15}\right)^{1.5}\left(\frac{101325}{p_{\text{c}}}\right)\varepsilon^{1.5}$ |
| 膜态水源项/$\text{kmol}\cdot\text{m}^{-3}\cdot\text{s}^{-1}$ | $\begin{cases}S_{\text{mw}}=-S_{\text{m-v}}+S_{\text{EOD}}，\text{阴极催化层}\\S_{\text{mw}}=-S_{\text{m-v}}-S_{\text{EOD}}，\text{阳极催化层}\end{cases}$ |
| 相变源项/$\text{kmol}\cdot\text{m}^{-3}\cdot\text{s}^{-1}$ | $S_{\text{m-v}}=\xi_{\text{m-v}}\frac{\rho_{\text{MEM}}}{EW}(\lambda-\lambda_{\text{eq}})$ |
| 电拖拽源项/$\text{kmol}\cdot\text{m}^{-3}\cdot\text{s}^{-1}$ | $S_{\text{EOD}}=\frac{n_{\text{d}}I}{F\delta_{\text{CLa}}}$ |
| 催化层中氢气源项/$\text{kmol}\cdot\text{m}^{-3}\cdot\text{s}^{-1}$ | $S_{\text{H}_2}=\frac{I}{2F\delta_{\text{CLc}}}$ |

2. 多孔介质中气体守恒方程

在穿过极板(垂直于膜)的方向上，扩散作用被视为气体在多孔介质中传输的主导因素，因而本模型只考虑多孔介质中的扩散传质过程。水蒸气在气体扩散层及催化层中的计算表达式如下：

$$c_{\mathrm{vp,CLc}}^{t}=c_{\mathrm{vp,CLc}}^{t-\Delta t}+\left[S_{\mathrm{vp}}-\frac{\left(c_{\mathrm{vp,CLc}}^{t-\Delta t}-c_{\mathrm{vp,GDLc}}^{t-\Delta t}\right)D_{\mathrm{CLc\_GDLc}}^{\mathrm{vp,\,eff}}}{\left(\dfrac{\delta_{\mathrm{CLc}}}{2}+\dfrac{\delta_{\mathrm{GDLc}}}{2}\right)\delta_{\mathrm{CLc}}}\right]\frac{\Delta t}{\varepsilon_{\mathrm{CLc}}} \tag{7-29}$$

$$c_{\mathrm{vp,GDLc}}^{t}=c_{\mathrm{vp,GDLc}}^{t-\Delta t}+\left[\frac{\left(c_{\mathrm{vp,CLc}}^{t-\Delta t}-c_{\mathrm{vp,GDLc}}^{t-\Delta t}\right)D_{\mathrm{CLc\_GDLc}}^{\mathrm{vp,\,eff}}}{\left(\dfrac{\delta_{\mathrm{CLc}}}{2}+\dfrac{\delta_{\mathrm{GDLc}}}{2}\right)\delta_{\mathrm{GDLc}}}-\frac{r_{\mathrm{CH}}\left(c_{\mathrm{vp,GDLc}}^{t-\Delta t}-c_{\mathrm{vp,CHc}}^{t-\Delta t}\right)D_{\mathrm{GDLc}}^{\mathrm{vp,\,eff}}}{\left(\dfrac{\delta_{\mathrm{GDLc}}}{2}\right)\delta_{\mathrm{GDLc}}}\right]\frac{\Delta t}{\varepsilon_{\mathrm{GDLc}}} \tag{7-30}$$

式中，$c_{\mathrm{vp,CLc}}^{t}$、$c_{\mathrm{vp,GDLc}}^{t}$ 分别为 $t$ 时刻催化层与气体扩散层中的水蒸气浓度，$\mathrm{mol\cdot m^{-3}}$；$r_{\mathrm{CH}}$ 为流道与扩散层交界面的有效传质面积系数，其数值根据流道与肋宽度进行计算；$D_{\mathrm{CLc\_GDLc}}^{\mathrm{vp,\,eff}}$ 为水蒸气在扩散层与催化层之间的有效扩散系数，$\mathrm{m^{2}\cdot s^{-1}}$，气体扩散层与流道之间的有效扩散系数本模型中利用 $D_{\mathrm{GDLc}}^{\mathrm{vp,\,eff}}$ 简化计算；$S_{\mathrm{vp}}$ 为水蒸气的源项，$\mathrm{mol\cdot m^{-3}\cdot s^{-1}}$。由于气体经过除水器之后才进入电化学氢气泵，本模型忽略电化学氢气泵中液态水的存在。

氢气浓度与水蒸气浓度的计算方式相同，同样在每层的中心处进行更新：

$$c_{\mathrm{H_2,CLc}}^{t}=c_{\mathrm{H_2,CLc}}^{t-\Delta t}+\left[S_{\mathrm{H_2}}-\frac{\left(c_{\mathrm{H_2,CLc}}^{t-\Delta t}-c_{\mathrm{H_2,GDLc}}^{t-\Delta t}\right)D_{\mathrm{CLc\_GDLc}}^{\mathrm{H_2,\,eff}}}{\left(\dfrac{\delta_{\mathrm{CLc}}}{2}+\dfrac{\delta_{\mathrm{GDLc}}}{2}\right)\delta_{\mathrm{CLc}}}\right]\frac{\Delta t}{\varepsilon_{\mathrm{CLc}}} \tag{7-31}$$

$$c_{\mathrm{H_2,GDLc}}^{t}=c_{\mathrm{H_2,GDLc}}^{t-\Delta t}+\left[\frac{\left(c_{\mathrm{H_2,CLc}}^{t-\Delta t}-c_{\mathrm{H_2,GDLc}}^{t-\Delta t}\right)D_{\mathrm{CLc\_GDLc}}^{\mathrm{H_2,\,eff}}}{\left(\dfrac{\delta_{\mathrm{CLc}}}{2}+\dfrac{\delta_{\mathrm{GDLc}}}{2}\right)\delta_{\mathrm{GDLc}}}-\frac{r_{\mathrm{CH}}\left(c_{\mathrm{H_2,GDLc}}^{t-\Delta t}-c_{\mathrm{H_2,CHc}}^{t-\Delta t}\right)D_{\mathrm{GDLc}}^{\mathrm{H_2,\,eff}}}{\left(\dfrac{\delta_{\mathrm{GDLc}}}{2}\right)\delta_{\mathrm{GDLc}}}\right]\frac{\Delta t}{\varepsilon_{\mathrm{GDLc}}} \tag{7-32}$$

3. 流道中气体守恒方程

电化学氢气泵流道中氢气与水蒸气的计算方式如下：

$$c_{H_2,CHc}^{t}=c_{H_2,CHc}^{t-\Delta t}+\left[-\frac{\left(c_{H_2,CHc}^{t-\Delta t}-c_{H_2,GDLc}^{t-\Delta t}\right)D_{GDLc}^{H_2,eff}}{\left(\frac{\delta_{GDLc}}{2}\right)\delta_{CHc}}+S_{H_2,flow}\right]\Delta t \tag{7-33}$$

$$S_{H_2,CHc}=\frac{(-c_{H_2,out}u_{out})A_{HP,in}}{r_{CH}A_{HP}\delta_{CHc}} \tag{7-34}$$

$$S_{H_2,CHa}=\frac{(c_{H_2,in}u_{in}-c_{H_2,out}u_{out})A_{HP,in}}{r_{CH}A_{HP}\delta_{CHa}} \tag{7-35}$$

式中，$A_{HP,in}$为流道入口截面积大小，$m^2$；$A_{HP}$为电化学氢气泵有效反应面积，$m^2$。由于氢气泵阴极流道只有气体出口，所以流道中只有气体流出的负源项，阳极流道有气体流入，同时也有气体流出。

4. 能量守恒方程

电化学氢气泵中各层温度的分布同样在中心处进行求解：

$$T_{BP}^{t}=T_{BP}^{t-\Delta t}+\left[\frac{\left(T_{CH}^{t-\Delta t}-T_{BP}^{t-\Delta t}\right)k_{BP\_CH}^{eff}}{\left(\frac{\delta_{BP}}{2}+\frac{\delta_{CH}}{2}\right)\delta_{BP}}-\frac{h_{surr}\left(T_{BP}^{t-\Delta t}-T_{surr}\right)}{\delta_{BP}}+S_T\right]\frac{\Delta t}{\rho C_p} \tag{7-36}$$

$$T_{CH}^{t}=T_{CH}^{t-\Delta t}+\left[\frac{\left(T_{GDL}^{t-\Delta t}-T_{CH}^{t-\Delta t}\right)k_{GDL\_CH}^{eff}}{\left(\frac{\delta_{CH}}{2}+\frac{\delta_{GDL}}{2}\right)\delta_{CH}}-\frac{\left(T_{CH}^{t-\Delta t}-T_{BP}^{t-\Delta t}\right)k_{BP\_CH}^{eff}}{\left(\frac{\delta_{BP}}{2}+\frac{\delta_{CH}}{2}\right)\delta_{CH}}+S_T\right]\frac{\Delta t}{\rho C_p} \tag{7-37}$$

$$T_{GDL}^{t}=T_{GDL}^{t-\Delta t}+\left[\frac{\left(T_{CL}^{t-\Delta t}-T_{GDL}^{t-\Delta t}\right)k_{CL\_GDL}^{eff}}{\left(\frac{\delta_{GDL}}{2}+\frac{\delta_{CL}}{2}\right)\delta_{GDL}}-\frac{\left(T_{GDL}^{t-\Delta t}-T_{CH}^{t-\Delta t}\right)k_{GDL\_CH}^{eff}}{\left(\frac{\delta_{CH}}{2}+\frac{\delta_{GDL}}{2}\right)\delta_{GDL}}+S_T\right]\frac{\Delta t}{\rho C_p} \tag{7-38}$$

$$T_{CL}^{t}=T_{CL}^{t-\Delta t}+\left[\frac{\left(T_{MEM}^{t-\Delta t}-T_{CL}^{t-\Delta t}\right)k_{MEM\_CL}^{eff}}{\left(\frac{\delta_{MEM}}{2}+\frac{\delta_{CL}}{2}\right)\delta_{CL}}-\frac{\left(T_{CL}^{t-\Delta t}-T_{GDL}^{t-\Delta t}\right)k_{CL\_GDL}^{eff}}{\left(\frac{\delta_{CL}}{2}+\frac{\delta_{GDL}}{2}\right)\delta_{CL}}+S_T\right]\frac{\Delta t}{\rho C_p} \tag{7-39}$$

$$T_{\mathrm{MEM}}^{t}=T_{\mathrm{MEM}}^{t-\Delta t}+\left[\frac{\left(T_{\mathrm{CLc}}^{t-\Delta t}-T_{\mathrm{MEM}}^{t-\Delta t}\right)k_{\mathrm{CLc\_MEM}}^{\mathrm{eff}}}{\left(\frac{\delta_{\mathrm{CLc}}}{2}+\frac{\delta_{\mathrm{MEM}}}{2}\right)\delta_{\mathrm{MEM}}}-\frac{\left(T_{\mathrm{MEM}}^{t-\Delta t}-T_{\mathrm{CLa}}^{t-\Delta t}\right)k_{\mathrm{MEM\_CLa}}^{\mathrm{eff}}}{\left(\frac{\delta_{\mathrm{MEM}}}{2}+\frac{\delta_{\mathrm{CLa}}}{2}\right)\delta_{\mathrm{MEM}}}+S_{\mathrm{T}}\right]\frac{\Delta t}{\rho c_{\mathrm{p}}} \tag{7-40}$$

式中，$T_{\mathrm{BP}}^{t}$、$T_{\mathrm{CH}}^{t}$、$T_{\mathrm{GDL}}^{t}$、$T_{\mathrm{CL}}^{t}$、$T_{\mathrm{MEM}}^{t}$ 分别为 $t$ 时刻极板、流道、气体扩散层、催化层与膜中心处的温度，K；$k_{\mathrm{BP\_CH}}^{\mathrm{eff}}$ 为极板与流道间的有效导热系数，$\mathrm{W \cdot m^{-1} \cdot K^{-1}}$；$h_{\mathrm{surr}}$ 为电化学氢气泵与环境的对流换热系数，$\mathrm{W \cdot m^{-2} \cdot K^{-1}}$；$S_{\mathrm{T}}$ 为热源项，$\mathrm{W \cdot m^{-3}}$，包括欧姆热、活化热、相变潜热及气体引入或带走的热量。

5. 驱动电压

前文中已经提到了电化学氢气泵的理论驱动电压，即能斯特电压：

$$V_{\mathrm{Nernst}}=\frac{RT}{2F}\ln\left(\frac{p_c}{p_a}\right) \tag{7-41}$$

由于欧姆损失与活化损失的存在，所以电化学氢气泵实际的电势差计算式如下：

$$V=V_{\mathrm{Nernst}}+V_{\mathrm{act}}+V_{\mathrm{ohmic}} \tag{7-42}$$

本模型忽略了浓差极化，因为氢气泵的运行电流密度通常不大，且不存在气体传输通道被液态水堵住等情况的发生，浓差极化相对其余电压损失完全可以忽略不计。

$$V_{\mathrm{act}}=\frac{RT}{\alpha nF}\ln\left(\frac{I}{j\cdot\delta_{\mathrm{CL}}\dfrac{c_{\mathrm{H_2}}}{c_{\mathrm{H_2,ref}}}}\right) \tag{7-43}$$

$$V_{\mathrm{ohmic}}=I\cdot\mathrm{ASR} \tag{7-44}$$

我们对上述控制方程建立的电化学氢气泵模型同样进行了实验验证[26]，改变混合气体中 $CO_2$ 与 $H_2$ 的比例，电化学氢气泵的驱动电压与电流关系如图 7.13 所示，当氢气泵两端的电压较低时，电流随着电压的增加呈线性变化趋势，当端电压逐渐变高时，混合气体中的碳氢比越大，电流表现出了越明显的损失，这主要是由于混合气体的进气流量一定，碳氢比越大，氢气所占的比例减小，因而通过交换膜从阳极运动到阴极的质子数目越少，氢气泵的电流相应的减小，模型仿真结果与实验数据取得了良好的验证。

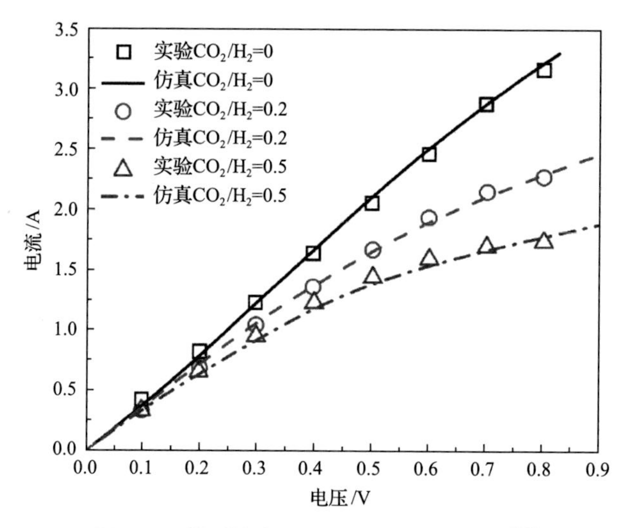


图 7.13　模型仿真结果与实验数据对照图[26]

### 7.2.3　空气压缩机模型

针对空气供给系统，早期的研究选择了空气质量流量、氮气质量流量、空气压缩机转速、进气管路压强、相对湿度、温度等多个变量作为状态变量[53]，随后逐渐发展为氧气分压、氮气分压、空气压缩机转速及进气管路压强 4 个变量的供给模型[54]，也有研究者将氧气分压与氮气分压合并为阴极压强，从而将进气系统简化为三阶模型[55,56]。空气供给系统的控制研究从早期的线性控制逐渐发展到非线性控制，其研究目标除了提高瞬态响应能力外，也在于降低辅助设备的能耗，提高系统的综合效率。控制策略如时滞控制[57]、离心式空压机前馈比例积分微分(proportion-integral-derivative，PID)控制[58]、电流跟随分段 PID 控制[59]，针对压缩机转速与背压阀开度的 PID 与模糊协调控制系统[60]等均有学者进行探究。

本小节仅仅聚焦于空气压缩机模型，若要精确描述空压机中气体流动情况，需要借助于计算流体力学方法，但是这种方法参数多且模型复杂，很难应用实际系统中，目前仿真工作中更多采取空压机质量流量特性的方法，即识别出压强、转速与流量的函数，然后根据空压机的实际工况参数确定其质量流量。识别方法通常有以下几种，如神经网络、最小二乘法、多项式拟合方法等。神经网络法具有对任意非线性映射关系的良好逼近能力；最小二乘法是以误差的平方和最小为准则，根据样本点估计模型参数的一种估计方法；多项式拟合法与神经网络法有共通之处，即通过大量数据的分析，得出实际需要的关系表达式。本节基于文献[58]中 Rotrex 公司的 C15-16 系列离心式压缩机介绍详细的模型搭建工作。

空压机的升压比(出口压力与入口压力的比值)及转速决定了其质量流量，而空压机的转子通常由驱动电机带动，受到电机端电压的影响，因此，空压机模型需要构建驱动电机电压、电机转速、空压机转速、空压机升压比及质量流量的关系。建立压缩机模型主要包括两个部分，即建立空气压缩机的质量流量关系及驱动电机的惯性模型，两部分的简要关系如图 7.14 所示。

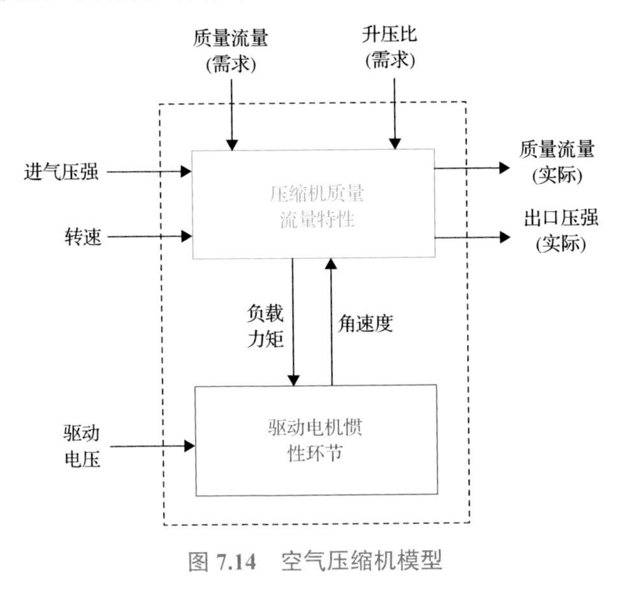


图 7.14　空气压缩机模型

由于压缩机的特性图给出的是特定工况下的质量流量特性，而实际工作温度与压强的变化会导致压缩机性能的变化，因此我们需要对压缩机转速与质量流量进行修正，即

$$N_{cr}=\frac{N_{cp}}{\sqrt{\theta}},\quad m_{air,cr}=\frac{m_{cp}\sqrt{\theta}}{\delta} \tag{7-45}$$

式中，$\theta$ 为温度修正系数 $\theta=\dfrac{T_{cp,in}}{288}$；$\delta$ 为压力修正系数 $\delta=\dfrac{p_{cp,in}}{101325}$。

离心式压缩机的产品指导手册中质量流量图[58]如图 7.15 所示，基于图中的样本点，我们利用软件如 MATLAB 中的多项式拟合工具即可以构建出升压比、转速与质量流量的关系式。为了提高拟合的准确度，我们首先对转速 $N_{cp}$ 与升压比 $p_{ratio}$ 进行了中心化处理，拟合结果如下：

$$x=\frac{N_{cp}-1.444\times10^{5}}{4.808\times10^{4}},\quad y=\frac{p_{ratio}-1.726}{0.4504} \tag{7-46}$$

$$\begin{aligned} m_{cp}=&\,p_{00}+p_{10}x+p_{01}y+p_{20}x^2+p_{11}xy+p_{02}y^2+p_{30}x^3+p_{21}x^2y+p_{12}xy^2\\ &+p_{03}y^3+p_{40}x^4+p_{31}x^3y+p_{22}x^2y^2+p_{13}xy^3+p_{04}y^4+p_{50}x^5+p_{41}x^4y\\ &+p_{32}x^3y^2+p_{23}x^2y^3+p_{14}xy^4+p_{05}y^5 \end{aligned} \tag{7-47}$$

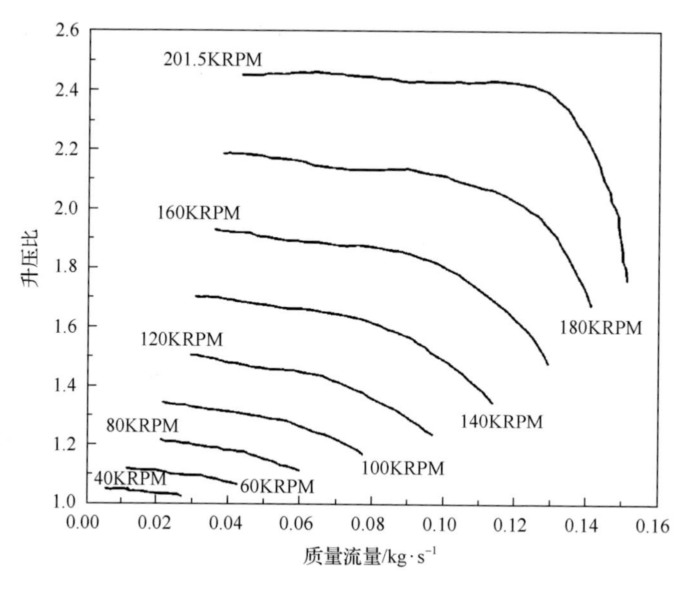


图 7.15 空气压缩机的质量流量特性图[58]

表 7.5 中给出了多项式参数的拟合值，拟合结果的标准差为 0.005529，确定系数为 0.9805，这表明拟合结果对于样本点有着良好的吻合度。由于拟合结果中包括了压缩机的喘振工作区及超过最大流量的工作区，因而我们需要把这两部分除去，喘振线与最大流量线的拟合结果如下。

喘振线：$p_{\text{surging}} = 1.009 \times 10^4 m_{\text{cp}}^3 + 264.5 m_{\text{cp}}^2 + 2.469 m_{\text{cp}} + 1.032$ (7-48)

最大流量线：$p_{\text{max\_rate}} = 445.9 m_{\text{cp}}^3 - 68.58 m_{\text{cp}}^2 + 5.975 m_{\text{cp}} + 0.9028$ (7-49)

表 7.5 空气压缩机质量流量图拟合结果

| 参数 | 数值 | 参数 | 数值 | 参数 | 数值 | 参数 | 数值 |
|---|---|---|---|---|---|---|---|
| $p_{00}$ | 0.04832 | $p_{30}$ | 0.8065 | $p_{40}$ | –0.6031 | $p_{50}$ | 0.2146 |
| $p_{10}$ | 0.3615 | $p_{21}$ | –2.709 | $p_{31}$ | 3.017 | $p_{41}$ | –1.448 |
| $p_{01}$ | –0.2971 | $p_{12}$ | 2.696 | $p_{22}$ | –5.12 | $p_{32}$ | 3.663 |
| $p_{20}$ | –0.6824 | $p_{03}$ | –0.8191 | $p_{13}$ | 3.578 | $p_{23}$ | –4.324 |
| $p_{11}$ | 1.352 | | | $p_{04}$ | –0.8838 | $p_{14}$ | 2.435 |
| $p_{02}$ | –0.617 | | | | | $p_{05}$ | –0.5365 |

空气压缩机的惯性环节计算表达式如下：

$$J_{\text{cp}} \frac{\mathrm{d}\omega_{\text{cp}}}{\mathrm{d}t} = \tau_{\text{cm}} - \tau_{\text{cp}} \tag{7-50}$$

式中，$J_{cp}$ 为空压机转子部分的转动惯量，kg·m$^2$；$\omega_{cp}$ 为转子的角速度，rad·s$^{-1}$；$\tau_{cm}$ 为驱动电机的驱动力矩，N·m；$\tau_{cp}$ 为负载力矩，N·m。压缩机的参数如表 7.6 所示[58]。

表 7.6　空气压缩机参数

| 参数 | 表达式 |
| --- | --- |
| 转动惯量/kg·m$^2$ | $5\times10^{-5}$ |
| 驱动电机常数 $\kappa_v$、$\kappa_t$ | 0.026、0.036 |
| 驱动电机效率 | 0.97 |
| 电机电枢电阻/Ω | 0.01 |

驱动电机的驱动力矩计算表达式如下：

$$\tau_{cm} = \eta_{cm}\frac{\kappa_t}{R_{cm}}(v_{cm} - \kappa_v\omega_{cm}) \tag{7-51}$$

式中，$\kappa_t$、$\kappa_v$ 为驱动电机常数；$\eta_{cm}$ 为驱动电机效率；$R_{cm}$ 为电机电枢电阻，Ω；$\omega_{cm}$ 为电机的角速度，rad·s$^{-1}$；$v_{cm}$ 为驱动电机端电压，V。

负载力矩的计算表达式如下：

$$\tau_{cp} = \frac{P_{cp}}{\omega_{cp}} \tag{7-52}$$

$$P_{cp} = c_p\frac{T_{cp,in}}{\eta_{cp}}\left[\left(\frac{p_{cp,out}}{p_{cp,in}}\right)^{\frac{\gamma-1}{\gamma}} - 1\right]m_{cp} \tag{7-53}$$

式中，$P_{cp}$ 为空压机的功率，W；$\gamma$ 为空气的比热比系数。

离心式空压机压缩过程视为等熵过程，因此压缩后气体的出口温度为

$$T_{cp,out} = T_{cp,in} + \frac{T_{cp,in}}{\eta_{cp}}\left[\left(\frac{p_{cp,out}}{p_{cp,in}}\right)^{\frac{\gamma-1}{\gamma}} - 1\right] \tag{7-54}$$

基于上述质量流量特性拟合结果及驱动电机惯性环节，我们构建了较完整的空气压缩机模型，但是使空气压缩机满足需求的质量流量及升压比则涉及控制的问题。驱动电机的转速受到端电压的控制，因而端电压怎么变化直接影响了空气压缩机的响应，本书介绍一种简单的比例积分微分控制方法。

当空压缩转速一定时，驱动力矩等于空压机负载力矩，不难求解驱动电机的稳定电压：

$$v_{\mathrm{cm}}=\frac{P_{\mathrm{cp}}R_{\mathrm{cm}}}{\kappa_{\mathrm{t}}\eta_{\mathrm{cm}}\omega_{\mathrm{cp}}}+\kappa_{\mathrm{v}}\omega_{\mathrm{cm}} \tag{7-55}$$

空压机的质量流量由流量传感器实时监测，数据返回到控制中心与电堆需要的质量流量进行对比，两者差值作为 PID 控制的偏差量，从而计算出控制量，空气压缩机控制流程的简要示意图如图 7.16 所示。

$$e(t)=m_{\mathrm{air}}^{\mathrm{req}}-m_{\mathrm{air}}^{\mathrm{real}} \tag{7-56}$$

$$u(t)=K_{\mathrm{p}}\mathrm{e}(t)+K_{\mathrm{I}}\int\mathrm{e}(t)\mathrm{d}t+K_{\mathrm{D}}\frac{\mathrm{de}(t)}{\mathrm{d}t} \tag{7-57}$$

$$v_{\mathrm{cm}}^{\mathrm{PID}}=v_{\mathrm{cm}}+u(t) \tag{7-58}$$

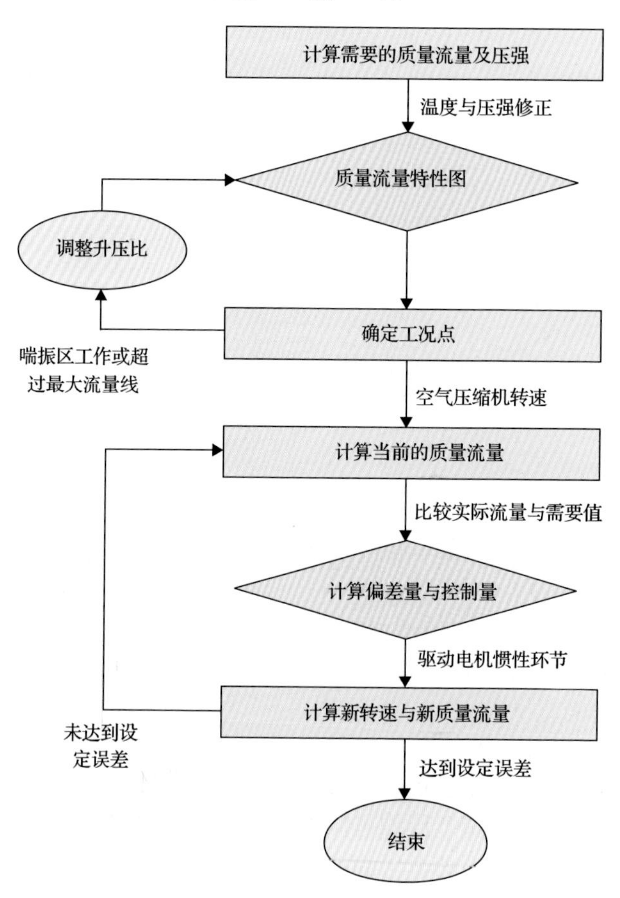


图 7.16　空气压缩机的计算流程图

通过调整 PID 参数的取值，压缩机的瞬态及稳态性能都会受到影响。图 7.17(a)中，由于参数取值的不合理，稳态输出性能与瞬态响应能力欠佳，随着参数的逐渐优化，空压机性能逐渐提升，最终我们确定了一组 PID 参数，即 $K_p$=1.2，$K_I$=20，$K_D$=20，空压机的性能表现如图 7.17(b)所示。

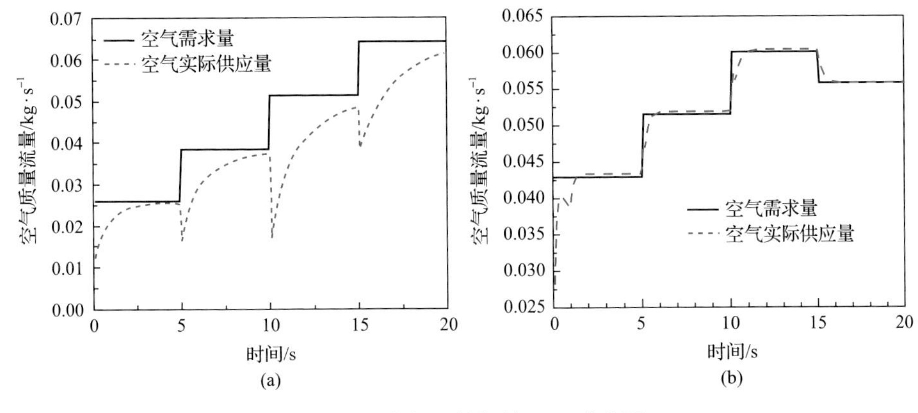


图 7.17　空气压缩机的 PID 响应图

### 7.2.4　热管理系统模型

热管理系统对于电堆的稳定运行至关重要，本节主要介绍散热器模型的搭建，同时涉及冷却液与电堆之间的换热计算。冷却液的热量需要借助散热器才能顺利传递到环境中，为了提高散热器散热能力，通常在散热带上加工百叶窗结构，以增强气体在流经散热带时的扰动，减小换热边界层厚度，实现增强换热的目的，下面所介绍的散热器便是百叶窗式管带散热器，如图 7.18 所示，图中，$\theta$ 为百叶窗倾角，(°)；$F_p$ 为翅片间距，m；$L_p$ 为百叶窗间距，m；$F_l$ 为翅片宽度，m；$T_d$ 为扁平管宽，m；$L_l$ 为百叶窗宽度，m；$T_p$ 为管间距，m；$\delta_f$ 为翅片厚度，m。

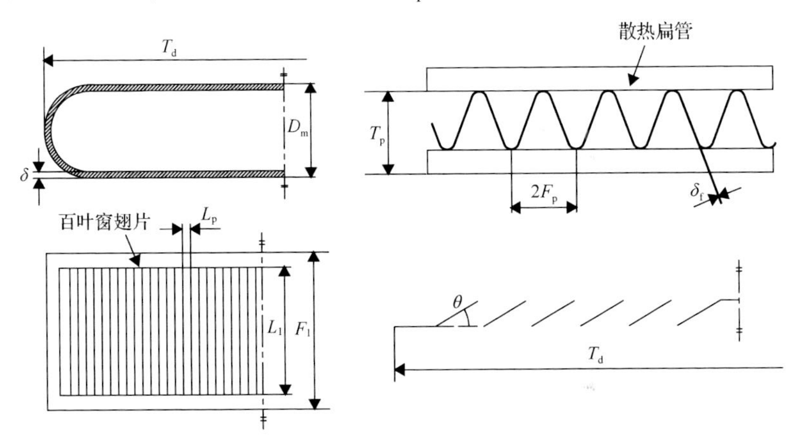


图 7.18　百叶窗式管带散热器结构示意图

目前散热器的工程化计算方法主要有两种：效能-传热单元数 number of heat transfer unit 法（$\varepsilon$-NTU 法）和对数平均温差(logarithmic mean temperature difference，LMTD)法，本节采用效能-传热单元数法来计算散热器的换热量和冷却液出口参数[63]。管带式散热器的换热过程包括冷却液与散热管内壁的对流换热；散热管内壁与外壁、翅片的导热及散热管外壁、翅片与空气的对流换热三个部分。

当散热器在某一工况下达到热平衡时，冷却液放热量与空气吸热量相等，因此总传热流量 $Q$ 为

$$Q = m_{\mathrm{lq}}(C_p)_{\mathrm{lq}}(T_{\mathrm{lq}}^{\mathrm{in}} - T_{\mathrm{lq}}^{\mathrm{out}}) = m_{\mathrm{air}}(C_p)_{\mathrm{air}}(T_{\mathrm{air}}^{\mathrm{out}} - T_{\mathrm{air}}^{\mathrm{in}}) = AK\Delta t_{\mathrm{m}} \tag{7-59}$$

式中，$m_{\mathrm{lq}}$ 为冷却液质量流量，$\mathrm{kg \cdot s^{-1}}$；$T_{\mathrm{lq}}^{\mathrm{in}}$ 为冷却液入口温度，K；$T_{\mathrm{lq}}^{\mathrm{out}}$ 为冷却液出口温度，K；$m_{\mathrm{air}}$ 为空气质量流量，$\mathrm{kg \cdot s^{-1}}$；$T_{\mathrm{air}}^{\mathrm{in}}$ 为空气入口温度，K；$T_{\mathrm{air}}^{\mathrm{out}}$ 为空气出口温度，K；$K$ 为总传热系数，$\mathrm{W \cdot m^{-2} \cdot K^{-1}}$；$A$ 为总传热面积，$\mathrm{m^2}$；$\Delta t_{\mathrm{m}}$ 为平均温差，K，其由散热器效率 $\eta$ 与最大温差决定。

$$\eta = \frac{Q}{Q_{\max}} = \frac{Q}{MIN\left\{[m_{\mathrm{lq}}(C_p)_{\mathrm{lq}}],[m_{\mathrm{air}}(C_p)_{\mathrm{air}}]\right\}\left(T_{\mathrm{lq}}^{\mathrm{in}} - T_{\mathrm{air}}^{\mathrm{in}}\right)} \tag{7-60}$$

$$\eta = 1 - \exp\left\{\frac{NTU^{0.22}}{C^*}\left[\exp\left(-C^* NTU^{0.78}\right) - 1\right]\right\} \tag{7-61}$$

$$NTU = \frac{AK}{MIN\left\{[m_{\mathrm{lq}}(C_p)_{\mathrm{lq}}],[m_{\mathrm{air}}(C_p)_{\mathrm{air}}]\right\}} \tag{7-62}$$

$$C^* = \frac{MIN\left\{[m_{\mathrm{lq}}(C_p)_{\mathrm{lq}}],[m_{\mathrm{air}}(C_p)_{\mathrm{air}}]\right\}}{MAX\left\{[m_{\mathrm{lq}}(C_p)_{\mathrm{lq}}],[m_{\mathrm{air}}(C_p)_{\mathrm{air}}]\right\}} \tag{7-63}$$

针对散热器传热过程的分析可以运用热阻分析法，即总传热热阻等于冷却水管内对流换热热阻、导热热阻、冷却水管外对流换热热阻三部分之和：

$$\frac{1}{AK} = \frac{1}{h_{\mathrm{lq}} A_{\mathrm{lq}}} + \frac{\delta}{\lambda A_{\mathrm{lq}}} + \frac{1}{h_{\mathrm{air}} A_{\mathrm{air}} \eta_0} \tag{7-64}$$

式中，$h_{\mathrm{lq}}$ 为冷却液与固体壁面间的对流换热系数，$\mathrm{W \cdot m^{-2} \cdot K^{-1}}$；$\delta$ 为扁管壁厚，m；$\lambda$ 为散热器扁管材料导热系数，$\mathrm{W \cdot m^{-1} \cdot K^{-1}}$；$A_{\mathrm{lq}}$ 为冷却液的管内壁换热面积，$\mathrm{m^2}$；$h_{\mathrm{air}}$ 为空气与固体壁面间的对流换热系数，$\mathrm{W \cdot m^{-2} \cdot K^{-1}}$；$A_{\mathrm{air}}$ 为空气侧换热面

积，$m^2$；$\eta_0$ 为肋总效率。

(1) 管内对流换热热阻计算：

$$Nu=\frac{h_{lq}l_{lq}}{\lambda_{lq}} \tag{7-65}$$

$$l_{lq}=\frac{4A_{ls}}{S_{lq}} \tag{7-66}$$

$$A_{ls}=(T_d-D_m)(D_m-2\delta)+\pi\left(\frac{D_m-2\delta}{2}\right)^2 \tag{7-67}$$

$$S_{lq}=2\left[(T_d-D_m)-\pi(D_m-2\delta)/2\right] \tag{7-68}$$

式中，$Nu$ 为努塞尔数；$\lambda_{lq}$ 为冷却液的导热系数，$W\cdot m^{-1}\cdot K^{-1}$；$l_{lq}$ 为特征长度，m；$A_{ls}$ 为管内流体的流通横截面积，$m^2$；$S_{lq}$ 为管道内壁润湿周长，m；$T_d$ 为扁管宽度，m；$D_m$ 为扁管厚度，m；$\delta$ 为扁管壁厚，m。对于不同的雷诺数 $Re$，努塞尔数 $Nu$ 计算公式如下[65]：

$$\begin{cases} Nu=2.97\dfrac{L}{D}, & Re_{lq}<2200 \\ Nu=\dfrac{(Re_{lq}-1000)Pr(f_i/2)}{1.07+12.7\sqrt{f_i/2}(Pr^{2/3}-1)}, & 2200\leqslant Re_{lq}<10^4 \\ Nu=0.023Re_{lq}^{0.8}Pr_{lq}^{0.3}, & Re_{lq}\geqslant 10^4 \end{cases} \tag{7-69}$$

式中，$L$ 为管道横截面的长度，m；$D$ 为管道横截面的宽度，m；摩擦系数可由公式 $f_i=(1.58\ln Re_{lq}-3.28)^{-2}$ 计算，$Re_{lq}$ 表示管内流体雷诺数，$Pr_{lq}$ 表示管内流体的普朗特数，管内雷诺数计算如下：

$$Re_{lq}=\frac{u_{lq}l_{lq}}{\nu_{lq}} \tag{7-70}$$

式中，$u_{lq}$ 为流体平均流速，$m\cdot s^{-1}$；$\nu_{lq}$ 为冷却液的运动黏度，$m^2\cdot s^{-1}$。

管内对流换热面积 $A_{lq}$ 由换热器物理结构参数计算：

$$A_{lq}=S_{lq}\cdot n_{tube}\cdot L \tag{7-71}$$

式中，$n_{tube}$ 为扁管数目；$L$ 为扁管长度，m。

(2) 导热热阻为 $\dfrac{\delta}{\lambda A_{lq}}$，其中 $\lambda$ 为扁管壁导热系数，$W \cdot m^{-1} \cdot K^{-1}$；$\delta$ 为扁管厚度，m。

(3) 管外对流换热热阻

$$h_{air} = \frac{j(C_p)_{air} G_{air}}{Pr_{air}^{2/3}} \tag{7-72}$$

式中，$j$ 为表面传热因子；$G_{air}$ 为换热器最小流通截面处单位面积的空气质量流量，$kg \cdot m^{-2} \cdot s$，换热器表面传热因子 $j$ 计算如下[66]：

$$j = Re_{air}^{-0.49}\left(\frac{\theta}{90}\right)^{0.27}\left(\frac{F_p}{L_p}\right)^{-0.14}\left(\frac{F_l}{L_p}\right)^{-0.29}\left(\frac{T_d}{L_p}\right)^{-0.23}\left(\frac{L_l}{L_p}\right)^{0.68}\left(\frac{T_p}{L_p}\right)^{-0.28}\left(\frac{\delta_f}{L_p}\right)^{-0.05} \tag{7-73}$$

式中，$Re_{air}$ 为空气侧雷诺数。

$$G_{air} = \frac{m_{air}}{A_{min}} \tag{7-74}$$

$$A_{min} = n_{tube}(2n_{peak} \cdot F_p \cdot F_l / 2) \tag{7-75}$$

式中，$A_{min}$ 为散热器空气侧的最小流通截面积，$m^2$；空气侧对流换热总面积 $A_{air}$ 可通过如下公式计算：

$$A_{air} = A_1 + A_2 \tag{7-76}$$

$$A_1 = 2n_{tube} \cdot L \cdot T_d \tag{7-77}$$

$$A_2 = 4n_{peak} \cdot n_{bind} \cdot (F_d \cdot \sqrt{F_p^2 + F_l^2}) \tag{7-78}$$

式中，$A_1$ 为扁管外表面总面积，$m^2$；$A_2$ 为翅片总面积，$m^2$；、$n_{bind}$ 为散热带条数；$n_{peak}$ 为单条散热带波峰个数。

肋总效率 $\eta_0$ 计算如下：

$$\eta_0 = \frac{A_1 + \eta_f A_2}{A_1 + A_2} \tag{7-79}$$

$$\eta_f = \frac{\mathrm{th}(ml)}{ml} \tag{7-80}$$

$$m=\sqrt{\frac{2h_{\mathrm{air}}(F_{\mathrm{d}}+\delta_{\mathrm{f}})}{\lambda F_{\mathrm{d}}\delta_{\mathrm{f}}}} \tag{7-81}$$

$$l=\sqrt{F_{\mathrm{p}}^2+F_{\mathrm{l}}^2} \tag{7-82}$$

式中，$\eta_{\mathrm{f}}$ 为肋效率，与散热器物理结构参数相关；$\mathrm{th}(x)$ 表示双曲正切函数；$l$ 为肋高，m。

综合以上过程，根据冷却液进口温度及流量、冷却空气进口温度及流量四个参数，便可以求出任一工况下散热器传热过程的总热阻 $\frac{1}{AK}$，进而求得散热器的换热量及冷却液出口温度。

冷却水泵的功率与其流量、扬程、轴功率、效率等密切相关，其计算表达式如下：

$$W_{\mathrm{pump}}=\frac{\rho g H_{\mathrm{p}} V}{\eta} \tag{7-83}$$

式中，$\rho$ 为冷却液的密度，$\mathrm{kg \cdot m^{-3}}$；$g$ 为重力加速度，$\mathrm{m \cdot s^{-2}}$；$H_{\mathrm{p}}$ 为水泵的扬程，m，即单位质量流体从冷却水泵入口到出口的能头增量；$V$ 为冷却液的体积流量，$\mathrm{m^3 \cdot s^{-1}}$。

冷却液经过电堆，其带走的热量根据比热容方程可以计算：

$$Q_{\mathrm{cool}}=C_{\mathrm{p}}\rho V\left(T_{\mathrm{out}}-T_{\mathrm{in}}\right) \tag{7-84}$$

式中，$T_{\mathrm{out}}$、$T_{\mathrm{in}}$ 分别为冷却液流出与流入电堆时的温度，K。若已知冷却液进入电堆前后的温度差及其带走的热量，则可以计算冷却液的流量，从而计算冷却水泵的功率。

关于冷却水与电堆的换热，本节提供一种简化的思路，即利用对流换热公式来进行计算，冷却水带走的热量表达式如下：

$$Q_{\mathrm{cool}}=hA_{\mathrm{cool}}(T_{\mathrm{BP}}-T_{\mathrm{cool}}) \tag{7-85}$$

式中，$h$ 为对流换热系数，$\mathrm{W \cdot m^{-2}}$，其大概范围可根据强制对流换热系数来选取；$A_{\mathrm{cool}}$ 为冷却液与电堆的有效换热面积，$\mathrm{m^2}$；$T_{\mathrm{cool}}$ 为冷却液流经电堆的平均温度，K。

通过上述表达式的求解，我们不难计算冷却液的温度变化及设备功耗。散热器模型与实验数据[67]的验证情况如图 7.19 所示，模型仿真结果与实验数据基本吻合良好。

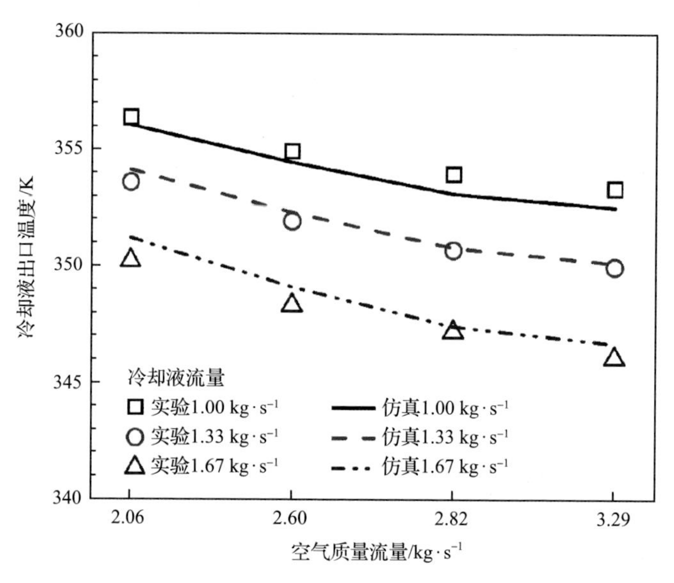


图 7.19　散热器模型与实验数据[67]验证图

### 7.2.5　系统仿真模型

燃料电池系统中，电堆阴极入口反应气体的加湿由膜加湿器完成，与此同时，膜加湿器依赖电堆阴极出口尾气所携带的水蒸气，这无疑形成了一定程度上的“闭环”水传输过程[68]。相对电堆而言，膜加湿器内部仅有相变潜热，无其余热源项，其稳定运行温度是干湿侧入口气体的预热效应，相变潜热及环境散热的热平衡状态，可见系统部件之间的热量传输同样是强耦合的。为了探究系统层面的水热管理策略，深入理解子系统之间的耦合作用机理，优化各系统部件的运行工况参数，我们将上述子模型耦合起来，建立了完善的瞬态系统仿真模型。子模型之间的耦合通过边界条件的设定来实现，如电堆阴极入口气体的状态参数由膜加湿器干燥侧出口气体决定，电堆阳极入口气体由氢气罐供给的干燥氢气与电化学氢气泵回收的湿润氢气混合而成，膜加湿器干燥侧入口的空气质量流量与压强由空气压缩机决定，其湿润侧入口的气体状态由电堆阴极出口尾气决定。电堆、膜加湿器、电化学氢气泵的初始温度均与环境(25℃)相同，并且与环境处于对流换热状态，不考虑热辐射效应。为确保电堆维持在设定的运行温度(如 60℃)，当电堆中局部最高温度超过设定的温度上限时(如 60℃+0.5℃)，冷却水泵开始工作，当其被冷却低至温度下限时(如 60℃–0.5℃)，冷却水泵停止工作。

为确保系统模型可靠性，所有子模型均与实验数据进行了充分验证。由于运行工况对于系统输出性能有着严重影响，我们首先研究了电堆运行电流密度的影响。除非特别说明，所有算例中电堆的运行温度为 60℃，并且采用逆流布置形式。

假设反应气体与冷却液均匀分配到各个单电池，因此仿真结果中单电池之间的电压差异性可忽略不计。图 7.20(a)给出了不同电流密度下单电池输出电压随着时间的变化情况，代表性的电流密度区间选为 0.5～1.6A·cm$^{-2}$，需要注意的是，低于 0.5A·cm$^{-2}$ 或高于 1.6A·cm$^{-2}$ 的工况点在本书给定的电堆运行工况下难以实现(设定的空气入口压强为 1.5atm)，因为空气压缩机模型无法同时实现需求的质量流量与升压比(处于喘振工作区或者超过其最大流量线)。

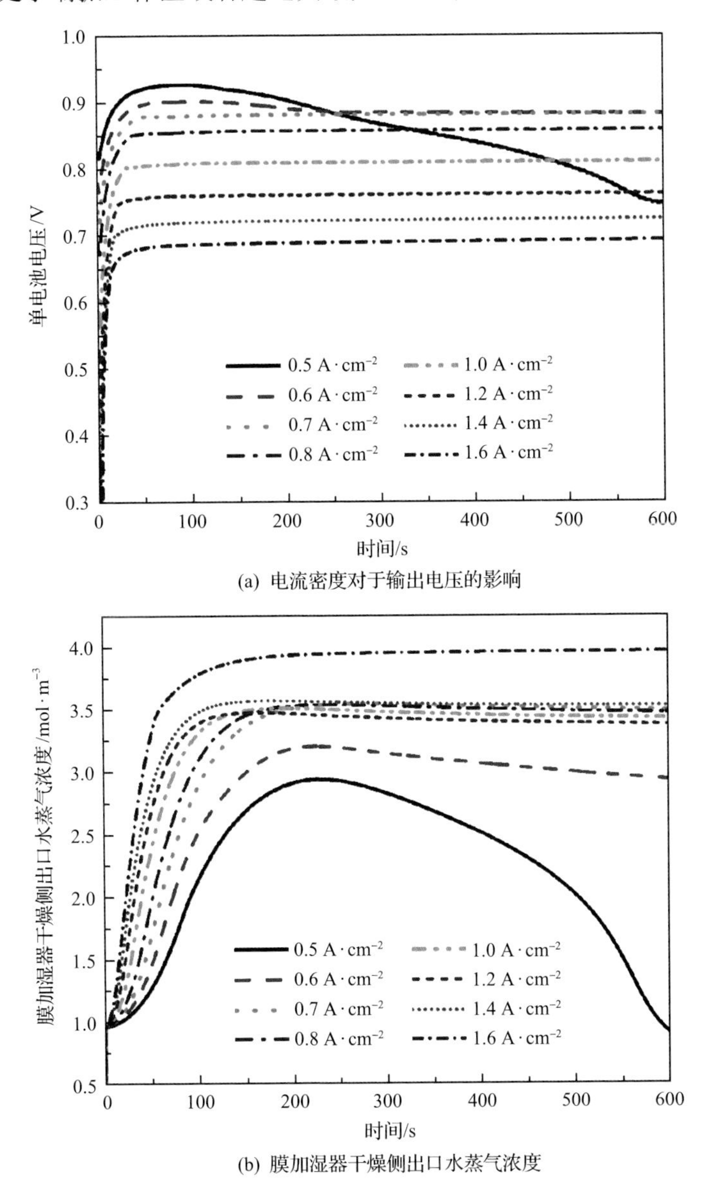


(a) 电流密度对于输出电压的影响



(b) 膜加湿器干燥侧出口水蒸气浓度

图 7.20　系统模型仿真结果

由图 7.20(a)可以看出，随着电堆的温度从 25℃升高到 60℃，初始阶段电压保持上升，但是当电压达到最高点之后，后续的变化趋势因电流密度而异。在 $0.5A\cdot cm^{-2}$ 工况下，电压一直下降直到最终接近 0.73V，对于 $0.6A\cdot cm^{-2}$ 和 $0.7A\cdot cm^{-2}$ 工况，电压有着轻微的下降，最后稳定在 0.87V，对于高于 $0.7A\cdot cm^{-2}$ 的工况，电压并没有表现出明显的下降趋势。由于辅助系统所供给的反应气体流量与压强均能够达到设定水准，所以电压的下降并不是源于气体供给的不充足，本书猜测其原因可能出自反应气体的加湿不足，因为实际进入电堆的空气相对湿度由膜加湿器决定。

图 7.20(b)给出了膜加湿器干燥侧出口水蒸气浓度的变化情况，在前 200s 中，水蒸气的浓度逐渐上升，该阶段可视为膜加湿器的“启动”过程，即温度与膜态水含量的缓慢增加过程。对于 $0.5A\cdot cm^{-2}$ 的工况，水蒸气浓度自大约 220s 时出现显著的下降趋势，这意味着空气加湿程度的降低，电堆入口相对湿度的不足引发了膜干现象，从而导致电压的下降，而电堆阴极出口水蒸气含量的下降，又进一步减弱了膜加湿器的加湿能力，造成恶性循环。

图 7.21 中给出了膜加湿器中膜温度随着时间的变化曲线，其由初始温度 298K 一直升高到约 318K 并且维持恒定。当电流密度增加时，膜加湿器的温度表现出上升的趋势，这是由于更多的高热高湿电堆尾气进入膜加湿器中引起的。相对电堆而言，膜加湿器稳定时的温度比电堆低约 15K，此外，膜加湿器达到稳定温度所需要的时间(约 200s)比电堆达到设定工作温度的时间(约 50s)要长很多，这表明无辅助加热措施的情况下，膜加湿器的自启动过程相对电堆要缓慢很多。

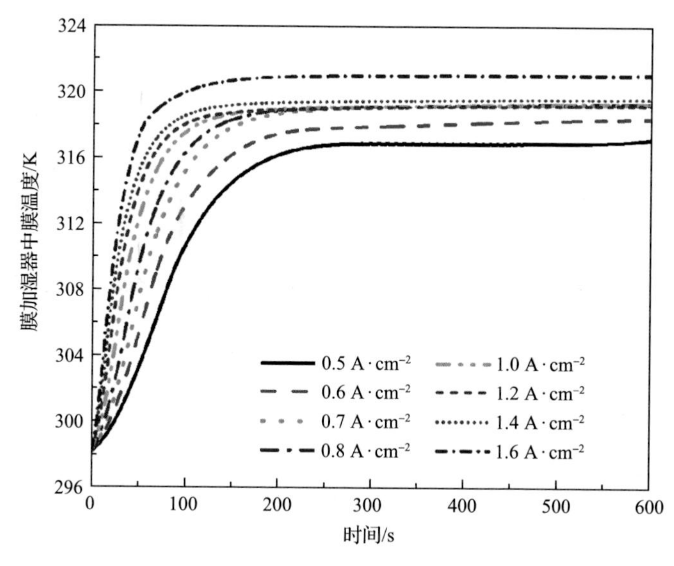


图 7.21　膜加湿器中膜温度随着电流密度的变化趋势

燃料电池系统中，净输出功率不仅取决于电堆产生的功率，而且取决于辅助系统所消耗的功率，图 7.22 中给出了不同电流密度下系统总功率、净功率、辅助设备功率与其所占比例。为了准确地反映系统性能差异，图中的数值是基于 0～600s 的功率积分值除以总时间计算出来的。当电流密度为 1.6A·cm$^{-2}$ 时，系统净功率值为 57.9kW。电流密度增加时，系统总功率上升，但空气压缩机、电化学氢气泵造成的辅助设备功率也在增加，而辅助设备功率所占比例的持续增加，表明着当电流密度超过 1.6A·cm$^{-2}$ 时，存在着最大的系统净输出功率工况点。

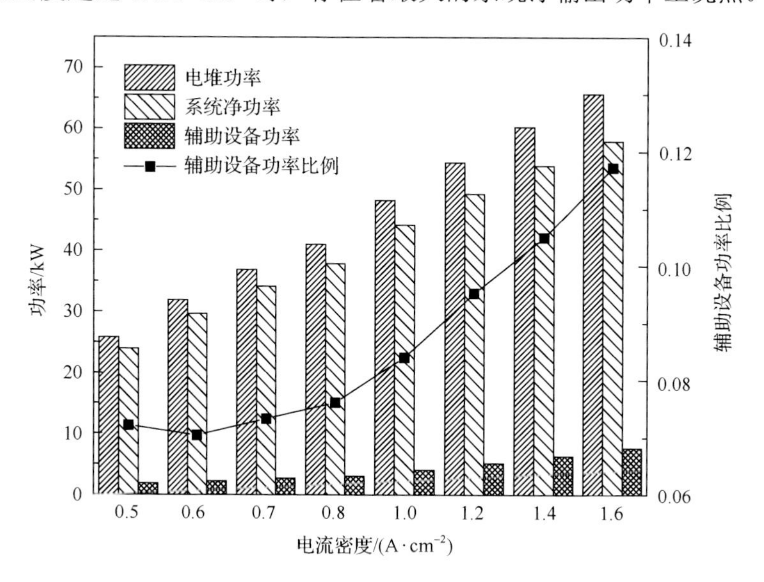


图 7.22　系统总功率、净功率、辅助设备功率及其所占比例

目前已有的燃料电池系统研究中，存在着诸多不足，如燃料电池内部多物理量耦合作用机理简化过多；系统变量之间的耦合关系考虑不够；未考虑外界干扰及不确定性的影响；动态特性影响因素分析不够深入等，需要进一步完善。燃料电池系统层面的研究不仅涉及电堆的性能表现及系统的整体性能，而且涵盖各子系统之间的耦合作用关系[69]，因此，相对单电池或电堆层面而言，系统层面的水热管理更加复杂且具有更强的工程实用性。

## 7.3　燃料电池系统热力学分析

燃料电池系统中各子系统的协同配合保证了电堆的稳定运行，与此同时，子系统会产生一定的功率消耗，从而影响整个系统的输出性能及能量利用率。探究系统内部的能量流动规律，有助于理清系统中各辅助设备的能耗分布情况，从而使我们能够针对能耗较大或者能量利用率低的部件提出有效的优化方案。

### 7.3.1 能量分析法

热力学第一定律揭示了能量守恒与转化规律，在任何发生能量传递和转换的热力过程中，传递和转换前后能量的总量维持恒定。系统的能量平衡分析也称为热力学第一定律分析，其基于能量守恒方程，从能量转换的数量关系来评价过程和装置在能量利用上的完善性，主要指标是热效率。

对于质子交换膜燃料电池系统而言，净功率和能量效率可以表示为

$$W_{net} = W_{stack} - W_{comp} - W_{fan} - W_{pump} - W_{humd} \tag{7-86}$$

$$\eta_{sys} = \frac{W_{net}}{m_{H_2}^{in} LHV_{H_2}} \tag{7-87}$$

式中，$W_{net}$ 为系统净功率，W；$W_{stack}$、$W_{comp}$、$W_{fan}$、$W_{pump}$、$W_{humd}$ 分别为电堆、空气压缩机、冷却风扇、泵、加湿器的功率，W；$\eta_{sys}$ 为系统能量效率，$m_{H_2}^{in}$ 为流入系统氢气的质量流量，$kg \cdot s^{-1}$；$LHV_{H_2}$ 为氢气的低热值，$J \cdot kg^{-1}$。

能量分析法具有简单、直观、物理意义明确及便于使用的特点，长期以来都是系统热力学分析的基础，但是这种分析方法不能反映出不同品质的能量在质量上的差异，具有一定的局限性。

### 7.3.2 㶲分析法

采用能量分析法时，只能单纯地从能量的数量方面进行评价，并不能充分考虑能量品质对实际利用的影响，不能兼顾能量的数量和质量两方面，这可能导致一些错误的判断，因此出现了㶲平衡分析法。㶲常用来描述能量的可用性，它表示能量中所包含的可以转化为功的能量数值大小，㶲分析法基于热力学第一定律和第二定律，能够反映能量在传递转换的过程中数量和质量的变化关系，从而说明热力过程的完善程度。

需要注意的是，虽然㶲分析法和能量分析法有相似之处，不过实际上两者有很大的差异。在㶲分析法中，所研究的都是㶲的相对值，即相对于标准环境的热力学状态的相对值，因此我们首先要定义一个标准环境状况，之后所有的计算都是在这个标准环境的基础上分析的，如果一个系统中所有物质的热力学状态和标准环境一致，那么这个系统的㶲值为零，即该系统没有做功的能力。标准状况通常取为 25℃，1atm，表 7.7 中给出了标准环境状况下气体成分的情况，该表仅用于计算气体㶲，在系统的其他模型中不再作为参考。

表 7.7 标准环境气体组成以及各气体的㶲值

| 组分 | $N_2$ | $O_2$ | $H_2O$ | $CO_2$ | 其他 |
| --- | --- | --- | --- | --- | --- |
| 摩尔分数 | 0.7560 | 0.2034 | 0.0312 | 0.0003 | 0.0091 |
| 分压力/kPa | 76.602 | 20.609 | 3.161 | 0.030 | 0.922 |
| 㶲/($kJ\cdot kmol^{-1}$) | 693.26 | 3947.72 | 8594.90 | 20107.51 | 11649.16 |

根据定义不同，㶲可分为如下四类：功的㶲、热量的㶲、物理㶲及化学㶲，接下来介绍每部分㶲的计算方法：

功的㶲是指从所处状态到与环境相平衡状态的可逆过程中，对外界做出的最大有用功，因此功的值和㶲的值是相同的。

$$Ex_{\mathrm{W}} = W \tag{7-88}$$

热量的㶲可由卡诺定律得到，设卡诺热机在温度为 $T$ 的高温热源和温度为 $T_0$ 的低温热源之间工作，从高温热源吸热 $Q$，对外做功 $W$，则热量的㶲为

$$Ex_{\mathrm{Q}} = W = \left(1-\frac{T_0}{T}\right)Q \tag{7-89}$$

当研究的系统不涉及化学反应时，常常选取不完全平衡的环境状态作为基准状态，此时系统能量所具有的㶲称为物理㶲。物理㶲仅涉及温差和压差，不涉及系统的组分和成分。用 $Ex_i^{\mathrm{ph}}$ 表示系统的物理㶲：

$$Ex_i^{\mathrm{ph}} = (h-h_0)_i - T_0(S-S_0)_i \tag{7-90}$$

当研究的系统涉及化学反应时，常取完全平衡状态作为基准状态，化学㶲是系统在标准环境状态下因化学不平衡所具有的㶲。物质 $i$ 在系统中的化学㶲可以表示 $Ex_i^{\mathrm{ch}}$ 为

$$Ex_i^{\mathrm{ch}} = x_i\left(\mu_i^0 - \mu_i^{00}\right) \tag{7-91}$$

式中，$x_i$ 为物质 $i$ 的摩尔分数；$\mu_i^0$ 为物质 $i$ 在参考温度和压力分别为标准环境的化学㶲，而 $\mu_i^{00}$ 为物质 $i$ 在表 7.7 中的㶲值。

对于系统来说，其㶲平衡方程和㶲效率可以用下列方程表示：

$$\sum_i m_i Ex_i^{\mathrm{in}} - \sum_j m_j Ex_j^{\mathrm{out}} - \left(1-\frac{T_0}{T_{\mathrm{stack}}}\right)Q_{\mathrm{loss}} - W_{\mathrm{net}} - Ex_{\mathrm{des}}^{\mathrm{sys}} = 0 \tag{7-92}$$

$$\psi_{sys} = \frac{W_{net}}{m_{H_2}^{in} Ex_{H_2}^{in}} \tag{7-93}$$

式中，$Q_{loss}$ 为从电堆向环境散失的热量；$Ex_{des}^{sys}$ 为整个系统的㶲损失，即整个系统的不可逆损失；$\psi_{sys}$ 为系统的㶲效率；$Ex_i^{in}$ 为进入系统的物质的㶲值；$Ex_j^{out}$ 为离开系统的物质的㶲值；$W_{net}$ 表示输出的净功率。

借助于能量分析法与㶲分析法，我们能够清晰地计算出燃料电池系统的能量流动规律及各辅助设备的㶲收支、利用及损失情况，给出系统的能量转换效率并分析能量利用的合理性，从而给出系统中关键设备对能量利用的影响规律，不仅从能量的数量，而且从能量的品质两个方面，共同优化系统的性能表现。

## 7.4　系统控制策略与故障规律

### 7.4.1　控制策略

燃料电池汽车动力系统是一个典型的多输入、多输出、非线性强耦合复杂系统，目前已有学者对系统控制进行了研究[57,56,60,59,62]，但是大部分研究仅仅聚焦于单个变量或子系统的控制，缺乏从系统整体角度的探索分析[70,71]。

针对系统而言，氢气流量、空气流量、加湿程度及温度等都需要合理的控制，目前主要的控制策略有比例积分微分(proportion-integral-derivative，PID)控制、鲁棒控制、模糊控制、人工神经网络控制、预测控制等，下面进行简要的介绍。

#### 1. PID 控制

PID 控制系统由控制器和被控对象组成，控制的特点是只需对控制器参数，即比例系数 $K_p$、积分系数 $K_I$ 和微分系数 $K_D$ 进行调整，就可获得满意的结果。PID 控制的基础是比例控制、积分控制可消除稳态误差，但可能增加超调，微分控制可加快系统响应速度以及减弱超调趋势。

控制器偏差为

$$e(t) = r(t) - y(t) \tag{7-94}$$

控制器时域输出 $u(t)$方程为

$$u(t) = K_p e(t) + K_I \int e(t) dt + K_D \frac{de(t)}{dt} \tag{7-95}$$

PID 控制器的参数整定是控制系统设计的核心内容，其目的是设法使控制器的特性和被控对象配合好，以便得到最佳控制效果。由式 7-95 可知，各项系数的调整只影响对应项的变化，这一线性叠加原理给控制带来极大的方便，当被控对象参数变化时，可通过调整控制器相应参数进行校正，使系统获得满意的效果，这样算法简单、计算量小，且控制准确，但是 PID 在控制非线性、时变、耦合及参数和结构不确定的复杂过程时，控制效果可能并不理想。

2. 鲁棒控制

所谓“鲁棒性”，是指控制系统在一定的参数摄动下，维持某些性能不变的特性。以闭环系统的鲁棒性作为设计目标得到的固定控制器称为鲁棒控制器。由于外部干扰以及建模误差的缘故，实际控制过程的精确模型很难得到，而系统的各种故障也将导致模型的不确定性，所以不确定性在控制系统中广泛存在。鲁棒控制的任务是设计一个固定控制器，使相应的闭环系统在制定不确定性扰动下仍能维持预期的性能。

3. 模糊控制

模糊控制的功能是根据系统状态变量的观测或测量值计算出作用变量的值，其结构由输入通道、模糊控制器、输出通道、执行机构与被控对象组成，其中模糊控制器是组成模糊控制系统的核心部分。模糊控制相对于传统控制技术具有无须知道被控对象的数学模型、对被控对象的参数变化有较强的鲁棒性、响应速度快、对外界的干扰有较强的抑制能力，尤其适用于非线性、时变及纯滞后系统。除了传统的经典模糊控制，模糊自适应控制、神经模糊控制、多变量模糊控制等新型控制策略也逐渐受到越来越多的关注[73]。

4. 人工神经网络

人工神经网络(artificial neural network)是模仿人脑神经网络结构和功能而建立的一种信息处理系统，可实现复杂的逻辑操作。神经网络控制的核心在于，采用人工神经网络的方法基于大量的实验数据建立相应的数学模型，再通过模型进行控制。神经网络以其并行处理、自适应性强、能以任意精度逼近任意复杂的非线性映射、具有良好的学习、归纳和泛化能力等特点倍受控制领域应用者的青睐，随着神经网络的进一步发展，各种基于神经网络的控制算法也将更加准确、更加成熟。

5. 预测控制

预测控制是一种基于模型的优化控制算法，就像人类先根据头脑中对外部世界的了解，然后通过快速思维不断比较各种方案有可能造成的后果，对比各种方案从中择优予以实施，其控制过程包括 3 部分：模型预测、滚动优化和反馈校正。

由于预测控制采用多步测试、滚动优化和反馈校正的控制策略，能够使模型失配、畸变、干扰等引起的不确定性及时得到弥补，从而得到较好的动态控制性能，预测控制适用于不易建立精确数学模型且比较复杂的工业过程，且控制效果好。

燃料电池系统具有滞后性、时变性、非线性、不确定性等特点，如果仅采用传统的控制方法来建立控制模型，可能无法得到良好的效果，因而越来越多的研究者开始研究运用更加智能的新型算法或基于模型的优化控制方向进行系统水热管理，其不光要实现多输入/多输出的复杂耦合控制，还需具备可操作性、耐久性和经济性。

### 7.4.2 故障规律

系统的故障种类较多，故障原因也多种多样，目前故障诊断系统大多是基于系统运行状态的检测与报警[74]，本节对于各子系统的故障描述及原因进行简要的介绍。

1. 燃料电池堆

电堆常见的故障包括由于质子交换膜过干或者发生水淹造成的输出性能下降、气体供应不足导致的碳腐蚀、阴阳极压差过大造成的膜穿孔、氢气纯度不高导致的催化剂中毒、电堆运行温度过高导致的膜电极材料受损、电堆中个别单电池损坏、电堆装配时气密性不好从而导致漏气问题等，上述故障可以通过检测器检测到的信号进行判断(电压、电流、质量流量、温度、压强等)。电堆内部的传热传质过程复杂且多物理量耦合作用机理强，针对电堆的故障分布规律及作用机理目前尚不透彻[75]，其故障诊断在系统诊断中占据非常重要的位置。

2. 气体供给系统

氢气供给系统常见的故障包括管道破裂或阀门关闭不严造成的氢气泄漏问题、电磁阀开闭失效、氮气及液态水堆积造成的输出电压下降、负载变化时氢气供给不足、氢气循环泵故障等问题，由于氢气是无色无味易燃易爆气体，所以阳极供气系统的故障诊断对于整车运行的安全性非常重要；空气供给系统常见的故障包括空气过滤器破损导致颗粒物的进入、进气管道堵塞、空气压缩机的非正常工作、变载工况下气体供给不足等问题，其供给系统复杂程度高于阳极，供给系统故障对于系统寿命有着严重影响。

3. 加湿系统

加湿系统常见的故障包括进气湿度不够导致电堆中膜干、进气湿度过大导致水淹等问题，此外，加湿器本身的故障如喷雾加湿中喷嘴的失效、焓轮加湿中焓轮本身材料的破损也会引发加湿系统的故障。

4. 热管理系统

热管理系统常见的故障包括冷却液流量不够导致电堆温度过高、电堆中单电池之间温度过大、冷却水泵故障、冷却水箱破损或缺水、冷却液电导率过高、冷却风扇故障、大负荷下散热器散热能力不足等，热管理系统故障严重影响了电堆输出性能及使用寿命，因而系统的热管理非常关键。

5. 控制系统

控制系统常见的故障包括电压变换器破坏、传感器失效、线路损坏、燃料电池堆超负荷运行、电磁干扰、软件故障等，当故障严重时，控制系统应该强制关闭燃料电池系统，避免损坏的扩大。

燃料电池系统构成复杂，各辅助子系统之前耦合性强，因而系统故障具有不确定性及强耦合性，子系统的故障若得不到及时处理，可能扩展到整个系统，从而造成严重的影响甚至危及人员安全，而目前国内外对于故障诊断方面的研究远不够成熟，燃料电池系统故障诊断研究需要更加深入的研究。

## 本 章 小 结

典型的质子交换膜燃料电池系统由燃料电池堆、气体供给系统、加湿系统与热管理系统等组成，各辅助子系统之间的协调配合，保证了电堆的稳定高效工作。

气体供给系统既要满足复杂工况下的供气需求，又要尽可能地提高燃料利用率，降低辅助设备的能耗。加湿技术主要有自增湿、内增湿和外增湿三种，其中外增湿技术方法简单、便于安装和维护，因而广泛应用于实际系统中，但是自增湿技术能够极大降低系统复杂程度，是加湿技术重要的发展方向。热管理系统旨在控制和优化热量传递过程，减少废热排放，提高能源利用效率，改善整个动力系统的性能，并且改善系统的低温启动能力。燃料电池与辅助动力源混合驱动是目前比较流行的燃料电池汽车动力构成形式，其不仅能够改善系统的工作性能及耐久性，而且有利于降低整车成本。

本章针对膜加湿器模型，电化学氢气泵模型，空气压缩机模型与散热器模型介绍了详细的模型搭建方法，并且介绍了系统仿真模型的部分结果。借助于能量分析法与㶲分析法，我们能够清晰地获取系统的能量流动规律以及各辅助设备的㶲收支、利用及损失情况，给出系统的能量转换效率并分析能量利用的合理性。系统的水热管理控制问题目前已有一定的研究，但是大部分研究仅仅聚焦于单个变量或子系统，缺乏从系统整体层面的探索分析，而子系统之间的强耦合性，导致系统层面的水热管理、瞬态响应及控制策略变得极其复杂，相关研究需要进一步持续深入。

## 参考文献


[1] 衣宝廉. 燃料电池——原理·技术·应用[M]. 北京: 化学工业出版社, 2003.

[2] 何洪文, 等. 电动汽车原理与构造[M]. 北京: 机械工业出版社, 2012.

[3] 侯明, 衣宝廉. 燃料电池关键技术[J]. 科技导报, 2016, 34(6): 52-61.

[4] 木崎干士. 丰田燃料电池系统“TFCS”[J]. 国外内燃机, 2017, 2: 24-29.

[5] 刘坚, 钟财富. 我国氢能发展现状与前景展望[J]. 中国能源, 2019, 41(2): 32-36.

[6] 李庆勋, 刘晓彤, 等. 大规模工业制氢工艺技术及其经济性比较[J]. 天然气化工(C1 化学与化工), 2015, 40(1): 78-82.

[7] Chaubey R, Sahu S, James O O, et al. A review on development of industrial processes and emerging techniques for production of hydrogen from renewable and sustainable sources[J]. Renewable and Sustainable Energy Reviews, 2013, 23: 443-462.

[8] Dincer I, Acar C. Review and evaluation of hydrogen production methods for better sustainability[J]. International Journal of Hydrogen Energy, 2015, 40(34): 11094-11111.

[9] 王永锋, 张雷. 氢气提纯工艺及技术选择[J]. 化工设计, 2015, 25(2): 14-17.

[10] Sanders D F, Smith Z P, Guo R, et al. Energy-efficient polymeric gas separation membranes for a sustainable future: A review[J]. Polymer, 2013, 54(18): 4729-4761.

[11] Rahimpour M R, Samimi F, Babapoor A, et al. Palladium membranes applications in reaction systems for hydrogen separation and purification: A review[J]. Chemical Engineering and Processing: Process Intensification, 2017, 121: 24-49.

[12] Durbin D J, Malardier-Jugroot C. Review of hydrogen storage techniques for on board vehicle applications[J]. International Journal of Hydrogen Energy, 2013, 38(34): 14595-14617.

[13] Outline of the Mirai. [EB/OL]. [2020-01-01]https://www.toyota-europe.com/download/cms/euen/Toyota%20Mirai%20FCV_Posters_LR_tcm-11-564265.pdf.

[14] 王艳艳, 徐丽, 李星国. 氢气储能与发电开发[M]. 北京: 化学工业出版社, 2017.

[15] He T, Pachfule P, Wu H, et al. Hydrogen carriers[J]. Nature Reviews Materials, 2016, 1(12): 16059.

[16] Zheng J, Liu X, Xu P, et al. Development of high pressure gaseous hydrogen storage technologies[J]. International Journal of Hydrogen Energy, 2012, 37(1): 1048-1057.

[17] Baik K D, Kim M S. Characterization of nitrogen gas crossover through the membrane in proton-exchange membrane fuel cells[J]. International Journal of Hydrogen Energy, 2011, 36(1): 732-739.

[18] Rabbani A, Rokni M. Effect of nitrogen crossover on purging strategy in PEM fuel cell systems[J]. Applied Energy, 2013, 111: 1061-1070.

[19] Chen Y S, Yang C W, Lee J Y. Implementation and evaluation for anode purging of a fuel cell based on nitrogen concentration[J]. Applied Energy, 2014, 113: 1519-1524.

[20] Tsai S W, Chen Y S. A mathematical model to study the energy efficiency of a proton exchange membrane fuel cell with a dead-ended anode[J]. Applied Energy, 2017, 188: 151-159.

[21] Hwang J J. Effect of hydrogen delivery schemes on fuel cell efficiency[J]. Journal of Power Sources, 2013, 239: 54-63.

[22] 范明哲. PEMFC 阳极氢气回流装置模拟与优化研究[D]. 天津: 天津大学, 2015.

[23] Dadvar M, Afshari E. Analysis of design parameters in anodic recirculation system based on ejector technology for PEM fuel cells: A new approach in designing[J]. International Journal of Hydrogen Energy, 2014, 39(23): 12061-12073.

[24] 南泽群, 许思传, 章道彪, 刘文熙. 车用 PEMFC 系统氢气供应系统发展现状及展望[J]. 电源技术, 2016, 40(08): 1726-1730.

[25] 杨洋. 基于质子交换膜的电化学氢泵的研究[D]. 哈尔滨: 哈尔滨工程大学, 2012.

[26] Abdulla A, Laney K, Padilla M, et al. Efficiency of hydrogen recovery from reformate with a polymer electrolyte hydrogen pump[J]. AIChE Journal, 2011, 57(7): 1767-1779.

[27] Barbir F, Görgün H. Electrochemical hydrogen pump for recirculation of hydrogen in a fuel cell stack[J]. Journal of Applied Electrochemistry, 2007, 37(3): 359-365.

[28] Chang Y, Qin Y, Yin Y, et al. Humidification strategy for polymer electrolyte membrane fuel cells–A review[J]. Applied energy, 2018, 230: 643-662.

[29] 杨博. 燃料电池多孔介质增湿器的研究[D]. 天津: 天津大学, 2013.

[30] 王琦. PEMFC 多孔碳板加湿器设计及其试验研究[D]. 武汉: 武汉理工大学, 2011.

[31] 饶中浩, 张国庆. 电池热管理[M]. 北京: 科学出版社, 2015.

[32] Islam M R, Shabani B, Rosengarten G, et al. The potential of using nanofluids in PEM fuel cell cooling systems: A review[J]. Renewable and Sustainable Energy Reviews, 2015, 48: 523-539.

[33] 李晓光. 汽车百叶窗翅片式散热器性能数值模拟与风洞实验研究[D]. 天津: 天津大学, 2012.

[34] Luo Y, Jiao K. Cold start of proton exchange membrane fuel cell[J]. Progress in Energy and Combustion Science, 2018, 64: 29-61.

[35] 常国锋, 曾辉杰, 许思传. 燃料电池汽车热管理系统研究[J]. 汽车工程, 2015, 37(8): 959-963.

[36] Guo Y F, Chen H C, Wang F C. The development of a hybrid PEMFC power system[J]. International Journal of Hydrogen Energy, 2015, 40(13): 4630-4640.

[37] 薛珂. 燃料电池混合能源系统交错并联技术和滑模变结构控制算法研究[D]. 天津: 天津理工大学, 2017.

[38] 崔胜民. 新能源汽车技术解析[M]. 北京: 化学工业出版社, 2016.

[39] 严涛. 三维镍/钴电极材料的构建及超级电容性能研究[D]. 江苏: 江南大学, 2016.

[40] 米晓彦, 等. 新能源汽车技术[M]. 北京: 航空工业出版社, 2017.

[41] 宋子由. 客车用锂电池/超级电容复合储能系统的优化与控制[D]. 北京: 清华大学, 2016.

[42] Sulaiman N, Hannan M A, Mohamed A, et al. A review on energy management system for fuel cell hybrid electric vehicle: Issues and challenges[J]. Renewable and Sustainable Energy Reviews, 2015, 52: 802-814.

[43] Cahalan T, Rehfeldt S, Bauer M, et al. Experimental set-up for analysis of membranes used in external membrane humidification of PEM fuel cells[J]. International Journal of Hydrogen Energy, 2016, 41: 13666-13677.

[44] Dilek Nur Ozen, et al. Effects of operation temperature and reactant gas humidity levels on performance of PEM fuel cells[J]. Renewable and Sustainable Energy Reviews, 2016, 59: 1298-1306.

[45] Ramya K, Sreenivas J, Dhathathreyan K S, et al. Study of a porous membrane humidification method in polymer electrolyte fuel cells[J]. International Journal of Hydrogen Energy, 2011, 36: 14866-14872.

[46] Yu S, Im S, Kim S, et al. A parametric study of the performance of a planar membrane humidifier with a heat and mass exchanger model for design optimization[J]. International Journal of Heat and Mass Transfer, 2011, 54(7-8): 1344-1351.

[47] Park S, Jung D. Effect of operating parameters on dynamic response of water-to-gas membrane humidifier for proton exchange membrane fuel cell vehicle[J]. International Journal of Hydrogen Energy, 2013, 38(17): 7114-7125.

[48] Bhatia D, Sabharwal M, Duelk C. Analytical model of a membrane humidifier for polymer electrolyte membrane fuel cell systems[J]. International Journal of Heat and Mass Transfer, 2013, 58(1-2): 702-717.

[49] Houreh N B, Afshari E. Three-dimensional CFD modeling of a planar membrane humidifier for PEM fuel cell systems[J]. International Journal of Hydrogen Energy, 2014, 39(27): 14969-14979.

[50] Afshari E, Houreh N B. Performance analysis of a membrane humidifier containing porous metal foam as flow distributor in a PEM fuel cell system[J]. Energy Conversion and Management, 2014, 88: 612-621.

[51] (美)奥海尔, 等. 燃料电池基础[M]. 北京: 电子工业出版社, 2007.

[52] Kadylak D, Mérida W. Experimental verification of a membrane humidifier model based on the effectiveness method[J]. Journal of Power Sources, 2010, 195(10): 3166-3175.

[53] Pukrushpan J T, Stefanopoulou A G, Peng H. Control of fuel cell breathing[J]. IEEE Control Systems, 2004, 24(2): 30-46.

[54] Suh K W. Modeling, analysis and control of fuel cell hybrid power systems[D]. Department of Mechanical Engineering, The University of Michigan, 2006.

[55] Talj R J, Ortega R, Hilairet M. A controller tuning methodology for the air supply system of a PEM fuel-cell system with guaranteed stability properties[J]. International Journal of Control, 2009, 82(9): 1706-1719.

[56] 王凡. 燃料电池进气控制系统[D]. 浙江: 浙江大学, 2016.

[57] Wang Y X, Xuan D J, Kim Y B. Design and experimental implementation of time delay control for air supply in a polymer electrolyte membrane fuel cell system[J]. International Journal of Hydrogen Energy, 2013, 38(30): 13381-13392.

[58] Liu Z, Li L, Ding Y, et al. Modeling and control of an air supply system for a heavy duty PEMFC engine[J]. International Journal of Hydrogen Energy, 2016, 41(36): 16230-16239.

[59] 李伦. 机车 PEMFC 空气系统优化研究[D]. 成都: 西南交通大学, 2017.

[60] 张杰夫. 机车燃料电池阴极系统建模及其控制[D]. 成都: 西南交通大学, 2016.

[61] 邓志洪. 车用燃料电池无油高速空压机模拟实验台设计及实验研究[D]. 湖南: 湖南大学, 2016.

[62] Ebadighajari A, De Vaal J, Golnaraghi F. Optimal control of fuel over-pressure in a polymer electrolyte membrane fuel cell system during load change[C]. American Control Conference, 2015. IEEE, 2015: 3236-3241.

[63] 杨世铭, 陶文铨. 传热学[M]. 北京: 高等教育出版社, 2013: 484-490.

[64] 石美中, 王中铮. 热交换器原理与设计[M]. 南京: 东南大学出版社, 2014: 10-15.

[65] 刘纪福. 翅片管换热器的原理与设计[M]. 哈尔滨: 哈尔滨工业大学出版社, 2013: 46-49.

[66] Wang C C. A generalized heat transfer correlation for louver fin geometry[J]. Elsevier Science, 1997, 40(3): 533-544.

[67] 任庆鑫. 换热器特征结构设计及其拓展模拟方法研究[D]. 吉林: 吉林大学, 2017.

[68] Yang Z, Du Q, Jia Z, et al. Effects of operating conditions on water and heat management by a transient multi-dimensional PEMFC system model[J]. Energy, 2019, 183: 462-476.

[69] Yang Z, Du Q, Jia Z, et al. A comprehensive proton exchange membrane fuel cell system model integrating various auxiliary subsystems[J]. Applied Energy, 2019, 256: 113959.

[70] 张立炎, 全书海. 燃料电池系统建模与优化控制[M]. 北京: 电子工业出版社, 2011.

[71] (美)北勾. 刘通译. 燃料电池模拟、控制和应用[M]. 北京: 机械工业出版社, 2011.

[72] 王勇. 空冷型 PEMFC 启停策略研究[D]. 成都: 西南交通大学, 2017.

[73] 徐陈锋. 基于自适应模糊策略的燃料电池车混合动力系统控制[D]. 浙江: 浙江大学, 2017.

[74] 全睿. 车用燃料电池系统故障诊断与维护若干关键问题研究[D]. 武汉: 武汉理工大学, 2011.
[75] 陈维荣, 刘嘉蔚, 李奇, 等. 质子交换膜燃料电池故障诊断方法综述及展望[J]. 中国电机工程学报, 2017, 37(16): 4712-4721.

## 习题与实战

已知燃料电池堆由 400 片有效面积为 $150cm^2$ 的单电池组成，空气按照化学计量比 3.0 进气，阴极工作压强为 1.5atm，采用前文介绍中的 Roterx C15 系列离心式空气压缩机，空压机入口温度为 25℃，初始转速为 100KRPM，电堆的工作电流密度如下图所示，空压机的控制策略采用基本的 PID 控制，PID 参数分别为 $K_P$=1.2，$K_I$=10，$K_D$=10，计算当负载变化时，空压机的实际质量流量，若该组 PID 参数控制效果不佳，请进行适当的优化。本书提供了一套实现该控制的 C++代码(代码见附录第 7 章)。

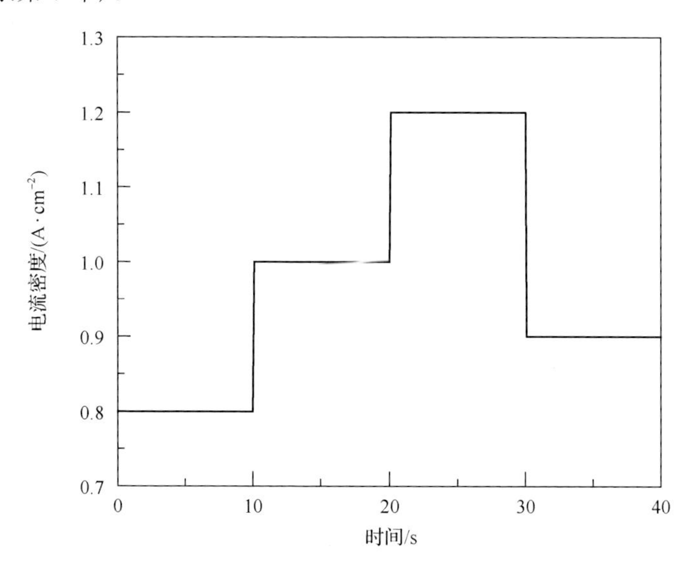


燃料电池堆工作电流密度变化趋势图

# 第 8 章　总结与展望

自 21 世纪初，质子交换膜燃料电池技术及产业化都取得了可观的进展，氢能和燃料电池技术也在全世界被广泛认可，世界多家汽车厂商如丰田、本田、现代、上汽等均启动了明确的燃料电池汽车发展计划，并推出了多款量产化的燃料电池汽车产品[1-4]。在可预见的未来，氢能和燃料电池必将在世界能源领域占据重要的地位。

近年来，质子交换膜燃料电池的电流密度、输出功率、耐久性等持续提高，冷启动成功温度、成本等不断降低，装机总量快速增长。国内也涌现出大量优秀的燃料电池产业相关企业，涵盖整车厂、系统及电堆整机厂、部件及材料厂商和系统辅助部件厂商等。这些积极的信号也都标志着当下正处于质子交换膜燃料电池大规模产业化的关键阶段，但是，显然质子交换膜燃料电池仍存在不少的技术问题有待突破。

目前国内高性能质子交换膜燃料电池的性能，在 0.65V 电压下输出电流密度约为 $1.6\mathrm{A\cdot cm^{-2}}$，其对应的电堆功率密度约为 $3\mathrm{kW\cdot L^{-1}}$，而燃料电池系统的整体功率密度为 $600\mathrm{W\cdot L^{-1}}$，车辆驾驶循环工况中耐久性可达 5000 小时。由美国能源部(Department of Energy，DOE)发布的氢能与燃料电池发展计划，预计未来 80kW 级车用燃料电池系统的功率密度终极目标为 $850\mathrm{W\cdot L^{-1}}$[5]。由日本经济产业省发布的氢能与燃料电池发展计划中，提出目前质子交换膜燃料电池堆的功率密度为 $3\mathrm{kW\cdot L^{-1}}$，预计 2030 年功率密度达到 $6\mathrm{kW\cdot L^{-1}}$，贵金属铂的使用量降至 $0.1\mathrm{g\cdot kW^{-1}}$[6]。由欧盟燃料电池与氢能联盟(Fuel Cells and Hydrogen 2 Joint Undertaking，FCH 2JU)中对车用质子交换膜燃料电池的 2024 年发展目标提出了具体的指标，电池操作电流密度达 $2.7\mathrm{A\cdot cm^{-2}}$，电堆功率密度达 $9.3\mathrm{kW\cdot L^{-1}}$，贵金属铂载量低至 $0.08\mathrm{mg\cdot cm^{-2}}$，耐久性可达 6000h[7]。

总体而言，只有进一步提升质子交换膜燃料电池的性能，提高耐久性并降低成本，才有望实现更大规模的商业化。从水热管理角度，质子交换膜燃料电池各层面的未来发展趋势如下。

(1) 膜电极及部件。全氟磺酸膜仍将是未来质子交换膜的主要材料，但能将电池操作温度提升至 100℃以上以摆脱电池内两相流所带来问题具有十分重要的意义，因此膜的温度耐受性有待进一步提升。此外提升膜的机械性、降低膜厚度并保证低湿度下的高电导率也是膜材料发展的重要方向。对于催化层来说，电池温度的升高会加速催化层的衰减和催化剂的聚集，这个问题也必须加以解决。尽管未来催化剂中铂用量有待进一步降低，但考虑到铂的有效回收性，铂基催化剂仍将是未来的主流，而目前的制备方式难以有效控制膜电极内催化剂和电解质的分布，膜电极制备的随机性加重了电堆的不可靠性，因此开发有序化膜电极十分必要。

(2) 双极板。双极板设计包括传统沟-脊流场、三维流场、泡沫流场等。尽管精细化流场(如精细化三维流场)在传热、传质、导电等性能上均较传统流场有大幅提升，但其对精细化加工的要求导致成本升高，此外，泡沫材料尚未解决耐久性等问题，这些均限制了新型流场的应用。提出一种既能有效加强供气、保证排水性且压降适当，并对精细化加工无过高要求的双极板设计，将是未来双极板发展的重要思路。对于流场材料，石墨板与金属板均受到广泛认可，可批量加工的石墨板适用于对功率密度要求相对不敏感的分布式电站或商用车用途，而金属板更适用于对功率密度要求更高的乘用车。对于金属板的材料，不锈钢由于其在成本上的优势，仍将是未来的主流。同时双极板高效且低成本的镀层也是双极板制备中的一项重点。

(3) 电堆设计。目前由片状单电池堆叠而成的电堆设计总体受到行业内的广泛认可。良好的装配是电堆能够高性能、长寿命运行的基本条件，具体包括合理的装配方法和紧固件设计与布置，以保证长期有效且大小适合的紧固力。预计未来电池理想的运行温度将上升至 105℃左右，电堆所需的冷却负荷也将有所下降，但电堆冷却仍然是电堆设计中的一大难点。探索适用于不同功率和冷却负荷的高效、低成本、简单结构的冷却方式是未来电堆设计中的要点，除对传统车用水冷流道设计进行优化外，如何将如纳米流体换热、相变材料换热等换热方式应用于电堆中亦存在广阔的前景。

(4) 系统设计。燃料电池系统中核心水热辅助部件包括氢气罐、空压机、氢气循环泵、引射器及外部增湿器等。目前燃料电池系统辅助部件(balance of plant，BoP)约占整个系统成本的一半，但总体而言，辅助部件设计与开发不存在类似于电堆的显著技术障碍，随着整个产业链的完善发展以及产量的增加，辅助部件的成本问题也将显著下降。如前所述，系统整体的升功率密度和质量功率密度在未来仍需提高，为实现相关突破，在实际中需要选择适合系统或电堆的辅助部件配置，在平衡电堆输出性能、系统整体紧凑性以及成本中进行优化。

“十三五”期间，我国在燃料电池基础研究和产业化发展等方面进展显著，产业链已初步形成。“十四五”将是我国相关技术和产业实现从跟跑到并跑转换的关键时期。相关科研人员和技术人员应抢抓机遇，勇于创新，勤奋工作，密切协作，为整个燃料电池行业的发展和技术进步做出贡献。

## 参考文献

[1] 2019 TOYOTA MIRAI fuel cell electric vehicle[EB/OL]. [2020-01-01]https://ssl.toyota.com/mirai/fcv.html.

[2] Honda's vision of the future of cars[EB/OL]. [2020-01-01]https://global.honda/innovation/FuelCell.html.
[3] The all-new NEXO[EB/OL]. [2020-01-01]https://www.hyundai.com/eu/models/nexo.html.
[4] 上汽集团燃料电池汽车发展[EB/OL]. [2020-01-01]https://www.angloamericanplatinum.com/～/media/Files/A/Anglo-American-Platinum/presentations-and-speeches/development-of-saic-fuel-cell-vehicles-14-nov-2018.pdf.
[5] 2016 fuel cell section[EB/OL]. [2020-01-01]https://www.energy.gov/eere/fuelcells/fuel-cell-technologies-office.
[6] 水素・燃料電池技術開発戦略（概要）[EB/OL]. [2020-01-01]https://www.meti.go.jp/press/2019/09/20190918002/20190918002.html.
[7] Fuel cells and hydrogen 2 joint undertaking（fch 2 ju）2019 annual work plan and budget[EB/OL]. [2020-01-01]https://www.fch.europa.eu/.

# 附　　录

## 第 4 章　习题与实战程序

```
#include <stdio.h>//声明标准输入输出头文件
#include <stdlib.h>//声明标准库函数头文件
#include <time.h>//声明日期和时间头文件
#include <malloc.h>//声明动态存储分配函数头文件
#include <math.h>//声明数学函数库头文件
#define L 28                    //through-plane方向格点数目
#define H 358                   //in-plane方向格点数目
#define W 358                   //in-plane方向格点数目
#define N L*H*W                 //总格点数目
#define RR 0.5                  //格子单位下的纤维半径
#define NLAYER 28               //纤维层数量
int* boundary;                  //定义存储纤维结构数据的数组
int getIndex(int x, int y, int z)   //格点坐标
{
    return y * W * L + z * L + x;
}
void output1()                  //输出纤维结构数组(用于计算)
{
    char dataFileName[255];
    FILE *dataFile;
    sprintf(dataFileName, "gdl1.dat");
    dataFile = fopen(dataFileName, "w");
    int qq;
    for (int k = 0; k < W; k++)
    {
        for (int j = 0; j < H; j++)
        {
            for (int i = 0; i < L; i++)
            {
                qq = getIndex(i, j, k);
                fprintf(dataFile, "%d ", boundary[qq]);
                fprintf(dataFile, "\n");
            }
```

```
        }
    }
}
void output2()                    //输出纤维结构数组(用于可视化或后处理)
{
    char dataFileName[255];
    FILE *dataFile;
    sprintf(dataFileName, "gdl2.dat");
    dataFile = fopen(dataFileName, "w");
    fprintf(dataFile, "VARIBLES=\"X\",\"Y\",\"Z\",\"b\"");
    fprintf(dataFile, "\n");
    fprintf(dataFile, "ZONE I="); fprintf(dataFile, "%d", L); fprintf(dataFile, ", ");
fprintf(dataFile, "J="); fprintf(dataFile, "%d ", H); fprintf(dataFile, ", ");
fprintf(dataFile,"K=");fprintf(dataFile,"%d",W);fprintf(dataFile,"F=\"POINT\"");
fprintf(dataFile, "\n");
    int qq;
    for (int k = 0; k < W; k++)
    {
        for (int j = 0; j < H; j++)
        {
            for (int i = 0; i < L; i++)
            {
                qq = getIndex(i, j, k);
                fprintf(dataFile,"%d",i);fprintf(dataFile,"%d",j);fprintf(dataFile,
"%d ", k); fprintf(dataFile, "%d ", boundary[qq]);
                fprintf(dataFile, "\n");
            }
        }
    }
}
void generate_Fiber()                    //定义纤维结构生成函数
{
    // srand((unsigned)time(NULL));
    float a[NLAYER] = {0, 1, 2, 3, 4, 5, 6, 7, 8, 9, 10, 11, 12, 13, 14, 15, 16, 17,
18, 19, 20, 21, 22, 23, 24, 25, 26, 27};     //纤维层厚度方向坐标
    float Pf[NLAYER] = {0.91680, 0.91396, 0.78624, 0.62942, 0.57870, 0.59801, 0.65157,
0.72290,0.74092,0.74221,0.77105,0.80143,0.82203,0.81508,0.79860,0.80967,0.77929,
0.73809,0.74092,0.73397,0.67217,0.60058,0.55269,0.55938,0.65286,0.79165,0.95000,
0.98500};  //纤维层目标孔隙率
    float A, B, C, D, d;
    float xp1, yp1, zp1, xp2, yp2, zp2;
    for (int i = 0; i < NLAYER; i++)      //遍历所有纤维层
```

```
    {
        int t = 0;                          //计算步数
        int SolidF = 0;                      //初始纤维格点数目，每迭代一步更新
        float poroFiber = 1.01;              //初始纤维层孔隙率，每迭代一步更新
        while ((poroFiber - Pf[i]) >= 0.003)//判断该纤维层孔隙率是否达到目标值
        {
            t = t+1;                         //计算步数更新
            xp1 = a[i];                      //随机点 1 的 x 坐标
            yp1 = rand() % (H)+0;            //随机点 1 的 y 坐标
            zp1 = rand() % (W)+0;            //随机点 1 的 z 坐标
            xp2 = a[i];                      //随机点 2 的 x 坐标
            yp2 = rand() % (H)+0;            //随机点 2 的 y 坐标
            zp2 = rand() % (W)+0;            //随机点 2 的 z 坐标
            int x = a[i];
            D = (yp2-yp1) * (yp2-yp1) + (zp2-zp1) * (zp2-zp1);
            for (int y = 0; y < H; y++)      //遍历该纤维层每一格点
            {
                for (int z = 0; z < W; z++)
                {
                    A = (y-yp1) * (zp2-zp1) - (yp2-yp1)*(z-zp1);
                    B = (zp2-zp1) * (x-xp1);
                    C = (x-xp1) * (yp2-yp1);
                    d = sqrt(A*A+B*B+C*C) / sqrt(D);
                    if (d <= RR)   //判断该格点是否满足转换要求
                    {
                        if (boundary[getIndex(x, y, z)] == 0)
                        {
                            boundary[getIndex(x, y, z)] = 1;
                            SolidF = SolidF + 1;
                        }       //若满足，转换为纤维格点
                    }
                }
            }
            poroFiber = 100.0*(H*W-SolidF)/H/W/100.0; //当前孔隙率计算
        }
        printf("poroFiber=%f \n",poroFiber);      //显示当前孔隙率
        printf("FiberFinished=%d \n",i);
    }
}
int main(int argc, char** argv)
{
    boundary = (int*)calloc(N, sizeof(int));   //分配内存
```

```
printf("memory allocation\n");
    for (int x = 0; x < L; x++)          //数组初始化
    {
      for (int y = 0; y < H; y++)
      {
          for (int z = 0; z < W; z++)
          {
            boundary[getIndex(x, y, z)] = 0;
          }
      }
    }
    printf("boundary initial\n");
    generate_Fiber();              //执行纤维结构生成函数
    int SolidF = 0;
    for (int x = 0; x < L; x++)          //统计总的纤维格点数目
    {
        for (int y = 0; y < H; y++)
        {
            for (int z = 0; z < W; z++)
            {
                if (boundary[getIndex(x, y, z)] == 1)
                {
                    SolidF = SolidF + 1;
                }
            }
        }
    }
    printf("SolidF=%d \n",SolidF);      //显示总的纤维格点数目
    printf("porosity=%f \n",100.0*(L*H*W-SolidF)/L/H/W/100.0); //显示总孔隙率
    output1();              //执行数据输出函数
    output2();              //执行数据输出函数
    free(boundary);             //释放内存
    system("pause");
    return 0;
}
```

# 第5章　习题与实战程序

```
/*============================================================
质子交换膜燃料电池一维模型
============================================================*/
```

```
#include<iostream>
#include<math.h>
#include<fstream>
#include<stdlib.h>
#include<ctype.h>
using namespace std;
/*=================================================================
定义各参数
=================================================================*/
#define T0 353.15
double I;
#define P_in_a 1.0  //阳极进气压力 atm
#define P_in_c 1.0  //阴极进气压力 atm
#define ST_a 3.0   //阳极化学计量比
#define ST_c 3.0   //阴极化学计量比
#define RH_a_in 1.0 //阳极进气相对湿度
#define RH_c_in 1.0 //阴极进气相对湿度
#define A_in 1e-6  //流道进气截面积 m^2
#define A_act 25e-4  //反应活化面积
#define A_gdl 25e-4  //GDL层面积 5cm*5cm电池
#define A_c 12.5e-4  //沟道面积沟脊比为1
#define Sh 4.86    //舍伍德数
#define lm_a 0.2    //阳极CL层电解质体积分数
#define lm_c 0.2    //阴极CL层电解质体积分数
#define K_MEM 2.0e-18 //交换膜的液态水渗透率 m^2
#define rho_m 1980 //交换膜干态质量 kg·m^-3
#define EW 1.1      //交换膜当量质量 kg·mol^-1
#define alpha 0.5   //电化学传输系数
#define C_H2_ref 5//氢气参考浓度
#define C_O2_ref 1//氧气参考浓度
#define P0 101325.0    //标准大气压
#define Farad 96487.0  //法拉第常数
#define R_gas 8.314    //气体常数
#define Rho_l 1000.0    //液态水密度
#define MW_w 18e-3     //水分子摩尔质量
#define M_PI 3.14        //圆周率
#define Sigma_s 1500.0 //多孔层电子电导率 S·m^-1
#define Sigma_bp 20000.0  //双极板电子电导率
#define Mthick 25.4e-6 //质子交换膜厚度
#define Gthick 300.0e-6//GDL厚度
#define mthick 40.0e-6 //MPL厚度
#define Cthick 10.0e-6 //CL厚度
```

```
double thick[4] = { 3.0e-4 ,0.4e-4,0.1e-4,0.5e-4 }; //各层厚度，依次为：GDL，MPL，CL和膜
double por[3] = { 0.6,0.4,0.3 };         //各层孔隙率，依次为GDL，MPL，CL
double theta[3] = { 110,110, 100};       //各层接触角
double K0[3] = { 1.0e-12,2.5e-13,1.0e-13 }; //各层渗透率
//阴阳极各层液态水体积分数迭代变量，依次为GDL，MPL，CL，CL-PEM
double s_a[4] = { 0.1,0.1,0.1 ,0.1 };
double s_c[4] = { 0.5 ,0.5,0.5,0.5 };
double dT = T0 - 273.15;
double exponent = -2.1794 + 0.02953*dT - 9.1837e-5*dT*dT + 0.4454e-7*dT*dT*dT;
double P_sat = pow(10.0, exponent) * P0;//饱和蒸汽压
double c_sat=P_sat/R_gas/T0;     //饱和水蒸气浓度，mol·m-3
//阴阳极各层水蒸气浓度迭代变量，依次为GDL，MPL，CL，CL-PEM
double c_vap_a[4]={c_sat,c_sat,c_sat,c_sat};
double c_vap_c[4]={c_sat,c_sat,c_sat,c_sat};
double Osmotic_Drag_Coefficient(); //求解电渗拖曳系数
/*============================================================
质量传输
============================================================*/
double Get_P_sat(double T)    /* 饱和蒸汽压, Pa */
{
    double P_sat;
    double dT = T - 273.15;
    double exponent = -2.1794 + 0.02953*dT - 9.1837e-5*dT*dT + 1.4454e-7*dT*dT*dT;
    P_sat = pow(10.0, exponent) * P0;
    return P_sat;
}
double Get_C_vap_in_a(double T) /* 阳极进气水蒸气浓度, mol·m-3 */
{
    double C_sat = Get_P_sat(T) / R_gas / T;
    double C_vap_in_a = RH_a_in*C_sat;
    return C_vap_in_a;
}
double Get_C_H2_in_a(double T) /* 阳极流道入口氢气浓度, mol·m-3 */
{
    double C_gas_in_a = P_in_a*P0 / R_gas / T;
    double C_H2_in_a = C_gas_in_a - Get_C_vap_in_a(T);
    return C_H2_in_a;
}
double Get_C_H2_out_a(double T) /* 阳极流道出口氢气浓度, mol·m-3*/
{
    double C_H2_out_a = Get_C_H2_in_a(T) * (1-1.0/ST_a);
    return C_H2_out_a;
```

```
}
double Get_C_H2_ch_a(double T) /*阳极流道氢气浓度, mol·m-3*/
{
    return (Get_C_H2_in_a(T) + Get_C_H2_out_a(T)) / 2;
}
double Get_C_vap_in_c(double T) /*阴极进气水蒸气浓度, mol·m-3*/
{
    double C_sat = Get_P_sat(T) / R_gas / T;
    double C_vap_in_c = RH_c_in*C_sat;
    return C_vap_in_c;
}
double Get_C_O2_in_c(double T) /*阴极入口氧气浓度, mol·m-3*/
{
    double C_gas_in_c = P_in_c*P0 / R_gas / T;
    double C_O2_in_c = (C_gas_in_c - Get_C_vap_in_c(T))*0.21;
    return C_O2_in_c;
}
double Get_C_O2_out_c(double T) /*阴极流道出口氧气浓度, mol·m-3*/
{
    double C_O2_out_c = Get_C_O2_in_c(T) * (1-1.0/ST_c);
    return C_O2_out_c;
}
double Get_C_O2_ch_c(double T) /*阴极流道氧气浓度, mol·m-3*/
{
    return (Get_C_O2_in_c(T) + Get_C_O2_out_c(T)) / 2;
}
double Get_Sigma_l(double T) /*液态水表面张力系数*/
{
    double Sigma_l = -0.0001676*T + 0.1218;
    return Sigma_l;
}
double Get_mu_lq()    /*液态水黏度*/
{
    double mu_w;
    mu_w = 2.414e-5*pow(10, (247.8 / (T0 - 140.0)));
    return mu_w;
}
double Get_K_lq_a(int i) /*阳极渗透率,i:0.ADL 1.AMPL 2.ACL, m2*/
{
    return K0[i] * pow(s_a[i], 4);
}
double Get_K_lq_c(int i) /*阴极渗透率 ,i:0.ADL 1.AMPL 2.ACL, m2*/
```

```
{
    return K0[i] * pow(s_c[i], 4);
}
double acosh(double x) /*反双曲余弦函数*/
{
    if(x>=1) return (log(x+pow(x*x-1,0.5)));
    else return -1;
}
double Get_Diff_lq_a(double T, int i)  /*阳极各层液态水传输系数, i:0.ADL 1.AMPL 2.ACL,
m2·s-1 */
{
    return Get_K_lq_a(i) / Get_mu_lq()*Rho_l / MW_w / thick[i];
}
double Get_Diff_lq_c(double T, int i)  /*阴极各层液态水传输系数, i:0.CDL 1.CMPL 2.CCL,
m2·s-1 */
{
    return Get_K_lq_c(i) / Get_mu_lq()*Rho_l / MW_w / thick[i];
}
double Get_Diff_lq_m()  /*交换膜液态水传输系数, m2·s-1 */
{
    return K_MEM / Get_mu_lq()*Rho_l / MW_w / Mthick;
}
double Get_Diff_vap() /* 水蒸气扩散系数, m2·s-1 */
{
    return 2.982e-5*pow((T0 / 333.15), 1.5);
}
double Get_Diff_vap_a(int i) /*阴极各层水蒸气扩散系数 , i:0.ADL 1.AMPL 2.ACL, m2·s-1 */
{
    return Get_Diff_vap()*pow((por[i] * (1 - s_a[i])), 1.5);
}
double Get_Diff_vap_c(int i) /* 阳极各层水蒸气扩散系数 , i:0.CDL 1.CMPL 2.CCL, m2·s-1 */
{
    return Get_Diff_vap()*pow((por[i] * (1 - s_c[i])), 1.5);
}
double Get_Diff_H2() /* H2 扩散系数, m2·s-1 */
{
    return 1.055e-4*pow((T0 / 333.15), 1.5);
}
double Get_Diff_H2_a(int i) /* H2 有效扩散系数 , i:0.ADL 1.AMPL 2.ACL, m2·s-1 */
{
    return Get_Diff_H2()*pow((por[i] * (1 - s_a[i])), 1.5);
}
```

```
double Get_Diff_O2() /* O2扩散系数, m2·s-1 */
{
   return 2.652e-5*pow((T0 / 333.15), 1.5);
}
double Get_Diff_O2_c(int i) /* O2有效扩散系数 , i:0.CDL 1.CMPL 2.CCL, m2·s-1 */
{
   return Get_Diff_O2()*pow((por[i] * (1 - s_c[i])), 1.5);
}
double water_content(double act) /*膜内水含量 */
{
   double lam = 0.0;
   if (act >= 0.0 && act <= 1.0)
      lam = 0.043 + 17.81*act - 39.85*act*act + 36.0*act*act*act;
   if (act >= 1.0 && act <= 3.0)
      lam = 14 + 1.4*(act - 1);
   if(act>3)
   {cout<<"water content:act is big"<<endl;lam=16.8;}
   if(act<0) {cout<<"water content:act is small"<<endl;lam=0.043;}
   return lam;
}
double RH_a(int i) //计算阳极相对湿度
{
   double RH_a=c_vap_a[i]*R_gas*T0/Get_P_sat(T0);
   if(RH_a>1){cout << "error RH_a_"<<i<<":more than 1"<<endl;return 1;}
   return RH_a;
}
double RH_c(int i) //计算阴极相对湿度
{
   double RH_c=c_vap_c[i]*R_gas*T0/Get_P_sat(T0);
   if (RH_c>1){cout<<"error RH_c_"<<i<<":more than 1"<<endl;return 1;}
   return RH_c;
}
double Osmotic_Drag_Coefficient()
{
   double drag = 0.0;
   double act_a = RH_a(2) + 2 * s_a[2];
   double act_c = RH_c(2) + 2 * s_c[2];
   double lam_a = water_content(act_a);
   double lam_c = water_content(act_c);
   double lam = (lam_a + lam_c) / 2;
   drag = 2.5*lam / 22;
   return drag;
```

```
}
double Water_Membrane_Diffusivity() //计算膜态水反扩散系数
{
    double Dm;
    double act_a = RH_a(2) + 2 * s_a[2];
    double act_c = RH_c(2) + 2 * s_c[2];
    double lam_a = water_content(act_a);
    double lam_c = water_content(act_c);
    double lam = (lam_a + lam_c) / 2;
    if(lam<0.0) {cout<<"Dm:lam is small"<<endl;Dm = 2.693e-10;}
    if (lam <= 2.0&&lam >= 0.0)
        Dm = 2.693e-10;
    else if (lam > 2.0&&lam <= 3.0)
        Dm = 1.0e-10*exp(2416 * (1.0 / 303.15 - 1.0 / T0))*(0.87*(3 - lam) + 2.95*(lam
- 2));
    else if (lam > 3.0&&lam <= 4.0)
        Dm = 1.0e-10*exp(2416 * (1.0 / 303.15 - 1.0 / T0))*(2.95*(4 - lam) + 1.642*(lam
- 3));
    else if (lam > 4.0)
        Dm=1.0e-10*exp(2416*(1.0/303.15-1.0/T0))*(2.563-0.33*lam+0.0264*lam*lam
- 0.000671*lam*lam*lam);
    return Dm;
}
double *Get_C_H2(int zone)
/*采用列主元素高斯消元法，求解氢气浓度，zone: 0.C_ch-GDL, 1.C_GDL-MPL, 2. C_MPL-CL 3.
C_CL-PEM */
{
    double const_term[4];
    const_term[0] = -I / 2 / Farad*A_gdl / Get_Diff_H2() / A_c / Sh + Get_C_H2_ch_a(T0);
    const_term[1] = I / 2 / Farad*Gthick / Get_Diff_H2_a(0);
    const_term[2] = I / 2 / Farad*mthick / Get_Diff_H2_a(1);
    const_term[3] = I / 2 / Farad*Cthick / Get_Diff_H2_a(2);
    int n, m;
    double a[4][5] = {
        { 1, 0, 0, 0, const_term[0] },
        { 1, -1, 0, 0, const_term[1] },
        { 0, 1, -1, 0, const_term[2] },
        { 0, 0, 1, -1, const_term[3] },
    };
    int i, j;
    n = 4;
    for (j = 0; j < n; j++) {
```

```
        double max = 0;
        double imax = 0;
        for (i = j; i < n; i++) {
            if (imax < fabs(a[i][j])) {
                imax = fabs(a[i][j]);
                max = a[i][j];
                m = i;
            }
        }
        if (fabs(a[j][j]) != max) {
            double b = 0;
            for (int k = j; k < n + 1; k++) {
                b = a[j][k];
                a[j][k] = a[m][k];
                a[m][k] = b;
            }
        }
        for (int r = j; r < n + 1; r++) {
            a[j][r] = a[j][r] / max;
        }
        for (i = j + 1; i < n; i++) {
            double c = a[i][j];
            if (c == 0) continue;
            for (int s = j; s < n + 1; s++) {
                double tempdata = a[i][s];
                a[i][s] = a[i][s] - a[j][s] * c;
            }
        }
    }
    for (i = n - 2; i >= 0; i--) {
        for (j = i + 1; j < n; j++) {
            double tempData = a[i][j];
            double data1 = a[i][n];
            double data2 = a[j][n];
            a[i][n] = a[i][n] - a[j][n] * a[i][j];
        }
    }
    static double *C_H2[4];
    for (int e = 0; e<4; e++)
    {
        C_H2[e] = &a[e][4];
    }
```

```
    return C_H2[zone];
}
double *Get_C_O2(int zone)
/* 氧气浓度求解, zone: 0.C_ch-GDL, 1.C_GDL-MPL, 2. C_MPL-CL 3. C_CL-PEM */
{
    double const_term[4];
    const_term[0] = -I / 4 / Farad*A_gdl / Get_Diff_O2() / A_c / Sh + Get_C_O2_ch_c(T0);
    const_term[1] = I / 4 / Farad*Gthick / Get_Diff_O2_c(0);
    const_term[2] = I / 4 / Farad*mthick / Get_Diff_O2_c(1);
    const_term[3] = I / 4 / Farad*Cthick / Get_Diff_O2_c(2);
    int n, m;
    double a[4][5] = {
        { 1, 0, 0, 0, const_term[0] },
        { 1, -1, 0, 0, const_term[1] },
        { 0, 1, -1, 0, const_term[2] },
        { 0, 0, 1, -1, const_term[3] },
    };
    int i, j;
    n = 4;
    for (j = 0; j < n; j++) {
        double max = 0;
        double imax = 0;
        for (i = j; i < n; i++) {
            if (imax < fabs(a[i][j])) {
                imax = fabs(a[i][j]);
                max = a[i][j];
                m = i;
            }
        }
        if (fabs(a[j][j]) != max) {
            double b = 0;
            for (int k = j; k < n + 1; k++) {
                b = a[j][k];
                a[j][k] = a[m][k];
                a[m][k] = b;
            }
        }
        for (int r = j; r < n + 1; r++) {
            a[j][r] = a[j][r] / max;
        }
        for (i = j + 1; i < n; i++) {
            double c = a[i][j];
```

```
            if (c == 0) continue;
            for (int s = j; s < n + 1; s++) {
                double tempdata = a[i][s];
                a[i][s] = a[i][s] - a[j][s] * c;
            }
        }
    }
    for (i = n - 2; i >= 0; i--) {
        for (j = i + 1; j < n; j++) {
            double tempData = a[i][j];
            double data1 = a[i][n];
            double data2 = a[j][n];
            a[i][n] = a[i][n] - a[j][n] * a[i][j];
        }
    }
    static double *C_O2[4];
    for (int e = 0; e<4; e++)
    {
        C_O2[e] = &a[e][4];
    }
    return C_O2[zone];
}
int ano()
//阳极水传输判据：1：只有液态水传输；0：只有气态水传输
{
    double act_a = RH_a(2) + 2 * s_a[2];
    double act_c = RH_c(2) + 2 * s_c[2];
    double lam_a = water_content(act_a);
    double lam_c = water_content(act_c);
    double net_ac1=-Osmotic_Drag_Coefficient()*I/
Farad+Water_Membrane_Diffusivity()*rho_m / EW*(lam_c - lam_a) / Mthick;
    double N_vap_a=(c_sat-Get_C_vap_in_a(T0))*Get_Diff_vap()*A_c*Sh/A_gdl;
    if(net_ac1>=N_vap_a) return 1;
    else return 0;
}
int cat()
//阴极水传输判据：1：只有液态水传输；0：只有气态水传输
{
    double act_a = RH_a(2) + 2 * s_a[2];
    double act_c = RH_c(2) + 2 * s_c[2];
    double lam_a = water_content(act_a);
    double lam_c = water_content(act_c);
```

```
    double net_ccl=I/2/Farad+Osmotic_Drag_Coefficient()*I/
Farad-Water_Membrane_Diffusivity()*rho_m / EW*(lam_c - lam_a) / Mthick;
    double N_vap_c=(c_sat-Get_C_vap_in_c(T0))*Get_Diff_vap()*A_c*Sh/A_gdl;
    if(net_ccl>=N_vap_c) return 1;
    else return 0;
}
int judge_a;
int judge_c;
double x[10]={0},y[8]={0};//x为求解的交界面的值，y为计算的层内平均值
double *Get_Pl(int zone)
    /*气液态水传输方程求解,
    zone: anode : 0 gdl-mpL, 1 mpl-cl, 2 cl-PEM, 6 N_a
    cathode: 3 cl-PEM, 4 mpl-cl, 5 gdl-mpl, 7 N_c */
{
    double act_a = RH_a(2) + 2 * s_a[2];
    double act_c = RH_c(2) + 2 * s_c[2];
    double lam_a = water_content(act_a);
    double lam_c = water_content(act_c);
    int n, m;
    double a[10][11] = { 0 };
    a[0][0] = 1.0 * judge_a + Get_Diff_vap() * A_c * Sh / A_gdl * (1 - judge_a);
    a[0][8] = 0.0 * judge_a - 1.0 * (1 - judge_a);
    a[1][0] = -Get_Diff_lq_a(T0, 0) * judge_a - Get_Diff_vap_a(0) / thick[0] * (1 -
judge_a);
    a[1][1]=Get_Diff_lq_a(T0,0)*judge_a+Get_Diff_vap_a(0)/thick[0]*(1-judge_a);
    a[1][8] = -1.0 * judge_a - 1.0 * (1 - judge_a);
    a[2][1] = -Get_Diff_lq_a(T0, 1) * judge_a - Get_Diff_vap_a(1) / thick[1] * (1 -
judge_a);
    a[2][2]=Get_Diff_lq_a(T0,1)*judge_a+Get_Diff_vap_a(1)/thick[1]*(1-judge_a);
    a[2][8] = -1.0 * judge_a - 1.0 * (1 - judge_a);
    a[3][2] = -Get_Diff_lq_a(T0, 2) * judge_a - Get_Diff_vap_a(2) / thick[2] * (1 -
judge_a);
    a[3][3]=Get_Diff_lq_a(T0,2)*judge_a+Get_Diff_vap_a(2)/thick[2]*(1-judge_a);
    a[3][8] = -1.0 * judge_a - 1.0 * (1 - judge_a);
    a[4][8] = -1.0 * judge_a - 1.0 * (1 - judge_a);
    a[5][9] = -1.0 * judge_c - 1.0 * (1-judge_c);
    a[6][4] = Get_Diff_lq_c(T0, 2)*judge_c+Get_Diff_vap_c(2)/thick[2]*(1-judge_c);
    a[6][5] = -Get_Diff_lq_c(T0, 2)*judge_c-Get_Diff_vap_c(2)/thick[2]*(1-judge_c);
    a[6][9] = -1.0*judge_c-1.0*(1-judge_c);
    a[7][5] = Get_Diff_lq_c(T0, 1)*judge_c+Get_Diff_vap_c(1)/thick[1]*(1-judge_c);
    a[7][6]=-Get_Diff_lq_c(T0, 1)*judge_c-Get_Diff_vap_c(1)/thick[1]*(1-judge_c);
    a[7][9] = -1.0*judge_c-1.0*(1-judge_c);
```

```
    a[8][6]=Get_Diff_lq_c(T0, 0)*judge_c+Get_Diff_vap_c(0)/thick[0]*(1-judge_c);
    a[8][7]=-Get_Diff_lq_c(T0, 0)*judge_c-Get_Diff_vap_c(0)/thick[0]*(1-judge_c);
    a[8][9]=-1.0*judge_c-1.0*(1-judge_c);
    a[9][7]=1.0*judge_c+Get_Diff_vap()*A_c*Sh/A_gdl *(1-judge_c);
    a[9][9]=0.0*judge_c-1.0*(1-judge_c);
    a[0][10] = P_in_a*P0*judge_a+Get_Diff_vap()*A_c*Sh/A_gdl
*Get_C_vap_in_a(T0)*(1-judge_a);
    a[4][10]
=((c_sat-Get_C_vap_in_a(T0))*Get_Diff_vap()*A_c*Sh/A_gdl+Osmotic_Drag_Coefficient
()*I/ Farad
          -Water_Membrane_Diffusivity()*rho_m / EW*(lam_c - lam_a) /
Mthick)*judge_a+Osmotic_Drag_Coefficient()*I/ Farad
          -Water_Membrane_Diffusivity()*rho_m / EW*(lam_c - lam_a) /
Mthick*(1-judge_a);
    a[5][10]=((c_sat-Get_C_vap_in_c(T0))*Get_Diff_vap()*A_c*Sh/A_gdl
-I/2/Farad-Osmotic_Drag_Coefficient()*I/ Farad
          +Water_Membrane_Diffusivity()*rho_m / EW*(lam_c - lam_a) /
Mthick)*judge_c+(-I/2/Farad-Osmotic_Drag_Coefficient()*I/ Farad
          +Water_Membrane_Diffusivity()*rho_m / EW*(lam_c - lam_a) /
Mthick)*(1-judge_c);
    a[9][10] = P_in_c*P0*judge_c+Get_Diff_vap()*A_c*Sh/A_gdl
*Get_C_vap_in_c(T0)*(1-judge_c);
    int i, j;
    n = 10;
    for (j = 0; j < n; j++) {
        double max = 0;
        double imax = 0;
        for (i = j; i < n; i++) {
            if (imax < fabs(a[i][j])) {
                imax = fabs(a[i][j]);
                max = a[i][j];
                m = i;
            }
        }
        if (fabs(a[j][j]) != max) {
            double b = 0;
            for (int k = j; k < n + 1; k++) {
                b = a[j][k];
                a[j][k] = a[m][k];
                a[m][k] = b;
            }
        }
```

```
        for (int r = j; r < n + 1; r++) {
            a[j][r] = a[j][r] / max;
        }
        for (i = j + 1; i < n; i++) {
            double c = a[i][j];
            if (c == 0) continue;
            for (int s = j; s < n + 1; s++) {
                double tempdata = a[i][s];
                a[i][s] = a[i][s] - a[j][s] * c;
            }
        }
    }
    for (i = n - 2; i >= 0; i--) {
        for (j = i + 1; j < n; j++) {
            double tempData = a[i][j];
            double data1 = a[i][n];
            double data2 = a[j][n];
            a[i][n] = a[i][n] - a[j][n] * a[i][j];
        }
    }
    static double *Pl[10];
    for (int e = 0; e<10; e++)
    {
        Pl[e] = &a[e][10];
    }
    return Pl[zone];
}
double Get_Pc(int j)
/* 求解各个交界面的毛细压力; j:确定交界面，0-7对应从a_ch_gdl到c_ch_gdl交界面; */
{
    if(j>=0&&j<=3)
    {
        return P0*P_in_a - x[j];
    }
    else
        return P0*P_in_c - x[j];
}
double s1(double s0, int i, int j)
/* 由交界面液压反求出两侧的水的体积分数; s0: 输入的水的体积分数初值; i:确定所在层的接触角、孔隙率等属性，0,1,2对应gdl,mpl,cl层; j:确定交界面，0-7对应从a_ch_gdl到c_ch_gdl交界面; */
{
    double coe = Get_Pc(j) / (Get_Sigma_l(T0) * cos(theta[i] * M_PI / 180.0) * sqrt(por[i] /
```

```
K0[i])) + 2.12 * pow(s0, 2) - 1.26 * pow(s0, 3);
    return (coe/1.42);
}
bool Pc_check_c(double s0,int i, int j)
    /*函数s1()的迭代终止条件*/
{
    double check(0);
        check = (s1(s0,i,j) - s0)/s0;
    if(fabs(check) < 0.01)
    {
    return 1;
    }
    else return 0;
}
double Get_s_interface(int i, int j)
/*获取各交界面处的水的体积分数；i:确定所Z层的接触角、孔隙率等属性，0,1,2对应gdl,mpl,cl层；j:确定交界面，0-7对应从a_ch_gdl到c_ch_gdl交界面；*/
{
    double s0 = 0.0;
    if (Get_Pc(j) >= 0)
    {
        return 0.0;
    }
    else
    {
        while (!Pc_check_c(s0, i, j))
        {
            s0=s1(s0, i, j);
        }
        if (s0 < 1) return s0;
        else return 1.0;
    }
}
/* 求解阴阳极各层平均水蒸气浓度 */
double Get_c_vap_agdl()
{
    return 0.5*(x[0]+x[1]);
}
double Get_c_vap_ampl()
{
    return 0.5*(x[1]+x[2]);
}
```

```
double Get_c_vap_acl()
{
    return 0.5*(x[2]+x[3]);
}
double Get_c_vap_acl_pem()
{
    return x[3];
}
double Get_c_vap_cgdl()
{
    return 0.5*(x[6]+x[7]);
}
double Get_c_vap_cmpl()
{
    return 0.5*(x[5]+x[6]);
}
double Get_c_vap_ccl()
{
    return 0.5*(x[4]+x[5]);
}
double Get_c_vap_ccl_pem()
{
    return x[4];
}
/* 求解阴阳极各层平均水活度 */
double Get_s_agdl()
{
    return (Get_s_interface(0,0)+Get_s_interface(0,1)) / 2;
}
double Get_s_ampl()
{
    return (Get_s_interface(1,1) + Get_s_interface(1,2)) / 2;
}
double Get_s_acl()
{
    return (Get_s_interface(2,2) + Get_s_interface(2,3)) / 2;
}
double Get_s_acl_pem()
{
    return Get_s_interface(2,3);
}
double Get_s_cgdl()
```

```
{
   return (Get_s_interface(0,6)+Get_s_interface(0,7)) / 2;
}
double Get_s_cmpl()
{
   return (Get_s_interface(1,6) + Get_s_interface(1,5)) / 2;
}
double Get_s_ccl()
{
   return (Get_s_interface(2,5) + Get_s_interface(2,4)) / 2;
}
double Get_s_ccl_pem()
{
   return Get_s_interface(2,4);
}
/*==============================================================
迭代收敛判据
==============================================================*/
bool check(double init , double next)
/*判断迭代初值和计算值是否吻合，init为初值，next为计算值*/
{
   double dev = (next - init) ;
   if (fabs(dev) /max(fabs(init),fabs(next))<= 0.01) return 1;
   else return 0;
}
/*==============================================================
电化学方程
==============================================================*/
double Get_V_thermo()
{
   double V_thermo;
   V_thermo = 1.229 - 0.846e-3*(T0 - 298.15) + R_gas*T0 / 2 / Farad*(log(1 - Get_P_sat(T0) /
P0) + 0.5*log(0.21*(1 - Get_P_sat(T0) / P0)));
   return V_thermo;
}
double Membrane_Conductivity()/*膜电导率S m-1*/
{
   double Sigma;
   double act_a = RH_a(2) + 2 * s_a[2];
   double act_c = RH_c(2) + 2 * s_c[2];
   double lam_a = water_content(act_a);
   double lam_c = water_content(act_c);
```

```
    double lam = (lam_a + lam_c) / 2;
    Sigma = (0.5139*lam - 0.326)*exp(1268 * (1.0 / 303.15 - 1.0 / T0));
    return Sigma;
}
double Get_ohmic()  /*欧姆电阻, Ω·m2*/
{
    double Sigma_s_gdl = pow((1.0 - por[0]), 1.5)*Sigma_s;
    double Sigma_s_mpl = pow((1.0 - por[1]), 1.5)*Sigma_s;
    double Sigma_s_acl = pow((1.0 - por[2] - lm_a), 1.5)*Sigma_s;
    double Sigma_s_ccl = pow((1.0 - por[2] - lm_c), 1.5)*Sigma_s;
    double Sigma_m_acl = pow(lm_a, 1.5)*Membrane_Conductivity();
    double Sigma_m_ccl = pow(lm_c, 1.5)*Membrane_Conductivity();
    double R_s_por = 2 * Gthick / Sigma_s_gdl + 2 * mthick / Sigma_s_mpl + 0.5*Cthick /
Sigma_s_acl + 0.5*Cthick / Sigma_s_ccl;
    double R_m = 0.5*Cthick / Sigma_m_acl + 0.5*Cthick / Sigma_m_ccl + Mthick /
Membrane_Conductivity();
    double ohm = R_s_por + R_m;
    return ohm;
}
double Get_eta_ohmic()  /*欧姆过电势, V*/
{
    return Get_ohmic()*I;
}
double j0_a_ref()  /*阳极参考交换电流密度, A·m-2*/
{
    return 5.0e6*exp(-1400 * (1.0 / T0 - 1.0 / 353.15));
}
double j0_c_ref()  /*阴极参考交换电流密度, A·m-2*/
{
    return 10.0 * exp(-1400 * (1.0 / T0 - 1.0 / 353.15));
}
double Get_eta_a() /*阳极活化过电势, Ω·m2*/
{
    double Sig_s = pow((1.0 - por[2] - lm_a), 1.5)*Sigma_s;
    double Sig_m = pow(lm_a, 1.5)*Membrane_Conductivity();
    double C_H2_acl = (*Get_C_H2(2) + *Get_C_H2(3)) / 2 ;
    if (C_H2_acl<0) C_H2_acl=0.0;
    double down = 4 * pow(Sig_m, 2)*(Sig_s + Sig_m) / Sig_s / Sig_m*R_gas*T0 / alpha /
2 / Farad*j0_a_ref()*pow((C_H2_acl / C_H2_ref),0.5);
    double eta_a = R_gas*T0 / alpha / 2 / Farad* acosh(pow(1.0*I, 2) / down + 1);
    return eta_a;
}
```

```
double Get_eta_c() /*阴极活化过电势m2*/
{
   double Sig_s = pow((1.0 - por[2] - lm_c), 1.5)*Sigma_s;
   double Sig_m = pow(lm_c, 1.5)*Membrane_Conductivity();
   double C_O2_ccl = (*Get_C_O2(2) + *Get_C_O2(3)) / 2 ;
   if(C_O2_ccl<0) C_O2_ccl=0.0;
   double down = 4 * pow(Sig_m, 2)*(Sig_s + Sig_m) / Sig_s / Sig_m*R_gas*T0 / alpha /
4 / Farad*j0_c_ref()*C_O2_ccl / C_O2_ref;
   double eta_c = R_gas*T0 / alpha / 4 / Farad* acosh(pow(1.0*I, 2) / down + 1);
   return eta_c;
}
void main()
{
   cout<<"请输入电流值I，并以-1结束\n";
   double CURRENT_DENSITY[30]={0};
   for(int i=0;i<30;i++)
   {
      cin>>CURRENT_DENSITY[i];
      if(CURRENT_DENSITY[i]==-1)
         break;
   }
   int j=0;
   while(j<30 && CURRENT_DENSITY[j]!=-1)
   {
   I=CURRENT_DENSITY[j];
   bool che=0;
   while(!che)
   {
      judge_a=ano();
      judge_c=cat();
      if(judge_a == 1 && judge_c == 1)
      {
         x[0]=*Get_Pl(0);
         x[1]=*Get_Pl(1);
         x[2]=*Get_Pl(2);
         x[3]=*Get_Pl(3);
         x[4]=*Get_Pl(4);
         x[5]=*Get_Pl(5);
         x[6]=*Get_Pl(6);
         x[7]=*Get_Pl(7);
         x[8]=*Get_Pl(8);
         x[9]=*Get_Pl(9);
```

```
        y[0]=Get_s_agdl();
        y[1]=Get_s_ampl();
        y[2]=Get_s_acl();
        y[3]=Get_s_acl_pem();
        y[4]=Get_s_cgdl();
        y[5]=Get_s_cmpl();
        y[6]=Get_s_ccl();
        y[7]=Get_s_ccl_pem();
        che = 1;
        for (int i = 0; i < 4; i++)
        {
            che = che && check(s_a[i],y[i]);
        }
        for (int i = 0; i < 4; i++)
        {
            che = che && check(s_c[i],y[i+4]);
        }
        //更新迭代变量
        for(int i = 0; i < 4; i++)
        {
            if(y[i] == 0)
                s_a[i] = 0.0;
            else
                s_a[i] += 0.1 * (y[i] - s_a[i]);
        }
        for(int i = 0; i < 4; i++)
        {
            if(y[i + 4] == 0)
                s_c[i] = 0.0;
            else
                s_c[i] += 0.1 * (y[i+4] - s_c[i]);
        }
    }
    else if (judge_a == 1 && judge_c == 0)
    {
        x[0]=*Get_Pl(0);
        x[1]=*Get_Pl(1);
        x[2]=*Get_Pl(2);
        x[3]=*Get_Pl(3);
        x[4]=*Get_Pl(4);
        x[5]=*Get_Pl(5);
        x[6]=*Get_Pl(6);
```

```
        x[7]=*Get_Pl(7);
        x[8]=*Get_Pl(8);
        x[9]=*Get_Pl(9);
        y[0]=Get_s_agdl();
        y[1]=Get_s_ampl();
        y[2]=Get_s_acl();
        y[3]=Get_s_acl_pem();
        y[4]=Get_c_vap_cgdl();
        y[5]=Get_c_vap_cmpl();
        y[6]=Get_c_vap_ccl();
        y[7]=Get_c_vap_ccl_pem();
        che = 1;
        for (int i = 0; i < 4; i++)
        {
            che = che && check(s_a[i],y[i]);
        }
        for (int i = 0; i < 4; i++)
        {
            che = che && check(c_vap_c[i],y[i+4]);
        }
        for(int i = 0; i < 4; i++)
        {
            if(y[i] -- 0)
                s_a[i] = 0.0;
            else
                s_a[i] += 0.1 * (y[i] - s_a[i]);
        }
        for(int i = 0; i < 4; i++)
        {
            if(y[i + 4] >= c_sat)
                c_vap_c[i] = c_sat;
            else
                c_vap_c[i] += 0.1 * (y[i+4] - c_vap_c[i]);
        }
    }
    else if (judge_a == 0 && judge_c == 1)
    {
        x[0]=*Get_Pl(0);
        x[1]=*Get_Pl(1);
        x[2]=*Get_Pl(2);
        x[3]=*Get_Pl(3);
        x[4]=*Get_Pl(4);
```

```
        x[5]=*Get_Pl(5);
        x[6]=*Get_Pl(6);
        x[7]=*Get_Pl(7);
        x[8]=*Get_Pl(8);
        x[9]=*Get_Pl(9);
        y[0]=Get_c_vap_agdl();
        y[1]=Get_c_vap_ampl();
        y[2]=Get_c_vap_acl();
        y[3]=Get_c_vap_acl_pem();
        y[4]=Get_s_cgdl();
        y[5]=Get_s_cmpl();
        y[6]=Get_s_ccl();
        y[7]=Get_s_ccl_pem();
        che = 1;
        for (int i = 0; i < 4; i++)
        {
            che = che && check(c_vap_a[i],y[i]);
        }
        for (int i = 0; i < 4; i++)
        {
            che = che && check(s_c[i],y[i+4]);
        }
        for(int i = 0; i < 4; i++)
        {
            if(y[i] >= c_sat)
                c_vap_a[i] = c_sat;
            else
                c_vap_a[i] += 0.1 * (y[i] - c_vap_a[i]);
        }
        for(int i = 0; i < 4; i++)
        {
            if(y[i+4] == 0)
                s_c[i] = 0.0;
            else
                s_c[i] += 0.1 * (y[i+4] - s_c[i]);
        }
    }
    else
    {
        x[0]=*Get_Pl(0);
        x[1]=*Get_Pl(1);
        x[2]=*Get_Pl(2);
```

```
        x[3]=*Get_Pl(3);
        x[4]=*Get_Pl(4);
        x[5]=*Get_Pl(5);
        x[6]=*Get_Pl(6);
        x[7]=*Get_Pl(7);
        x[8]=*Get_Pl(8);
        x[9]=*Get_Pl(9);
        y[0]=Get_c_vap_agdl();
        y[1]=Get_c_vap_ampl();
        y[2]=Get_c_vap_acl();
        y[3]=Get_c_vap_acl_pem();
        y[4]=Get_c_vap_cgdl();
        y[5]=Get_c_vap_cmpl();
        y[6]=Get_c_vap_ccl();
        y[7]=Get_c_vap_ccl_pem();
        che=1;
        for (int i = 0; i < 4; i++)
        {
           che = che && check(c_vap_a[i],y[i]);
        }
        for (int i = 0; i < 4; i++)
        {
           che = che && check(c_vap_c[i],y[i+4]);
        }
        for(int i = 0; i < 4; i++)
        {
           if(y[i] >= c_sat)
              c_vap_a[i] = c_sat;
           else
              c_vap_a[i] += 0.1 * (y[i] - c_vap_a[i]);
        }
        for(int i = 0; i < 4; i++)
        {
           if(y[i + 4] >= c_sat)
              c_vap_c[i] = c_sat;
           else
              c_vap_c[i] += 0.1 * (y[i+4] - c_vap_c[i]);
        }
    }
}
double V = Get_V_thermo() - Get_eta_ohmic() - Get_eta_a() - Get_eta_c();
j++;
```

```
    }
}
```

# 第 6 章　习题与实战程序

```
/*===========================================================
* 质子交换膜燃料电池准二维瞬态模型
==========================================================*/
#include<iostream>
#include<fstream>
#include<iomanip>
#include<cmath>
#include<cstdlib>
#include<windows.h>
using namespace std;
/*===========================================================
* 参数定义
=========================================================== */
const int N = 5;                    //沿流道方向分层数
const double NN = 5.0;              //沿流道方向分层数
double I_tot = 10000.0;             //平均电流密度
const double T0 = 353.15;           //操作温度, K
const double P_in_a = 1.0;          //阳极入口压力
const double P_in_c = 1.0;          //阴极入口压力
const double ST_a = 1.2;            //阳极进气化学计量比
const double ST_c = 2.0;            //阴极进气化学计量比
const double RH_a = 1.0;            // 阳极入口相对湿度
const double RH_c = 1.0;            // 阴极入口相对湿度
const double A_in = 1e-6;
const double A_act = 2e-4;
const double A_c = 1e-4;
const double lm_a = 0.23;
const double lm_c = 0.27;
const double Mthick = 25.4e-6;
const double K_MEM = 2.0e-20;
const double alpha = 0.5;
const double C_H2_ref = 41.0;
const double C_O2_ref = 41.0;
const double P0 = 101325.0;
const double Farad = 96487.0;
const double R_gas = 8.314;
```

```
const double Rho_l = 1000.0;
const double MW_w = 18e-3;
const double M_PI = 3.14;
const double Kvl = 100.0;
const double Kmv = 1.0;
const double vel_vl = 1.0;
const double Sh = 2.3;
const double d = 0.001;
const double W = 0.002;
const double L = 0.1;
const double Sigma_s = 5000.0;
const double delta_Sa = 130.68;
const double delta_Sc = 32.55;
const double k_g_a = 0.17;
const double k_g_c = 0.024;
const double k_lq = 0.62;
const double k_bp = 20.0;
const double k_s = 1.0;
const double k_m = 0.95;
const double hvl = 44900.0;
const double Cp_H2 = 14300;
const double rho_H2 = 0.08988;
const double Cp_air = 1005.0;
const double rho_air = 1.164;
const double Cp_lq = 4200.0;
const double Cp_bp = 1580.0;
const double rho_bp = 1000.0;
const double Cp_gdl = 568.0;
const double rho_gdl = 1000.0;
const double Cp_mpl = 568.0;
const double rho_mpl = 1000.0;
const double Cp_cl = 3300.0;
const double rho_cl = 1000.0;
const double Cp_mem = 833.0;
const double rho_m = 1980.0;
const double EW = 1.1;
double V = 0.0;                    // 输出电压, V
double dt = 4.0e-6;
double tt = 300.0;
double thick[8] = { 0.001,230e-6 ,40e-6,10e-6,10e-6,40e-6,230e-6,0.001 };
double por[8] = { 1.0,0.78,0.5,0.4,0.4,0.5,0.78,1.0 }; /* 孔隙率 ach,aGDL, aMPL,
aCL, cCL,cMPL,cGDL */
```

```
    double theta[7] = { 0,130,145,140,140,145,130 };    /* 接触角 ach,aGDL, aMPL, aCL,
cCL,cMPL,cGDL*/
    double K0[7] = { 0,1.0e-12,2.5e-13,1.0e-13,1.0e-13,2.5e-13,1.0e-12 }; /* 固有
渗透率 ach,aGDL, aMPL, aCL, cCL,cMPL,cGDL m2 */
    double Temp[9][N] = { { T0 },{ T0 },{ T0 },{ T0 },{ T0 },{ T0 },{ T0 },{ T0 },{ T0 } };
    double dT = T0 - 273.15;
    double exponent = -2.1794 + 0.02953*dT - 9.1837e-5*dT*dT + 1.4454e-7*dT*dT*dT;
    double P_sat = pow(10.0, exponent) * P0;
    double c_sat = P_sat / R_gas / T0;
    double c_vap_in_a = RH_a*c_sat;
    double c_vap_in_c = RH_c*c_sat;
    double c_ch_a = P_in_a*P0 / R_gas / T0;
    double c_ch_c = P_in_c*P0 / R_gas / T0;
    double c_h2_in = c_ch_a - RH_a*c_sat;
    double c_o2_in = 0.21*(c_ch_c - RH_c*c_sat);
    double c_n2_in = 0.79*(c_ch_c - RH_c*c_sat);
    double V_in_a = I_tot / 2 / Farad*A_act*ST_a / A_in / c_h2_in;
    double V_in_c = I_tot / 4 / Farad*A_act*ST_c / A_in / c_o2_in;
    double flux_n2_in = c_n2_in*V_in_c;
    double I[N] = { 0 };
    double lam[3][N] = { { 14 },{ 10 },{ 16.28 } };
    double s[8][N] = { { 0 },{ 0 },{ 0 },{ 0 },{ 0.1 },{ 0.1 },{ 0.1 },{ 0.0 } };
    double pl[8][N] =
{ { P_in_a*P0 },{ P_in_a*P0 },{ P_in_a*P0 },{ P_in_a*P0 },{ P_in_c*P0 },{ P_in_c*
P0 },{ P_in_c*P0 },{ P_in_c*P0 } };
    double vap[8][N] =
{ { c_vap_in_a },{ c_vap_in_a },{ c_vap_in_a },{ c_vap_in_a },{ c_vap_in_c },{ c_
vap_in_c },{ c_vap_in_c },{ c_vap_in_c } };
    double reac[8][N] =
{ { c_h2_in },{ c_h2_in },{ c_h2_in },{ c_h2_in },{ c_o2_in },{ c_o2_in },{ c_o2_
in },{ c_o2_in } };
    double n2[8][N] = { { 0 },{ 0 },{ 0 },{ 0 },{ 0 },{ 0 },{ 0 },{ c_n2_in } };
    double v_ach[N] = { V_in_a };
    double v_cch[N] = { V_in_c };
    double x_h2[N] = { c_h2_in / c_ch_a };
    double x_o2[N] = { c_o2_in / c_ch_c };
    double x_n2[N] = { c_n2_in / c_ch_c };
    double x_vap_c[N] = { c_vap_in_c / c_ch_c };
    double s_agdl, s_ampl, s_acl, s_ccl, s_cmpl, s_cgdl;
    double Sigma_l = -0.0001676*T0 + 0.1218;
    double mu_lq = 2.414e-5*pow(10, (247.8 / (T0 - 140.0)));
    /*==================================================
```

```
* 质量传输
==========================================================*/
double C_sat(int i, int j)
{
double dT = Temp[i][j] - 273.15;
double exponent = -2.1794 + 0.02953*dT - 9.1837e-5*dT*dT + 1.4454e-7*dT*dT*dT;
return pow(10.0, exponent) * P0 / R_gas / Temp[i][j];
}
double D_vap(int i, int j)
{
    if (i == 0 || i == 7)
        return 2.982e-5*pow((Temp[i][j] / 333.15), 1.5)*A_c*Sh / (L*W);
    else
        return 2.982e-5*pow((Temp[i][j] / 333.15), 1.5) * pow((por[i] * (1 - s[i][j])),
1.5);
}
double diff_vap(int i, int j)
{
    return (thick[i] / 2 + thick[i + 1] / 2) / (thick[i] / 2 / D_vap(i, j) + thick[i
+ 1] / 2 / D_vap(i + 1, j));
}
double K_l(int i, int j)
{
    return K0[i] * (pow(s[i][j], 3) + 1.0e-8);
}
double kl(int i, int j)
{
    if (i == 0)
        return K_l(1, j);
    else if (i == 6)
        return K_l(6, j);
    else
        return (thick[i] / 2 + thick[i + 1] / 2) / (thick[i] / 2 / K_l(i, j) + thick[i
+ 1] / 2 / K_l(i + 1, j));
}
double D_H2(int i, int j)
{
    if (i == 0)
        return 1.055e-4*pow((Temp[i][j] / 333.15), 1.5)*A_c*Sh / (L*W);
    else
        return 1.055e-4*pow((Temp[i][j] / 333.15), 1.5)*pow((por[i] * (1 - s[i][j])),
1.5);
```

```
}
double diff_H2(int i, int j)
{
    return (thick[i] / 2 + thick[i + 1] / 2) / (thick[i] / 2 / D_H2(i, j) + thick[i
+ 1] / 2 / D_H2(i + 1, j));
}
double D_O2(int i, int j)
{
    if (i == 7)
        return 2.652e-5*pow((Temp[i][j] / 333.15), 1.5)*A_c*Sh / (L*W);
    else
        return 2.652e-5*pow((Temp[i][j] / 333.15), 1.5)*pow((por[i] * (1 - s[i][j])),
1.5);
}
double diff_O2(int i, int j)
{
    return (thick[i] / 2 + thick[i + 1] / 2) / (thick[i] / 2 / D_O2(i, j) + thick[i
+ 1] / 2 / D_O2(i + 1, j));
}
double lam_eq_acl(int y)
{
    double act_a = vap[3][y] / C_sat(3, y) + 2 * s[3][y];
    double lam = 0.0;
    if (act_a >= 0.0 && act_a <= 1.0)
        lam = 0.043 + 17.81*act_a - 39.85*act_a*act_a + 36.0*act_a*act_a*act_a;
    else if (act_a > 1.0 && act_a <= 3.0)
        lam = 14 + 1.4*(act_a - 1);
    else if (act_a>3)
        lam = 16.8;
    else if (act_a<0)
        lam = 0.043;
    return lam;
}
double lam_eq_ccl(int y)
{
    double act_c = vap[4][y] / C_sat(4, y) + 2 * s[4][y];
    double lam = 0.0;
    if (act_c >= 0.0 && act_c <= 1.0)
        lam = 0.043 + 17.81*act_c - 39.85*act_c*act_c + 36.0*act_c*act_c*act_c;
    else if (act_c > 1.0 && act_c <= 3.0)
        lam = 14 + 1.4*(act_c - 1);
    else if (act_c>3)
```

```
        lam = 16.8;
    else if (act_c<0)
        lam = 0.043;
    return lam;
}
double Osmotic_Drag_Coefficient(int y)
{
    return 2.5*lam[0][y] / 22.0;
}
double Water_Membrane_Diffusivity(int x, int y)
{
    double Dm = 0.0;
    double Tem;
    if (x == 0) Tem = Temp[3][y];
    else if (x == 1) Tem = Temp[8][y];
    else if (x == 2) Tem = Temp[4][y];
    if (lam[x][y] > 0.0&&lam[x][y] <= 3.0)
        Dm = 3.1e-7*lam[x][y] * (exp(0.28*lam[x][y]) - 1.0)*exp(-2346.0 / Tem);
    else if (lam[x][y] > 3.0&&lam[x][y] <= 17.0)
        Dm = 4.17e-8*lam[x][y] * (161.0*exp(-lam[x][y]) + 1.0)*exp(-2346.0 / Tem);
    else if (lam[x][y] > 17.0)
        Dm = 4.1e-10*pow((lam[x][y] / 25.0), 0.15) * (1.0 + tanh((lam[x][y] - 2.5) /
1.4));
    return Dm;
}
double diff_mw_acl(int y)
{
    return (Mthick/2.0+thick[3]/2.0)/(Mthick/2.0/Water_Membrane_Diffusivity(1,
y) + thick[3] / 2.0 / (Water_Membrane_Diffusivity(0, y)*pow(lm_a, 1.5)));
}
double diff_mw_ccl(int y)
{
    return (Mthick/2.0+thick[4]/2.0)/(Mthick/2.0/Water_Membrane_Diffusivity(1,
y) + thick[4] / 2.0 / (Water_Membrane_Diffusivity(2, y)*pow(lm_c, 1.5)));
}
double Pc(double s, int i)
{
    return (Sigma_l*cos(theta[i] * M_PI / 180.0)*sqrt(por[i] / K0[i]))*(1.42*s -
2.12*s*s + 1.26*s * s * s);
}
/*======================================================
* 电化学
```

```
==========================================================*/
double Get_V_thermo(int y)
{
    double V_thermo;
    V_thermo = 1.229 - 2.304e-4*(T0 - 298.15) + R_gas*T0 / 2 / Farad*(log(reac[3][y]
* R_gas*T0 / P0) + 0.5*log(0.21*reac[4][y] * R_gas*T0 / P0));
    return V_thermo;
}
double Membrane_Conductivity(int x, int y)
{
    double Sigma;
    double Tem;
    if (x == 0) Tem = Temp[3][y];
    else if (x == 1) Tem = Temp[8][y];
    else if (x == 2) Tem = Temp[4][y];
    if (lam[x][y] > 1.0)
        Sigma = (0.5139*lam[x][y] - 0.326)*exp(1268 * (1.0 / 303.15 - 1.0 / Tem));
    else
        Sigma = (0.5139*1.0 - 0.326)*exp(1268 * (1.0 / 303.15 - 1.0 / Tem));
    if (x == 0)
        return Sigma*pow(lm_a, 1.5);
    else if (x == 1)
        return Sigma;
    else if (x == 2)
        return Sigma*pow(lm_c, 1.5);
}
double j0_a_ref(int y)
{
    double C_H2_acl = reac[3][y] * por[3] * (1 - s[3][y]);
    return (1 - s[3][y])*pow(C_H2_acl / C_H2_ref, 1.0) *2.0e3*exp(-1400 * (1.0 /
Temp[3][y] - 1.0 / 298.15));
}
double j0_c_ref(int y)
{
    double C_O2_ccl = reac[4][y] * por[4] * (1 - s[4][y]);
    return (1 - s[4][y])*pow(C_O2_ccl / C_O2_ref, 1.0)*1.0e-5 * exp(-7900 * (1.0 /
Temp[4][y] - 1.0 / 298.15));
}
double Get_eta_a(int y)
{
double eta_a = -R_gas*Temp[3][y] / alpha / 2 / Farad*log(j0_a_ref(y)) +
R_gas*Temp[3][y] / alpha / 2 / Farad*log(I[y]);
```

```
        return eta_a;
    }
    double Get_eta_c(int y)
    {
        double eta_c = -R_gas*Temp[4][y] / alpha / 4 / Farad*log(j0_c_ref(y)) +
R_gas*Temp[4][y] / alpha / 4 / Farad*log(I[y]);
        return eta_c;
    }
    double Get_ohmic(int y)
    {
        double Sigma_s_gdl = pow((1.0 - por[1]), 1.5)*Sigma_s;
        double Sigma_s_mpl = pow((1.0 - por[2]), 1.5)*Sigma_s;
        double Sigma_s_acl = pow((1.0 - por[3] - lm_a), 1.5)*Sigma_s;
        double Sigma_s_ccl = pow((1.0 - por[4] - lm_c), 1.5)*Sigma_s;
        double Sigma_m_acl = Membrane_Conductivity(0, y);
        double Sigma_m_ccl = Membrane_Conductivity(2, y);
        double R_s_por = 2 * thick[1] / Sigma_s_gdl + 2 * thick[2] / Sigma_s_mpl +
0.5*thick[3] / Sigma_s_acl + 0.5*thick[4] / Sigma_s_ccl;
double R_m = 0.5*thick[3] / Sigma_m_acl + 0.5*thick[4] / Sigma_m_ccl + Mthick /
Membrane_Conductivity(1, y);
        double ohm = R_s_por + R_m;
        return ohm;
    }
    double *Get_I(int y)
    {
        int n, m;
        double k[N + 1] = { 0 };
        for (int p = 0; p < N; p++)
        {
            k[p] = I[p];
        }
        k[N] = V;
        double New_y[N + 1] = { 0 };
        double f[N] = { 0 };
        double F[N] = { 0 };
        for (int g = 0; g < 1; g++)
        {
            double coe_1 = 0;
            double sum_1 = N * I_tot;
            for (int p = 0; p < N; p++)
            {
                f[p] = (R_gas*Temp[3][p] / alpha / 2 / Farad + R_gas*Temp[4][p] / alpha /
```

```
4 / Farad) / k[p] + Get_ohmic(p);
            coe_1 += -1 / f[p];
            F[p] = Get_V_thermo(p) + R_gas*Temp[3][p] / alpha / 2 /
Farad*log(j0_a_ref(p)) + R_gas*Temp[4][p] / alpha / 4 / Farad*log(j0_c_ref(p)) -
(R_gas*Temp[3][p] / alpha / 2 / Farad + R_gas*Temp[4][p] / alpha / 4 / Farad)*log(k[p])
- Get_ohmic(p)*k[p] - k[N];
            sum_1 += -k[p] - F[p] / f[p];
         }
         New_y[N] = sum_1 / coe_1;
         k[N] = k[N] + New_y[N];
         for (int p = 0; p < N; p++)
         {
            New_y[p] = (F[p] - New_y[N]) / f[p];
            k[p] = k[p] + New_y[p];
         }
      }
      static double *IV[N + 1];
      for (int e = 0; e < N + 1; e++)
      {
         IV[e] = &k[e];
      }
      return IV[y];
   }
   void main()
   {
      int x, y;
      ofstream of_I("I.txt");
      ofstream of_eta_a("eta_a.txt");
      ofstream of_eta_c("eta_c.txt");
      ofstream of_ohmic("ohmic.txt");
      ofstream of_E_rev("E_rev.txt");
      ofstream of_lam_a("lam_a.txt");
      ofstream of_lam_c("lam_c.txt");
      ofstream of_lam_m("lam_m.txt");
      ofstream of_ach_h2("ach_h2.txt");
      ofstream of_ach_vap("ach_vap.txt");
      ofstream of_acl_h2("acl_h2.txt");
      ofstream of_acl_vap("acl_vap.txt");
      ofstream of_cch_o2("cch_o2.txt");
      ofstream of_cch_vap("cch_vap.txt");
      ofstream of_ccl_o2("ccl_o2.txt");
      ofstream of_ccl_vap("ccl_vap.txt");
```

```
ofstream of_ccl_s("ccl_s.txt");
ofstream of_ccl_pl("ccl_pl.txt");
ofstream of_v_ach("ach_u.txt");
ofstream of_v_cch("cch_u.txt");
ofstream of_T_ach("T_ach.txt");
ofstream of_T_agdl("T_agdl.txt");
ofstream of_T_ampl("T_ampl.txt");
ofstream of_T_acl("T_acl.txt");
ofstream of_T_ccl("T_ccl.txt");
ofstream of_T_cmpl("T_cmpl.txt");
ofstream of_T_cgdl("T_cgdl.txt");
ofstream of_T_cch("T_cch.txt");
ofstream of_T_mem("T_mem.txt");
int N_time = tt / dt;
double t;
double s_n[8][N] = { 0 };
double pl_n[8][N] = { 0 };
double vap_n[8][N] = { 0 };
double reac_n[8][N] = { 0 };
double lam_n[3][N] = { 0 };
double n2_n[8][N] = { 0 };
double v_ach_n[N] = { V_in_a };
double v_cch_n[N] = { V_in_c };
double Temp_n[9][N] = { 0 };
double s_p[8][N] = { 0 };
double pl_p[8][N] = { 0 };
double vap_p[8][N] = { 0 };
double reac_p[8][N] = { 0 };
double lam_p[3][N] = { 0 };
double n2_p[8][N] = { 0 };
double v_ach_p[N] = { V_in_a };
double v_cch_p[N] = { V_in_c };
double Temp_p[9][N] = { 0 };
double flux_pl[N] = { 0.0 };
double flux_drag[N] = { 0.0 };
double reaction = 0.0;
double mv_acl[N] = { 0.0 };
double mv_ccl[N] = { 0.0 };
double vl[8][N] = { 0.0 };
double flux_h2[N] = { 0.0 };
double flux_o2[N] = { 0.0 };
double flux_n2[N] = { 0.0 };
```

```
        double flux_vap_a[N] = { 0.0 };
        double flux_vap_c[N] = { 0.0 };
        double flux_lq_c[N] = { 0.0 };
        double k_abp, k_acl, k_ampl, k_agdl, k_ccl, k_cmpl, k_cgdl, k_cbp;
        double k_bp_gdl_a, k_gdl_mpl_a, k_mpl_cl_a, k_cl_m_a, k_cl_m_c, k_mpl_cl_c,
k_gdl_mpl_c, k_bp_gdl_c;
        double Cp_abp, Cp_agdl, Cp_ampl, Cp_acl, Cp_ccl, Cp_cmpl, Cp_cgdl, Cp_cbp;
        for (y = 0; y <= N - 1; y++)
        {
           I[y] = I_tot;
           lam[0][y] = 14.0;
           lam[1][y] = 10.0;
           lam[2][y] = 16.28;
           s[0][y] = 0.0;
           s[1][y] = 0.0;
           s[2][y] = 0.0;
           s[3][y] = 0.0;
           s[4][y] = 0.1;
           s[5][y] = 0.1;
           s[6][y] = 0.1;
           s[7][y] = 0.0;
           pl[0][y] = P0*P_in_a;
           pl[1][y] = P0*P_in_a;
           pl[2][y] = P0*P_in_a;
           pl[3][y] = P0*P_in_a;
           pl[4][y] = P0*P_in_c;
           pl[5][y] = P0*P_in_c;
           pl[6][y] = P0*P_in_c;
           pl[7][y] = P0*P_in_c;
           vap[0][y] = c_vap_in_a;
           vap[1][y] = c_vap_in_a;
           vap[2][y] = c_vap_in_a;
           vap[3][y] = c_vap_in_a;
           vap[4][y] = c_vap_in_c;
           vap[5][y] = c_vap_in_c;
           vap[6][y] = c_vap_in_c;
           vap[7][y] = c_vap_in_c;
           reac[0][y] = c_h2_in;
           reac[1][y] = c_h2_in;
           reac[2][y] = c_h2_in;
           reac[3][y] = c_h2_in;
           reac[4][y] = c_o2_in;
```

```
        reac[5][y] = c_o2_in;
        reac[6][y] = c_o2_in;
        reac[7][y] = c_o2_in;
        n2[7][y] = c_n2_in;
        v_ach[y] = V_in_a;
        v_cch[y] = V_in_c;
        Temp[0][y] = T0;
        Temp[1][y] = T0;
        Temp[2][y] = T0;
        Temp[3][y] = T0;
        Temp[4][y] = T0;
        Temp[5][y] = T0;
        Temp[6][y] = T0;
        Temp[7][y] = T0;
        Temp[8][y] = T0;
    }
    for (int i = 0; i <= N_time; i++)
    {
        t = i*dt;
        for (x = 0; x <= 7; x++)
        {
            for (y = 0; y <= N - 1; y++)
            {
                s_p[x][y] = s[x][y];
                pl_p[x][y] = pl[x][y];
                vap_p[x][y] = vap[x][y];
                reac_p[x][y] = reac[x][y];
            }
        }
        for (x = 0; x <= 8; x++)
        {
            for (y = 0; y <= N - 1; y++)
            {
                Temp_p[x][y] = Temp[x][y];
            }
        }
        for (y = 0; y <= N - 1; y++)
        {
            v_ach_p[y] = v_ach[y];
            v_cch_p[y] = v_cch[y];
        }
        for (y = 0; y <= N - 1; y++)
```

```
{
    lam_p[0][y] = lam[0][y];
    lam_p[1][y] = lam[1][y];
    lam_p[2][y] = lam[2][y];
}
for (y = 0; y <= N - 1; y++)
{
    n2_p[7][y] = n2[7][y];
}
if (i == 0)
{
    cout << "t=" << t << endl;
    for (y = 0; y <= N - 1; y++)
    {
        if (y == 0)
        {
            of_I << t <<setw(16) << I_tot << setw(16) << V << setw(16) << I[y];
            of_eta_a << t <<setw(16) << Get_eta_a(y);
            of_eta_c << t <<setw(16) << Get_eta_c(y);
            of_ohmic << t <<setw(16) << Get_ohmic(y);
            of_E_rev << t <<setw(16) << Get_V_thermo(y);
            of_lam_a << t <<setw(16) << lam[0][y];
            of_lam_c << t <<setw(16) << lam[2][y];
            of_lam_m << t <<setw(16) << lam[1][y];
            of_ach_h2 << t <<setw(16) << reac[0][y];
            of_ach_vap << t <<setw(16) << vap[0][y];
            of_acl_h2 << t <<setw(16) << reac[3][y];
            of_acl_vap << t <<setw(16) << vap[3][y];
            of_ccl_o2 << t <<setw(16) << reac[4][y];
            of_ccl_vap << t <<setw(16) << vap[4][y];
            of_ccl_s << t <<setw(16) << s[4][y];
            of_ccl_pl << t <<setw(16) << pl[4][y];
            of_cch_o2 << t <<setw(16) << reac[7][y];
            of_cch_vap << t <<setw(16) << vap[7][y];
            of_v_ach << t <<setw(16) << V_in_a << setw(16) << v_ach[y];
            of_v_cch << t <<setw(16) << V_in_c << setw(16) << v_cch[y];
            of_T_ach << t <<setw(16) << Temp[0][y];
            of_T_agdl << t <<setw(16) << Temp[1][y];
            of_T_ampl << t <<setw(16) << Temp[2][y];
            of_T_acl << t <<setw(16) << Temp[3][y];
            of_T_ccl << t <<setw(16) << Temp[4][y];
            of_T_cmpl << t <<setw(16) << Temp[5][y];
```

```
        of_T_cgdl << t <<setw(16) << Temp[6][y];
        of_T_cch << t <<setw(16) << Temp[7][y];
        of_T_mem << t <<setw(16) << Temp[8][y];
    }
    else if (y == N - 1)
    {
        of_I <<setw(16) << I[y] << endl;
        of_eta_a <<setw(16) << Get_eta_a(y) << endl;
        of_eta_c <<setw(16) << Get_eta_c(y) << endl;
        of_ohmic <<setw(16) << Get_ohmic(y) << endl;
        of_E_rev <<setw(16) << Get_V_thermo(y) << endl;
        of_lam_a <<setw(16) << lam[0][y] << endl;
        of_lam_c <<setw(16) << lam[2][y] << endl;
        of_lam_m <<setw(16) << lam[1][y] << endl;
        of_ach_h2 <<setw(16) << reac[0][y] << endl;
        of_ach_vap <<setw(16) << vap[0][y] << endl;
        of_acl_h2 <<setw(16) << reac[3][y] << endl;
        of_acl_vap <<setw(16) << vap[3][y] << endl;
        of_ccl_o2 <<setw(16) << reac[4][y] << endl;
        of_ccl_vap <<setw(16) << vap[4][y] << endl;
        of_ccl_s <<setw(16) << s[4][y] << endl;
        of_ccl_pl <<setw(16) << pl[4][y] << endl;
        of_cch_o2 <<setw(16) << reac[7][y] << endl;
        of_cch_vap <<setw(16) << vap[7][y] << endl;
        of_v_ach <<setw(16) << v_ach[y] << endl;
        of_v_cch <<setw(16) << v_cch[y] << endl;
        of_T_ach <<setw(16) << Temp[0][y] << endl;
        of_T_agdl <<setw(16) << Temp[1][y] << endl;
        of_T_ampl <<setw(16) << Temp[2][y] << endl;
        of_T_acl <<setw(16) << Temp[3][y] << endl;
        of_T_ccl <<setw(16) << Temp[4][y] << endl;
        of_T_cmpl <<setw(16) << Temp[5][y] << endl;
        of_T_cgdl <<setw(16) << Temp[6][y] << endl;
        of_T_cch <<setw(16) << Temp[7][y] << endl;
        of_T_mem <<setw(16) << Temp[8][y] << endl;
    }
    else
    {
        of_I <<setw(16) << I[y];
        of_eta_a <<setw(16) << Get_eta_a(y);
        of_eta_c <<setw(16) << Get_eta_c(y);
        of_ohmic <<setw(16) << Get_ohmic(y);
```

```
                    of_E_rev <<setw(16) << Get_V_thermo(y);
                    of_lam_a <<setw(16) << lam[0][y];
                    of_lam_c <<setw(16) << lam[2][y];
                    of_lam_m <<setw(16) << lam[1][y];
                    of_ach_h2 <<setw(16) << reac[0][y];
                    of_ach_vap <<setw(16) << vap[0][y];
                    of_acl_h2 <<setw(16) << reac[3][y];
                    of_acl_vap <<setw(16) << vap[3][y];
                    of_ccl_o2 <<setw(16) << reac[4][y];
                    of_ccl_vap <<setw(16) << vap[4][y];
                    of_ccl_s <<setw(16) << s[4][y];
                    of_ccl_pl <<setw(16) << pl[4][y];
                    of_cch_o2 <<setw(16) << reac[7][y];
                    of_cch_vap <<setw(16) << vap[7][y];
                    of_v_ach <<setw(16) << v_ach[y];
                    of_v_cch <<setw(16) << v_cch[y];
                    of_T_ach <<setw(16) << Temp[0][y];
                    of_T_agdl <<setw(16) << Temp[1][y];
                    of_T_ampl <<setw(16) << Temp[2][y];
                    of_T_acl <<setw(16) << Temp[3][y];
                    of_T_ccl <<setw(16) << Temp[4][y];
                    of_T_cmpl <<setw(16) << Temp[5][y];
                    of_T_cgdl <<setw(16) << Temp[6][y];
                    of_T_cch <<setw(16) << Temp[7][y];
                    of_T_mem <<setw(16) << Temp[8][y];
                }
            }
        }
        else
        {
            for (y = 0; y <= N - 1; y++)
            {
                flux_pl[y] = Rho_l / MW_w* K_MEM / mu_lq*(pl_p[4][y] - pl_p[3][y]) /
(Mthick + thick[4] / 2);
                flux_drag[y] = Osmotic_Drag_Coefficient(y)*I[y] / Farad;
                lam_n[0][y] = lam_p[0][y] + (diff_mw_acl(y)*(lam_p[1][y] -
lam_p[0][y]) / (Mthick / 2.0 + thick[3] / 2.0) / thick[3] - (lam_p[0][y] -
lam_eq_acl(y))*Kmv*lm_a + (flux_pl[y] - flux_drag[y]) / thick[3] * EW / rho_m)*dt /
lm_a;
                lam_n[1][y] = lam_p[1][y] - (diff_mw_acl(y)*(lam_p[1][y] -
lam_p[0][y]) / (Mthick / 2.0 + thick[3] / 2.0) / Mthick + diff_mw_ccl(y)*(lam_p[1][y]
- lam_p[2][y]) / (Mthick / 2.0 + thick[4] / 2.0) / Mthick)*dt;
```

```
                lam_n[2][y] = lam_p[2][y] + (diff_mw_ccl(y)*(lam_p[1][y] -
lam_p[2][y]) / (Mthick / 2.0 + thick[4] / 2.0) / thick[4] - (lam_p[2][y] -
lam_eq_ccl(y))*Kmv*lm_c - (flux_pl[y] - flux_drag[y]) / thick[4] * EW / rho_m)*dt /
lm_c;
            }
            for (y = 0; y <= N - 1; y++)
            {
                flux_h2[y]=diff_H2(0,y)*(reac_p[0][y]-reac_p[1][y])/(thick[0] /
2 + thick[1] / 2);
                flux_vap_a[y] = diff_vap(0, y)*(vap_p[0][y] - vap_p[1][y]) /
(thick[0] / 2 + thick[1] / 2);
                if (vap_p[0][y] > C_sat(0, y))
                    vl[0][y] = (vap_p[0][y] - C_sat(0, y))*Kvl*A_c / NN * thick[0]
* (1 - s_p[0][y]);
                else vl[0][y] = 0.0;
                if (y == 0)
                {
                    v_ach_n[y] = V_in_a - (flux_h2[y] + flux_vap_a[y] + vl[0][y] /
(A_act / NN)) * A_act / NN / c_ch_a / A_in;
                    x_h2[y] = ((c_h2_in*V_in_a*A_in - flux_h2[y] * A_act / NN) / A_in /
(L / NN) + reac_p[0][y] / dt) / (v_ach_n[y] / (L / NN) + 1 / dt) / (((c_h2_in*V_in_a*A_in
- flux_h2[y] * A_act / NN) / A_in / (L / NN) + reac_p[0][y] / dt) / (v_ach n[y] / (L /
NN) + 1 / dt) + ((c_vap_in_a*V_in_a*A_in - flux_vap_a[y] * A_act / NN - vl[0][y]) /
A_in / (L / NN) + vap_p[0][y] / dt) / (v_ach_n[y] / (L / NN) + 1 / dt));
                    reac_n[0][y] = c_ch_a*x_h2[y];
                    vap_n[0][y] = c_ch_a - reac_n[0][y];
                }
                else
                {
                    v_ach_n[y]=v_ach_p[y-1]-(flux_h2[y]+flux_vap_a[y]+vl[0][y]/
(A_act / NN)) * A_act / NN / c_ch_a / A_in;
                    x_h2[y] = ((reac_p[0][y - 1] * v_ach_p[y - 1] * A_in - flux_h2[y]
* A_act / NN) / A_in / (L / NN) + reac_p[0][y] / dt) / (v_ach_n[y] / (L / NN) + 1 /
dt) / (((reac_p[0][y - 1] * v_ach_p[y - 1] * A_in - flux_h2[y] * A_act / NN) / A_in /
(L / NN) + reac_p[0][y] / dt) / (v_ach_n[y] / (L / NN) + 1 / dt) + ((vap_p[0][y - 1]
* v_ach_p[y - 1] * A_in - flux_vap_a[y] * A_act / NN - vl[0][y]) / A_in / (L / NN)
+ vap_p[0][y] / dt) / (v_ach_n[y] / (L / NN) + 1 / dt));
                    reac_n[0][y] = c_ch_a*x_h2[y];
                    vap_n[0][y] = c_ch_a - reac_n[0][y];
                }
                s_n[0][y] = 0.0;
                pl_n[0][y] = P_in_a*P0;
```

```
            }
            /*cathode channel x=7 */
            for (y = N - 1; y >= 0; y--)
            {
                flux_o2[y] = diff_O2(6, y)*(reac_p[7][y] - reac_p[6][y]) / (thick[6] / 2 + thick[7] / 2);
                flux_vap_c[y] = diff_vap(6, y)*(vap_p[7][y] - vap_p[6][y]) / (thick[6] / 2 + thick[7] / 2);
                flux_n2[y] = 0.0;
                if (vap_p[7][y] > C_sat(7, y))
                    vl[7][y] = (vap_p[7][y] - C_sat(7, y))*Kvl*A_c / NN * thick[7] * (1 - s_p[7][y]);
                else vl[7][y] = 0.0;
                if (y == N - 1)
                {
                    v_cch_n[y] = V_in_c - (flux_o2[y] + flux_vap_c[y] + vl[7][y] / (A_act / NN)) * A_act / NN / c_ch_c / A_in;
                    x_o2[y] = ((c_o2_in*V_in_c *A_in - flux_o2[y] * A_act / NN) / A_in / (L / NN) + reac_p[7][y] / dt) / (v_cch_n[y] / (L / NN) + 1 / dt) / (((c_o2_in*V_in_c*A_in - flux_o2[y] * A_act / NN) / A_in / (L / NN) + reac_p[7][y] / dt) / (v_cch_n[y] / (L / NN) + 1 / dt) + ((c_vap_in_c*V_in_c *A_in - flux_vap_c[y] * A_act / NN - vl[7][y]) / A_in / (L / NN) + vap_p[7][y] / dt) / (v_cch_n[y] / (L / NN) + 1 / dt) + ((flux_n2_in *A_in - flux_n2[y] * A_act / NN) / A_in / (L / NN) + n2_p[7][y] / dt) / (v_cch_n[y] / (L / NN) + 1 / dt));
                    x_vap_c[y] = ((c_vap_in_c*V_in_c*A_in - flux_vap_c[y] * A_act / NN - vl[7][y]) / A_in / (L / NN) + vap_p[7][y] / dt) / (v_cch_n[y] / (L / NN) + 1 / dt) / (((c_o2_in*V_in_c*A_in - flux_o2[y] * A_act / NN) / A_in / (L / NN) + reac_p[7][y] / dt) / (v_cch_n[y] / (L / NN) + 1 / dt) + ((c_vap_in_c*V_in_c *A_in - flux_vap_c[y] * A_act / NN - vl[7][y]) / A_in / (L / NN) + vap_p[7][y] / dt) / (v_cch_n[y] / (L / NN) + 1 / dt) + ((flux_n2_in *A_in - flux_n2[y] * A_act / NN) / A_in / (L / NN) + n2_p[7][y] / dt) / (v_cch_n[y] / (L / NN) + 1 / dt));
                    x_n2[y] = ((flux_n2_in*A_in - flux_n2[y] * A_act / NN) / A_in / (L / NN) + n2_p[7][y] / dt) / (v_cch_n[y] / (L / NN) + 1 / dt) / (((c_o2_in*V_in_c*A_in - flux_o2[y] * A_act / NN) / A_in / (L / NN) + reac_p[7][y] / dt) / (v_cch_n[y] / (L / NN) + 1 / dt) + ((c_vap_in_c*V_in_c *A_in - flux_vap_c[y] * A_act / NN - vl[7][y]) / A_in / (L / NN) + vap_p[7][y] / dt) / (v_cch_n[y] / (L / NN) + 1 / dt) + ((flux_n2_in *A_in - flux_n2[y] * A_act / NN) / A_in / (L / NN) + n2_p[7][y] / dt) / (v_cch_n[y] / (L / NN) + 1 / dt));
                    reac_n[7][y] = c_ch_c* x_o2[y];
                    vap_n[7][y] = c_ch_c *x_vap_c[y];
                    n2_n[7][y] = c_ch_c *x_n2[y];
                }
```

```
                else
                {
                    v_cch_n[y] = v_cch_p[y + 1] - (flux_o2[y] + flux_vap_c[y] + vl[7][y] /
(A_act / NN)) * A_act / NN / c_ch_c / A_in;
                    x_o2[y] = ((reac_p[7][y + 1] * v_cch_p[y + 1] * A_in - flux_o2[y]
* A_act / NN) / A_in / (L / NN) + reac_p[7][y] / dt) / (v_cch_n[y] / (L / NN) + 1 /
dt) / (((reac_p[7][y + 1] * v_cch_p[y + 1] * A_in - flux_o2[y] * A_act / NN) / A_in /
(L / NN) + reac_p[7][y] / dt) / (v_cch_n[y] / (L / NN) + 1 / dt) + ((vap_p[7][y + 1]
* v_cch_p[y + 1] * A_in - flux_vap_c[y] * A_act / NN - vl[7][y]) / A_in / (L / NN)
+ vap_p[7][y] / dt) / (v_cch_n[y] / (L / NN) + 1 / dt) + ((flux_n2_in *A_in - flux_n2[y]
* A_act / NN) / A_in / (L / NN) + n2_p[7][y] / dt) / (v_cch_n[y] / (L / NN) + 1 / dt));
                    x_vap_c[y] = ((vap_p[7][y + 1] * v_cch_p[y + 1] * A_in - flux_vap_c[y]
* A_act / NN - vl[7][y]) / A_in / (L / NN) + vap_p[7][y] / dt) / (v_cch_n[y] / (L /
NN) + 1 / dt) / (((reac_p[7][y + 1] * v_cch_p[y + 1] * A_in - flux_o2[y] * A_act /
NN) / A_in / (L / NN) + reac_p[7][y] / dt) / (v_cch_n[y] / (L / NN) + 1 / dt) + ((vap_p[7][y
+ 1] * v_cch_p[y + 1] * A_in - flux_vap_c[y] * A_act / NN - vl[7][y]) / A_in / (L /
NN) + vap_p[7][y] / dt) / (v_cch_n[y] / (L / NN) + 1 / dt) + ((flux_n2_in *A_in - flux_n2[y]
* A_act / NN) / A_in / (L / NN) + n2_p[7][y] / dt) / (v_cch_n[y] / (L / NN) + 1 / dt));
                    x_n2[y] = ((flux_n2_in*A_in - flux_n2[y] * A_act / NN) / A_in /
(L / NN) + n2_p[7][y] / dt) / (v_cch_n[y] / (L / NN) + 1 / dt) / (((reac_p[7][y + 1]
* v_cch_p[y + 1] * A_in - flux_o2[y] * A_act / NN) / A_in / (L / NN) + reac_p[7][y] /
dt) / (v_cch_n[y] / (L / NN) + 1 / dt) + ((vap_p[7][y + 1] * v_cch_p[y + 1] * A_in
- flux_vap_c[y] * A_act / NN - vl[7][y]) / A_in / (L / NN) + vap_p[7][y] / dt) / (v_cch_n[y] /
(L / NN) + 1 / dt) + ((flux_n2_in *A_in - flux_n2[y] * A_act / NN) / A_in / (L / NN)
+ n2_p[7][y] / dt) / (v_cch_n[y] / (L / NN) + 1 / dt));
                    reac_n[7][y] = c_ch_c* x_o2[y];
                    vap_n[7][y] = c_ch_c *x_vap_c[y];
                    n2_n[7][y] = c_ch_c *x_n2[y];
                }
                s_n[7][y] = 0.0;
                pl_n[7][y] = P_in_c*P0;
            }
            /* water in porous layers */
            for (x = 1; x <= 6; x++)
            {
                for (y = 0; y <= N - 1; y++)
                {
                    if (x == 1 || x == 2)
                    {
                        vap_n[x][y] = dt / thick[x] / (A_act / NN) / por[x] / (1 -
s_p[x][y])*(diff_vap(x - 1, y)*(vap_p[x - 1][y] - vap_p[x][y]) / (thick[x - 1] / 2
+ thick[x] / 2)*A_act / NN + diff_vap(x, y)*(vap_p[x + 1][y] - vap_p[x][y]) / (thick[x] /
```

```
2 + thick[x + 1] / 2)*A_act / NN) + vap_p[x][y];
                        s_n[x][y] = 0.0;
                        pl_n[x][y] = P_in_a*P0;
                    }
                    else if (x == 3)
                    {
                        mv_acl[y]=rho_m/EW*(lam_p[0][y]-lam_eq_acl(y))*Kmv*A_act/
NN * thick[3] * lm_a;
                        vap_n[x][y] = dt / thick[x] / (A_act / NN) / por[x] / (1 -
s_p[x][y])*(diff_vap(x - 1, y)*(vap_p[x - 1][y] - vap_p[x][y]) / (thick[x - 1] / 2
+ thick[x] / 2)*A_act / NN + mv_acl[y]) + vap_p[x][y];
                        s_n[x][y] = 0.0;
                        pl_n[x][y] = P_in_a*P0;
                    }
                    else if (x == 4)
                    {
                        reaction = I[y] / 2 / Farad*A_act / NN;
                        mv_ccl[y]=rho_m/EW*(lam_p[2][y]-lam_eq_ccl(y))*Kmv*A_act/
NN * thick[4] * lm_c;
                        if (vap_p[x][y] < C_sat(x, y) && s_p[x][y] == 0)
                            vl[x][y] = 0.0;
                        else vl[x][y] = (vap_p[x][y] - C_sat(x, y))*Kvl*A_act / NN *
thick[4] * por[x] * (1 - s_p[x][y]);
                        if (vap_p[x][y] < C_sat(x, y))
                        {
                            vap_n[x][y] = dt / thick[x] / (A_act / NN) / por[x] / (1
- s_p[x][y])*(diff_vap(x, y)*(vap_p[x + 1][y] - vap_p[x][y]) / (thick[x] / 2 + thick[x
+ 1] / 2)*A_act / NN + mv_ccl[y] - vl[x][y] + reaction) + vap_p[x][y];
                            s_n[x][y] = dt / thick[x] / (A_act / NN) / por[x] * MW_w /
Rho_l*(Rho_l / MW_w*kl(x, y) / mu_lq*(pl_p[x + 1][y] - pl_p[x][y]) / (thick[x] / 2
+ thick[x + 1] / 2)*A_act / NN + vl[x][y]) + s_p[x][y];
                        }
                        else if (vap_p[x][y] >= C_sat(x, y))
                        {
                            vap_n[x][y] = dt / thick[x] / (A_act / NN) / por[x] / (1
- s_p[x][y])*(diff_vap(x, y)*(vap_p[x + 1][y] - vap_p[x][y]) / (thick[x] / 2 + thick[x
+ 1] / 2)*A_act / NN - vl[x][y]) + vap_p[x][y];
                            s_n[x][y] = dt / thick[x] / (A_act / NN) / por[x] * MW_w /
Rho_l*(Rho_l / MW_w*kl(x, y) / mu_lq*(pl_p[x + 1][y] - pl_p[x][y]) / (thick[x] / 2
+ thick[x + 1] / 2)*A_act / NN + mv_ccl[y] + vl[x][y] + reaction) + s_p[x][y];
                        }
                        if (s_n[x][y] <= 0)
```

```
                    s_n[x][y] = 0;
                else if (s_n[x][y] > 1)
                    s_n[x][y] = 1;
                pl_n[x][y] = -Pc(s_n[x][y], x) + P_in_a*P0;
            }
            else if (x == 5 || x == 6)
            {
                flux_lq_c[y] = Rho_l / MW_w*kl(6, y) / mu_lq*(pl_p[6][y] -
pl_p[7][y]) / (thick[6] / 2);
                if (vap_p[x][y] < C_sat(x, y) && s_p[x][y] == 0)
                    vl[x][y] = 0.0;
                else vl[x][y] = (vap_p[x][y] - C_sat(x, y))*Kvl*A_act / NN *
thick[x] * por[x] * (1 - s_p[x][y]);
                vap_n[x][y] = dt / thick[x] / (A_act / NN) / por[x] / (1 -
s_p[x][y])*(diff_vap(x - 1, y)*(vap_p[x - 1][y] - vap_p[x][y]) / (thick[x - 1] / 2
+ thick[x] / 2)*A_act / NN + diff_vap(x, y)*(vap_p[x + 1][y] - vap_p[x][y]) / (thick[x] /
2 + thick[x + 1] / 2)*A_act / NN - vl[x][y]) + vap_p[x][y];
                if (x == 5)
                    s_n[x][y] = dt / thick[x] / (A_act / NN) / por[x] * MW_w /
Rho_l*(Rho_l / MW_w*kl(x - 1, y) / mu_lq*(pl_p[x - 1][y] - pl_p[x][y]) / (thick[x -
1] / 2 + thick[x] / 2)*A_act / NN + Rho_l / MW_w*kl(x, y) / mu_lq*(pl_p[x + 1][y] -
pl_p[x][y]) / (thick[x] / 2 + thick[x + 1] / 2)*A_act / NN + vl[x][y]) + s_p[x][y];
                else if (x == 6)
                    s_n[x][y] = dt / thick[x] / (A_act / NN) / por[x] * MW_w /
Rho_l*(Rho_l / MW_w*kl(x - 1, y) / mu_lq*(pl_p[x - 1][y] - pl_p[x][y]) / (thick[x -
1] / 2 + thick[x] / 2)*A_act / NN + Rho_l / MW_w*kl(x, y) / mu_lq*(pl_p[x + 1][y] -
pl_p[x][y]) / (thick[x] / 2)*A_act / NN + vl[x][y]) + s_p[x][y];
                if (s_n[x][y] <= 0)
                    s_n[x][y] = 0;
                else if (s_n[x][y] > 1)
                    s_n[x][y] = 1;
                pl_n[x][y] = -Pc(s_n[x][y], x) + P_in_c*P0;
            }
        }
    }
    /* H2 in anode porous layers*/
    for (x = 1; x <= 3; x++)
    {
        for (y = 0; y <= N - 1; y++)
        {
            if (x == 1 || x == 2)
            {
```

```
                    reac_n[x][y] = dt / thick[x] / (A_act / NN) / por[x] / (1 -
s_p[x][y])*(diff_H2(x - 1, y)*(reac_p[x - 1][y] - reac_p[x][y])*A_act / NN / (thick[x
- 1] / 2 + thick[x] / 2) + diff_H2(x, y)*(reac_p[x + 1][y] - reac_p[x][y])*A_act /
NN / (thick[x] / 2 + thick[x + 1] / 2)) + reac_p[x][y];
                }
                else if (x == 3)
                {
                    reac_n[x][y] = dt / thick[x] / (A_act / NN) / por[x] / (1 -
s_p[x][y])*(diff_H2(x - 1, y)*(reac_p[x - 1][y] - reac_p[x][y]) / (thick[x - 1] / 2
+ thick[x] / 2)*A_act / NN - I[y] / 2 / Farad*A_act / NN) + reac_p[x][y];
                }
            }
        }
        /* O2 in cathode porous layers*/
        for (x = 4; x <= 6; x++)
        {
            for (y = 0; y <= N - 1; y++)
            {
                if (x == 5 || x == 6)
                {
                    reac_n[x][y] = dt / thick[x] / (A_act / NN) / por[x] / (1 -
s_p[x][y])*(diff_O2(x - 1, y)*(reac_p[x - 1][y] - reac_p[x][y])*A_act / NN / (thick[x
- 1] / 2 + thick[x] / 2) + diff_O2(x, y)*(reac_p[x + 1][y] - reac_p[x][y])*A_act /
NN / (thick[x] / 2 + thick[x + 1] / 2)) + reac_p[x][y];
                }
                else if (x == 4)
                {
                    reac_n[x][y] = dt / thick[x] / (A_act / NN) / por[x] / (1 -
s_p[x][y])*(diff_O2(x, y)*(reac_p[x + 1][y] - reac_p[x][y]) / (thick[x] / 2 + thick[x
+ 1] / 2)*A_act / NN - I[y] / 4 / Farad*A_act / NN) + reac_p[x][y];
                }
            }
        }
        /*Energy*/
        double ohmic[9][N] = { 0.0 }; /* ohmic m2*/
        double S_heat[9][N] = { 0.0 }; /*W/m2*/
        s_agdl = 0.0;
        s_ampl = 0.0;
        s_acl = 0.0;
        s_ccl = 0.0;
        s_cmpl = 0.0;
        s_cgdl = 0.0;
```

```
            for (y = 0; y <= N - 1; y++)
            {
                s_ccl += s[4][y];
                s_cmpl += s[5][y];
                s_cgdl += s[6][y];
            }
            s_ccl = s_ccl / NN;
            s_cmpl = s_cmpl / NN;
            s_cgdl = s_cgdl / NN;
            k_abp = 0.5*k_g_a + 0.5*k_bp;
            k_agdl = (s_agdl * k_lq + (1 - s_agdl)*k_g_a)*por[1] + k_s*(1 - por[1]);
            k_ampl = (s_ampl * k_lq + (1 - s_ampl)*k_g_a)*por[2] + k_s*(1 - por[2]);
            k_acl = (s_acl * k_lq + (1 - s_acl)*k_g_a)*por[3] + k_s*(1 - por[3] -
lm_a) + k_m*lm_a;
            k_ccl = (s_ccl * k_lq + (1 - s_ccl)*k_g_c)*por[4] + k_s*(1 - por[4] -
lm_c) + k_m*lm_c;
            k_cmpl = (s_cmpl * k_lq + (1 - s_cmpl)*k_g_c)*por[5] + k_s*(1 - por[5]);
            k_cgdl = (s_cgdl * k_lq + (1 - s_cgdl)*k_g_c)*por[6] + k_s*(1 - por[6]);
            k_cbp = 0.5*k_g_c + 0.5*k_bp;
            k_bp_gdl_a = (thick[0] / 2 + thick[1] / 2) / (thick[0] / 2 / k_abp + thick[1] /
2 / k_agdl);
            k_gdl_mpl_a = (thick[1] / 2 + thick[2] / 2) / (thick[1] / 2 / k_agdl +
thick[2] / 2 / k_ampl);
            k_mpl_cl_a = (thick[2] / 2 + thick[3] / 2) / (thick[2] / 2 / k_ampl +
thick[3] / 2 / k_acl);
            k_cl_m_a = (thick[3] / 2 + Mthick / 2) / (thick[3] / 2 / k_acl + Mthick /
2 / k_m);
            k_cl_m_c = (thick[4] / 2 + Mthick / 2) / (thick[4] / 2 / k_ccl + Mthick /
2 / k_m);
            k_mpl_cl_c = (thick[4] / 2 + thick[5] / 2) / (thick[4] / 2 / k_ccl + thick[5] /
2 / k_cmpl);
            k_gdl_mpl_c = (thick[5] / 2 + thick[6] / 2) / (thick[5] / 2 / k_cmpl +
thick[6] / 2 / k_cgdl);
            k_bp_gdl_c = (thick[6] / 2 + thick[7] / 2) / (thick[6] / 2 / k_cgdl +
thick[7] / 2 / k_cbp);
            Cp_abp = 0.5*Cp_H2*rho_H2 + 0.5*Cp_bp*rho_bp;
            Cp_agdl = (s_agdl * Cp_lq*Rho_l + (1 - s_agdl)*Cp_H2*rho_H2)*por[1] +
Cp_gdl*rho_gdl*(1 - por[1]);
            Cp_ampl = (s_ampl * Cp_lq*Rho_l + (1 - s_ampl)*Cp_H2*rho_H2)*por[2] +
Cp_mpl*rho_mpl*(1 - por[2]);
            Cp_acl = (s_acl * Cp_lq*Rho_l + (1 - s_acl)*Cp_H2*rho_H2)*por[3] +
Cp_cl*rho_cl*(1 - por[3] - lm_a) + Cp_mem*rho_m*lm_a;
```

```
            Cp_ccl = (s_ccl * Cp_lq*Rho_l + (1 - s_ccl)*Cp_air*rho_air)*por[4] +
Cp_cl*rho_cl*(1 - por[4] - lm_c) + Cp_mem*rho_m*lm_c;
            Cp_cmpl = (s_cmpl * Cp_lq*Rho_l + (1 - s_cmpl)*Cp_air*rho_air)*por[5]
+ Cp_mpl*rho_mpl*(1 - por[5]);
            Cp_cgdl = (s_cgdl * Cp_lq*Rho_l + (1 - s_cgdl)*Cp_air*rho_air)*por[6]
+ Cp_gdl*rho_gdl*(1 - por[6]);
            Cp_cbp = 0.5*Cp_air*rho_air + 0.5*Cp_bp*rho_bp;
            for (y = 0; y <= N - 1; y++)
            {
                ohmic[1][y] = thick[1] / (pow((1.0 - por[1]), 1.5)*Sigma_s);
                ohmic[2][y] = thick[2] / (pow((1.0 - por[2]), 1.5)*Sigma_s);
                ohmic[3][y] = 0.5*thick[3] / (pow((1.0 - por[3] - lm_a), 1.5)*Sigma_s)
+ 0.5*thick[3] / Membrane_Conductivity(0, y);
                ohmic[4][y] = 0.5*thick[4] / (pow((1.0 - por[4] - lm_c), 1.5)*Sigma_s)
+ 0.5*thick[4] / Membrane_Conductivity(2, y);
                ohmic[5][y] = thick[5] / (pow((1.0 - por[5]), 1.5)*Sigma_s);
                ohmic[6][y] = thick[6] / (pow((1.0 - por[6]), 1.5)*Sigma_s);
                ohmic[8][y] = Mthick / Membrane_Conductivity(1, y);
                S_heat[1][y] = I[y] * I[y] * ohmic[1][y];
                S_heat[2][y] = I[y] * I[y] * ohmic[2][y];
                S_heat[3][y] = I[y] * I[y] * ohmic[3][y] + I[y] * Get_eta_a(y) + delta_Sa
*T0 * I[y] / 2 / Farad - hvl*mv_acl[y] / (A_act / NN);
                S_heat[4][y] = I[y] * I[y] * ohmic[4][y] + I[y] * Get_eta_c(y) + delta_Sc
*T0 * I[y] / 4 / Farad + hvl*vl[4][y] / (A_act / NN) - hvl*mv_ccl[y] / (A_act / NN);
                S_heat[5][y] = I[y] * I[y] * ohmic[5][y] + hvl*vl[5][y] / (A_act /
NN);
                S_heat[6][y] = I[y] * I[y] * ohmic[6][y] + hvl*vl[6][y] / (A_act /
NN);
                S_heat[8][y] = I[y] * I[y] * ohmic[8][y];
                Temp_n[8][y] = Temp_p[8][y] + dt / Cp_mem / rho_m / Mthick* (-(Temp_p[8][y]
- Temp_p[3][y]) / (Mthick / 2 + thick[3] / 2)*k_cl_m_a - (Temp_p[8][y] - Temp_p[4][y]) /
(Mthick / 2 + thick[4] / 2)*k_cl_m_c + S_heat[8][y]);
                Temp_n[0][y] = Temp_p[0][y] + dt / Cp_abp / thick[0] * (-(Temp_p[0][y]
- T0) / (thick[0] / 2)*k_abp - (Temp_p[0][y] - Temp_p[1][y]) / (thick[0] / 2 + thick[1] /
2)*k_bp_gdl_a);
                Temp_n[1][y] = Temp_p[1][y] + dt / Cp_agdl / thick[1] * (-(Temp_p[1][y]
- Temp[0][y]) / (thick[1] / 2)*k_agdl - (Temp_p[1][y] - Temp_p[2][y]) / (thick[1] /
2 + thick[2] / 2)*k_gdl_mpl_a + S_heat[1][y]);
                Temp_n[2][y] = Temp_p[2][y] + dt / Cp_ampl / thick[2] * (-(Temp_p[2][y]
-Temp_p[1][y]) / (thick[1] / 2 + thick[2] / 2)*k_gdl_mpl_a - (Temp_p[2][y] - Temp_p[3][y]) /
(thick[2] / 2 + thick[3] / 2)*k_mpl_cl_a + S_heat[2][y]);
                Temp_n[3][y] = Temp_p[3][y] + dt / Cp_acl / thick[3] * (-(Temp_p[3][y]
```

```
- Temp_p[2][y]) / (thick[2] / 2 + thick[3] / 2)*k_mpl_cl_a - (Temp_p[3][y] - Temp_p[8][y]) /
(Mthick / 2 + thick[3] / 2)*k_cl_m_a + S_heat[3][y]);
                Temp_n[4][y] = Temp_p[4][y] + dt / Cp_ccl / thick[4] * (-(Temp_p[4][y]
- Temp_p[5][y]) / (thick[4] / 2 + thick[5] / 2)*k_mpl_cl_c - (Temp_p[4][y] - Temp_p[8][y]) /
(Mthick / 2 + thick[4] / 2)*k_cl_m_c + S_heat[4][y]);
                Temp_n[5][y] = Temp_p[5][y] + dt / Cp_cmpl / thick[5] * (-(Temp_p[5][y]
- Temp_p[4][y]) / (thick[4] / 2 + thick[5] / 2)*k_mpl_cl_c - (Temp_p[5][y] - Temp_p[6][y]) /
(thick[5] / 2 + thick[6] / 2)*k_gdl_mpl_c + S_heat[5][y]);
                Temp_n[6][y] = Temp_p[6][y] + dt / Cp_cgdl / thick[6] * (-(Temp_p[6][y]
- Temp_p[5][y]) / (thick[5] / 2 + thick[6] / 2)*k_gdl_mpl_c - (Temp_p[6][y] - Temp[7][y]) /
(thick[6] / 2)*k_cgdl + S_heat[6][y]);
                Temp_n[7][y] = Temp_p[7][y] + dt / Cp_cbp / thick[7] * (-(Temp_p[7][y]
- T0) / (thick[7] / 2)*k_cbp - (Temp_p[7][y] - Temp_p[6][y]) / (thick[6] / 2 + thick[7] /
2)*k_bp_gdl_c);
            }
            for (x = 0; x <= 7; x++)
            {
                for (y = 0; y <= N - 1; y++)
                {
                    s[x][y] = s_n[x][y];
                    pl[x][y] = pl_n[x][y];
                    vap[x][y] = vap_n[x][y];
                    reac[x][y] = reac_n[x][y];
                }
            }
            for (x = 0; x <= 8; x++)
            {
                for (y = 0; y <= N - 1; y++)
                {
                    Temp[x][y] = Temp_n[x][y];
                }
            }
            for (y = 0; y <= N - 1; y++)
            {
                v_ach[y] = v_ach_n[y];
                v_cch[y] = v_cch_n[y];
            }
            for (y = 0; y <= N - 1; y++)
            {
                lam[0][y] = lam_n[0][y];
                lam[1][y] = lam_n[1][y];
                lam[2][y] = lam_n[2][y];
```

```
            }
            for (y = 0; y <= N - 1; y++)
            {
                n2[7][y] = n2_n[7][y];
            }
            for (y = 0; y <= N - 1; y++)
            {
                I[y] = *Get_I(y);
            }
            V = *Get_I(N);
            double q = t / 0.01;
            if (int(q) == q)
            {
                cout << "t=" << t << endl;
                for (y = 0; y <= N - 1; y++)
                {
                    if (y == 0)
                    {
                        of_I << t <<setw(16) << I_tot << setw(16) << V << setw(16) <<
I[y];
                        of_eta_a << t <<setw(16) << Get_eta_a(y);
                        of_eta_c << t <<setw(16) << Get_eta_c(y);
                        of_ohmic << t <<setw(16) << Get_ohmic(y);
                        of_E_rev << t <<setw(16) << Get_V_thermo(y);
                        of_lam_a << t <<setw(16) << lam[0][y];
                        of_lam_c << t <<setw(16) << lam[2][y];
                        of_lam_m << t <<setw(16) << lam[1][y];
                        of_ach_h2 << t <<setw(16) << c_h2_in << setw(16) << reac[0][y];
                        of_ach_vap << t <<setw(16) << c_vap_in_a << setw(16) <<
vap[0][y];
                        of_acl_h2 << t <<setw(16) << reac[3][y];
                        of_acl_vap << t <<setw(16) << vap[3][y];
                        of_ccl_o2 << t <<setw(16) << reac[4][y];
                        of_ccl_vap << t <<setw(16) << vap[4][y];
                        of_ccl_s << t <<setw(16) << s[4][y];
                        of_ccl_pl << t <<setw(16) << pl[4][y];
                        of_cch_o2 << t <<setw(16) << reac[7][y];
                        of_cch_vap << t <<setw(16) << vap[7][y];
                        of_v_ach << t <<setw(16) << V_in_a << setw(16) << v_ach[y];
                        of_v_cch << t <<setw(16) << v_cch[y];
                        of_T_ach << t <<setw(16) << Temp[0][y];
                        of_T_agdl << t <<setw(16) << Temp[1][y];
```

```
        of_T_ampl << t <<setw(16) << Temp[2][y];
        of_T_acl << t <<setw(16) << Temp[3][y];
        of_T_ccl << t <<setw(16) << Temp[4][y];
        of_T_cmpl << t <<setw(16) << Temp[5][y];
        of_T_cgdl << t <<setw(16) << Temp[6][y];
        of_T_cch << t <<setw(16) << Temp[7][y];
        of_T_mem << t <<setw(16) << Temp[8][y];
    }
    else if (y == N - 1)
    {
        of_I <<setw(16) << I[y] << endl;
        of_eta_a <<setw(16) << Get_eta_a(y) << endl;
        of_eta_c <<setw(16) << Get_eta_c(y) << endl;
        of_ohmic <<setw(16) << Get_ohmic(y) << endl;
        of_E_rev <<setw(16) << Get_V_thermo(y) << endl;
        of_lam_a <<setw(16) << lam[0][y] << endl;
        of_lam_c <<setw(16) << lam[2][y] << endl;
        of_lam_m <<setw(16) << lam[1][y] << endl;
        of_ach_h2 <<setw(16) << reac[0][y] << endl;
        of_ach_vap <<setw(16) << vap[0][y] << endl;
        of_acl_h2 <<setw(16) << reac[3][y] << endl;
        of_acl_vap <<setw(16) << vap[3][y] << endl;
        of_ccl_o2 <<setw(16) << reac[4][y] << endl;
        of_ccl_vap <<setw(16) << vap[4][y] << endl;
        of_ccl_s <<setw(16) << s[4][y] << endl;
        of_ccl_pl <<setw(16) << pl[4][y] << endl;
        of_cch_o2 <<setw(16) << reac[7][y] << setw(16) << c_o2_in <<
endl;
        of_cch_vap <<setw(16) << vap[7][y] << setw(16) << c_vap_in_c
<< endl;
        of_v_ach <<setw(16) << v_ach[y] << endl;
        of_v_cch <<setw(16) << v_cch[y] << setw(16) << V_in_c << endl;
        of_T_ach <<setw(16) << Temp[0][y] << endl;
        of_T_agdl <<setw(16) << Temp[1][y] << endl;
        of_T_ampl <<setw(16) << Temp[2][y] << endl;
        of_T_acl <<setw(16) << Temp[3][y] << endl;
        of_T_ccl <<setw(16) << Temp[4][y] << endl;
        of_T_cmpl <<setw(16) << Temp[5][y] << endl;
        of_T_cgdl <<setw(16) << Temp[6][y] << endl;
        of_T_cch <<setw(16) << Temp[7][y] << endl;
        of_T_mem <<setw(16) << Temp[8][y] << endl;
    }
```

```
                        else
                        {
                            of_I <<setw(16) << I[y];
                            of_eta_a <<setw(16) << Get_eta_a(y);
                            of_eta_c <<setw(16) << Get_eta_c(y);
                            of_ohmic <<setw(16) << Get_ohmic(y);
                            of_E_rev <<setw(16) << Get_V_thermo(y);
                            of_lam_a <<setw(16) << lam[0][y];
                            of_lam_c <<setw(16) << lam[2][y];
                            of_lam_m <<setw(16) << lam[1][y];
                            of_ach_h2 <<setw(16) << reac[0][y];
                            of_ach_vap <<setw(16) << vap[0][y];
                            of_acl_h2 <<setw(16) << reac[3][y];
                            of_acl_vap <<setw(16) << vap[3][y];
                            of_ccl_o2 <<setw(16) << reac[4][y];
                            of_ccl_vap <<setw(16) << vap[4][y];
                            of_ccl_s <<setw(16) << s[4][y];
                            of_ccl_pl <<setw(16) << pl[4][y];
                            of_cch_o2 <<setw(16) << reac[7][y];
                            of_cch_vap <<setw(16) << vap[7][y];
                            of_v_ach <<setw(16) << v_ach[y];
                            of_v_cch <<setw(16) << v_cch[y];
                            of_T_ach <<setw(16) << Temp[0][y];
                            of_T_agdl <<setw(16) << Temp[1][y];
                            of_T_ampl <<setw(16) << Temp[2][y];
                            of_T_acl <<setw(16) << Temp[3][y];
                            of_T_ccl <<setw(16) << Temp[4][y];
                            of_T_cmpl <<setw(16) << Temp[5][y];
                            of_T_cgdl <<setw(16) << Temp[6][y];
                            of_T_cch <<setw(16) << Temp[7][y];
                            of_T_mem <<setw(16) << Temp[8][y];
                        }
                    }
                }
            }
        }
    }
```

# 第 7 章　习题与实战程序

```
#include <iostream>
```

```
#include <math.h>
using namespace std;
double const pi = 3.1416;
double max(double x1, double x2)
{
    if (x1 > x2) return x1;
    else return x2;
}
double min(double x1, double x2)
{
    if (x1 < x2) return x1;
    else return x2;
}
double Calculate_motor(double t_size, double ii, double N_motor, double p_ratio, int
Var_No);
double Calculate_aircompressor(double p_ratio, double N_cp, int Var_No);
double Calculate_motor(double t_size, double ii, double N_motor, double p_ratio, int
Var_No)
{
    //P_cp_req, P_cp_real, T_cp_out, p_ratio_real, p_ratio_req, m_air_req, m_air_real,
N_cp_req, N_cp_real, N_motor
    double Var[10];//用于存储函数输出值
    double F = 96487;
    double ST_c = 3.0;
    double T_cp_in = 273.15 + 25; //K
    double Cp_air = 1009;   //空气比热容(J / kg / k)
    double yita_cp = 0.8;
    double Kv = 0.026; // 电机扭矩常数
    double Kt = 0.036; // 电机扭矩常数
    double R_cm = 0.01; // 电机线圈电阻(Ω)
    double yita_cm = 0.97; // 电机效率
    double J_cp = 5e-5;  // 压缩机转动惯量(kg / m2)
    double M_air = 29; // kg / kmol
    double N_stack = 400;
    double A_cell = 150e-4; //m2
    double p_ratio_req = 1.5;
    //计算所有电池实际需要空气的质量
    double m_air_req = ii*A_cell / (4 * F)*ST_c / 0.21*M_air / 1000 * N_stack;
    //对质量流量进行温度压力修正，将实际需要的换算到质量流量图上面
    double m_air_req_cp = m_air_req / (pow(T_cp_in / 288, 0.5) / (p_ratio_req));
    //喘振线
    double p1 = 1.009e+04;
```

```
double p2 = 264.5;
double p3 = 2.469;
double p4 = 1.032;
double p_ratio_line_1 = min(2.6, max(1.0, p1*pow(m_air_req_cp, 3) +
p2*pow(m_air_req_cp, 2) + p3*m_air_req_cp + p4));
//最大流量线
double pp1 = 445.9;
double pp2 = -68.58;
double pp3 = 5.975;
double pp4 = 0.9028;
double p_ratio_line_2 = min(2.6, max(1.0, pp1*pow(m_air_req_cp, 3) +
pp2*pow(m_air_req_cp, 2) + pp3*m_air_req_cp + pp4));
//判断压缩机是否在正常工作区域工作，如果不是，需要调整压力比，计算目前的转速对应的参数
double N_cp = N_motor*12.67;
double P_cp = Calculate_aircompressor(p_ratio, N_cp, 0);
double m_air = Calculate_aircompressor(p_ratio, N_cp, 1);
while ((p_ratio < p_ratio_line_2) || (P_cp <= 0))// disp('超过压缩机最大流量线，升
高压力比使其工作稳定'
{
    p_ratio = p_ratio + 0.02;
    //计算目前的转速对应的参数
    P_cp = Calculate_aircompressor(p_ratio, N_cp, 0);
    m_air = Calculate_aircompressor(p_ratio, N_cp, 1);
    if (p_ratio <1.0 || p_ratio >2.6)
        break;
}
while ((p_ratio >= p_ratio_line_1) || (P_cp <= 0))
{
    // disp('压缩机在喘振区域工作，降低压力比使其工作稳定');
    p_ratio = p_ratio - 0.02;
    P_cp = Calculate_aircompressor(p_ratio, N_cp, 0);
    m_air = Calculate_aircompressor(p_ratio, N_cp, 1);
    if (p_ratio <1.0 || p_ratio >2.6)
        break;
}
double delta_p = p_ratio_req - p_ratio;
//认为压缩机是逐渐达到设定工作压强的，每次升压比的调整为0.02
if (delta_p > 0.02)
    p_ratio = p_ratio + 0.02;
if (delta_p < -0.02)
    p_ratio = p_ratio - 0.02;
double p_ratio_real = p_ratio;
```

```
//计算空压机在不同进气流量与压力下所需要的功
double P_cp_req = Cp_air*T_cp_in / yita_cp*m_air_req_cp*(pow(p_ratio_real, (2 / 7)) - 1);
//计算压缩机出口的温度
double T_cp_out = T_cp_in + T_cp_in / yita_cp*(pow(p_ratio_real, (2 / 7)) - 1);
//这儿将质量流量图逆向运用，利用质量流量与压力比求解转速
double x = (m_air_req_cp - 0.0744) / (0.03834); //中心正则化处理
double y = (p_ratio_req - 1.726) / 0.4504;
double p00 = 1.481e+05;
double p10 = 7179;
double p01 = 3.679e+04;
double p20 = 3041;
double p11 = -8367;
double p02 = -604.2;
double p30 = 1013;
double p21 = -5046;
double p12 = 5678;
double p03 = -818.2;
double p40 = 328.1;
double p31 = 992.8;
double p22 = -1053;
double p13 = -1011;
double p04 = -1463;
double p50 = 327.3;
double p41 = 637.5;
double p32 = -1762;
double p23 = 1775;
double p14 = -356.3;
double p05 = 858;
//多项式拟合公式
double N_cp_req = p00 + p10*x + p01*y + p20*pow(x, 2) + p11*x*y + p02*pow(y, 2) + p30*pow(x, 3) + p21*pow(x, 2) * y + p12*x*pow(y, 2) + p03*pow(y, 3) +
    p40*pow(x, 4) + p31*pow(x, 3) * y + p22*pow(x, 2) * pow(y, 2) + p13*x*pow(y, 3) + p04*pow(y, 4) + p50*pow(x, 5) + p41*pow(x, 4) * y + p32*pow(x, 3) * pow(y, 2) + p23*pow(x, 2) * pow(y, 3) + p14*x*pow(y, 4) + p05*pow(y, 5);
//换算为电动机转速
double N_motor_req = N_cp_req / 12.67;
double w_motor_req = 2 * pi*N_motor_req / 60;
//计算不同转速下稳态时电机的端电压
double V_cm_req = P_cp_req*R_cm / w_motor_req / yita_cm / Kt + Kv*w_motor_req;
//计算目前时刻实际的质量流量等参数
double w_motor = 2 * pi*N_motor / 60;
```

```
    double N_cp_real = N_motor*12.67;
    double P_cp_real = Calculate_aircompressor(p_ratio, N_cp_real, 0);
    double m_air_real_cp = Calculate_aircompressor(p_ratio, N_cp_real, 1);
    //计算实际转速下面，稳定时电动机的电压
    double V_cm_real = P_cp_real*R_cm / w_motor / yita_cm / Kt + Kv*w_motor;
    //引入PID控制，输入误差为需要的质量流量与实际流量差值
    //由于不同初始转速的给定可能导致计算的m_air_real出现问题，这儿进行一下约束
    double delta_m_air = m_air_req_cp - m_air_real_cp;
    double delta_N_cp = N_cp_real / N_cp_req;
    double delta_control = delta_m_air / delta_N_cp;
    //输出量为电动机的电压变化，输入量为电动机电压的偏差，利用PID控制，涉及参数的选择
    double delta_V_cm = 1.2*delta_control + 10 * delta_control*t_size + 10 * delta_control / 
t_size;
    double V_cm_new = V_cm_real + delta_V_cm;
    double w_motor_new = w_motor + t_size*(yita_cm*Kt / R_cm*(V_cm_new - Kv*w_motor) 
- P_cp_real / w_motor) / J_cp;
    if (w_motor_new > 1700)
        cout << "超过电动机最大转速"<<endl;
    w_motor = w_motor_new;
    double N_motor_real = 60 * w_motor / 2 / pi;
    N_cp_real = N_motor*12.67;
    //利用实际的压力比来求解实际的质量流量等参数
    P_cp_real = Calculate_aircompressor(p_ratio_real, N_cp_real, 0);
    m_air_real_cp = Calculate_aircompressor(p_ratio_real, N_cp_real, 1);
    delta_m_air = abs(m_air_req - m_air_real_cp);
    //实际的空气质量流量
    double m_air_real = m_air_real_cp*(pow(T_cp_in / 288, 0.5) / (p_ratio_real));
    Var[0] = P_cp_req;
    Var[1] = P_cp_real;
    Var[2] = T_cp_out;
    Var[3] = p_ratio_real;
    Var[4] = p_ratio_req;
    Var[5] = m_air_req;
    Var[6] = m_air_real;
    Var[7] = N_cp_req;
    Var[8] = N_cp_real;
    Var[9] = N_motor_real;
    return Var[Var_No];
}
double Calculate_aircompressor(double p_ratio, double N_cp, int Var_No)
{
    //Var_No = 0,返回P_cp; Var_No = 1，返回m_air_cp;
```

```
    double T_cp_in = 273.15 + 25; //K
    double Cp_air = 1009;    //Air heat capacity(J / kg / k)
    double yita_cp = 0.8;
    double N_cr = N_cp / pow(T_cp_in / 298, 0.5);
    //二元五次方拟合的多项式系数，根据特性图拟合出来的公式
    double x = (N_cr - 1.444e+05) / (4.808e+04); // z = (x - mean(x)). / std(x)
    double y = (p_ratio - 1.726) / 0.4504;
    double p00 = 0.04832;
    double p10 = 0.3615;
    double p01 = -0.2971;
    double p20 = -0.6824;
    double p11 = 1.352;
    double p02 = -0.617;
    double p30 = 0.8065;
    double p21 = -2.709;
    double p12 = 2.696;
    double p03 = -0.8191;
    double p40 = -0.6031;
    double p31 = 3.017;
    double p22 = -5.12;
    double p13 = 3.578;
    double p04 = -0.8838;
    double p50 = 0.2146;
    double p41 = -1.448;
    double p32 = 3.663;
    double p23 = -4.324;
    double p14 = 2.435;
    double p05 = -0.5365;
    double m_air_cp = max(0, p00 + p10*x + p01*y + p20*pow(x, 2) + p11*x*y + p02*pow(y,
2) + p30*pow(x, 3) + p21*pow(x, 2) * y + p12*x*pow(y, 2) + p03*pow(y, 3) +
        p40*pow(x, 4) + p31*pow(x, 3) * y + p22*pow(x, 2) * pow(y, 2) + p13*x*pow(y,
3) + p04*pow(y, 4) + p50*pow(x, 5) + p41*pow(x, 4) * y + p32*pow(x, 3) * pow(y, 2)
+ p23*pow(x, 2) * pow(y, 3) + p14*x*pow(y, 4) + p05*pow(y, 5));
    //计算空压机在不同进气流量与压力下所需要的功
    double P_cp = Cp_air*T_cp_in / yita_cp*m_air_cp*(pow(p_ratio, (2 / 7)) - 1);
    double p1[2] = { P_cp,m_air_cp };
    return p1[Var_No];
}
int main()
{
    cout <<"Test completed!" << endl;
}
```